NEW
인간과 환경의
AND
RENEWABLE
ENERGY
지속가능한 미래를 위한
ENGINEERING

신·재생에너지공학

교문사

한국신·재생에너지학회
The Korean Society for New and Renewable Energy

인간과 환경의 지속가능한 미래를 위한

신·재생에너지공학

초판 발행 2024년 5월 20일

지은이 한국신·재생에너지학회
펴낸이 류원식
펴낸곳 **교문사**

편집팀장 성혜진 | 책임진행 김성남 | 디자인 김도희 | 본문편집 베이퍼

주소 10881, 경기도 파주시 문발로 116
대표전화 031-955-6111 | 팩스 031-955-0955
홈페이지 www.gyomoon.com | 이메일 genie@gyomoon.com
등록번호 1968.10.28. 제406-2006-000035호

ISBN 978-89-363-2539-8 (93530)
정가 39,000원

집필진 소개

집필위원장

조철희　인하대학교 조선해양공학과

집필위원

김범석　제주대학교 대학원 풍력공학부

김승곤　한국항공대학교 스마트드론공학과

김현주　선박해양플랜트연구소 해수에너지연구센터

남석우　한국과학기술연구원 수소·연료전지연구센터

라호원　한국에너지기술연구원 기후변화기술연구본부 청정연료연구실

류창국　성균관대학교 기계공학부

민기복　서울대학교 에너지자원공학과

박진주　청주대학교 에너지융합공학과

백영순　수원대학교 건설환경에너지공학부

서석호　㈜블루이코노미전략연구원

오경근　단국대학교 화학공학과

오세천　공주대학교 환경공학과

이준신　성균관대학교 전자전기공학부

이진석　㈜슈가엔 연구소

장기창　한국에너지기술연구원 에너지효율연구본부 에너지변환연구실

정남조　한국에너지기술연구원 SCI융합연구단

주홍진　한국에너지기술연구원 재생에너지연구소 신재생시스템연구실

최상규　한국기계연구원 친환경에너지연구본부 자원순환연구실

최영도　국립목포대학교 기계조선해양공학부

최종수　선박해양플랜트연구소 친환경해양개발연구본부

머리말

인류가 살아가기 위해서는 필수적으로 에너지가 필요하고, 안정적이고 지속가능한 에너지 공급은 그 나라의 경제발전은 물론 풍요로운 삶과 안정된 사회를 유지하기 위해 매우 중요한 요소이다. 오랫동안 인류는 화석연료를 통해 에너지를 생산하였으나 이로 인한 환경오염으로 친환경에너지를 사용하는 방향으로 전환하고 있다. 많은 국가가 기후변화에 대응하기 위해 기후변화협약을 체결하고 환경규제 및 협약이행을 위해 청정에너지 개발에 중·장기적인 투자와 관련 연구를 하고 있다.

전 세계적으로 이상기온과 온난화 현상 등 심각한 자연 재난의 발생빈도와 규모가 증가하고 있어 에너지 전환에 대한 요구가 증대된다. 에너지 전환은 청정화(Decarbonization), 분산화(Decentralization), 디지털화(Digitalization), 수요 혁신(Demand Disruptions) 등 다차원적으로 동시에 진행되고 있어, 지역 및 재생에너지 기반 분산화와 에너지 융·복합화는 에너지 전환의 핵심 요소가 되었다.

일반적으로 알려진 신·재생에너지의 분야와 분류체계는 국제에너지기구(IEA), 미국, 유럽, 일본 등 나라별로 조금 차이가 있으나, 우리나라는 「신에너지 및 재생에너지 개발·이용·보급 촉진법」 제2조의 정의에 따라 분류되며, 기존의 화석연료를 변환시켜 이용하거나, 햇빛·물·지열·강수·생물유기체 등을 포함하여 재생가능한 에너지를 변환시켜 이용하는 에너지로 정의하고 있다. 즉, 신에너지는 연료전지, 수소, 석탄액화·가스화 및 중질잔사유 가스화를 포함하고, 재생에너지는 태양광, 태양열, 바이오, 풍력, 수력, 해양, 폐기물, 지열을 포함한다.

재생에너지는 태양이 있는 한 존재하는 고갈 염려가 없는 지속가능한 친환경 에너지원으로 앞으로 그 요구와 활용도가 높아질 것이고, 에너지 전환이 진전됨에 따라 새로운 미래 산업으로 도약할 수 있는 높은 잠재성을 갖고 있다. 우리나라는 에너지 전환과 관련한 높은 기술력과 주력 산업기반을 갖고 있어 재생에너지 분야를 차세대 성장동력으로 성장시켜 주요 수출산업으로 육성해야 한다. 신·재생에너지산업 육성을 위해서는 다양한 기술 및 학제 간 융합이 요구되며 IT, BT, NT는 물론 인문 사회 등 모든 분야의 참여가 요구된다.

우리나라에서 신·재생에너지 분야를 교육하는 기관은 제한적이고, 그나마 일부 분야에 집중하는 경향이 커서 에너지 전환이라는 미래 전문인력 수요에 부응하는 차세대 신·재생에너지 전문인력을 육성하는 데 제약이 있어 재생에너지를 포함한 에너지 분야 및 학제 간 협력이 절실한 상황이다. 특히 현재까지 소개된 신·재생에너지 관련 서적은 분야가 제한적이고, 일부만 서술하거나 국내외 기술 현황 소개에 국한되어 대학교나 산업현장에서 교육하고, 활용하기에 충분치 않은 것이 사실이다.

한국신·재생에너지학회는 국내의 신·재생에너지 전문기관과 관련 연구자 및 전문가가 소속된 단체로서 신·재생에너지 관련 연구와 정책 분야를 다루고 있으며, 올해 창립 20주년을 맞이하여 신·재생에너지의 전 분야를 포함하는 전문 서적을 출간하게 되었다. 이 책이 대학교와 산업 분야에 활용되어 신·재생에너지 교육과 활용에 조금이나마 이바지할 수 있기를 기대하며, 이 책을 집필하는 데 참여해 주신 전문가분들과 출판을 위해 협조해 주신 한국신·재생에너지학회와 출판사 관계자분들께 감사의 마음을 전한다.

2024년 5월
집필위원장 조철희

인 사 말

한국신·재생에너지학회는 2004년에 설립된 산업통상자원부 산하의 사단법인으로, 다양한 신·재생에너지 분야의 산·학·연 회원과 국내 유관 기관 및 업체들과 함께 우리나라 신·재생에너지 분야의 중추적인 학회로 자리매김하고 있습니다.

국내외로 기후위기 대응을 위한 지속가능한 탄소중립 관련 기술 및 산업의 역할이 점점 중요해지고 있어 한국신·재생에너지학회의 역할과 책임은 더 확대되고 있고, 태양광, 태양열, 풍력, 지열, 해양, 수력, 바이오에너지, 수소/연료전지, 폐자원에너지, 가스하이드레이트, 녹색에너지 정책/전략, 환경 및 저탄소/CCUS, ESS/Grid, 자원지도, 제로에너지, 에너지+AI, RE100 및 ESG 경영, Power to X, Sector Coupling 등 다양한 신·재생에너지 분야에서 활발한 연구와 교류를 수행하고 있습니다.

2019년에는 여러 유관 기관과 협력하여 '재생에너지의 날'을 제정함으로써 국민의 재생에너지에 대한 인식을 향상시켰고, 국내 RE100 캠페인의 시발점이 되어 글로벌 지속가능성 표준에 이바지하였습니다. 이런 활동을 통해 기업들의 재생에너지 전환을 촉진시켜 국가 에너지 정책의 중심 학회로 발전했습니다.

올해 학회 창립 20주년에 맞추어, 학회의 다양한 분야의 전문가들이 힘을 모아 신·재생에너지 전문 서적을 발간하게 되었습니다. 본 전문 서적은 신·재생에너지 11개 분야를 모두 포함하는 학회의 제1호 출판 서적으로 신·재생에너지 분야를 공부하고 종사하는 사람들에게 좋은 지침서가 될 것입니다.

앞으로도 한국신·재생에너지학회는 다양한 에너지원의 전문 서적 출판을 통해 학회의 책임과 의무에 이바지하며, 지속적인 발전을 거듭해 우리나라의 신·재생에너지 산업을 선도해 나아가도록 하겠습니다.

본 서적의 발간을 위해 많은 노력을 하여 주신 조철희 집필위원장님과 집필진께 깊은 감사를 전합니다.

2024년 5월

한국신·재생에너지학회

회장 이창근

CONTENTS

차 례

02   태양열

03 태양광

04 해양에너지

05 바이오에너지

06 소수력

07 지열에너지

08 폐자원

09 수소에너지

10 연료전지

11 가스화 기술

CHAPTER 1

풍력발전

1.1 개요 및 개념

1.1.1 기술의 정의

지표면에 도달하는 태양복사에너지의 크기는 지구의 자전과 공전에 의한 영향으로 지역마다 서로 차이를 보이며 압력 차를 발생시킨다. 이러한 현상은 고기압에서 저기압 지역으로 대기의 흐름을 유발하며, 속도를 갖고 이동하는 대기를 바람이라고 정의할 수 있다. 바람이 갖는 운동에너지는 통과면적(A)과 대기밀도(ρ), 이동속도(V)에 따라 결정된다. 인류가 바람의 운동에너지를 이용한 역사는 기원전 3600년경 이집트에서 양수나 관개에 풍차(wind mill)를 이용했다는 기록이 남아 있을 정도로 오래전부터 시작되었다. 당시에는 주로 곡식을 빻거나 물을 길어 올리는 등의 일을 하는 용도로 사용했고, 1970년대에 이르러 전기에너지를 생산하는 용도로 활용되기 시작했다.

바람의 운동에너지를 전기에너지로 변환하는 장치는 풍차가 아닌 풍력터빈(wind turbine)이라고 정의한다. 풍력발전은 풍력터빈을 이용해 바람의 운동에너지를 전기에너지로 변환하는 발전방식이다. 풍력터빈은 블레이드(blade)와 허브(hub) 등으로 구성된 로터(rotor)를 이용해 바람의 운동에너지를 회전력(기계적 에너지)으로 변환하고, 이를 동력전달계(drive-train)를 통해 발전기(generator) 측으로 전달해 최종적으로 전기에너지를 생산하는 기계장치이다.

1.1.2 산업의 성장

풍력발전은 1970년대에 발생한 두 차례(1973년, 1978년)의 석유파동을 겪은 이후로 주요국의 화석연료 중심의 에너지믹스(energy mix) 다양화에 대한 요구에 따라 본격적인 연구개발이 시작되었다. 이후, 1986년에 발생한 구소련 연방의 체르노빌 원자력발전소 폭발사고를 계기로, 청정하고 안전한 대체에너지 발굴에 대한 관심이 더 큰 폭으로 증가하면서 재생에너지에 대한 세계 각국의 투자가 집중적으로 이루어졌다. 1970년대부터 시작된 풍력발전산업은 지난 50년간의 기술개발, 신(新)산업화, 정책 지원 등에 힘입어 현재 기술, 시장, 산업 등 모든 분야에서 성숙단계에 이르렀다. 풍력터빈 설비용량은 규모의 경제를 통한 발전단가 하락과 해상풍력으로의 신(新)시장 확대를 위해 빠른 속도로 대형화되고 있는데, 이러한 변화를 통해 현대의 풍력터빈 기술은 장치의 효율과 신뢰성 측면에서 눈부신 성과를 이루었고, 일부 주요국에서는 풍력발전단가가 화석연료 발전원보다 저렴해지는 수준에까지 도달했다.

국제재생에너지기구(IRENA, International Renewable Energy Agency)는 2021년에 신규 설치된 재생에너지 발전설비가 257 GW로 당해 연도에 설치된 전체 발전설비의 81%를 차지한다고 발표했다. 신규 재생에너지 발전설비는 대부분 풍력과 태양광으로 설치되었으며, 두 발전원의 설치 실적은 각각 93.6 GW와 133 GW로 재생에너지 신규 설비용량(257 GW, '21년)의 약 88%를 차지한다.

풍력발전산업의 고도성장요인으로 기후변화 대응을 위한 국제사회의 에너지전환 가속화와 COVID-19 이후의 경제회복을 위한 재생에너지산업 집중육성정책이 동시에 영향을 미친 것으로 보인다. **그림 1-1**과 같이, 과거 10년간 화석연료 발전원 점유율은 지속적인 감소 추세를 보였음에 반해, 재생에너지 설비용량은 전년도 대비 2% 상승한 81%를 차지했다. 대륙별 재생에너지 시장 규모는 아시아(1,456 GW, 48%), 유럽(647 GW, 21%), 북미(458 GW, 15%) 순으로 큰 것으로 분석되며, 아시아 시장은 중국, 인도, 일본이 선도하고 있다.

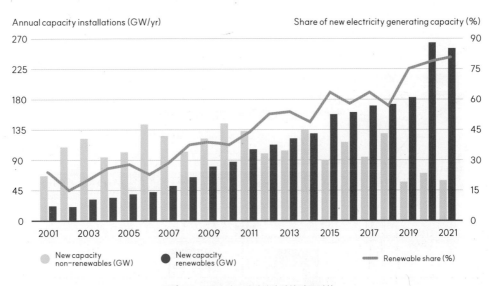

그림 1-1 세계 신규 발전설비 설치 비중 변화
(자료 : www.irena.org)

1.2 풍력터빈 작동원리, 형식 분류, 주요 구성품

1.2.1 작동원리

풍력터빈은 바람의 운동에너지를 기계적 에너지, 열에너지 또는 전기에너지로 변환하는 유체기계의 한 종류이다. **그림 1-2**와 같이 일정 속도 이상의 바람이 블레이드를 통과할 때 발생하는 공기역학적인 힘은 로터의 회전력을 만들어내고, 이는 동력전달계를 거쳐 발전기로 전달된 후 최종적으로 전기에너지 형태로 변환된다. 즉, 바람의 운동에너지는 1차적으로 기계적 에너지로 변환되고 최종적으로 전기에너지로 변환된다. 이렇게 만들어진 전기에너지는 적절한 전압과 전류로 보내지기 위해 변전소를 거쳐 수용가(소비자) 측에 공급된다. 일반적인 동력전달계는 로터 회전력을 증속시키기 위해 기어 박스(gear box)를 사용하는데, 필요에 따라 기어 박스가 없는 방식으로 설계된 풍력터빈도 있다.

바람으로부터 생산할 수 있는 전력량은 풍력터빈의 설비용량과 로터의 회전 면적에 따라 달라지는데, 출력은 블레이드 길이의 제곱과 풍속의 세제곱에 비례해 증가한다. 이론적으로는 풍속이 2배 높아지면 8배 많은 전력을 생산할 수 있다. 1985년에 설치된 풍력터빈의 정격출력은 0.05 MW였던 반면에 최근 개발되는 풍력터빈은 약 16 MW의 정격출력을 낸다.

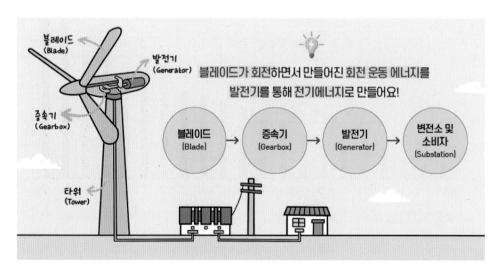

그림 1-2 풍력발전의 원리

(자료 : https://www.knrec.or.kr/biz/korea/intro/kor_wind.do)

1.2.2 형식 분류

풍력터빈 형식은 로터 회전축과 지면의 상대적 위치, 블레이드를 회전시키는 공기역학적 힘의 종류, 기어 박스 유무 등으로 구분할 수 있으며, 일반적으로는 로터 축과 지면의 상대적 위치 및 공기역학적 힘의 종류에 따라 분류한다. 로터 회전축과 지면의 상대적 위치에 따라서는 수평축 풍력터빈(HAWT, Horizontal Axis Wind Turbine)과 수직축 풍력 터빈(VAWT, Vertical Axis Wind Turbine)으로 분류한다(**표 1-1**). 블레이드에 작용하는 공기역학적 힘의 종류에 따라서는 양력식(lift type)과 항력식(drag type)으로 분류한다. 또한 로터의 회전속도와 발전기 회전속도의 동기화 여부에 따라 기어 박스를 적용하는 기어형과 기어 박스 없이 직접 연결된 직접구동형으로도 분류할 수 있다.

(1) 수평축과 수직축

수직축 풍력터빈은 로터 회전축이 지표면에 대해 수직으로 설계된 장치이다. 이 형식은 **그림 1-3(b)**와 같이 기어 박스, 발전기, 브레이크 등 주요 부품을 지상에 설치할 수 있어 유지보수가 편리하고, 모든 방향에서 유입되는 바람을 이용할 수 있어 바람 방향 추종을 위한 요

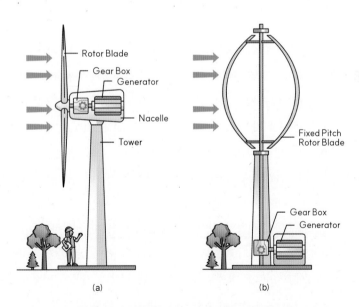

그림 1-3 (a) 수평축과 (b) 수직축 풍력터빈 비교
(자료 : https://www.knrec.or.kr/biz/korea/intro/kor_wind.do)

표 1-1   수평축과 수직축 풍력터빈의 장단점 비교

구분	수평축(HAWT)	수직축(VAWT)
장점	• 높은 시스템 효율과 발전량 • 안정적인 출력 제어 가능 • 로터 회전 시 토크 변화가 작아 시스템 작용 하중이 낮음	• 유지보수 편의성이 높음 • 상대적으로 낮은 제작비용 • 능동형 요 장치 불필요
단점	• 유지보수 편의성이 낮음 • 능동형 요 장치 필요 • 높은 타워 위에 고중량물을 설치해 큰 전도 모멘트 작용 • 상대적으로 높은 제작비용	• 낮은 시스템 효율과 발전량 • 안정적인 출력 제어 어려움 • 로터 회전 시 토크 변화가 커 시스템 작용 하중이 높음 • 자기동(self-starting)이 불가능 • 넓은 설치 면적 필요

(yaw) 장치가 불필요한 장점이 있다. 반면, 지면에 가까울수록 영향을 크게 받는 바람 전단 (wind shear) 효과로 인해 로터 길이방향으로 큰 불균일하중이 작용하므로 부품 수명이 짧고 에너지변환효율이 상대적으로 낮은 단점이 있다. 특히 시동 운전을 위한 높은 기동 토크 (torque)가 필요해 일시적으로 외부 전력을 사용해야 하고, 자립(self erection)을 위한 당김 줄 지지가 필요해서 설치 면적이 많이 필요한 것도 단점이다. 또한 고중량물을 지지하는 주 베어링(main bearing) 파손 가능성이 높은 단점도 있어 더 이상 무거운 대형(MW급) 풍력 발전용으로는 사용되지 않고 도심형 소형(kW급) 풍력발전용으로만 사용된다.

수평축 풍력터빈은 로터 회전축이 지표면에 대해 수평하게 설계된 장치이다. 이 형식은 **그림 1-3(a)**와 같이 주요 기계 및 전기부품이 타워 위에 설치된 나셀 내부에 배치되어 있어 수직축 형식에 비해 유지보수 편의성이 낮다. 특히 로터 회전면과 바람 진행방향이 수직인 조건에서 높은 효율을 기대할 수 있어 자동으로 풍향 변화 추종을 위한 능동형 요(active yaw) 장치가 필요하다. 반면, 로터가 높은 타워 위에 있어 지표면 거칠기 등의 영향에 의한 풍속 감소의 영향을 덜 받아 발전효율이 높은 장점이 있다. 특히 로터 회전속도 제어 및 블레이드 피치 제어를 통해 넓은 범위의 풍속 구간에서 더 많은 전기에너지를 생산하고 매우 안정적인 출력 제어가 가능하다. 대형 풍력터빈은 대부분 수평축 형식으로 설계되고 있다.

그림 1-4에서 보여주듯 수평축 풍력터빈은 바람 방향에 따라 맞바람(upwind)과 뒷바람 (downwind) 형식으로 분류하기도 한다. **그림 1-4(a)**와 같이 맞바람형은 바람이 로터 회전 면에 도달하는 과정에서 어떠한 장애물의 영향도 받지 않기 때문에 발전효율이 높다. 다만, 강한 돌풍(gust) 등 고풍속 조건에서 블레이드 팁(tip)과 타워 사이의 안전간격 유지를 위한

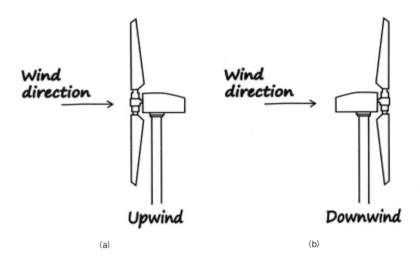

그림 1-4　수평축 풍력터빈 : (a) 맞바람형과 (b) 뒷바람형
(자료 : http://nbozov.com/how/post/56/Wind-Turbines)

강건한 블레이드 설계가 필요하다. 높은 강성(stiffness)을 갖는 블레이드는 중량 및 제작비용 증가를 초래할 수 있어 **그림 1-5**와 같이 틸트 각(tilt angle)과 콘 각(cone angle)을 적용하기도 한다. 이 외에도 최근에는 팁 영역 일부를 바람이 불어오는 방향으로 휘어지게 하는 사전굽힘(pre-bend)형 블레이드를 적용해 충분한 안전간극을 유지하기도 한다.

뒷바람형은 **그림 1-4(b)**와 같이 나셀을 통과한 바람이 로터 회전면에 도달하는 방식으로, 극치풍속 조건에서 팁-타워 안전간극이 충분히 확보될 수 있어 유연한 블레이드 설계가 가능하다.

소형터빈의 경우 로터 회전면이 요 장치 역할을 해 별도의 풍향추종장치가 불필요한 장점이 있다. 반면, 바람이 나셀과 타워를 통과한 후 로터 회전면에 도달하므로 풍속이 감소하고 난류 강도가 증가하는 단점이 있다. 특히 회전하는 블레이드가 타워를 지나갈 때 발생하는 그림자 효과(shadow effect)로 회전 방위각 변화에 따른 주기적 하중 변화가 크게 발생해 맞바람형 대비 발전효율이 낮고 피로하중이 증가한다. 현재의 대형 풍력터빈은 발전량 증대와 부품 피로수명 향상을 위해 맞바람 형식으로만 설계되고 있다.

(2) 양력식과 항력식

풍력터빈은 블레이드를 이용해 회전력을 얻는 원리에 따라 양력식과 항력식으로 분류한다

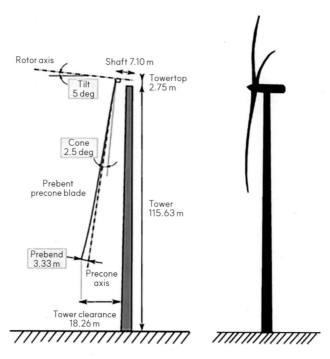

그림 1-5 팁-타워 간극 확보를 위한 적용 기술(콘 각, 틸트 각, 사전굽힘)
(자료 : Gonzalez 외, 2016)

(그림 1-6). 공기역학적 형상을 갖도록 설계된 에어포일의 흡입면(suction side)과 압력면(pressure side)을 통과하는 바람의 속도 차이는 두 면 사이의 압력 차이를 유발해 특정 방향으로 힘을 발생시킨다. 양력(lift force)은 에어포일 전연(leading edge)으로 유입되는 바람에 대해 수직방향으로 발생하는 물체를 뜨게 하는 힘이고, 항력(drag force)은 수평방향으로 발생하는 물체를 잡아당기는 힘이다.

양력식 풍력터빈은 블레이드에 작용하는 양력을 이용해 로터 회전면으로 유입되는 풍속보다 훨씬 빠른 속도로 회전할 수 있어 약 50%의 높은 발전효율을 보인다. 항력식 풍력터빈은 바람이 블레이드를 미는 힘인 항력을 이용하므로 유입 풍속보다 더 빠른 속도로 회전할 수 없어 발전효율이 약 15% 수준으로 낮다. 따라서 항력식 풍력터빈은 주로 1 kW 이하의 소형 수직축용으로 일부 적용되는데 낮은 효율로 인해 대량의 전력 생산용으로는 적합하지 않다. 모든 계통 연계형 풍력터빈은 절단면이 에어포일 형상을 갖는 블레이드를 이용해 양력식으로 설계되며 이러한 방식은 수평축과 수직축 모두에서 찾아볼 수 있다.

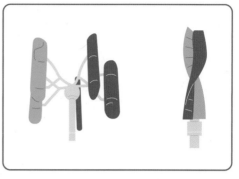

(a) 양력식   (b) 항력식

그림 1-6   양력식과 항력식 풍력터빈
(자료 : Doerffer 외, 2021)

(3) 기어형과 직접구동형

블레이드에서 발생한 회전력은 발전기로 전달되어 전기에너지로 변환되는데 블레이드와 발전기를 연결하는 동력의 전달 경로를 동력전달계라 한다. 풍력터빈은 동력전달계에 기어 박스 적용 유무에 따라 기어형과 직접구동형으로 분류된다. **그림 1-7(a)**와 같이 기어 박스가 있는 방식을 기어형(geared type)이라 하고, **그림 1-7(b)**와 같이 기어 박스가 없고 블레이드와 발전기가 직접 연결된 방식을 직접구동형(direct drive type, 또는 기어리스형)이라 한다.

일반적으로 블레이드는 분당 약 15~20회의 낮은 회전수와 높은 토크(torque)를 발생시키는데, 비동기식 유도발전기(IG, Induction Generator)를 이용하는 경우 전력 계통에 적합

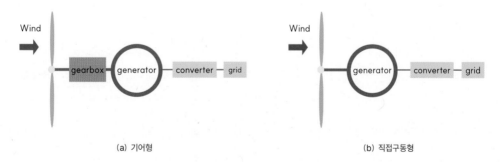

(a) 기어형   (b) 직접구동형

그림 1-7   동력전달계 차이에 따른 분류
(자료 : https://www.engineering.com/story/the-future-of-wind-turbines-comparing-direct-drive-and-gearbox)

한 전기에너지 생산을 위해서는 분당 최대 1,800회로의 증속이 필요하다. 기어형 풍력터빈은 저속-고토크의 블레이드 회전력을 기어 박스를 통해 고속-저토크로 변환하는 동력구동계를 갖추고 있다. 풍력터빈에 사용되는 기어 박스는 약 90~100 : 1의 고정 변속비를 가지며 대부분 2단 유성기어(planetary gear)와 1단 스퍼기어(spur gear) 세트로 구성된다.

직접구동형 풍력터빈은 기어 박스 없이 블레이드와 발전기가 직결된 동력전달계를 사용하며, 블레이드로부터 전달되는 큰 비정상 하중 등의 영향으로 기어 박스 고장과 동력 손실 문제를 없애기 위해 1991년에 도입되었다. 직접구동형 풍력터빈은 낮은 회전속도에서도 전력계통에서 요구하는 적정 주파수를 얻기 위해 많은 수의 자극(magnetic pole)을 사용하는 동기식 발전기(SG, Synchronous Generator)를 이용한다. 동기식 발전기는 권선형(WRSG, Wound Rotor Synchronous Generator)에 비해 작고 가벼울 뿐만 아니라 자계(magnetic field) 손실이 적어 효율이 높은 영구자석형(PMG, Permanent Magnetic Generator)이 주로 사용된다. 그러나 영구자석은 네오디뮴(neodymum)과 같은 희토류로 제작되므로 소재 수급 및 가격 변동성이 높은 단점도 있다. 직접구동형 풍력터빈은 기어 박스가 없어 기계적 소음과 유지보수 비용이 줄어들고 발전효율이 높아 발전량이 향상되는 장점이 있다. 특히 유지보수 비용 절감 측면에서 주요 부품의 장기 신뢰성이 중요한 해상풍력터빈은 직접구동 방식의 동력전달계를 적극 채용하는 추세이다.

1.2.3   주요 구성품

풍력터빈은 블레이드, 허브, 피치 시스템, 요 시스템, 축, 기어 박스, 제동장치, 발전기, 타워, 제어장치 등의 부품으로 구성된다. 대형 풍력터빈은 블레이드, 허브, 피치 시스템으로 구성된 로터와 축, 기어 박스, 발전기, 제동장치, 요 시스템, 제어장치 등으로 구성된 나셀, 로터와 나셀을 지탱하는 타워로 구분할 수 있다. 로터와 나셀 조립품을 로터-나셀 어셈블리(RNA, Rotor-Nacelle Assembly)라 부른다. **그림 1-8**은 기어형 풍력터빈의 전개도인데 직접구동형의 경우 기어 박스는 설치되지 않는다.

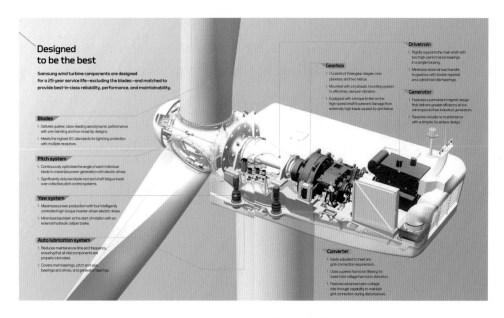

그림 1-8 풍력터빈 주요 구성품(삼성중공업, 2.5)

(자료 : 삼성중공업, Samsung Wind Power Solutions, 2.5MW 풍력터빈 카탈로그, 2010. p. 12)

(1) 블레이드

블레이드는 바람이 가진 운동에너지를 가장 앞단에서 기계적 에너지(회전력)로 변환하는 장치로서, 연결되어 있는 기계적·전기적 부품으로 전달되는 하중의 크기와 풍력터빈 효율에 직접적인 영향을 미치는 주요 부품이다. 이론적으로 발전효율만 생각하면 많은 블레이드를 장착하는 편이 좋으나, 발전효율, 하중, 소음, 총중량, 제작비용 간의 상충관계를 고려하면 3개의 블레이드를 사용하는 것이 공학적으로 비용 효율성이 가장 우수한 것으로 알려졌다. 대부분의 대형 수평축 풍력터빈 로터는 3개의 블레이드를 갖추고 있다.

대부분 블레이드는 내부 보강재가 있는 상부 및 하부 셸(shell)과 허브의 피치 베어링에 장착하기 위해 원통형의 루트(root) 단면을 갖는다. **그림 1-9**는 일반적인 대형 수평축 풍력터빈의 전체 및 단면 구조도를 나타낸다. 블레이드는 돌풍, 태풍과 같은 극한 날씨와 모래, 먼지 입자 등 까다로운 외부 환경조건에 노출되므로 변동하중(load fluctuation)과 동적 하중(dynamic load)이 빈번하게 작용한다.

따라서 블레이드는 20년 이상의 설계수명 동안 지속적으로 작용하는 극한 및 피로 하중에 충분한 저항성을 갖도록 설계되어야 하며, 대부분 유리섬유(GFRP) 또는 탄소섬유

(CFRP) 복합재료로 제작된다. 작동 중인 블레이드에는 기계적 하중으로 분류되는 바람방향 굽힘력(flap-wise bending moment)과 회전방향 굽힘력(edge-wise bending moment)이 주로 작용한다. 가장 큰 하중인 바람방향 굽힘력은 수십 장의 복합재료가 두껍게 적층된 형태의 스파캡(spar-cap) 구조물로 지지된다. 상대적으로 작은 크기로 작용하는 회전방향 굽힘력은 전단하중과 좌굴(buckling) 안정성 유지를 위해 PVC 또는 발사 나무(balsa wood) 등의 코어 재료로 구성된 샌드위치 패널 형식의 전단 웨브(shear web)를 통해 지지된다. 기계적 하중 외에도 설치지역의 자외선, 수분, 오염 등의 영향에 의한 성능저하를 지연시키기 위해 젤코트(gelcoat)와 PU(poly urethane) 페인트 등의 코팅제를 표면에 도포한다.

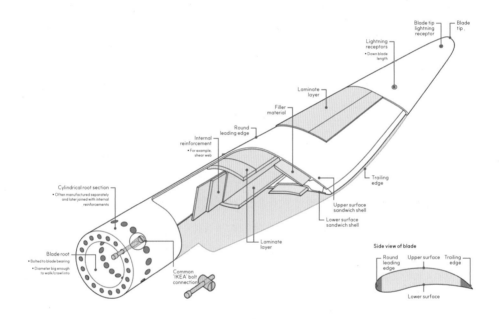

그림 1-9 블레이드 형상 구조도
(자료 : https://www.windpowermonthly.com/article/1137943/service-maintain-wind-turbine-blade)

그림 1-10의 에어포일 단면 구조도에서 둥근 앞부분을 전연(leading edge)이라 하고 뾰족한 뒷부분을 후연(trailing edge)이라 한다. 대부분의 블레이드는 상부와 하부 셸이 분리된 형태로 제작되므로 전연과 후연을 따라 길이방향으로 긴 접착부가 존재한다. 바람을 직접 마주하는 전연은 마모손상 발생률이 매우 높고, 상대적으로 강도가 약한 후연은 기계적 손

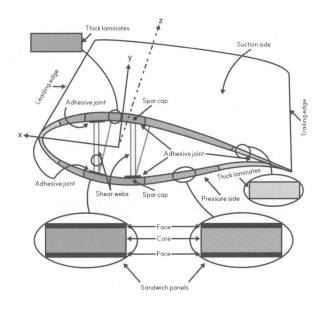

그림 1-10 블레이드 단면 구조도
(자료 : Attaf, 2013)

상 가능성이 높다. 마모에 의한 발전량 손실과 접착부 파손 가능성이 높은 전연부는 내마모성 및 내충격성 폴리우레탄 보호테이프로 보호된다. 특히 운전 중인 블레이드에는 동적 하중이 빈번하게 작용해 접착부 내부와 표면 등에서 균열이 시작되므로 적절한 유지관리가 이루어지지 않는 경우 완전한 파손에 이를 수 있다.

(2) 허브

블레이드에서 발생한 기계적 에너지를 주축으로 전달하기 위해서는 특별한 연결장치가 필요하다. 허브는 블레이드와 주축을 연결하는 구형 주조품(casting)으로서 블레이드와 주축에 볼트 체결 방식으로 연결된다(**그림 1-11**). 허브 주조품은 10 MW 해상풍력터빈을 기준으로 가격은 대략 2억 5천만 원 정도이며 구상흑연철(spheroidal graphite iron)로 만들어진다.

허브 내부에는 정격풍속 이상의 조건에서 일정한 출력 유지를 위해 블레이드 피치각(pitch angle) 제어용 피치 베어링(pitch bearing)과 피치 드라이브(pitch drive)가 장착되며 장치 유지관리를 위한 작업자 출입용 개구부가 있다.

그림 1-11   허브 구조물(Haliade 6MW, GE)

(자료 : https://www.ge.com/news/reports/where-ge-makes-haliade-turbines, Tomas Kellner, 2016)

(3) 기어 박스

기어 박스는 블레이드와 발전기의 회전속도 차이를 동기화하기 위해 동력전달계에 장착되는 주요 부품으로 비동기식 풍력터빈에 사용된다(**그림 1-12**). 동기식 동력전달계를 장착한 직접구동형 풍력터빈은 블레이드와 발전기가 단일 축으로 직접 연결되어 있어 기어 박스가 필요 없다. 블레이드에서 생성된 저속(5~15 rpm) 고토크는 기어 박스를 통해 고속(600~1,800 rpm) 저토크로 변환되어 발전기로 전달되며 주로 2단의 유성기어와 1단의 스퍼기어를 갖도록 설계된다. 10 MW 해상풍력터빈을 기준으로 기어 박스 가격은 약 12억 원 정도이며, 품질과 신뢰성이 가변적이기 때문에 장기간 사용 시 유지관리에 많은 주의를 기울여야 한다.

이 부품은 고속으로 회전하는 정밀기계 부품이므로 다양한 부하상태에서 발생하는 최대 토크와 극치 풍속, 제동 또는 기타 비정상적인 상황에서 발생하는 불규칙 부하 등을 고려해 설계되어야 한다. 또한 고장 발생 시 원상복구를 위한 정비 또는 부품교체 시간이 많이 소요되어, 특히 해상풍력터빈의 경우 예방정비를 위한 상태감시시스템(CMS, Condition Monitoring System)을 통해 작동상태, 소모품 관리, 잔여 수명 등을 능동적으로 감시한다. 기어 박스는 적정 작동온도(약 70℃) 관리를 위해 냉각장치가 필요한데, 일반적으로는 발전기 냉각시스템과 통합된 방식이 적용되며 약 1 : 100의 고정 기어비를 갖도록 설계된다.

그림 1-12 기어 박스(Bosch Rexroth AG)

(자료 : Bosch Rexroth AG, Drive & Control Technology for Wind Turbines, 2010)

(4) 발전기

발전기는 블레이드에서 생성된 기계적 에너지를 전기적 에너지로 변환하는 주요 부품으로 기어 박스 유무에 따라 비동기식 또는 동기식 발전기를 사용한다. 가변속도형(variable type) 비동기식 풍력터빈은 대부분 이중여자형 유도발전기(DFIG, Doubly Fed Induction Generator)를 장착하며, 동기식 풍력터빈에는 주로 영구자석형 동기발전기(PMSG, Permanent Magnetic Synchronous Generator)가 장착된다. 10 MW 해상풍력터빈을 기준으로 중속도형(약 600 rpm) 비동기식 발전기 가격은 약 16억 5천만 원이며, 동기식 발전기는 약 33억 원 정도이다. 동기식 발전기는 저속으로 회전하는 블레이드 회전속도에서도 계통 주파수와 일치시키기 위해 더 많은 발전기 극 수가 필요하므로 제작비용과 총중량이 크게 상승한다. 요즘 적용되는 발전기는 대부분 가변속도형으로 작동하며 전력변환장치(power converter : AC-DC-AC)를 갖추고 있어, 풍속에 따라 변하는 블레이드 회전수와 상관없이 계통 주파수에 맞게 전력을 생산 및 송전할 수 있다.

풍력터빈은 대부분 중·저풍속 구간에서 전기를 생산하기 때문에 부분부하작용 조건에서의 발전기 효율 향상이 중요하다. 따라서 공랭식에 비해 냉각성능이 우수한 수랭식 냉각시스템을 주로 적용하며, 이는 발전기 소형화(경량화) 설계에도 도움이 된다. 발전기는 고속 축(HSS, High Speed Shaft)을 통해 기어 박스와 연결되는데 두 구성품의 축계 오정렬에 대처하기 위해 커플링을 통해 유연하게 연결된다.

(5) 피치 및 요 시스템

풍력터빈은 정격풍속 이상으로 불어오는 고풍속 조건에서 블레이드의 피치각을 조정하는 방식으로 정격출력을 일정하게 유지하는데 피치 각도를 조정하는 부품을 피치 시스템이라 한다. 피치 시스템은 정격출력의 유지 외에도 시동풍속(cut-in wind speed) 이상의 바람이 불어올 때는 풍력터빈을 작동시키고, 종단풍속(cut-out wind speed) 이상의 조건에서는 안전을 위해 가동을 중단하는 용도로 사용된다. 요 시스템은 피치 시스템과 기계적으로 유사한 구조 및 작동방식의 부품으로, 운전 중에 타워 상부에 안착된 RNA를 특정 방향으로 회전시키는 기능을 한다. 풍력터빈은 로터의 회전면이 바람이 불어오는 방향에 수직으로 제어될 때 가장 높은 효율과 낮은 하중이 작용하므로, RNA가 빈번하게 변동하는 바람방향을 추종하도록 제어되어야 한다. 모든 대형 풍력터빈에는 피치 제어와 요 제어를 위한 능동형 피치 및 요 시스템이 장착되며, 제어에 필요한 풍속과 풍향 정보는 나셀 외부에 설치된 풍향 및 풍속계로부터 측정된다.

블레이드 피치 각도는 정격풍속부터 종단풍속까지 풍속의 크기에 따라 초당 몇 도의 속도로 약 $20°$의 범위에 걸쳐 조정된다. 각 블레이드에는 대부분 독립적인 피치 시스템이 장착되어 있는데 계통으로부터 전기를 공급받지 못할 경우에도 돌풍 및 운전 중 고장 발생 등 위험한 상황에서 터빈을 안전하게 정지시킬 수 있도록 안전설계(fail-safe design)가 되어 있다. 요 시스템은 작동 조건 외에는 변동하중이 가해지지 않도록 유압식 캘리퍼 브레이크를 통해

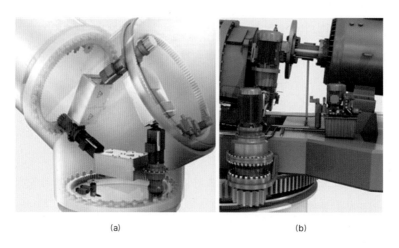

(a)   (b)

그림 1-13 (a) 피치 장치와 (b) 요 장치(Bosch Rexroth AG)
(자료 : Bosch Rexroth AG, Drive & Control Technology for Wind Turbines, 2010)

고정되며, 작동 중에는 바람에 의한 하중의 영향을 최소화하기 위해 초당 회전 각도가 제한된다. RNA가 요 제어에 의해 한 방향으로만 계속 회전할 경우, 타워 내부에 연결된 전력 케이블이 꼬여 손상될 수 있다. 이 경우, RNA가 특정 방향으로 수회 이상 회전 시 리밋스위치(limit switch)가 작동하는 등의 꼬임 방지 설계가 되어 있다.

(6) 제동장치

제동장치는 안전을 위해 가동 중인 풍력터빈을 정지시키거나, 작업자 접근 시 정지한 상태로 아이들링(idling) 중인 로터 회전을 완전히 고정하는 기능을 한다. 제동장치는 역할에 따라 공기역학적 제동장치와 기계적 제동장치로 구분한다. 공기역학적 제동장치는 바람이 종단풍속 이상으로 불어오거나, 돌풍, 태풍, 운전 중 고장 발생 등 비상 상황에서 가동을 중단하는 역할을 하며, 피치 시스템으로 블레이드를 90°도 회전시켜 풍력터빈 운전을 정지한다. 운전 중인 블레이드 피치 각도를 90°로 조정하면 바람 저항으로 인해 로터 회전속도가 빠르게 감소하며 정지상태에 이르게 되는데 이를 페더링(feathering) 상태라 한다.

기계식 제동장치는 가동 중인 풍력터빈의 제동을 위해 사용되기보다는 아이들링 상태로 정지된 로터를 완전히 고정하기 위해 작동하며, 주로 유압식 캘리퍼형 제동장치를 이용해 로터 회전속도가 1~2 rpm 이하로 줄어든 상태에서 제동을 시작한다. 이 부품은 주로 **그림 1-13(b)**와 같이 고속 축 측에 설치되며, 특히 작업자가 유지보수를 위해 나셀 내부로 진입하는 경우, 안전을 위해 반드시 기계적 제동장치와 로터 잠금장치가 동시에 작동해야 한다.

(7) 제어장치

모든 기상 조건에서 최대 성능, 높은 가용성, 최적의 전기에너지 생산을 보장하기 위해서는 풍력터빈을 완벽하게 제어해야 한다. 제어장치는 전체 수명 기간 동안 풍력터빈의 안전한 운영과 발전량 최적화를 위한 감시 제어(상태 모니터링 포함), 유효전력 및 부하제어 등의 기능을 제공한다. 제어장치는 주요 구성부품과 하위 시스템을 모니터링하는 많은 센서를 통해 정기적인 작동상태를 감시하며, 특히 비정상적인 상황에서 풍력터빈을 보호하기 위해 자동으로 출력제한 또는 가동 중단 등의 지령을 내린다. 유효전력과 부하제어를 위한 주요 제어변수는 로터의 회전속도, 출력 및 블레이드 피치 각도이며, 해당 위치에 부착된 센서를 통해 필요한 정보를 획득한다. 또한 돌풍 등의 영향으로 로터 또는 발전기 측 회전속도가 임계치를 초과하는 등의 비정상 상태에서도 피치 시스템, 요 시스템, 제동장치 등을 제어해 운전상태를

그림 1-14 제어 패널(Mita-Teknik A/S)

(자료 : https://www.mita-teknik.com/products-solutions/wind/wind-turbine-control/turbine-control/)

통제한다. 일반적으로 제어 패널은 나셀 내부에 설치되어 있으며 풍력터빈을 수동으로 정지시킬 수 있는 비상정지 스위치가 장착되어 있다(**그림 1-14**).

(8) 타워

타워는 풍력터빈 로터(블레이드 포함)와 나셀 부품을 지지하는 중공형 원통 구조물이다(**그림 1-15**). 일반적으로 강재(steel)로 제작되며 타워 내부에는 작업자가 나셀로 진입할 수 있도록 사다리와 리프트 장치 등의 부자재가 설치되어 있다. 과거에는 여러 개의 직선 부재(member)로 조립된 격자형 타워를 많이 사용했으나, 외관상 보기 좋지 않은 문제와 용접 또는 볼트 체결된 다수의 연결부 피로 손상 및 점검 어려움 등으로 거의 사용되지 않는다.

일반적으로 타워는 터빈 제작사의 요청에 따라 외부 업체를 통해 제작 및 납품된다. 풍력터빈 대형화로 인해 타워 높이가 평균 약 100 m 이상으로 점점 높아지는 추세이며 100 m 타워의 무게는 약 600톤에 이른다. 재료의 약 90%는 강판(steel plate)이며, 나머지는 5~6등분으로 분할된 타워 조각(segment)품 연결을 위한 단조 강철 플랜지(flange)가 대부분을 차지한다. 타워는 바닥에서 위로 갈수록 직경이 감소하는 테이퍼 형상으로 극한하중, 고유진동수 범위 및 좌굴 방지를 고려해 설계되며, 10 MW 풍력터빈 타워의 상단 직경은 5~6 m, 바닥 직경은 7~8 m 정도이다. 육상풍력터빈의 경우, 기울기가 큰 바람 전단(wind shear)의 영향을 회피하기 위해 더 높은 타워를 선호하는 편이나, 해상풍력은 표면거칠기가 낮고 주변 지형지물의 영향이 낮아 높이 변화에 따른 풍속 변화가 거의 없다. 따라서 해상풍력터빈용 타워 높이는 일반적으로 블레이드 팁과 해수면의 허용 간격에 따라 정해진다. 높은 타워는 풍력터빈 제작비용 상승을 초래한다.

(a) 강재타워　　　　　　　(b) 하이브리드타워　　　　　　　(c) 콘크리트타워

그림 1-15　다양한 형식의 타워
(자료 : CNBM International)

1.3　주요 이론

1.3.1　바람 에너지의 변환

풍력터빈은 바람이 가지고 있는 운동에너지를 포착해 전기에너지로 변환하는 장치이다. 따라서 풍속이 서로 다른 두 지점에 같은 기종의 풍력터빈을 설치했더라도 바람이 통과하는 단위면적당 운동에너지의 크기 차이로 인해 발전량이 달라진다. 식 (1-1)에서와 같이, 바람의 운동에너지는 풍속의 세제곱에 비례하고 통과 면적과 밀도에 비례해 증가하므로, 풍력발전단지는 풍속이 우수한 지역에 개발되는 것이 높은 연간발전량(AEP, Annual Energy Production) 획득 측면에서 가장 좋다.

$$P_{kin} = \frac{1}{2}\dot{m}v^2 = \frac{1}{2}(\rho A v)v^2 = \frac{1}{2}\rho A v^3 \qquad \text{(1-1)}$$

식 (1-1)에 풍력터빈의 효율(C_p)을 곱하면, 식 (1-2)와 같이 특정 면적을 통과하는 바람의 운동에너지로부터 회수할 수 있는 출력량을 계산할 수 있다. 풍력터빈 설치 지역이 결정되면 그 지점에서의 풍속과 밀도는 발전사업자의 의지로 변화시킬 수 있는 요소가 아니나, 더 많은 전기에너지를 생산하기 위해서는 식 (1-2)의 'A' 변수에 주목할 필요가 있다.

$$P_{wtg} = \frac{1}{2}\rho A v^3 C_p = \frac{1}{2}\rho \pi r^2 v^3 C_p \qquad \text{(1-2)}$$

바람이 통과하는 면적인 A는 풍력터빈 로터의 회전 면적이라고 생각할 수 있다. 로터의 회전 면적, A는 πr^2으로 다시 쓸 수 있는데, 여기서 반경 r은 블레이드 길이를 의미한다. 따라서 풍속이 우수한 지역이 아닌 곳에서 높은 발전량을 얻기 위해서는 더 긴 블레이드를 사용하는 것이 좋다. 최근에는 바람이 좋지 않아 경제성을 갖춘 개발이 어려웠던 육상지역에서도 풍력발전이 가능하도록 긴 블레이드를 사용한 저풍속 지역 특화형 풍력터빈이 경쟁적으로 출시되고 있다. 바람과 풍력터빈 간의 관계는 식 (1-2)로부터 아래와 같이 요약할 수 있다.

- 풍속이 2배 증가하면 출력은 8배 증가한다.
- 추운 지역에서(밀도가 높음) 더 많은 출력을 얻을 수 있다.
- 풍력터빈의 블레이드 길이가 2배 증가하면 출력은 4배 증가한다.
- 높은 효율의 풍력터빈을 적용하면 출력은 선형적으로 증가한다.

1.3.2 이론적 최대 효율

식 (1-2)에 나타낸 바와 같이, 로터 회전 면적이 크고 효율이 우수한 풍력터빈을 이용하면 더 많은 전기에너지를 생산할 수 있다. 그러나 풍력터빈의 바람 에너지 변환효율에는 최대 한계가 있으며, 이를 베츠의 법칙(Betz limit, 또는 베츠 한계)이라 한다. 풍력터빈의 에너지 변환효율은 식 (1-3)과 같이 정의된다.

$$C_P = \frac{\text{풍력터빈이 생산한 에너지 총량}}{\text{바람의 운동에너지 총량}} = \frac{P_{rotor}}{\frac{1}{2}\rho A_{rotor} V_{rotor}^3} \qquad \textbf{(1-3)}$$

1919년 독일의 물리학자인 알버트 베츠(Albert Betz)는 1차원 운동량 이론(momentum theory)을 이용해 완전히 개방된 조건에서 바람으로부터 얻을 수 있는 풍력터빈의 이론적 최대 효율이 16/27(59.3%)임을 증명했다. 이는 로터 회전방향으로의 풍속 감소와 공기역학적 및 기계적 손실을 고려하지 않은 이론적 최대 효율로서, 모든 풍력터빈은 로터 주변을 밀폐하는 디퓨저(diffuser) 등의 특별한 장치를 설치하지 않는 이상 59.3% 이상의 효율을 낼 수 없다.

(1) 1차원 운동량 이론과 베츠의 법칙

풍력터빈 로터 회전면을 통과하는 바람의 흐름선(유선, streamline)은 **그림 1-16**과 같이 표현할 수 있다. 충분히 멀리 떨어진 상류(단면 ①)에서 유입된 풍속, V_0는 로터 회전면(단면 ②, V_{rotor})을 통과해 하류(단면 ③, V_{wake})로 이동할수록 감소한다. 반대로 압력은 로터 회전면의 영향으로 단면 ①~② 구간에서는 감소하고 단면 ②~③ 구간에서는 서서히 회복된다. 로터 회전면에 작용하는 힘은 식 (1-4)와 같이 표현된다.

$$F_{rotor} = \Delta P_{rotor} \times A_{rotor} \qquad \textbf{(1-4)}$$

로터는 회전하지 않으며 마찰저항을 무시하고 비압축성 유체로 가정하면, 로터 회전면에 작용하는 힘(추력, thrust force) 계산에 필요한 알려지지 않은 변수 ΔP_{rotor}는 베르누이방정식을 이용해 쉽게 구할 수 있다. 모든 단면에서의 높이가 같으므로 단면 구간 ①~②에 베르누이방정식을 적용하면 식 (1-5)와 같이 정리된다.

$$P_0 + \frac{1}{2}\rho V_0^2 = P_{rotor}^+ + \frac{1}{2}\rho V_{rotor}^2 \qquad \textbf{(1-5)}$$

같은 방법으로, 단면 구간 ②~③은 식 (1-6)과 같이 표현된다.

$$P_{rotor}^- + \frac{1}{2}\rho V_{rotor}^2 = P_0 + \frac{1}{2}\rho V_{wake}^2 \qquad \textbf{(1-6)}$$

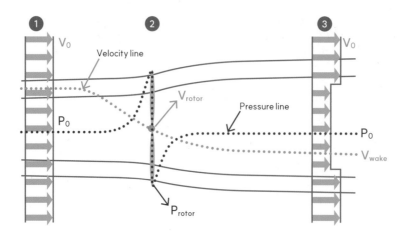

그림 1-16　로터 회전면을 통과하는 유선-속도-압력 변화
(자료 : 조철희 외, 2016)

식 (1-5)와 (1-6)을 로터 회전면 전후의 압력차, ΔP_{rotor} 형태로 정리하고 식 (1-4)에 대입하면 로터 회전면에 작용하는 힘은 다음과 같다.

$$F_{rotor} = (P_{rotor}^+ - P_{rotor}^-)A_{rotor} = \frac{1}{2}\rho A_{rotor}(V_0^2 - V_{wake}^2) \tag{1-7}$$

로터 회전면에 바람의 진행 방향으로 작용하는 1차원 힘은 베르누이방정식을 이용해 유도된 식 (1-7)을 이용해 계산할 수 있다. 또 다른 방법으로는 로터 회전면을 통과하는 바람의 운동량 변화를 이용해 힘 계산을 위한 새로운 관계식을 유도할 수도 있다. 로터 회전면을 통과하는 바람의 운동량 변화는 $\dot{m}V_{rotor}$로 정의할 수 있으므로 힘은 식 (1-8)과 같이 표현된다.

$$F_{rotor} = \rho A_{rotor} V_{rotor}(V_0 - V_{wake}) \tag{1-8}$$

물리적으로, 식 (1-7)과 식 (1-8)에 의해 계산된 로터 회전면에서의 힘의 크기는 같아야 하므로, 두 식을 같다고 두고 V_{rotor}로 정리하면 식 (1-9)와 같이 로터 회전면을 통과하는 풍속의 크기를 알 수 있다.

$$V_{rotor} = \frac{1}{2}(V_0 + V_{wake})$$ (1-9)

로터의 출력은 일률(힘×속도)과 같으므로 식 (1-7)과 식 (1-8)을 곱해서 식 (1-10)과 같이 나타낼 수 있다.

$$P_{rotor} = \frac{1}{2}\rho A_{rotor}(V_0^2 - V_{wake}^2) \times V_{rotor}$$ (1-10)

식 (1-10)을 이용해 로터의 출력을 계산하기 위해서는 단면 ③에서의 후류 속도, V_{wake}를 알고 있어야 하는 문제가 생긴다. 후류 속도 변수를 제거하고 식을 단순화하기 위해 로터 회전면을 통과하는 풍속을 축흐름유도계수(axial flow induction factor, a)를 이용해 다시 정의하면 식 (1-11)과 같이 표현할 수 있다. 축흐름유도계수는 로터 회전면을 통과하는 바람의 감소율을 결정하는 변수이며, 흐름의 이동 저항으로 이해할 수 있다.

$$V_{rotor} = (1-a)V_0$$ (1-11)

앞서 식 (1-9)를 통해 로터 회전면을 통과하는 풍속의 크기를 계산할 수 있는 식을 유도했었다. 따라서 식 (1-9)와 식 (1-11)을 같다고 두고 정리하면 후류 속도는 식 (1-12)와 같이 표현된다.

$$V_{wake} = (1-2a)V_0$$ (1-12)

이제 식 (1-11)과 (1-12)를 식 (1-10)에 대입해 정리하면 로터의 출력을 다음과 같이 축흐름유도계수의 함수로 표현할 수 있다.

$$P_{rotor} = 2\rho V_0^3 a(1-a)^2 A_{rotor}$$ (1-13)

풍력터빈의 효율은 식 (1-3)과 같으므로, 식 (1-13)을 이용해 다음과 같이 축흐름유도계수의 함수로만 정리할 수 있다.

$$C_p = \frac{P_{rotor}}{\frac{1}{2}\rho A_{rotor} V_0^3} = 4a(1-a)^2 \tag{1-14}$$

최대 효율을 구하기 위해 식 (1-14)를 a에 대해 미분하면 1 또는 1/3의 해를 얻게 된다. 축흐름유도계수가 1인 조건에서는 바람이 로터 회전면을 통과할 수 없으므로 물리적으로 의미 없다. 따라서 풍력터빈은 로터의 축흐름유도계수가 1/3을 갖도록 설계된 조건에서 이론적 최대 효율을 발생시킬 수 있다. 식 (1-14)에 a = 1/3을 대입하고 정리하면 최대 효율은 59.3% 이다. 이를 베츠의 법칙이라 한다.

$$C_{p\,\mathrm{max}} = \frac{16}{27} = 0.593 = 59.3\% \tag{1-15}$$

1.3.3   연간발전량 계산

발전량은 특정 기간 동안 발전기가 실제로 생산해 낸 전력량을 말한다. 특정 기간 동안 실제로 생산한 전력량이기 때문에 Wh 또는 kWh 등의 단위로 표현된다. 발전량은 풍력터빈과 같은 발전설비의 최대 발생 출력량과는 다른 개념이다. 출력량 또는 설비용량은 특정 조건에서 풍력터빈이 발생시킬 수 있는 최대 전력량을 의미하기 때문에 W 또는 kW 등의 단위로 표현된다. 즉, 정격출력이 10 MW인 풍력터빈의 설비용량은 10 MW이다. 이 풍력터빈을 이용해서 1년(8,760시간) 동안 실제 생산한 전력량이 26,280 MWh이면 발전량은 26,280 MW/연이다. 1년 동안 생산한 총전력량을 연간발전량(AEP)이라 한다.

(1) 평균 풍속과 풍속의 빈도분포

많은 사람이 특정 지역의 바람 자원의 좋고 나쁨을 이야기할 때 연평균 풍속을 이용한다. 틀린 말은 아니지만 특정 지역의 연간발전량을 추정하는 과정에서 연평균 풍속을 적용하면 잘못된 결과를 얻을 수 있음에 주의해야 한다. 같은 연평균 풍속을 보이는 두 지역이라도 풍속의 빈도분포가 다른 경우에는 연간발전량도 다르게 나타난다. 예를 들어 연평균 풍속이 6 m/s로 같은 다음의 두 지역을 생각해 보자.

- A지역 : 1년 동안 풍속 변화 없이 6 m/s의 바람이 일정하게 불어온 지역
- B지역 : 1년 중 6개월은 4 m/s, 나머지 6개월은 8 m/s의 바람이 불어온 지역

A, B 두 지역의 연평균 풍속은 6 m/s로 같지만, B지역은 6개월 단위로 풍속의 빈도분포가 다르게 나타난다. 이용률(C.F., Capacity Factor)을 100%로 가정하면 단위면적당 연간발전량은 식 (1-16)으로 계산할 수 있는데, A지역은 1,182 kWh/m², B지역은 1,576.8 kWh/m²로 서로 다른 결과를 보인다. 밀도는 1.25 kg/m³으로 가정했다. 즉, 두 지역의 평균 풍속이 같다고 하더라도, 각 지역에서 나타나는 풍속의 출현 빈도분포가 다를 경우에는 연간발전량에 차이가 발생할 수 있다. 따라서 더 정확한 연간발전량을 추정하기 위해서는 후보지역에 기상탑 등의 측정장비를 설치하고 최소 1년 이상 바람 자원을 측정한 후 풍속의 빈도분포를 얻어야 한다. 풍속의 빈도분포는 사람의 지문과도 같은 것으로, 지역마다 고유의 특징을 가지며 일반적으로 **그림 1-17**과 같이 표현된다.

$$AEP = \frac{\frac{1}{2} \times \rho \times A \times V^3 \times 8,760}{1,000} \tag{1-16}$$

- A지역 : $(0.625 \times 1 \times 6^3 \times 8,760)/1,000 = 1,182\ \text{kWh/m}^2$
- B지역 : $\left(0.625 \times 1 \times \frac{1}{2}(4^3 + 8^3) \times 8,760\right)/1,000 = 1,576.8\ \text{kWh/m}^2$

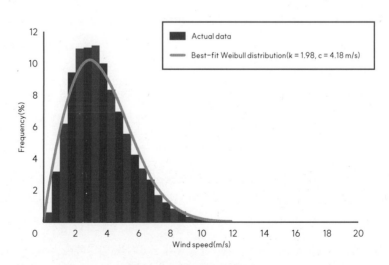

그림 1-17 풍속의 빈도분포 예시
(자료 : Ricci 외, 2014)

1.3.4 이용률과 가동률

(1) 이용률

이용률은 풍력터빈이 일정한 시간 동안 특정 위치에서 정격출력을 100% 발휘하면서 생산할 수 있는 이론적 최대 발전량과 실제 생산된 발전량 간의 비율을 말한다. 예를 들어 12 m/s의 풍속 조건에서 10 MW의 정격출력을 내도록 설계된 풍력터빈은 1년 동안 10 MW × 8,760 hrs = 87,600 MWh의 전력을 생산할 수 있다. 다만, 이 풍력터빈이 87,600 MWh의 전력을 생산하기 위해서는 바람이 1년 동안 쉬지 않고 12 m/s의 속도로 불어야 가능하므로 실제로는 달성할 수 없는 수치이다. 이용률은 식 (1-17)을 이용해 계산한다. 특정 지역에 설치된 정격출력이 10 MW인 풍력터빈이 1년 동안 30,000 MWh의 전력을 생산했다면 이 풍력터빈의 연간 이용률은 약 34.24%이다.

$$이용률(C.F.) = \frac{1년\,동안의\,실제\,발전량(\text{MWh})}{365일 \times 24시간/일 \times 정격출력(\text{MW})} \tag{1-17}$$

이용률은 풍력터빈 1대 또는 풍력단지 전체에 대해 계산될 수 있다. 풍력단지를 대상으로 이용률을 계산하는 경우, 식 (1-17)의 분모 항 변수인 정격출력은 풍력단지 전체 설비용량이 되고, 실제 발전량은 1년 동안 해당 풍력단지에서 생산한 전력의 총량이다. 예를 들어, 설비용량이 100 MW인 풍력단지에서 1년 동안 300,000 MWh의 전력을 생산했다면 이 풍력단지의 이용률은 34.24%이다. 이용률이 높은 풍력단지는 더 많은 전력을 생산할 수 있다.

(2) 가동률

가동률(availability)은 연간 시간에 대한 연간 발전설비의 실제 가동시간의 비율로서 이용률과 함께 풍력터빈 또는 풍력단지의 안전성과 경제성을 나타내는 중요 지표이다. 풍력단지 운영사는 풍력터빈 제작사와 가동률 보증 계약을 체결하는데 일반적으로 95% 이상의 가동률을 보증한다. 가동률 보증 요건을 만족시키지 못하는 경우, 풍력단지 운영사는 제작사에 풍력터빈 미작동으로 인한 발전손실액을 청구할 수 있다.

가동률을 산정하는 방법에는 시간 기반 가동률(time based availability)이 가장 범용적으로 적용되고 있는데, 이 방법으로 가동률을 계산하면 시간에 따른 풍속 변화를 고려하지 못하기 때문에 높은 풍속 조건에서 터빈 가동률의 중요성을 반영하지 못하는 단점이 있다.

또한 식 (1-18)의 분모 항은 고정값으로 발전소 운영자와 풍력터빈 제작사 사이의 이견이 없으나, 연중 풍력터빈이 고장 없이 운전된 총시간인 분자 항은 이견이 있을 수 있다. 예를 들면, 풍력터빈 가동에 필요한 최소한의 바람이 불어오지 않아서 정지해 있는 시간, 풍력터빈의 운전한계 풍속 이상의 바람이 불어와서 정지해 있는 시간, 터빈 고장이 아닌 점검 등을 위해 정지해 있는 시간과 같이 다양한 이유가 있을 수 있으므로 고장으로 인해 정지한 시간을 정확히 산출하기가 어렵다.

$$\text{시간 기반 가동률} = \frac{\text{연중 고장 없이 운전된 시간}}{365\text{일} \times 24\text{시간/일}} \qquad \text{(1-18)}$$

시간 기반 접근법에 따른 가동률 계산의 모호성을 개선하기 위해 발전량 기반 가동률(production based availability)과 풍속한계 기반 가동률(wind in limit availability) 등의 방법이 제안되고 있다. 일반적으로 강풍이 불 때 풍력터빈의 가동률이 낮게 나타난다. 강풍이 부는 조건에서 풍력터빈은 더 많은 전력을 생산하고 더 큰 하중을 받기 때문에 고장 횟수와 가동 중지 시간이 증가할 수 있다. 또한 특정 풍력터빈의 점검 및 수리 시간을 바람이 적은 시간으로 제한할 수 있다면, 총 가동 중지 시간은 같지만, 특히 바람이 많이 부는 시간대에 고장이 발생한 다른 터빈보다 더 많은 에너지를 생산할 수 있다. 이러한 이유로 풍력단지 운영 신뢰성을 신중하게 검토할 때 에너지 가중치 또는 발전량 기반의 가동률을 고려하는 경우가 많다. 다만, 식 (1-19)의 발전량 기반 가동률 계산법은 분모 항 변수인 연중 예상 발전량의 정확한 추정이 어렵다는 측면에서 실제로 적용되기가 어렵다.

$$\text{발전량 기반 가동률} = \frac{\text{연중 실제 생산된 전력량}}{\text{연중 생산 가능할 것으로 추정되는 발전량}} \qquad \text{(1-19)}$$

풍력터빈은 가동을 시작하는 시동풍속(cut-in wind speed)과 가동을 중단해야 하는 종단풍속(cut-out wind speed) 사이의 바람이 부는 경우, 고장으로 정지해 있는 상황이 아니라면 전기를 생산해야 한다. 이러한 개념을 이용해 시간 기반과 발전량 기반의 가동률 산정법이 갖는 모호함을 모두 개선한 방식이 식 (1-20)에 나타낸 풍속한계 기반 가동률 산정법이다.

$$\text{풍속한계 기반 가동률} = \frac{\text{연중 전력을 생산한 시간}}{\text{연중 시동풍속과 종단풍속 범위의 바람이 불어온 시간}} \qquad \text{(1-20)}$$

1.4 국내 부존량과 개발예정 풍력발전단지 현황

1.4.1 풍력자원 잠재량

우리나라의 풍력자원 잠재량(wind resource potential)은 한국에너지공단이 격년으로 발간하는 《신재생에너지백서》를 통해 발표된다. 풍력자원 잠재량은 배제요인의 구분 및 반영 방법에 따라 이론적, 기술적, 시장 잠재량으로 구분되며, 2020년에 발간된 자료에 따르면, 육상풍력과 해상풍력 시장 잠재량은 각각 24 GW와 41 GW이다.

이론적 잠재량은 영토와 영해에 설비용량 밀도 5 MW/km^{2}로 풍력터빈을 설치한 경우, 설치가능한 설비용량 또는 생산가능한 에너지양을 말한다. 기술적 잠재량은 지리적으로 설치 불가능한 지역을 제외하고 기술적 제약을 반영하는 경우, 설치가능한 설비용량 또는 생산가능한 에너지양이다. 시장 잠재량은 정부의 지원정책과 규제정책을 반영해 경제성이 확보될 경우 설치가능한 설비용량 또는 생산가능한 에너지양이다.

실제 풍력발전단지 개발이 가능한 잠재량은 지리적 배제요인과 기술적 제약요인을 반영한 기술적 잠재량에 경제 및 지원정책 영향요인과 규제정책 배제요인을 추가로 고려한 시장 잠재량을 참고하는 것이 타당하다. 시장 잠재량은 현재의 전력 가격, 지원정책 및 규제정책 영향을 고려하여 최소한의 경제성을 갖춘 상업발전단지 개발가능용량으로 볼 수 있다. 국내 시장 잠재량은 총 65 GW(육·해상 포함)이며, 국내 총발전량의 약 29%에 이르는 171 TWh/연의 전력을 생산할 수 있다.

풍력자원 잠재량 산정과정에 적용된 표준 풍력터빈 기술 사양과 균등화발전원가(LCOE, Levelized Cost of Energy) 추정을 위한 기본 전제조건은 터빈 대형화와 시장 확대에 따라 변동성이 크게 나타난다. 잠재량 산정에 적용된 표준 풍력터빈은 육상 2.3 MW(정격풍속 11 m/s), 해상 3 MW(정격풍속 12.5 m/s)인 데 반해, 최근에는 대다수 육상 및 해상풍력단지에 4 MW와 8 MW 이상급 기종이 설치되고 있다. 또한 LCOE 추정과정에서 육상풍력과 해상풍력의 CAPEX(Capital Expenditure, 자본적 지출)는 2,636,000원/kW와 5,803,000원/kW, OPEX(Operational Expenditure, 운영적 지출)는 65,900원/kW/연과 121,863원/kW/연이 각각 적용되었으나, 현재는 터빈 대형화와 시장확대에 따른 LCOE 하락이 기대되는 상황이다. 따라서 **표1-2**의 국내 풍력자원 잠재량 산정결과를 보면, 기술적 배제요인과 경제적 제약

조건의 완화, 환경·생태적 영향 변화 및 사회환경적 수용성 향상 등에 의한 사업개발 가능지역 확대에 따라 향후 지속적인 증가 추세를 보일 것으로 예상된다.

표 1-2   우리나라의 풍력자원 잠재량

구분	육상풍력		해상풍력		합계	
	발전량 (TWh/연)	설비용량 (GW)	발전량 (TWh/연)	설비용량 (GW)	발전량 (TWh/연)	설비용량 (GW)
이론적	968	499	1,298	462	2,266	961
기술적	781	352	1,176	387	1,957	739
시장	52	24	119	41	171	65

자료 : 한국에너지공단, 신·재생에너지백서, 2020

최근 산업통상자원부에서 발표한 「에너지 환경 변화에 따른 재생에너지 정책 개선방안」 (2022. 11.)에 따르면, 정부는 2030년까지 평균 1.9 GW/연의 속도로 풍력발전 설비를 보급할 계획이며, 신규 보급 총용량은 13.3 GW에 이를 것으로 본다.

1.4.2   건설계획 중인 육상풍력단지

우리나라는 산업통상자원부로부터 발전사업허가를 취득하고 사업개발을 추진 중인 육상풍력 설비용량이 약 10.58 GW(229개소)에 이른다. 육상지역 풍황자원이 우수한 지역으로 평가되는 강원도와 경상북도 지역의 예정 물량이 높은 것으로 분석되며, 국내 예정 용량의 77.8%를 차지한다. 제주도는 1, 2차 풍력발전종합개발계획을 통해 육상풍력 개발목표를 450 MW로 결정하고 보급을 추진 중이다. 제주도에서 개발 절차를 이행 중인 사업은 행원육상풍력(보롬왓풍력, 21 MW)과 동복·북촌육상풍력2단계(20 MW)가 있으며, 총 327.76 MW의 육상풍력단지가 운전 중 또는 절차이행 중이다.

2017년에 발표된 「재생에너지 3020 이행계획」에 의하면 우리나라의 육상풍력 신규 보급 목표치는 4.5 GW('18~'30)이다. **표 1-3**에 나타낸 바와 같이 국내에 건설계획 중인 육상풍력 단지는 10.58 GW로, 목표 대비 2배 이상의 설비용량을 확보해 신규단지의 추가 발굴은 불

필요하다. 현재까지 보급된 육상풍력 설비용량은 1,563 MW(101개소, 2021년 기준)이며, 목표 달성을 위한 잔여 용량은 2,937 MW이다.

표 1-3 전국 건설 예정 육상풍력단지 현황 (2022. 3. 현재)

지자체	설비용량 (MW)	단지 수 (개소)	지자체	설비용량 (MW)	단지 수 (개소)
강원도	5,321.90	101	충청북도	80.60	3
경상북도	2,910.05	61	제주도	41.00	2
전라남도	1,505.55	36	울산광역시	40.00	2
경상남도	408.20	16	부산광역시	38.40	2
전라북도	218.55	5	충청남도	19.80	1

합계 : 10,579.05 MW, 229개소(발전사업허가 획득, 건설 예정)

자료 : 한국풍력산업협회, 대한민국 풍력발전설비현황 2022 edition, 2022. 03.

1.4.3 건설계획 중인 해상풍력단지

2022년 3월을 기준으로, 산업통상자원부로부터 발전사업허가를 획득한 전국 해상풍력 사업 용량은 18.75 GW(63개소, 제주특별자치도 제외)이다. 발전사업허가를 획득한 사업개발 용량 이 가장 많은 지자체는 전라남도(9,333 MW)이며, 이어서 울산광역시(6,724 MW), 충청남도 (714 MW), 인천광역시·경기도(652.4 MW), 경상남도(617.9 MW), 부산광역시(136 MW) 순 으로 개발이 추진 중이다.

전라남도는 신안, 영광, 완도, 여수, 고흥 해역 일대를 중심으로 해상풍력단지 개발에 나 서고 있으며, 단지별 평균 설비용량이 259.25 MW에 이르는 대단지 개발을 진행 중이다. 특 히, 전남해상풍력 1, 2, 3단계(총 897 MW), 맹골도해상풍력(총 600 MW), 완도금일해상풍력 1, 2단계(총 600 MW), 여수삼산해상풍력(2개소, 총 536 MW), 여수다도해상풍력1, 3(총 896 MW)과 같이, 500 MW 이상의 대형 집적화 형태의 단지개발 추진 사례가 다수 확인된다. 전남지역 해상풍력 사업 설비용량은 전체의 49.8%를 차지한다. 두 번째로 많은 개발 용량을 갖는 울산광역시는 동남해안해상풍력(136 MW)을 제외한 모든 사업이 부유식 해상풍력단 지 개발을 목표로 한다. 부유식 해상풍력단지는 고정식에 비해 많은 초기 비용투자가 필요하므로, 귀신고래1, 2, 3(1,512 MW), 해울이1, 2, 3(1,558 MW), 문무바람1, 2, 3(1,260 MW)과 같이 GW급 초대형 집적화 단지 개발 특징을 보인다. 이러한 이유로 쉘(Shell), 토탈에너지즈(Total Energies), 에퀴노르(Equinor)와 같이 투자 여력이 높은 글로벌 석유회사 중심의 사업 구도가 형성된 것으로 판단된다.

국내에서 개발 중인 해상풍력단지의 전체 평균 설비용량은 297.6 MW/단지인데, 육상풍력 평균 설비용량 46.2 MW/단지에 비해 약 6.4배 큰 것으로 분석된다. 이는 육상풍력 대비 해상풍력 개발비용이 많이 소요되므로 단지 규모의 대형화 및 집적화 개발 방식을 통해 LCOE를 낮추기 위한 사업자들의 전략적 선택이라 볼 수 있다. 이러한 특징은 고정식과 부유식으로 구분되는 해상풍력 사업에서도 똑같이 나타난다. 울산 지역에서 추진 중인 부유식 해상풍력단지의 평균 설비용량은 506.8 MW/단지로, 고정식 해상풍력 위주로 개발 중인 전남 지역보다 약 2배 큰 규모이다.

표 1-4는 전국에서 추진 중인 해상풍력 프로젝트 현황을 나타낸다. 제주특별자치도는 육지와 발전사업허가체계가 다르기 때문에 포함하지 않았다. 제주특별자치도의 발전사업허가권은 「제주특별법」과 「전기사업법」에 따라 제주특별자치도에 있다. 따라서 모든 풍력발전사업 개발 허가는 「제주특별자치도 풍력발전사업 허가 및 지구지정 등에 관한 조례」에 따라 지구지정 심의의결(풍력발전사업 심의위원회)을 통해 부여된다. 제주도에서 개발 중인 해상풍력단지는 한림해상풍력(100 MW, 두산에너빌리티 5.5 MW×18기)이 착공에 들어갔고, 그 밖에 6개 사업 545 MW가 육지부 발전사업허가에 준하는 지구지정 절차를 이행 중이나 주민수용성 확보 어려움 등을 이유로 지연되고 있다. 제주 지역에서 개발을 추진 중인 해상풍력 사업용량은 총 645 MW이며 착공단계에 있는 사업의 용량은 100 MW이다.

표 1-4 전국 건설 예정 해상풍력 단지 현황   (2022. 3. 현재)

지자체 (MW)	발전소명	용량 (MW)	지자체 (MW)	발전소명	용량 (MW)
인천·경기 (652.4)	인천용의자월해상풍력	320	전남 (9,333)	영광낙월해상풍력	364.8
	굴업도해상풍력	233.5		영광안마해상풍력	224
	안산풍도해상풍력	98.9		영광안마2해상풍력	304
충남 (714)	당진난지도 바다와미래	210		영광약수해상풍력	4.3
	태안해상풍력	504		영광야월해상풍력	99.1
전북 (568.5)	새만금해상풍력	99.2		칠산해상풍력	151.2
	서남권해상풍력시범단지	400		신안어의해상풍력	99
	고창해상풍력	69.3		천사어의해상풍력	99

(계속)

지자체 (MW)		발전소명	용량 (MW)	지자체 (MW)	발전소명	용량 (MW)
경남 (617.9)		통영소초	9.9		신안대광해상풍력	400
		욕지해상풍력	384		영광두우해상풍력	49.8
		욕지좌사리해상풍력	224		영광두우2해상풍력	10
부산 (136)		다대포해상풍력	96		임자해상풍력	200
		청사포해상풍력	40		압해해상풍력	80
울산 (6,724)	부유식	동남해안해상풍력	136		신안증도해상풍력	33
		동해1 부유식해상풍력	200		신안우이해상풍력	396.8
		반딧불 부유식해상풍력	804		전남신안해상풍력	300
		귀신고래1 부유식해상풍력	504		진도가사도해상풍력	296
		귀신고래2 부유식해상풍력	504		전남해상풍력 1단계	99
		귀신고래3 부유식해상풍력	504		전남해상풍력 2단계	399
		한국부유식해상풍력	804		전남해상풍력 3단계	399
		이스트블루파워부유식해상풍력	450		맹골도해상풍력	600
		해울이1 부유식해상풍력	520		해남매월해상풍력	96
		해울이2 부유식해상풍력	520		해남궁항해상풍력	240
		해울이3 부유식해상풍력	518		완도해상풍력	148.5
		문무바람1 부유식해상풍력	420		완도금일해상풍력 1단계	200
		문무바람2 부유식해상풍력	420		완도금일해상풍력 2단계	400
		문무바람3 부유식해상풍력	420		문도해상풍력	400
제주 (645)		한림해상풍력[1]	100	전남 (9,333)	여수삼산해상풍력	320
		한동·평대해상풍력[2]	105		여수삼산해상풍력 3단지	216
		대정해상풍력[3]	100		여수다도1해상풍력	256
		월정·행원해상풍력[3]	125		여수다도3해상풍력	640
		탐라해상풍력2단계[3]	72		고흥시산해상풍력	352
		표선·하천·세화2해상풍력[3]	135		광평해상풍력	808.5
		MW급 부유식해상풍력[4]	8		고흥염포해상풍력	96
		[1] '22년4월 한림해상풍력착공('24년 말 준공 예정) [2] 지구지정 완료 [3] 지구지정 절차이행 중 [4] 정부R&D 과제			여수금오도해상풍력	152
					고흥동광해상풍력	400
합계(제주특별자치도 제외)				고정식 해상풍력 → 12,157.8 MW, 50개소 부유식 해상풍력 → 6,588 MW, 13개소		

자료 : 저자 데이터 분석 및 재작성, 한국풍력산업협회, 대한민국 풍력발전설비현황 2022 Edition, 2022. 03.

* 제주특별자치도 해상풍력개발계획은 발전사업허가 합계(용량, 발전단지 수)에서 제외

** 발전사업허가권 : (육지) → 산업통상자원부, (제주) → 제주특별자치도

1.5 기술 동향

1.5.1 기술개발 동향과 발전방향

(1) 풍력발전 혁신기술 메가트렌드

WindEurope은 풍력에너지 기술 분야 메가트렌드를 해상풍력 초대형화, 부유식 해상풍력 산업화, 환경·주민 수용성 향상, 육상풍력 리파워링(re-powering), 자원 재순환율 향상으로 세분화한 인포그래픽 자료를 발표했다(**그림 1-18**). 해상풍력 초대형화 분야는 수 GW급 해상풍력단지 조성, 여러 국가와 연결된 단지 개발, 초대형 풍력터빈 개발(15 MW+, CF = 60~64%)이 진행 중이다. 부유식 해상풍력 산업화는 깊은 수심지역에 분포하는 매우 우수한 풍황자원의 효율적 활용, 부유체, 다이내믹케이블, 계류선 양산화, 해양그린수소 생산 분야에 집중한 기술개발 동향을 보인다.

육상풍력 환경·주민 수용성 향상을 위한 기술개발도 진행 중이며, 조류충돌 회피 기술, 소음저감 기술, 부지활용도 향상에 초점을 맞추고 있다. 특히 육상풍력의 경우, 설계수명을 다한 단지들이 대량으로 등장하고 있고, 구형 터빈을 최신 기종으로 교체하려는 효율 향상(발전량 극대화) 수요가 늘어나고 있다. 이러한 시장 요구에 따라 육상풍력 리파워링 기술개발도 진행 중이다. 자원 재순환 분야에 대한 관심 또한 증가하고 있는데, 블레이드 복합재료의 타 산업 분야 재활용, 블레이드 수지재료 분리 및 재사용 관련 기술이 개발 중이다.

이 분야에서 가장 앞서가는 것으로 보이는 베스타스(Vestas)의 경우, 사용 연한이 만료된 풍력터빈 자원 재활용률을 2040년까지 100%로 끌어올리는 zero-waste 계획을 진행 중이다. 풍력터빈 폐기물은 MW당 약 16톤 정도 배출되는 것으로 알려져 있는데, 베스타스의 최신 기종(EnVentus™ platform)의 재활용률이 86~89%에 도달한 반면에 국내 터빈 제작사 중에 관련 지표를 제시하는 곳은 없다. 이 밖에도 육·해상풍력 이용률 향상을 위한 저풍속형(IEC-S 등급) 터빈, 태풍 및 극한지역(IEC-T 등급)에 적합한 터빈, 이송설치·정비 편의성 향상을 위한 모듈형 터빈, 설계수명 30년 이상의 장수명 터빈, 대형 육상풍력터빈 설치용 혁신 장비 개발(자력 승강식 크레인 등), 해상풍력 O&M 비용 절감을 위한 디지털화(핵심부품 고장 진단, 잔여수명 예측) 등과 같이 시장 수요 대응형 기술이 개발 중이다.

육상 및 고정식 해상풍력은 이미 기술성숙도(이하 TRL) 9단계에 도달하여 완전히 성숙

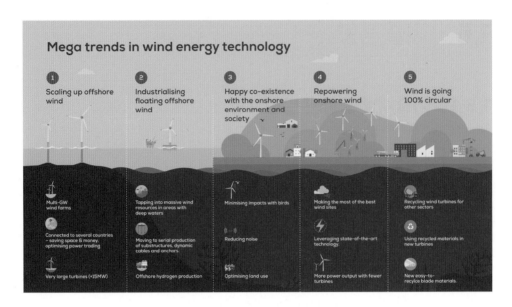

그림 1-18 풍력발전 기술 메가트렌드
(자료 : WindEurope, "Mega trends in wind energy technology," June 2021.)

된 산업이다. 다만, 아직은 미래형 산업으로 평가되는 부유식 해상풍력은 TRL 8-9 수준의 기술 실증 및 사업화 기술개발이 중점적으로 진행 중이다. 부유식 해상풍력은 2030년 이후부터 본격적인 사업화가 가능할 것으로 예상된다. 글로벌 풍력산업은 몇몇 새로운 혁신기술이 분야를 선도하는 신시장 창출단계는 지났고, 이미 성숙단계에 진입한 시장의 확장, 사회적 수용성 강화, 환경보호 및 자원 재활용 측면에서 수요자와 다양한 이해관계자가 요구하는 필요 기술이 개발·공급되는 형태를 보인다. 풍력터빈과 풍력단지로 범위를 축소하면, 주로 대형화와 이용률·가동률 향상을 통한 비용 감소(또는 수익률 증대)에 초점을 맞춘 혁신기술개발이 주를 이룬다.

(2) 초대형 해상풍력터빈 개발 경쟁

해상풍력터빈 초대형화 기술 경쟁의 핵심 동인 중 하나로, 프로젝트 비용을 낮추기 위해 발전 설비용량을 늘리려는 업계의 지속적인 노력을 들 수 있다. 최근 건설 중인 대부분의 해상풍력단지에 10 MW+급 초대형 해상풍력터빈이 설치되고 있는데, 2025년부터는 시제품 단계에서 양산(serial production)단계로 진입하고 있는 15 MW 이상급 기종이 주류를 형성할 것으로 전망된다. 지난해 세계 3대 풍력터빈 제조사(베스타스, 지멘스가메사, 제너럴일렉트릭)

가 15 MW급 풍력터빈 개발계획을 발표한 데 이어 중국의 터빈 제작사인 밍양(MingYang)도 2024년까지 16 MW급 풍력터빈을 상업용 시장에 공급하겠다는 계획을 발표했다. 15 MW급 풍력터빈은 베스타스, 지멘스가메사, 제너럴일렉트릭이 개발 중이며 2024년부터 본격적인 양산에 나설 예정이다.

그림 1-19(a)는 연도별 풍력터빈 설비용량 가중평균 변화를 나타낸다. 2021년 말 기준으로 전 세계에 설치된 평균 설비용량은 7.4 MW에 이르고, 로터 직경과 허브 높이는 각각 156.1 m와 99.6 m이다. **그림 1-19(b)**는 세계 각국의 제조사들이 출시한 풍력터빈 시제품 설비용량 변화 추세를 나타낸다. 10 MW를 초과하는 풍력터빈은 2019년 GE가 12 MW 시제품을 출시한 것을 시작으로, 2020년부터 본격적인 초대형화 제품개발 경쟁체제에 돌입했다. 2021년 말 기준으로, 실증 또는 인증용으로 설치·운전 중인 시제품 중 최대 설비용량을 갖는 풍력터빈은 SGRE와 GE의 14 MW급 제품이다. 베스타스와 밍양은 이보다 더 큰 15~16 MW 터빈 개발계획을 발표하고 시제품 제작을 진행 중이다.

시제품 단계에서 상용화 진입을 위한 양산단계에 도달하기까지 통상 수년의 기술검증 기간이 소요된다. 따라서 현재까지 14 MW급 시제품 개발이 완료되었으나, 양산단계를 거쳐 본격적으로 시장에 공급되는 시점은 2026년 이후가 될 것으로 예상한다. 2027년부터 설치되는 해상풍력터빈 글로벌 평균 설비용량은 약 15 MW에 이를 것으로 전망된다. 향후 해상풍력 시장은 10 MW 이상급 초대형 터빈 공급역량을 갖춘 소수 제작사 의존도가 크게 높아질 것으로 보임에 따라, 글로벌 주기기 공급망 부족에 의한 수요·공급 불일치 현상이 크게 나타날 것으로 예상한다.

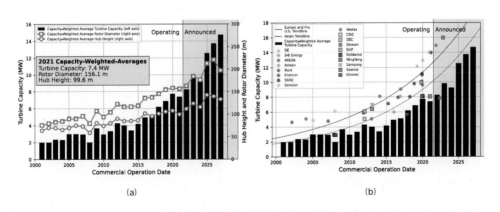

그림 1-19 해상풍력터빈 설비용량 변화 추세
(자료 : US DOE, 2022)

표 1-5 대형 해상풍력터빈 개발현황

제작사	모델명	용량 (MW)	설계등급 (IEC)	직경 (m)	출시연도
베스타스(덴)	V236-15MW	15	S, T	236	2024
지멘스가메사(독)	SG14-236DD	14	I, S	236	2024
제너럴일렉트릭(미)	HaliadeX-14	14	IC, T	220	2024
밍양(중)	MySE16-242	16	IB, T	242	2024
유니슨(한)	U210-10MW	10	S	209	2023
두산에너빌리티(한)	DS205-8MW	8	IB	205	2023

현재 세계 시장에 10 MW 이상급 해상풍력터빈 양산품 공급능력을 갖춘 제작사는 베스타스(10 MW), SGRE(11 MW), GE(12~13 MW) 정도인 것으로 파악된다. **표 1-5**에 보이는 바와 같이, 개발 중인 시제품들은 태풍의 영향을 받는 아시아 시장 공략을 위해 특별히 'IEC-T(typhoon)' 등급을 갖도록 설계되는 경우가 많다. 특히 15 MW 이상급 제품들은 평균 풍속 약 10 m/s를 기준으로 60% 이상의 이용률과 약 80 GWh에 이르는 거대한 연간발전량을 보일 것으로 기대된다.

(3) 저풍속 육상지역 수요 대응

육상풍력과 고정식 해상풍력은 TRL-9단계의 성숙한 산업이므로 신기술이 완전히 새로운 시장을 창출할 여지는 없어 보인다. 다만, 로터 직경을 크게 키워 발전량이 대폭 증가한 저풍속형 풍력터빈이 출시되고 있어, 그동안 낮은 풍속으로 개발이 보류되었던 지역에서도 풍력단지 개발이 가능하게 되었다. 육상풍력단지 이용률 향상을 위한 기술은 기존 시장 규모(또는 잠재량)의 확대에 크게 기여한다. 기술적 측면에서 육상풍력단지 대형화에 가장 큰 걸림돌로 지적되었던 대형 구조물의 효과적 운송·설치 기술도 상용화되고 있어, 7 MW 이상급 대형 육상터빈이 빠른 속도로 보급될 것으로 보인다. 저풍속형 대형 육상풍력터빈 출시, 하이브리드형 타워, 운송 설치 기술혁신에 힘입어 서남아시아, 동남아시아, 아프리카 등 상대적으로 저풍속 지역 중심의 육상풍력 시장 확산이 진행 중이다.

풍력발전단지의 수명은 통상 20년이므로, 2000년 이후로 준공된 육상풍력단지 리파워링 시기가 도래하고 있다. 대부분 풍력단지는 풍황자원이 우수한 지역에 위치하므로 발전성능과 신뢰성이 크게 개선된 최신 대형 풍력터빈을 적용한다면, 약 20%대에 머물러 있는 육상풍력 이용률 또한 30% 이상으로 대폭 향상되어 더 우수한 LCOE 경쟁력을 갖출 수 있을 것으로 보인다. 2019년에 발표된 IRENA의 보고서에 따르면, 육상풍력 시장(리파워링 수요 포함)은 2024년 100 GW/연을 돌파하고 2030년에 147 GW/연, 2050년에는 200 GW/연 규모의 폭발적 성장을 전망하고 있다(CAGR 7.2% 가정). 2021년에 설치된 전 세계 육상풍력은 72.5 GW였다.

글로벌 제작사들은 육상용 풍력터빈 수요 확대를 위해 저풍속 지역에 적합한 4 MW 이상급 대형 육상풍력 기종을 출시하고 있다. 이러한 제품은 동일 설비용량 대비 더 길어진 블레이드를 장착하여 낮은 풍속에서도 많은 발전량을 얻을 수 있도록 설계된다. **표 1-6**에 나타낸 것과 같이, 글로벌 제작사들은 최대 7.2 MW(베스타스)의 육상풍력터빈을 출시하고 있으며, 대부분 IEC-S 또는 IEC-III 설계 등급을 갖는다. 설비용량 측면에서 약 5~7.2 MW 구간에 가장 많은 제품이 분포하고 있는데, 로터 직경은 155~172 m로 중·고풍속 지역용에 비해 큰 편이다. 연간발전량은 평균 풍속 7 m/s를 기준으로 7 MW급이 약 23 GWh, 6 MW급이 약 21 GWh, 5 MW급이 약 19 GWh의 전력을 생산할 수 있는 것으로 조사된다.

육상풍력단지는 복잡한 주변 지형적 특성으로 인해 높은 난류강도에 노출될 가능성이 커서, 특히 국내의 경우 기종 선정에 주의가 필요하다. 국내 터빈 제작사로는 유니슨이 4 MW 이상급 육상용 풍력터빈(U151)을 출시했다. U151은 S(IIIA+)등급으로 설계되어 국내와 같이 복잡 지형적(고난류강도) 특징을 보이는 저풍속 육상지역에 적합한 기종인데 글로벌 경쟁사들 대비 설비용량이 4.3 MW로 다소 열위에 있다.

표 1-6 저풍속 육상지역용 대형 풍력터빈(4 MW 이상)

제작사	모델명	용량 (MW)	설계등급 (IEC)	직경 (m)	발전량 (GWh)
베스타스(덴)	V172-7.2MW	7.2	S	172	25
지멘스가메사(독)	SG6.6-170	6.6	S/IIIB, IIIA	170	–
제너럴일렉트릭(미)	GE-164	6.0	S	164	–
에너콘(독)	E-175	6.0	S	175	23
유니슨(한)	U151-4.3MW	4.3	S(IIIA+)	151	16.5

(4) 부유식 해상풍력

해상풍력은 고정식과 부유식으로 분류되는데 고정식 해상풍력은 이미 성숙단계로 진입하여 완전한 상용화 시장으로 볼 수 있어 새로운 기술이 신시장을 창출하는 단계를 지났다. 부유식 해상풍력은 전 세계 탄소중립 목표 달성에 필요한 대규모 재생에너지를 공급할 수 있는 큰 잠재력을 가진 미래 시장이다. 이 시장은 2030년부터 본격적인 상용화 단계로 진입할 것으로 예상하는데, 미래의 시장 주도권 확보를 위한 차세대 부유식 풍력발전 시스템 기술개발 경쟁이 치열하게 전개되고 있다.

부유식 풍력발전 기술은 상용화 전 단계(TRL-9)에 도달한 것으로 평가되며, 현재 약 150 유로/MWh(204.6원/kWh)의 높은 발전단가 극복을 위한 LCOE 저감 기술개발에 주력하고 있다. 부유식 해상풍력산업의 주요 특징은 세계 최고의 해양공학 기술과 재정적 강점을 갖는 셸(Shell), 영국석유(B.P.), 에퀴노르(Equinor), 토탈(TOTAL) 등 대형 석유·가스 회사들이 사업개발에 뛰어들고 있다는 점이다. 이들은 기존 심해 사업개발 경험을 바탕으로 고정식 해상풍력 사업개발자들과의 협업을 통해 실증·시범단계에 머물러 있는 현재 수준을 빠르게 상용화 단계로 이끌 것으로 예상한다. 전 세계적으로 2022년 말까지 약 365 MW의 부유식 해상풍력발전 시스템이 설치될 것으로 전망되며, 2040년 말까지 약 70.3 GW의 부유식 단지가 개발될 것으로 예상한다. 현재 가동 또는 개발 중인 파일럿(pilot) 규모 단지들은 대부분 유럽에서 추진 중인 사업이지만 한국과 일본 등 아시아 국가들도 대규모 단지 개발을 계획하고 있어 현재 유럽 중심의 시장은 빠르게 세계 시장으로 번져나갈 것으로 보인다. 특히 우리나라는 **표 1-4**의 조사 결과와 같이 울산지역을 중심으로 13개, 총 6.588 GW에 이르는 부유식 해상풍력 사업들이 정부로부터 발전사업허가를 획득하는 등 상당히 많은 용량의 단지 개발이 계획·추진되고 있다. GWEC(Global Wind Energy Council)는 2020년대 말에 이르러 한국, 영국, 미국, 스페인, 아일랜드가 세계 5대 부유식 해상풍력 시장이 될 것으로 예측한다.

2009년에 세계 최초의 MW급 부유식 풍력터빈(2.3 MW, 에퀴노르)이 노르웨이 해상에 설치된 이후로, 2017년에는 세계 최초의 상업 발전단지인 Hywind Scotland(30 MW) 부유식 풍력단지가 준공되었고, 2020년에는 Wind Float Atlantic(25 MW), 2021년에는 Kincardine(48 MW)이 준공되어 가동 중이다. 2022년 11월에는 세계 최초의 상용화 전 단계 규모(50~200 MW)의 부유식 해상풍력단지인 Hywind Tampen(88 MW)이 처음으로 전력을 생산하기 시작했다. 전 세계적으로 약 40여 종에 이르는 다양한 형식의 부유체가 개발 중이다(**그림 1-20**).

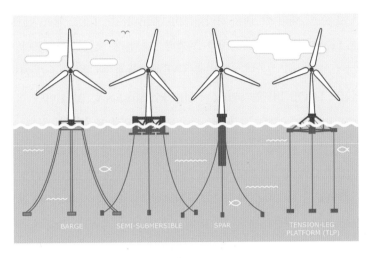

그림 1-20 다양한 형식의 부유체(바지형, 반잠수형, 스파형, 인장각형)
(자료 : https://www.cowi.com/insights/oceans-unlocked-a-floating-wind-future)

기술 성숙도 기준으로 상용화 단계에 도달한 기술은 반잠수형(semi-submergible, TRL9, 2021)과 스파(spar, TRL9, 2021) 형식인 것으로 평가된다. 2021년까지 개발된 전 세계 부유식 풍력단지(15개소) 중 반잠수형(8개소)과 스파형(5개소) 부유체가 가장 많이 적용되었다. Wind Float Atlantic과 Kincardine 부유식 풍력단지는 반잠수형 부유체, Hywind Scotland와 Hywind Tampen은 스파형 부유체를 적용했다. 부유식 풍력발전은 기술적 측면에서 터빈-부유체 간 동적 안정성 제어 기술과 원격운전, 감시, 예지 정비 기술개발이 중요하며 사업화 측면에서는 경제성 확보가 가능한 혁신적인 통합설계, 제작, 설치/시공 기술과 대규모 해양 그린수소 직접 생산 등 기존의 계통연계 방식과 차별화된 사업모델 발굴이 중요하다.

1.5.2   풍력발전단가와 경제성

(1) 세계 균등화발전원가 하락

재생에너지 보급 확대는 기존 발전원 대비 경쟁이 가능한 수준의 LCOE 확보가 가능해야 지속이 가능하다. IRENA에서 발표된 통계자료('22년)에 따르면, 세계 평균 육상풍력 LCOE

의 경우, 전년도('20년) 대비 약 15% 하락한 $0.033/kWh로 그리드 패리티(grid-parity)를 넘어 화석연료 LCOE 최저 범위보다 낮은 가격에 도달했다. 고정식 해상풍력 또한 $0.075/kWh로 약 13% 하락하여 그리드 패리티에 도달한 것으로 볼 수 있다. 2021년도 G20 국가 평균 화석연료 LCOE 범위는 $0.054~$0.167/kWh(IRENA, '22년)이다. 육상과 해상풍력 LCOE는 2010년을 기준으로 각각 68%와 60% 수준으로 대폭 하락했는데, 주요 원인으로 육·해상풍력 시장의 확대를 지목할 수 있다. 2010년도의 육상풍력 시장(누적)은 178 GW였고 해상풍력은 0 GW였으나, 2021년에는 780 GW(육상)와 57 GW(해상)로 대폭 성장했기 때문이다. GWEC는 보고서를 통해 2022~2026년 기간 동안 세계 풍력발전 시장이 연평균 6.6% 성장할 것으로 예상하는데, 2023년에 1 TW(1,040 GW)를 돌파한 후 2026년까지 1,393.9 GW(누적)로 확대될 것으로 전망한다. 따라서 현재의 풍력발전 LCOE는 시장 확대, 터빈/BoP 가격하락, 이용률 향상, O&M 비용 하락, 공급망 성숙화를 통해 더 큰 하락을 기대할 수 있겠고, IRENA는 2050년까지 50% 이상의 LCOE 추가 하락이 가능할 것으로 예상한다(**그림 1-21**).

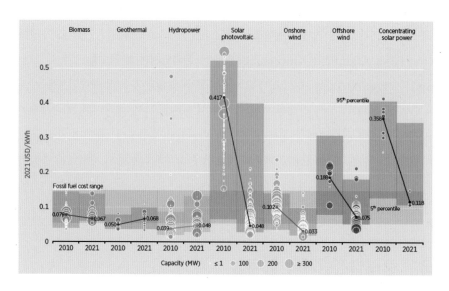

그림 1-21 세계 유틸리티 규모 재생에너지원 가중평균 LCOE, 2010~2021
(자료 : IRENA, Renewable Power Generation Costs in 2021)

(2) 우리나라의 풍력발전 균등화발전원가

우리나라는 풍력발전 LCOE의 공식적인 통계적 수치를 발표하지 않고 있으며, 에너지경제연구원에서 「재생에너지 공급확대를 위한 중장기 발전단가(LCOE) 전망 시스템 구축 및 운영」연구과제('20년~'24년)를 통해 추정하고 있다.

2021년 12월에 발행된 2차연도 보고서에 의하면, 2021년도 국내 육상풍력의 경우 규모에 따라 164.0원/kWh(20 MW)과 158.0원/kWh(40 MW)으로 추정된다. 규모의 대형화에 따른 설비비용과 운영유지비용 하락이 LCOE 차이에 직접적인 영향을 주는 것으로 판단된다. 해상풍력 LCOE는 연구 종료 시점에 발표될 것으로 보여 확인할 수 없다. 다만, 언론 보도자료를 인용하면 제주 탐라해상풍력(30 MW) 260원/kWh, 서남해해상풍력(60 MW) 295원/kWh, 제주 한림해상풍력(100 MW) 300원 이상/kWh로 국내 해상풍력 평균 LCOE는 285원/kWh 수준으로 추정된다. 이 같은 수치는 IRENA에서 발표한 2021년도 평균 LCOE 대비 약 3.8배(육상) 및 약 3배(해상) 이상 높아, 국내 풍력발전사업 LCOE 하락을 위한 정책적 지원과 사업자들의 노력이 필요한 상황이다. MW당 사업비 측면에서도 국내 사업이 해외 대비 많이 높은 것으로 분석된다. 2021년도 해외 해상풍력발전사업의 MW당 평균 비용이 약 36억 원($2,858,000)인 반면, 국내사업은 약 64억 원으로 높은 편이다.

에너지경제연구원은 지역별 육상풍력 LCOE 추정결과를 제시했는데, 제주도의 경우 바람 자원이 우수해 전국에서 가장 낮은 129원/kWh로 분석되었다. 또한 한국남동발전(주)은 총 3조 3천억 원 규모로 추진되는 완도금일해상풍력(600 MW) LCOE를 200원/kWh 이하로 낮추는 것을 목표하고 있으며, 가격입찰을 통해 15 MW급 베스타스 터빈을 선정했다('22년 12월). 결국 국내 시장 또한 사업 규모와 터빈 대형화를 통한 LCOE 하락 추세로 빠르게 전환될 것으로 예상하며, 바람 자원이 우수한 지역에서 낮은 CAPEX와 OPEX 비용을 투자하는 방향으로 수백 MW 이상 규모의 대단지 개발에 나설 것으로 보인다. 해상풍력터빈의 경우, 발전량 향상과 운영관리 대수 축소를 통한 O&M 비용 최소화를 위해 최소 10 MW 이상급 터빈 선호도가 높을 것으로 예상한다(표 1-7).

표 1-7 육·해상풍력발전 균등화발전원가 비교

구분		육상풍력 (에너지경제연구원[1])	해상풍력		
			탐라해상풍력	서남해해상풍력	한림해상풍력
지역		–	제주시	부안군/고창군	제주시
용량		40 MW	30 MW	60 MW	100 MW
터빈		–	3 MW(10대)	3 MW(10대)	5.56 MW(18대)
LCOE	국내	158.0원/kWh	260원/kWh	295원/kWh	>300원/kWh
	해외	$0.033/kWh[2]	$0.075/kWh[2] (고정식 해상풍력)		

1) 육상풍력은 실제 풍력발전단지 자료가 아닌 에너지경제연구원 연구 내용에서 인용함
2) IRENA, Renewable Power Generation Costs in 2021, 2022, p. 35.

1. 풍력터빈의 작동 원리에 대해 설명하시오.

2. 평균 풍속이 7 m/s이고 공기밀도가 1.225 kg/m³인 지역에 로터 직경이 220 m이고 효율이 49.5%인 풍력터빈을 설치할 때 몇 MW의 출력을 얻을 수 있는지 계산하시오.
($1\,\mathrm{kg\,m^2/s^3} = 1\,\mathrm{W}$)

3. 특정 지역에 연중 바람이 4 m/s(15%), 6 m/s(30%), 8 m/s(20%), 10 m/s(20%), 12 m/s(15%)의 빈도로 불어올 때 단위면적당 바람이 갖는 연중 에너지의 총량을 계산하시오.

4. 특정 해상풍력단지에 5 MW급 풍력터빈 20대가 설치되어 있다. 풍력터빈은 1대당 연간 35 GWh의 전력을 생산했다고 가정할 때 이 풍력발전단지의 연간 이용률이 얼마인지 계산하시오.

5. 특정 풍력단지에 설치된 풍력터빈이 연중 정지한 총시간은 350시간이다. 이 중 200시간은 운영사가 정기 점검을 위해 가동을 정지시킨 시간이고, 나머지는 부품 고장으로 정지한 시간이라고 할 때 시간 기반 가동률을 계산하시오.

참고문헌

국내문헌

박윤석. (2022). 재생에너지 확대 결국 해상풍력이 답이었다, 일렉트릭파워, 11. 04.

산업통상자원부. (2022). 에너지 환경 변화에 따른 재생에너지 정책 개선방안, 11.

삼성중공업. (2010). Samsung Wind Power Solutions, 2.5MW 풍력터빈 카탈로그, p. 12

이근대, 임덕오. (2021). 재생에너지 공급확대를 위한 중장기 발전단가(LCOE) 전망 시스템 구축 및 운영(2/5). 에너지경제연구원 기본 연구보고서 2021-24, p. 65, 75

조철희, 이영호, 최현주, 최영도, 김범석. (2016). 해양에너지공학. 다솜출판사, p. 48

한국에너지공단. (2020). 2020 신·재생에너지백서, 12., p. 130

국외문헌

Bosch Rexroth AG. (2010). Drive & Control Technology for Wind Turbines

Attaf, B. (2013). Recent Advances in Composite Materials for Wind Turbine Blades, The World Academic Publishing Co. Ltd., p. 148

GWEC. (2022). Global Offshore Wind Report 2022, GWEC, June, p. 51

IRENA. (2019). Future of Wind, Deployment, investment, technology, grid integration and socio-economic aspects, October, 2019.

IRENA. (2022). Renewable Power Generation Costs in 2021, p. 35

IRENA. (2022). Renewable capacity highlights, April 2022, p. 2

IRENA. (2022). World Energy Transition OUTLOOK, March 2022.

Edmonds, J. (2022). Succeeding with floating wind, Orsted, March 2022.

Doerffer, K., Telega, J., Doerffer, P., Hercel, P. (2021). Dependence of Power Characteristics on Savonius Rotor Segmentation, Energies 14(10), pp. 1-18

Ricci, R., & Vitali, D., Montelpare, S. (2014). An innovative wind-solar hybrid street light: Development and early testing of a prototype. International Journal of Low-Carbon Technologies, 10(4), pp. 420-429

Horcas, S. G., Debrabandere, F., Tartinville, B., Hirsch, C., Coussement, G. (2016). CFD Study of DTU 10MW RWT Aeroelasticity and Rotor-Tower Interactions, MARE-WINT, Springer Open, pp. 309-304

Kellner, T. (2016). The Temple of Turbine: One of These Wind turbines Can Power 5,000 Homes, May 23, 2016.

US DOE (2022). Offshore Wind Market Report: 2022 Edition, p. 71

Fromont, V. (2022). Shell Floating Wind, FWS2022 Conference & Exhibition, March, 2022

WindEurope. (2021). Mega trends in wind energy technology, June 2021.

인터넷 참고 사이트

제주데이터허브, 제주특별자치도 풍력발전현황, 데이터 등록일 2021. 01.(https://www.jejudatahub.net/data/view/data/472)

http://nbozov.com/how/post/56/Wind-Turbines

http://www.steelwindtower.com/wind-turbine-tower/

https://guidetoanoffshorewindfarm.com/guide#T_2_2

https://www.cowi.com/insights/oceans-unlocked-a-floating-wind-future

https://www.electimes.com/news/articleView.html?idxno=307081

https://www.engineering.com/story/the-future-of-wind-turbines-comparing-direct-drive-and-gearbox

https://www.ge.com/news/reports/where-ge-makes-haliade-turbines

https://www.knrec.or.kr/biz/korea/intro/kor_wind.do

https://www.mita-teknik.com/products-solutions/wind/wind-turbine-control/turbine-control/

https://www.windpowermonthly.com/article/1137943/service-maintain-wind-turbine-blade

CHAPTER 2

태양열

2.1 태양복사에너지

우리가 이용할 수 있는 지표면에 도달하는 태양에너지는 저밀도의 에너지(최대 1,100 W/m² 이하)로 주간에만 존재하며, 시간에 따른 변화가 크다. 지표면에 도달하는 태양복사에너지는 **그림 2-1**과 같은 파장대별 분포를 가지며, 우리가 주로 열에너지로 이용하는 파장대는 가시광선대이다.

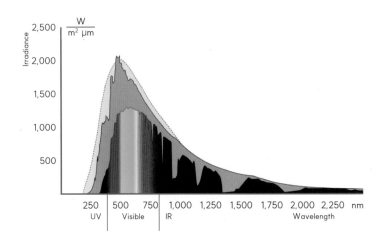

그림 2-1 일사광선의 파장 분포

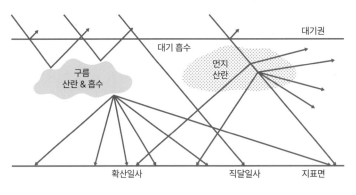

그림 2-2 지표면 도달 일사광선의 형태

태양으로부터 지표면에 도달하는 복사광선은 크게 직달일사와 산란일사 두 가지로 구분된다(**그림 2-2**). 직달일사는 태양으로부터 구름이나 먼지 등에 산란되지 않고 지표면에 직접 도달하는 복사광선으로 임의의 면에 도달하는 이러한 광선의 입사각도는 동일하다. 그러나 산란일사는 태양으로부터 지구로 오는 도중에 구름이나 먼지 등에 의해 산란되어 지표면에 도달하는 복사광선으로, 임의의 면에 도달하는 이러한 광선의 입사각도는 산란정도에 따라 제각각 다르다. 따라서 고온을 얻기 위해 집광하는 경우에 산란일사는 집광할 수가 없으며, 직달일사만 집광이 가능하다. 지표면에 도달하는 전체 일사량 중 직달일사가 차지하는 비율이 높을수록 날씨가 청명하다는 것을 의미한다. 구름이 많거나 오염이 심한 지역의 일사는 대부분 산란일사이다.

태양에서 방출되는 태양복사는 원칙적으로 직달일사 성분만 존재한다. 하지만 지구의 대기권을 통과하는 과정에서 그 지역의 기상조건 및 여러 종류의 가스, 수증기, 먼지 등에 의해 산란되면서 그 성분이 다양해진다. 대기권을 통과해 지표면에 도달하는 태양복사(일사) 성분의 종류는 크게 세 가지 종류, 즉 직달일사(direct radiation), 확산일사(diffuse radiation), 반사일사(reflected radiation)로 구분될 수 있다(**그림 2-3**).

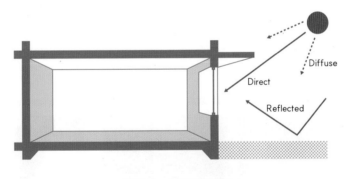

그림 2-3 일사 성분의 종류

직달일사는 방향성분이 있기 때문에 태양의 위치에 따라 그 양이 변하며, 물체에 도달할 경우 반대편에 음영을 발생시킨다(**그림 2-4**). 반면 산란일사는 하늘(천공) 전체에서 조사되는 빛으로 방향성이 없다. 따라서 태양의 위치에 관계없이 천공이 보이는 모든 면을 통해 입사된다. 즉, 태양이 남측 상공에 있다 할지라도 북측 창을 통해 여전히 산란일사는 실내로

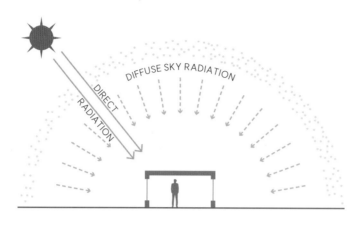

그림 2-4　직달일사와 산란일사의 방향성

유입될 수 있다. 마지막 산란일사는 지표면 또는 인접 건물에 반사된 후 실내로 유입되는 일사량 성분을 의미한다.

　기상관측소에서 측정하는 일사량은 거의 대부분 수평면전일사량(horizontal total insolation)을 측정한다. 수평면전일사량은 직달일사량과 확산일사량을 한꺼번에 측정한 양으로, 통상 **그림 2-5**에 예시한 수평면전일사량계를 지표면과 수평으로 설치해 측정한다. 산란일사량은 수평면전일사량계 센서부위에 직달일사가 도달하지 못하도록 직달일사 가림막(shadow band)이라는 차광장치를 설치하여 순수 확산성분만 측정한 것이다(**그림 2-6**).

그림 2-5　수평면전일사

그림 2-6　확산일사

그림 2-7　직달일사

한편 직달일사 성분만 측정하기 위해서는 태양을 추적하면서 입사각을 항상 0으로 맞춘 상태에서 직달성분만을 측정하는 특수한 장치가 필요하다(**그림 2-7**). 이렇게 측정된 직달일사량을 법선면직달일사(direct normal insolation)라 한다.

이들 간에는 다음과 같은 관계가 성립한다.

$$\text{수평면전일사량} = \text{수평면직달일사량} + \text{산란일사량}$$
$$= \text{법선면직달일사량} \times SIN(h) + \text{산란일사량} \tag{2-1}$$
$$(\text{여기서 } h\text{는 측정시점의 태양고도})$$

2.2 온실효과

2.2.1 온실효과의 원리

건물의 냉난방 및 조명 에너지를 분석하기 위해서는 복사에너지의 행태에 대한 정확한 이해가 선행되어야 한다. 모든 물체는 전자기파인 복사에너지를 방출하며, 복사를 통해 물체 간에 서로 에너지를 교환하고, 순수히 전달되는 복사에너지의 양과 방향은 물체 상호 간의 온도에 의해 결정된다. 물체의 온도가 높을수록 방출하는 복사에너지의 파장이 짧으며, 파장길이에 따라 장파복사와 단파복사로 구분된다. 같은 전자기파의 형태라 할지라도 장파복사와 단파복사가 나타내는 성질은 상이하다.

이 중 가장 특이한 사항은 유리와 같은 투명물체에 대한 투과특성으로 **그림 2-8**은 이에 대한 개념을 도식적으로 설명한다. 그림의 세 그래프 중 (b) 그래프는 전자기파 또는 복사파의 파장대에 따른 일반 유리의 투과율 곡선을 나타낸다. 한편 (a) 그래프는 단파복사인 태양에너지의 파장대에 따른 에너지 강도를, (c) 그래프는 상온의 물체에서 발생하는 장파복사인 열복사의 파장대별 에너지강도를 나타낸다.

단파인 태양복사의 경우 대부분의 에너지가 3 μm 이하에 분포되는 반면, 실내의 벽체나 사람, 가구 등 상온의 물체가 방출하는 장파복사는 3 μm 이상 16 μm에까지 이르며 넓게 분포되어 있다. 한편 유리의 투과율 특성을 살펴보면 3 μm까지의 짧은 파장에 대해서는 투명성을 나타내어 대부분의 복사에너지를 투과시키는 반면, 장파영역인 3 μm 이상의 범위에서는 투과율이 0을 나타낸다. 즉, 유리는 태양복사에 대해서는 완전 투과체인 반면 장파복사에 대해서는 불투명체가 됨을 의미한다.

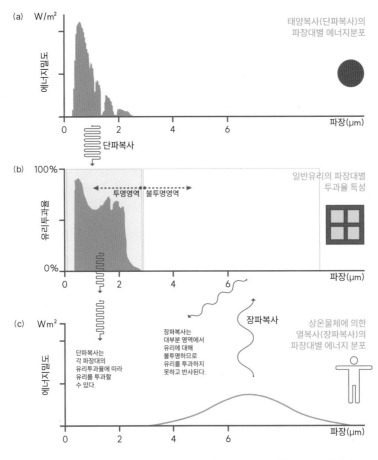

그림 2-8 온실효과의 원리를 설명하는 태양복사 및 열복사와 유리의 상호관계

예를 들어 태양에너지가 남측면의 온실에 유입되어 집열되는 과정을 기술해 보자. 태양에너지가 온실의 유리를 통과할 때는 단파복사의 형태이므로 유리의 투과율에 따라 일정량이 온실 내부로 유입된다. 유입된 태양에너지는 온실 내부의 각 벽표면과 물체표면에 도달하여 표면으로 흡수될 것이다. 이때 표면에 흡수되는 양은 각 물체표면의 흡수율에 따라 결정되

며 나머지 양은 다른 벽면을 향해 반사된다. 다른 벽면 또는 물체로 반사된 태양에너지는 여전히 단파복사의 형태이며 그 벽면의 흡수 및 반사율에 따라 전과 같은 과정을 반복한다. 이러한 과정에서 유리를 통해 투과된 태양에너지는 결국 온실 내의 벽이나 물체 표면으로 모두 흡수된다. 물론 온실 내 표면에서 반사된 태양복사가 유리면을 향해 재반사되는 경우는 아직 단파복사의 형태이므로 유리를 투과하여 온실 외부로 손실되는 양도 존재할 것이다. 일단 온실 내의 각 표면으로 흡수된 태양에너지는 벽표면 및 물체표면의 온도를 상승시키며 벽체의 열용량에 따라 벽체 내부로 저장된다.

한편 흡수된 태양에너지로 인해 각 표면 간에 온도 불균형이 발생하므로 열평형을 위해 복사 및 대류의 형태로 흡수된 에너지를 온실 내로 방출하게 된다. 여기서 표면대류에 의한 열방출은 직접적으로 온실 내의 온도를 상승시키는 역할을 한다. 복사에 의한 열방출은 온도가 낮은 벽 또는 물체의 표면으로 이루어지는데, 이때 복사의 형태는 태양에너지와 같은 단파복사가 아니고 열복사인 장파복사이다. 따라서 열복사가 유리면을 향해 전달되더라도 유리를 투과하여 외부로 손실되지 않고 온실 내부에 축적되게 된다.

이러한 원리에 의해 유리를 통한 태양에너지의 집열이 가능해진다. 유리 및 대다수 플라스틱 계통 투과체가 이러한 특성을 가지고 있으며, 이로 인해 온실효과(greenhouse effect)와 같은 현상이 발생하고 이는 대다수 태양열 난방시스템에 응용된다.

2.3 태양열 집열기

2.3.1 집열기의 분류

(1) 집열온도에 따른 분류

① 저온용 집열기
수영장과 같이 저온의 열부하(30~40℃ 내외)하에서 집열기는 저온을 집열하는 것으로 크게 보온을 필요로 하지 않기 때문에 투과체도 없으며, 특별한 단열도 크게 요구되지 않는다. 가장 일반적인 저온용 집열기는 유럽이나 미국에서 비동절기에 옥외 수영장을 가열하기 위해 매트 형태로 만든 것이며, 이 집열기는 물이 고무라바의 중간을 통해 순환되면서 가열되는 방식으로, 사용하지 않는 기간에는 말아서 두었다가 사용기간에만 펼쳐서 사용하는 것이 일반적이다.

② 중·저온용 집열기

건물의 냉난방이나 급탕에 주로 이용하는 중·저온의 열부하(사용온도 100℃ 이하)에 적합한 집열기로 전 세계적으로 가장 많이 사용되고 있는 유형이다. 흔히 볼 수 있는 평판형 집열기나 진공관 집열기가 대표적이다.

③ 중·고온 집열기

산업공정열의 스팀을 공급하거나 열발전 등 집열온도가 최소 100℃ 이상 요구되는 곳에 사용되는 것으로, 볼록렌즈나 거울과 같은 반사판을 사용하여 태양복사광선을 고밀도로 집광하여 태양에너지 입사면에 대한 수열부 면적의 비율(이것을 집광비라 함)을 매우 크게 하여 고온을 얻을 수 있다.

집광장치는 태양 궤도를 따라서 추적하는 추적식과 고정된 고정식이 있다. 일반적으로 집광비가 큰 고집광용 집열기는 추적식이 대부분이다. 반사판의 형상과 추적제어방식에 따라 다양하게 분류된다.

(2) 외형에 따른 분류

① 평판형 집열기

주변에서 흔히 볼 수 있는 집열기는 일사량의 입사면(투과체 및 흡수판)이 평평하게 생긴 평평한 수열면을 가진 박스 형상을 가진다. 주로 난방과 급탕용의 80~100℃ 이하 중·저온의 집열을 하는 데 사용된다. 또 다른 집열기는 투과체(③) 내부에 태양에너지가 잘 흡수될 수 있도록 선택 흡수막 코팅된 흡수판(⑤ : 동, 알루미늄 판 등)이 있고, 그 흡수판에 열매체 관(⑥)이 부착되어 있으며, 그 하단부는 단열재(④)로 단열되어 있다. 이들 각각의 구성품은 케이스(①)에 의해 고정되어 있다(**그림 2-9**).

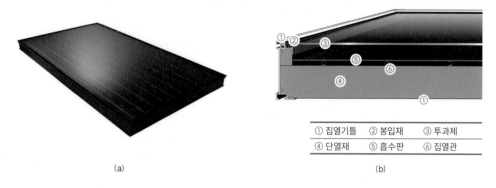

(a)   (b)

① 집열기틀	② 봉입재	③ 투과체
④ 단열재	⑤ 흡수판	⑥ 집열관

그림 2-9　평판형 집열기 구조

● **평판형 집열기의 장점**

　　○ 단순하고 강한 구조

　　○ 기술적으로 어느 정도 완성됨

　　○ 가격 대비 성능이 좋음

② 진공관 집열기

진공관 집열기는 태양에너지 입사면의 유리관 내부를 진공상태로 하여 열손실을 크게 줄여서 평판형보다 높은 온도의 열을 효율적으로 얻을 수 있도록 만들어졌으며, 주로 냉난방 및 급탕, 일부 산업공정열에 사용된다. 따라서 100℃ 이상의 중온을 집열할 경우에도 평판형 집열기에 비해 집열성능 저하 폭이 작다.

　진공관 집열기는 집열 동작원리에 따라 다양한 형태로 구분하며, 진공관의 형상에 따라 단일진공관형 집열기와 이중진공관형 집열기로도 구분한다.

　단일진공관형은 **그림 2-10**과 같이 단일 유리관으로 되어 있으며, 내부 전체가 진공으로 되어 있다. 태양열 흡수판은 진공관 내부에 평판 형태로 있으며, 주로 히트파이프가 이 흡수판에 붙어 있어 히트파이프에 의해 집열된 열이 헤더 측의 열매체로 이송된다.

　이중진공관형은 **그림 2-11**과 같이 이중의 유리관으로 이루어져 있으며, 내부 유리관과 외부 유리관 사이가 진공으로 되어 있다. 이 이중진공관형 집열기는 보통 내부 유리관 외표면에 선택 흡수코팅이 되어 있어 여기서 태양열이 흡수되어 열에너지로 변환된다. 이 열은 내부 유리관의 내표면에 밀착 부착된 판(주로 열전도도가 좋은 알루미늄판이 사용됨)에 부착된

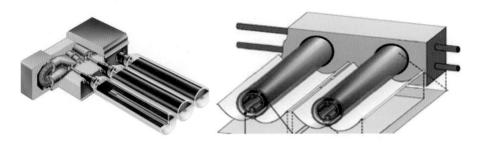

| 그림 2-10 단일진공관형 집열기 | 그림 2-11 이중진공관형 집열기 |

U자관을 통해 헤더의 열매체로 전달된다. 현재 이 집열기는 중국에서만 생산된다.

- **진공관형 집열기의 장점**
  - 평판형 집열기보다 더 높은 열매체 온도를 얻을 수 있어 산업공정열과 태양열 냉방이 가능
  - 평판형 집열기보다 단열효과가 좋아 열손실이 적음
  - 동일한 흡열판 면적을 가진 평판형 집열기보다 더 많은 에너지 생산이 가능. 따라서 적은 설치 면적으로도 가능
  - 다른 내부적인 단열재를 필요로 하지 않는 집열기의 밀폐형 기밀구조여서 집열기 내부로의 수분과 먼지 침투가 없음
- **진공관형 집열기의 단점**
  - 높은 정체온도(뒤에서 설명)로 인해 집열기에 사용되는 모든 재료가 이 높은 온도에 적합해야 함
  - 흡수판 단위 면적당 가격이 평판형 집열기보다 비쌈
  - 낮은 작동온도영역에서는 평판형에 비해 경제성이 저하됨

③ 집광형 집열기

집광형 집열기는 태양에너지를 수열부에 집광하여 고온을 얻을 수 있도록 고안된 것이다. 따라서 입사면에 도달한 태양에너지가 수열면에 초점이 맞도록 광학적인 곡면을 가진 반사판이 필수적으로 사용된다. 집광장치는 태양의 움직임을 추적하는 추적장치 유무에 따라 추적식과 비추적식이 있다.

또한 집광 형식은 한 점에 집광하는 점집광과 선 형태로 집광하는 선집광으로 구분되며, 전자는 반사판이 상하좌우로 제어되며, 후자는 상하 또는 좌우로만 제어된다.

- CPC(Compound Paravolic Concentrator) 집열기 : 직달일사와 산란일사를 모두 집광할 수 있도록 **그림 2-12, 그림 2-13**에서처럼 포물선 형상의 반사판을 갖는 집광장치로 비추적식이다. 집광비가 대체적으로 낮으며, 주로 평판형 집열기나 진공관 집열기에 사용된다.
- PTC(Parabolic Trough Concentrator) 집열기 : **그림 2-14, 그림 2-15**와 같이 반실린더 형태의 집광현 반사판을 갖는 집광형 집열기로 선집광을 하는 집열기이다. 태양의 고도에 따라 반사판이 상하로 움직이면서 반사판 전면의 배관에 태양복사광선이 집광되어 비교적 높은 온도(약 250℃ 내외)를 얻는다. 산란일사는 집광할 수 없고 직달일사만 집광할 수 있어서 상대적으로 직달일사가 많은 청명한 지역에서 사용될 수 있는 집열기이다.
- **Dish형 집광장치** : **그림 2-16, 그림 2-17**과 같이 오목거울 형상의 반사판을 채용한 형태로 수백 ℃ 정도 고온의 태양열을 얻기 위한 장치로서 주로 태양열 발전용으로 사용된다.

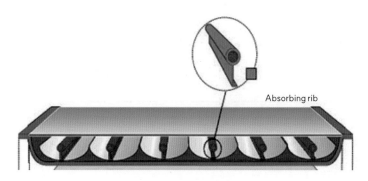

그림 2-12 평판형에 채용된 CPC

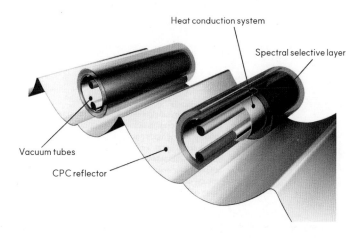

그림 2-13 진공관에 채용된 CPC

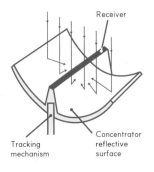

그림 2-14 PTC의 집광원리 개념도

그림 2-15 PTC 집열기 설치 모습

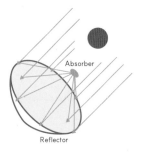

그림 2-16 Dish의 집광원리 개념도

그림 2-17 Dish 집열기 모습

2.3.2   집열기의 구조

전 세계적으로 개발된 집열기 종류는 앞에서 언급한 것처럼 다양하다. 여기서는 국내외에서 주로 사용되며 전 세계 집열기의 거의 대부분(95% 이상)을 차지하고 있는 평판형 집열기와 진공관 집열기에 대한 구조를 통해 에너지전환기로서의 집열기를 이해하기로 한다. 보편적으로 보급되는 이러한 집열기는 유사한 구조를 가진다. 태양에너지의 투과체와 수열부로서의 흡수판, 열매체 이송수단으로서의 열매체관, 케이스(외장) 등으로 구성된다.

그림 2-18부터 **그림 2-20**까지는 평판형 집열기의 흡수판 및 열매체관, 각 부위의 명칭 및 집열기 단면을 보여준다.

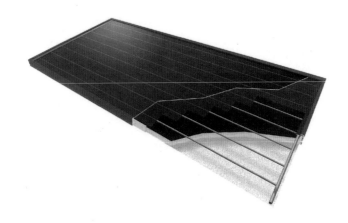

그림 2-18 흡수판 및 열매체관

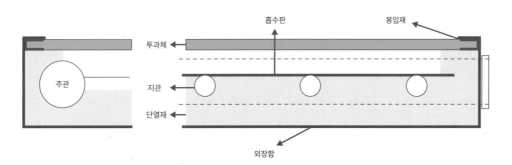

그림 2-19 평판형 집열기 각 부위 명칭

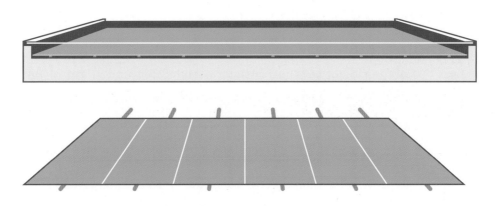

그림 2-20 평판형 집열기의 단면구조

(1) 투과체

투과체는 집열기 내부 부품들의 오염 방지와 외부의 물리적 충격으로부터의 보호를 위한 덮개이다. 이러한 덮개에는 태양으로부터 방사되는 복사광선(이하 일사광선이라 한다)을 잘 투영시킬 수 있는 투명한 유리나 플라스틱 같은 재질(주로 유리)이 사용된다.

투과체는 충격으로부터 손상을 받지 않도록 내충격성이 우수한 특성을 가짐과 동시에 일사광선을 잘 투과시킬 수 있도록 투과율 특성이 좋아야 한다. 통상 평판형의 경우 투과율 특성과 내충격성을 겸비한 저철분 강화유리가 주로 사용되며, 진공관의 경우는 붕규산유리가 사용되고 있다.

(2) 흡수판

흡수판은 입사된 일사광선을 흡수하여 열에너지로 전환되는 부위로서, 집열기의 가장 핵심 부품 중 하나이다. 일반적으로 금속의 표면은 상대적으로 많은 양의 빛을 반사하는 성질을 가지고 있기 때문에, 금속으로 만들어진 흡수판은 태양복사 파장 영역에서 많은 흡수특성(높은 흡수율 α)을 가진 코팅물질을 금속판 위에 코팅해야 한다.

따라서 흡수판에는 열전도율이 높고, 일사광선 흡수율은 높이고 방사율은 낮추어 열선으로 열이 빠져나가지 않도록 표면이 검은색 계통으로 특수코팅(선택흡수막 코팅)된 열전도성이 좋은 금속(동 또는 알루미늄) 박판이 사용된다. **그림 2-21**은 코팅의 유무와 다양한 코팅 방법에 따른 복사광선의 흡수 및 방사의 크기를 예시한다. 코팅되지 않은 동판은 흡수율이 낮고 반사율과 방사율이 큼을 알 수 있다. 반면 티녹스 코팅처리된 흡수판은 흡수율이 아주 높고 반사율과 방사율이 아주 낮음을 알 수 있다.

(3) 집열관(지관 및 주관)

집열관은 일사광선을 흡수하여 열에너지로 변환하고, 가열된 흡수판으로부터 열을 전달받아 축열조나 필요로 하는 곳으로 이송시킬 수 있도록 흡수판에 부착된 열매체 통로이다. 열에너지 전달을 위해 흡수판에 부착된 지관과 열매체의 이송을 위한 주관으로 구분한다. 평판형 집열기의 경우 주로 **그림 2-22**와 같은 여러 가지 형태의 집열관이 사용되고 있다.

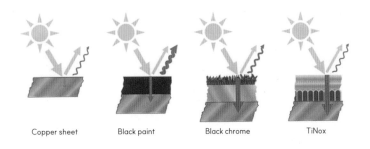

Copper sheet   Black paint   Black chrome   TiNox

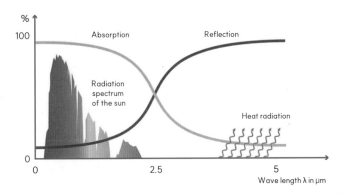

그림 2-21   다양한 표면에서의 흡수와 반사

그림 2-22   평판형 집열기의 집열관

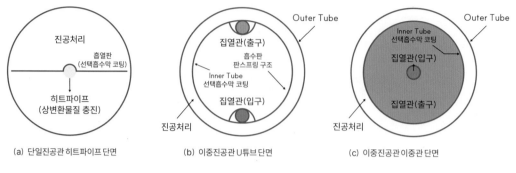

그림 2-23 진공관형 집열기 단면

진공관 집열기의 단면은 주로 **그림 2-23**과 같은 형상으로 되어 있다. 진공관 내의 관이 지관이고, 지관의 상·하단부에 있는 것이 매니폴더(주관)이다. 재질은 작업성과 내구성이 좋은 동(Cu)이 주로 사용된다.

(4) 단열

태양에너지가 열에너지로 전환되면 집열기 흡수판의 온도가 150℃ 이상(단일진공관의 경우는 250℃ 이상)이 되므로 집열기 내·외부 온도차가 커진다. 따라서 집열된 열에너지가 외부로 손실되지 않도록 충분히 단열되어야 한다. 따라서 집열기는 일사광선이 투과되는 투과체 외에는 단열재로 최대한 단열되어야 한다. 단열효과가 좋고 높은 온도를 견딜 수 있는 암면이나 그라스 울 등이 주로 사용된다.

단열재는 집열기가 장시간 햇빛에 노출될 때 도달되는 온도(정체온도라 함)하에서 단열재가 변형되거나 글라스 울(glass wool) 등에 함유되어 있는 페놀성분과 같은 것이 증발되어 투과체나 흡수판을 오염시키지 않도록 페놀성분을 제거해야 한다.

진공관 집열기는 진공 자체가 우수한 단열성능을 가지며, 매니폴더 부위의 열손실을 방지하기 위해 단열재가 사용된다.

(5) 외장(케이스)

집열기는 항상 외부에 설치되어 자외선이나 우박, 비, 바람, 기타 외부 충격으로부터 충분한 내구성을 가져야 한다. 뿐만 아니라 집열기는 구성품의 파손 또는 물성의 변형과 미관 손상 등 성능 저하의 위험성에 항상 노출되어 있다. 따라서 케이스는 이러한 문제점으로부터 집열기 구성품을 안전하게 보호하고 장기간 사용 시 외관의 손상이 없도록 조치되어야 한다.

집열기는 통상 부식 방지와 자외선에 의한 내구성이 우수하도록 표면처리된 재질로 마감한다. 더불어 외장은 내부에 습기가 스며들지 않도록 빈틈없이 밀봉되어야 하고, 내부 습기의 신속한 배출이 가능한 합리적인 구조를 가져야 한다. **그림 2-24**는 특정 진공관형 집열기 모듈과 주요 부분을 나타낸다.

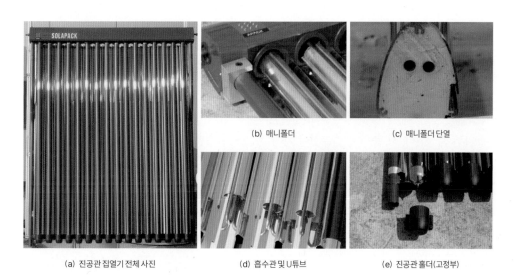

(a) 진공관 집열기 전체 사진   (b) 매니폴더   (c) 매니폴더 단열   (d) 흡수관 및 U튜브   (e) 진공관 홀더(고정부)

그림 2-24   진공관 집열기의 사진과 단면구조

2.3.3 태양열 집열기 성능특성

(1) 집열기 효율 및 효율에 영향을 주는 인자

태양열 집열기는 **그림 2-25**(평판형 집열기의 측·단면도)에 보이는 바와 같이 집열기를 구성하고 있는 구성품들의 열적 및 광학적 특성에 의한 복잡한 메커니즘을 통해 집열이 이루어진다. 일차로 투과체를 통해 일부 반사되고 흡수되며, 투과체를 통한 대류열손실, 흡수판으로부터의 복사열손실, 집열기 구조체를 통한 열손실 등을 통해 상당 부분이 손실되고 나머지가 집열매체를 통해 집열기 밖으로 이송된다.

그림 2-26은 평판형 집열기와 진공관형 집열기에 일사광선이 도달하여 열에너지로 변환되어 집열되는 개념을 보여준다. 평판형 집열기 작동원리 그림으로 집열기에 $1,000 \ \mathrm{W/m^2}$의 복사광선이 도달하는 경우에 각 부위에서 일부 손실되고 최종적으로 $543 \ \mathrm{W/m^2}$(약 54%)의 에너지가 집열되는 것을 대략적으로 나타낸 개념도이다. 집열기 표면에 도달한 복사광선의 일부는 투과체에 의해 반사되고, 아주 적은 양이 투과체에 흡수되고 투과체를 통과한 복사광선이 흡수판의 반사율에 의해 반사되는 광학적 손실을 제외한 나머지 복사에너지가 흡수판에 흡수되어 열에너지로 변환된다. 이 변환된 열에너지가 투과체나 하단부의 단열재를 통해 일부 손실된다. 이 중에서 열손실이 가장 큰 집열기 전면을 통해 손실되는 비율은 집열기 내부의 흡수판 온도와 외기 온도 간 차이가 클수록 커진다. 동절기에 높은 온도를 얻을 수 없는 것이 바로 이러한 이유에서이다.

흡수판은 흡수판에 도달한 일사광선을 최대로 흡수해서 열에너지로 변환될 수 있도록 표면이 선택흡수막 코팅된다. 즉, 일사광선을 최대로 흡수하고 흡수면 자체의 온도 상승에 따른 열의 재복사(장파장의 방사)를 최소로 해줄 수 있도록 특수코팅된 것으로 최근에는 티타늄 코팅을 주로 사용한다.

집열기의 흡수판에 흡수된 태양에너지의 상당 부분은 직간접적으로 집열기를 순환하는 열전달 매체를 가열하게 된다. 가열된 유체의 열은 집열기를 순환하면서 부하에 공급되거나, 태양열 축열조에 열을 저장했다가 부하에 이용하기도 한다. 따라서 집열기의 목적은 높은 효율로 태양에너지를 열로 전환하는 것이며, 이 열을 가능한 한 가장 효율적으로 소비자에게 공급하는 것 또한 중요한 목적이다.

일반적으로 태양열 집열기는 앞에서 설명한 바와 같이 집열온도 및 외형 등에 따라 다양하다. 여기서는 집열기의 효율을 나타내는 효율곡선과 효율과 관련된 매개변수에 대해 설명

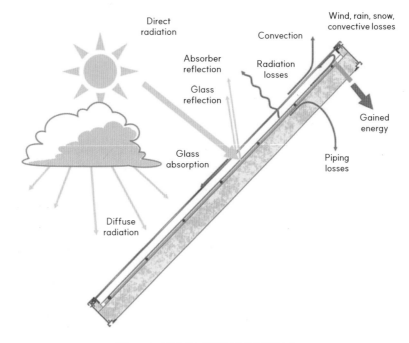

그림 2-25 집열기 투과체에서의 반사와 열손실

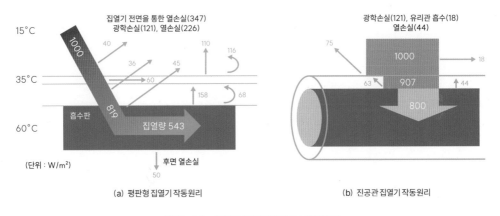

(a) 평판형 집열기 작동원리   (b) 진공관 집열기 작동원리

그림 2-26 집열기 유형에 따른 열손실 개념도

할 것이다. 모든 매개변수에 대한 완전한 이해는 집열기 효율의 정확한 정의와 이해를 위해 필수적이다. 일부 중요한 매개변수의 값 없이 다양한 효율식으로 표현되는 집열기 간의 성능 분석이나 비교는 불가능하다.

(2) 태양열 집열기의 에너지 변환효율

태양열 집열기의 에너지 변환효율은 태양열 집열기에 입사되는 태양복사에너지와 태양열 집열기를 통해 생산되는 열에너지의 비를 퍼센트로 나타낸 것이며, 태양열 집열기를 통해 태양복사에너지로 생산된 열에너지양인 집열량은 다음 식으로 정의된다.

$$\dot{Q} = \dot{m} \cdot C_p \cdot \Delta t \qquad (2\text{-}2)$$

여기서

$\dot{Q}$: 집열기 집열량

$\dot{m}$: 집열기 열매체 유량

C_p : 집열매체의 비열

Δt : $t_{out} - t_{in}$, 집열기 열매체 입출구 온도차

정상상태에서 태양열 집열기의 순간효율(η)은 집열기에 흡수된 태양에너지 중 추출되어 실제 사용가능한 열에너지로 변환되는 에너지의 비로 정의된다.

$$\eta = \frac{Q}{A \cdot G_T} \qquad (2\text{-}3)$$

여기서

A : 집열기 면적

G_T : 집열기 열매체 유량

태양열 집열기의 효율은 대기 환경에 노출된 상태로 대부분 시험이 이루어지기 때문에 외부 요인에 의한 성능의 편차가 반드시 발생한다. 따라서 태양열 집열기의 성능 시험을 위해서는 **표2-1**과 같은 시험 요소의 제한조건에서 시험이 수행되어야 한다.

태양열 집열기의 효율 계산을 위해서는 정상상태 데이터 측정지점 시험시간에는 입구에서 유체의 온도 측정을 정확하게 하기 위해 적어도 15분의 설정시간이 포함되며, 이 작업을 마친 후 적어도 15분의 정상상태 측정시간이 있어야 한다. 모든 시험에서 정상상태 측정 시험시간의 길이는 집열기의 실제 열용량 C와 열유량 mC_p의 비보다 4배 이상이 되어야 하며

표 2-1 태양열 집열기 성능 시험 요소 요건

인자	평균치로부터의 허용편차
시험 중 태양 일사의 변화	$\pm 50 \text{ W/m}^2$
시험 중 주위 외기 온도의 변화	$\pm 1\text{K}$
시험 중 유체 질량 유량 변화	$\pm 1\%$
시험 중 집열기 입구에서의 유체 온도 변화	$\pm 0.1\text{K}$

시험 요소들이 **표 2-1**에 주어진 제한값 이상의 측정시간 동안 평균값을 벗어나지 않을 경우 주어진 측정시간 동안 집열기가 정상상태에 있다고 가정한다.

태양열 집열기의 효율은 태양열 집열 면적에 따라 크게 전면적(η_g)과 투과면적(η_a) 효율로 나타낼 수 있으며 효율에 사용되는 집열기의 면적은 **그림 2-27**과 같다.

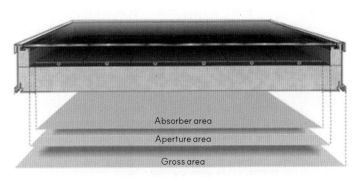

그림 2-27 평판형 태양열 집열기 면적 정의

여기서

A_g : 집열기 전체 면적, 집열기의 외부 경계 사이 면적, 일반적으로 집열기 케이스의 외부 경계

A_a : 투과면적, 투과체 실링부 내에 보이는 유리 면적으로 수직 혹은 경사 태양열 조사에 대한 집열기의 투과 유효 면적

A_A : 흡열판 면적, 태양열 일사를 받는 흡열판의 면적

따라서 태양열 집열기의 효율은 다음과 같이 전면적 및 투과면적 효율로 나타낼 수 있다.

$$\eta_g = \frac{Q}{A_g \cdot G_T}$$

$$\eta_a = \frac{Q}{A_a \cdot G_T} \tag{2-4}$$

이와 같이 태양열 집열기의 열효율은 집열면 일사량, 집열매체 유량 및 집열기에 유입되는 열매체의 입출구 온도 등을 측정하여 구할 수 있다.

태양열 집열기의 효율, η은 전 세계적으로 다음과 같이 크게 두 가지 형태로 표시할 수 있으며 국내에서는 현재 2차 함수를 활용하여 성능을 표기하고 있다.

$$\eta = \eta_0 - a_1 \left(\frac{t_i - t_a}{G_T} \right) \quad \text{또는} \quad \eta = \eta_0 - a_1 \left(\frac{t_m - t_a}{G_T} \right)$$

$$\eta = \eta_0 - a_1 \left(\frac{t_m - t_a}{G_T} \right) - a_2 G_T \left(\frac{t_m - t_a}{G_T} \right)^2 \tag{2-5}$$

여기서

η_0, a_1, a_2 : 집열성능 시험으로부터 구해지는 성능계수

t_{in} : 집열기로 들어가는 열매체 온도(집열기 입구 열매체 온도)

t_a : 집열기 외부 온도

t_m : 집열기 입구와 출구의 열매체 평균 온도차 $t_m = t_{in} + \frac{\Delta t}{2}$

η_0, a_1, a_2는 집열기 열성능 시험을 통해 얻어지는 값으로 다음과 같이 설명될 수 있다.

1. η_0는 집열기 투과체의 투과율과 흡수판의 흡수율에 의해 결정되는 값이며 집열기로부터 열손실이 없을 때 얻을 수 있는 효율로 집열기의 최고효율이라고 표현할 수 있다.
2. a_1와 a_2는 집열기의 사용온도대별 열손실계수에 해당하는 값이다.

따라서 집열기의 성능은 η_0, a_1, a_2의 값으로 평가된다. η_0가 클수록 집열기의 광학적인 성능(투과체의 투과율과 흡수판의 흡수율)이 좋은 집열기라고 볼 수 있으며, a_1와 a_2는 작을수

록 열손실이 적은 집열기라고 볼 수 있다. 즉, a_1와 a_2가 작을수록 사용온도대가 높으며 고온을 효과적으로 얻을 수 있는 집열기라고 볼 수 있다.

이와 같은 수식을 집열기 효율곡선으로 나타내면 **그림 2-28**과 같다. 이 그래프는 x축이 T_m의 함수를 나타내며 y축이 η을 나타내는 것으로, 집열기 효율계수 η_0는 y축과의 교점을 의미하고, a_1, a_2는 효율곡선의 기울기에 해당한다.

$$T_m = \left(\frac{t_m - t_a}{G_T}\right) \tag{2-6}$$

이와 같이 태양열 집열기는 전술한 식 또는 **그림 2-28**의 그래프로 표시되며, 이로부터 집열기의 집열성능 특성을 알 수 있다.

집열기 열효율 시험은 집열기 성능시험기술기준에 구체적으로 제시되어 있다. 이 기술기준에 제시되어 있는 시험조건 및 시험방법에 대해서는 생략하기로 한다. 단지 적정한 시험조건하에서 집열기로 들어가는 열매체의 입구온도인 T_{in} 온도만 변화시켜 가면서 시험을 해

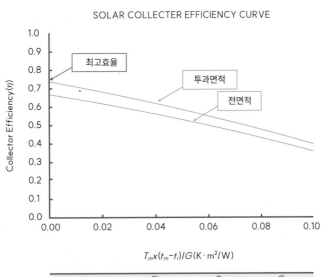

구분	η_0	a_1	a_2
전면적 기준	0.637 9	-4.379 3	-0.027 7
투과면적 기준	0.691 4	-4.746 7	-0.030 1

그림 2-28 집열기의 열성능곡선 및 열성능계수 값

서 1개의 집열기에 대해 최소한 4개의 열효율 시험 데이터를 얻어 도표에 점으로 표시하고, 이들 점을 회귀분석하면 열성능과 관련된 계수를 산출할 수 있다.

집열기의 열성능곡선을 통해 다음과 같은 집열기에 대한 중요한 사항을 알 수 있다.

1. 집열기 입구 열매체 온도와 외기 온도와의 차가 클수록 열손실이 증가하여 효율은 점차 감소한다.
2. 집열기의 전면적과 투과면적 대비 효율의 폭이 서로 다르다.

(3) 태양열 집열기의 성능 매개변수

① 집열기의 열용량

집열기의 열용량은 집열기가 태양일사량 조건을 포함한 집열 조건에 따른 반응 특성을 나타내는 척도이다. 예를 들어 낮은 열용량의 집열기는 외기 조건에 반응속도가 빠르고 집열 불가능한 집열기 내 잔류열량을 최소화할 수 있기 때문에 기후 조건이 크게 변화하는 지역에 적합하다. (열용량은 어떤 물질의 온도를 1℃ 또는 1K 높이는 데 필요한 열량으로 열을 가하거나 빼앗을 때 물체의 온도가 얼마나 쉽게 변하는지를 알려주는 값이다. 단위질량에 대한 열용량은 비열이라고 한다.)

② 집열기의 압력손실

집열기에서의 압력손실은 집열매체를 순환하는 펌프의 소비동력과 관계가 있다. 압력손실이 클수록 큰 용량의 순환펌프가 필요하다. 따라서 집열기 압력손실에 대한 데이터(성능 시험에 의해 측정 및 제공)는 태양열 시스템을 설계하는 데 중요한 자료로 사용된다. 참고로 이 시험은 일반적으로 물을 이용하여 측정한다.

③ 정체온도

집열기가 열방출 없이(정지상태) 일사량은 $1,000 \text{ W/m}^2$ 이상이고 주위 온도는 약 20~40℃ (EN 기준에서는 일사량 $1,000 \text{ W/m}^2$, 주위 온도 약 20~25℃)에 일정 시간 이상 노출되면 집열기는 에너지 흡수량과 열손실량이 평형상태에 도달하게 된다. 이때 집열기가 도달하는 최대온도를 정체온도라 한다. 즉, 이 온도는 집열기가 도달할 수 있는 최고의 온도라고 볼 수 있다. 따라서 집열기는 이 정체온도하에 장시간 놓여 있어도 아무런 문제가 없어야 한다.

정체상태에서 집열기와 주위의 온도차는 1,000 W/m²의 일사량에 대한 특성곡선과 x축과의 교점에서의 값을 이용하여 정체온도를 구할 수 있으며 아래와 같은 식을 통해 계산할 수 있다.

$$t_{stag} = t_{as} + \frac{G_s}{G_m}(t_{sm} - t_{am}) \tag{2-7}$$

여기서

t_{stag} : 정체온도

t_{as} : 30℃

G_s : 1,000 W/m²

t_{am} : 정상상태 도달 시 측정된 외기 온도

t_{sm} : 정상상태 도달 시 측정된 집열기 흡수판 온도

④ 집열기 면적

집열기의 집열량과 열효율을 계산하기 위해 집열기 면적을 정의할 필요가 있다. 즉, 집열기의 열효율과 집열량은 경우에 따라서 전면적을 기준으로 하는 경우가 있고, 투과면적을 기준으로 하는 경우가 있다. 물론 이에 대한 정확한 정의는 KS 기준(KS B 8295)이나 유럽의 EN 기준(EN 12975-2의 부록)에 나와 있다. **그림 2-29~그림 2-31**에 각종 집열기를 나타내었다.

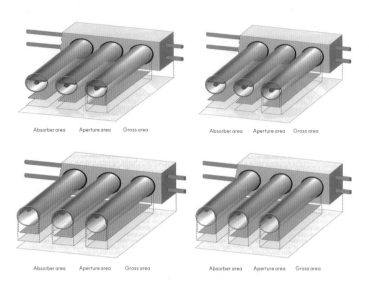

그림 2-29   이중진공관형 집열기

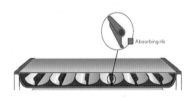

그림 2-30   CPC 반사판이 있는 평판형 집열기

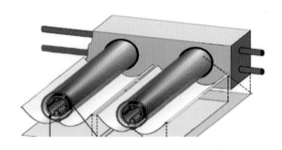

그림 2-31   반사판이 있는 이중진공관형 집열기

2.4 태양열 축열조

2.4.1 축열 기능 및 요구조건

축열조는 집열되는 태양복사에너지를 사용 시까지 저장하는 배터리(battery)와 같은 역할을 한다. 일반적으로 태양열 집열(생산)패턴과 에너지 소비패턴이 부합하지 않기 때문에 특정한 경우를 제외하고는 태양열시스템에서 축열조는 반드시 필요하다. 태양열 축열기간은 시스템 특성과 태양의존율(solar fraction)에 따라 짧게는 몇 시간에서 며칠부터 길게는 수개월에 이르는 계간 축열(seasonal storage)까지 다양하다.

축열의 궁극적인 목적은 열부하가 적은 시기(시간)에 가용한 태양에너지를 최대한 저장했다가 나중에 수요가 생겼을 때 가장 효과적으로 사용할 수 있도록 열에너지를 저장하는 것이다.

2.4.2 축열조 분류

축열조는 태양열 급탕시스템이나 난방시스템에 사용된다. 이러한 시스템은 위생상의 이유로 음용수와 분리하여 축열 매체를 관리하는데, 이로 인해 상대적으로 큰 대용량의 축열조를 필요로 한다.

축열조와 부속배관이 밀폐된 회로를 이룬다면(즉, 산소가 더 이상 회로에 들어가지 않는다면) 부식방지를 위한 보호의 필요성이 다소 완화될 수 있다. 축열조의 압력 부하도 급탕 축열조에 비해 훨씬 경감된다. 이러한 두 가지 요인으로 인해 축열조의 제작비용이 보다 저렴해진다.

(1) 저압용 축열조

저압의 밀폐형 축열조에는 보통 강재가 널리 사용된다. 이런 축열조는 부식방지를 위한 특별한 조치를 취하지 않고서도 사용될 수 있는데, 이는 시스템에 약간 압력이 가해진 상태에서 단 한 번만 물로 채우기 때문에 더 이상의 산소 유입을 막을 수 있기 때문이다. 애초에 채워진 물은 석회석을 잘 제거하고 펌프나 밸브 등에 침전물이 쌓이는 것을 방지하기 위해 잘 정류(filtering)시켜야 한다. 국내의 경우는 주로 부식이 잘 되지 않는 SUS 316L 재료를 사용하여 제작한다(**그림 2-32**).

(2) 콤비 축열조

콤비 축열조(combi storage units)는 주택의 난방 및 급탕 겸용으로 사용할 수 있도록 유럽에서 개발된 축열조로 음용 가능한 급탕 축열조와 (스테인리스 또는 피복 강) 난방용 축열조(이하 축열조)가 일체화된 것이다. 이렇게 함으로써 축열조의 용량이 매우 큰 경우라도 음용수용 저장조를 작게 유지할 수 있다. 축열조의 열은 내부에 있는 급탕용 축열조의 벽면을 통해 전달되므로 별도의 열교환기는 필요 없다(**그림 2-33**).

그림 2-32　태양열 축열조　　　　**그림 2-33**　콤비 축열조

(3) 개방형 축열조

플라스틱재료는 내식성이 강하기 때문에 압력을 적게 받는 개방회로 시스템용 축열조에 아주 적합하다. 이 시스템에서는 막이 없는 개방형 팽창 축열조를 사용한다. 이 경우 안전밸브는 필요 없지만 사용된 재료의 최고 허용치 온도는 고려되어야 한다. 펌프로 순환시키는 시스템인 경우, 일체형 안전 온도 조절기(수동식으로 열어야 하는 모델은 제외)를 사용하여 과열을 방지할 수 있다.

(4) 계간 축열조

계간 축열조는 동절기에 필요한 열을 공급하기 위해 하절기에 다량의 열을 저장하는 방식이다. 이를 위해 단독주택의 경우 10~100 m^3 이상, 태양열 지역난방을 위해서는 1,000 m^3 이상의 대용량 축열조가 필요하다.

금속 축열조의 경우, 몇십 m^3의 크기로 건물에 통합하거나 지하에 매설할 수도 있다. 최근에는 FRP 축열조가 계간 축열조로 많이 사용되고 있다. 태양열 지역난방에 쓰이는 대형 축열조는 지하 웅덩이를 이용하여 건설하거나 대수층, 암반 등을 이용하여 저장하는 경우도 있다. 계간 축열 시스템은 크게 온수조 축열방식의 TTES, 피트방식의 PTES, 지중열을 활용하는 BTES, 대수층을 활용하는 ATES로 구분된다(**그림 2-34**).

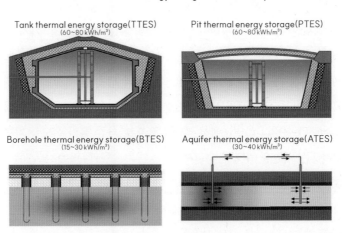

그림 2-34 대표적인 계간축열 방식

2.4.3 축열조의 축열과 방열

(1) 축열(charging)

축열조에 열을 축열할 때(온수가 축열조에 유입될 때), 가능한 한 온도 성층화(thermal stratification : 하단부에는 온도가 낮은 물이, 상단부에는 온도가 높은 물이 있도록 하는 것)가 그대로 유지되도록 하는 것이 매우 중요하며 축열과정에서 온도 성층화가 적극적으로 이루어질 수 있도록 하는 것이 바람직하다. 이를 위해서는 비교적 높이가 큰 축열조(이것이 열손실과 관련해서 볼 때 최적의 조건이 아니라 할지라도)를 사용하거나 기타 디퓨저(diffuser)와 같은 온도 성층화 장치를 사용하는 것이 효과적이다.

성층화를 유지할 경우, 축열조의 상단부에서 높은 온도의 온수를 사용할 수 있고 또한 열교환기의 열교환 효율을 높일 수 있어 유리하다. 온도 성층화가 없는 경우에는 축열조로부터 방출되는 온수(또는 열매체)의 온도가 낮아지므로 보조열원을 자주 작동시켜야 한다.

시간에 따라 변화하는 일사량의 강도는 정유량 상태에서 작동하는 태양열 집열시스템에 집열되는 온도를 변화시킨다. 따라서 축열조의 성층화는 축열과정에서 특별한 온도 성층화를 위한 준비가 없다면 불가능하다. 마찬가지로 방열과정에서도 성층화된 온도층이 깨지지 않도록 주의해야 한다.

축열조 내에는 시수가 들어오고 온수가 나가는 배관과 집열 열교환기로 연결되는 배관 입구에 온도 성층화에 필요한 디퓨저가 설치되는 것이 일반적이다. 디퓨저의 형태는 원판형 디스크, 분사노즐 등 여러 종류가 있다(**그림 2-35**).

이 외에도 재래적인 여러 가지 방법이 있으나 **그림 2-35**에 있는 두 가지 방식이 주로 사용된다. 디퓨저는 배관을 통해 유입되고 유출되는 물에 수평방향의 흐름이 생기도록 하면서 유속을 낮추어 유입 및 유출되는 물의 관성을 축소시켜 탱크 안에 있던 물과의 혼합을 최소화하는 장치이다. 따라서 이 디퓨저는 축열조에 저장된 높은 온도의 물을 최대한 많이 뽑아쓸 수 있게 해줄 뿐만 아니라 축열조에서 집열부 측으로 가는 물의 온도를 가능한 한 낮춰서 집열효율을 높여주는 역할을 하게 된다.

입형 축열조는 원판형 디스크 형태(하단부 그림)의 디퓨저를 주로 사용하고, 횡형 축열조는 배관 측면에 많은 구멍이 뚫려 있어 물을 낮은 속도로 수평방향으로 분사시켜 축열조 내의 유동을 최소화하는 디퓨저를 주로 사용한다.

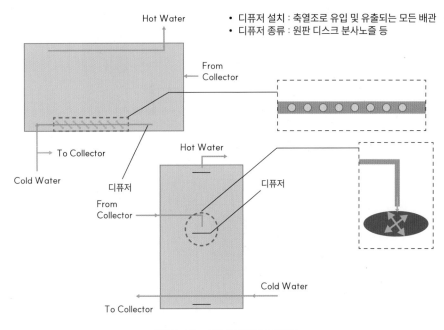

그림 2-35 여러 가지 형상의 디퓨저

(2) 방열(discharging)

급탕 축열조에서의 방열은 온수를 사용함으로써 자동적으로 발생한다. 온수배출은 크게 두 가지 방법이 있을 수 있다. 하나는 **그림 2-36(a)**와 같이 방열 열교환기 없이 직접 온수를 배출하는 방식이고, 또 다른 하나는 **그림 2-36(b)**와 같이 방열 열교환기를 두는 방식이다.

우리나라에서는 거의 대부분 (a)와 같은 방식이 사용되고 있다. (a) 방식에는 온수 출구온도를 일정 온도 이하로 제어하는 온도조절기가 있는 방식과 없는 방식이 있다. (b)와 같이 열교환기가 있는 방식에서는 출구에 별도의 태양열 축열조가 있어 축열을 위해 사용되는 경우에는 저탕조와 급탕 축열조 간의 열교환기가 추가로 필요할 수도 있다. 이때 방열 시 특별한 제어가 필요하다.

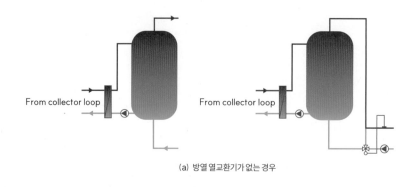

(a) 방열 열교환기가 없는 경우

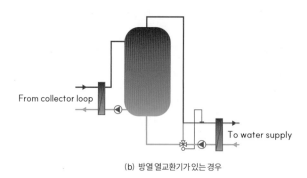

(b) 방열 열교환기가 있는 경우

그림 2-36　축열조 방열의 원리(보조열원과 연계 부분 생략)

2.5　태양열 시스템의 구성방법과 특징

2.5.1　자연형과 설비형 태양열 시스템

태양열 시스템은 태양에너지를 열의 형태로 모아서(집열, 集熱) 이용하는 모든 시스템을 의미하는데, 일반적으로 쉽게 접할 수 있는 시스템으로는 온수급탕 및 난방보조용 태양열 시스템이 있으며 이 외에도 건조용, 냉방용, 산업용, 발전용 태양열 시스템이 있다. 태양열 시스템은 이용 온도에 따라 100℃ 이하 저온, 300℃ 이하 중온, 300℃ 이상 고온 시스템으로 구분하는 것이 일반적이다.

　태양열 시스템을 구성하는 기본적인 기기는 집열기와 축열조인데, 이 기기 내부 또는 각 기기 사이의 열전달 방법이 기계적 강제순환에 의할 때는 설비형(設備型, active) 태양열 시스템이라고 하며, 자연순환에 의할 때는 자연형(自然型, passive) 태양열 시스템이라고 한다. 여기서 기계적 강제순환이란 펌프나 송풍기와 같이 외부로부터 다른 에너지를 소모하는 기계를 사용하여 열전달 및 열수송을 시키는 방식을 뜻하며, 자연순환은 외부로부터 다른 에너지의 개입 없이 자연적 현상인 전도, 자연대류, 복사에 의해 이루어지는 방식을 의미한다.

(1) 자연형 태양열 시스템

자연형 태양열 시스템은 전술한 바와 같이 각 구성 요소 사이의 열전달 방법이 전열매체의 자연대류(free convection)에 의한 것으로서, 특별한 기계장치 없이 태양열에너지를 자연적인 방법으로 집열 및 저장하여 이용할 수 있도록 한 것이다. 열전달이 자연대류에 의하므로 열적 성능이 낮은 단점이 있으나, 상대적으로 경제성이 우수하고 고장의 염려가 적으며 관리가 쉽다는 장점이 있다. 일반적으로 쉽게 볼 수 있는 시스템으로는 **그림 2-37**과 같이 주택의 지붕 또는 옥상에 설치된 태양열 온수기가 있다.

이 태양열 온수기는 열매체가 집열기에서 가열되어 밀도가 작아지면 자연대류에 의해 상단부에 있는 축열조로 이동하고, 여기서 축열조 내 물에 집열된 열을 전달하게 된다. 열을 전달하고 온도가 낮아진 열매체는 다시 밀도가 커지므로 집열기 하단부로 이동하게 되고, 같은 방법을 반복하면서 축열조 내 물의 온도를 상승시킨다. 열매체 이동에 펌프를 사용하지 않는 전형적인 자연형 태양열 시스템이다.

그림 2-37 가정용 자연형 태양열 온수기

한편 이러한 시스템 외에 태양열을 최대한 받아들이고 획득된 태양열이 외부로 손실되지 않도록 설계된 건물도 그 자체가 자연형 태양열 시스템으로 정의된다. 최근에는 이러한 자연형 태양열 건물에 대한 관심이 높아지면서 관련된 창호, 벽체, 단열재, 환기 등에 대한 연구개발이 이루어지고 있다. 이와 같이 자연형 태양열 시스템은 건축과 관련된 부분이 많으며, 매우 넓은 범위의 기술을 포함하고 있다.

(2) 설비형 태양열 시스템

설비형 태양열 시스템은 집열기와 축열조 외에 펌프와 같은 전열매체 순환장치와 이 순환장치를 제어하는 제어기가 추가로 설치된다. 집열기에서의 열전달이 강제대류(forced convection)에 의하므로 집열효율이 높고, 또한 효율이 높도록 제어할 수 있으므로 자연형 태양열 시스템보다 전반적인 성능이 우수하다. 자연형 태양열 시스템의 경우는 자연대류에 의해 전열매체가 이동하므로 축열조가 반드시 집열기 위쪽에 위치해야 한다는 단점이 있지만, 설비형 태양열 시스템의 경우는 축열조의 위치와 형태를 임의로 변경할 수 있는 장점이 있다. 최근 국내에 많은 중·대형 태양열 시스템이 설치되고 있으며, **그림 2-38**이 대표적인 예이다. 그러나 설비형 태양열 시스템은 별도의 순환펌프 및 열교환기와 제어장치 등이 필요하고 이에 따라 고장 가능성이 증가하는 단점도 있다.

그림 2-38 평판형 및 진공관 집열기로 구성된 설비형 태양열 시스템

2.5.2 태양열 시스템 집열부의 개념과 분류

가정용 태양열 온수기는 패키지화된 태양열 시스템이어서 인증제품이 판매되고 있지만, 중·대형 태양열 시스템의 경우는 다양한 구성방법이 존재하므로 인증제도 자체를 적용하기 어려운 문제점이 있다. 결국 인증된 집열기를 이용했음에도 불구하고 구성된 태양열 시스템에 기술적 문제점이 발견될 수도 있는 것이다. 따라서 태양열 시스템의 기본적인 구성방법을 정확히 인식하고, 시스템 규모 및 현장여건을 감안하여 적절한 시스템 구성을 계획하는 것이 필요하다(**그림 2-39**).

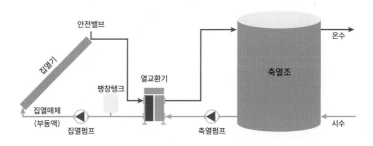

그림 2-39　설비형 태양열 시스템 개략도

　태양열 시스템은 크게 집열부와 이용부로 나눌 수 있으며, 집열부는 집열기에서 취득한 태양열을 축열조에 저장하는 부분을 뜻한다. 집열부는 겨울철 동파방지 방법에 따라 자동배수 시스템과 부동액 시스템으로 크게 구분되는데, 자동배수 시스템은 집열매체로 물을 사용하고 겨울철 동파방지를 위해서 외기온도가 설정온도 이하로 내려갈 경우 자동밸브를 열어 집열기 등 외부노출 부위에 있는 집열매체(물)가 배수되도록 하는 시스템이다. 집열순환펌프가 정지하는 경우 무조건 집열회로 내의 집열매체(물)를 배수탱크로 배수시켜 동파를 방지하기도 한다. 이 시스템은 태양열 집열기, 축열조, 집열순환펌프, 팽창 보충조, 자동밸브, 제어장치 등으로 구성된다. 집열매체가 물이므로 집열된 열을 축열조로 전달할 때 열교환이 필요 없는 장점이 있지만, 효율이 낮고 펌프용량이 커야 하는 단점이 있다.

　한편 부동액 시스템은 겨울철 집열기 및 배관의 동파를 방지하기 위해 집열매체로 부동액(에틸렌글리콜 또는 프로필렌글리콜 수용액)을 사용하는 시스템이다. 이 시스템은 태양열 집열기, 축열조, 열교환기, 집열 및 축열 순환펌프, 부동액 보충조, 팽창탱크, 제어장치 등으로 구성된다. 집열기에서 집열된 열을 축열조로 전달하는 방식은 중·대형 시스템의 경우 열교환기 외부설치형으로, 소형 시스템의 경우 열교환코일 삽입형이나 이중탱크 방식으로 시공하는 것이 일반적이다. 동파 우려가 없으며 밀폐형의 경우 순환펌프 용량이 작다는 장점이 있지만, 열교환기 이용에 따른 효율 감소와 추가 동력이 필요한 단점이 있다. 또한 부동액 사용에 따라 주기적인 점검과 과열 및 누수에 따른 부동액 보충이 필요한 점, 그리고 누수 시 오염 문제 등이 발생할 수 있다는 점에 유의해야 한다.

(1) 부동액 이용 열교환기 외부설치형

열교환기 외부설치형은 열교환기를 축열조 외부에 설치하고, 집열기로 순환되는 집열(부동액) 펌프와 축열조로 순환되는 축열(온수) 펌프를 각각 설치한 것이다. 집열조건이 되면 두 펌프가 동시에 또는 약간의 시간차를 두고 열교환기로 각 순환매체를 순환시켜 열교환하는 방식으로서, 판형 열교환기가 주로 이용되며 스파이얼 열교환기도 종종 이용된다. 팽창탱크의 방식에 따라 밀폐형, 반밀폐형, 개방형 시스템으로 구분된다. 개방형은 집열기 최상단에 개방된 팽창탱크를 설치하는 것으로, 부동액이 대기로 쉽게 증발하기 때문에 거의 이용되지 않는다. **그림 2-40**은 대표적인 반밀폐형 시스템을 나타낸 것으로, 펌프와 열교환기 사이에 개방형 팽창탱크를 설치하는 방식이다. 집열펌프(열매체 순환펌프) 앞에 체크밸브를 설치하여 집열회로 내에 집열매체가 항상 채워져 있도록 되어 있다. 그러나 장시간 미작동 시 체크밸브의 미세한 누수로 집열매체가 팽창탱크로 환수될 우려가 있으므로 유의해야 한다.

(2) 부동액 이용 열교환코일 삽입형

열교환코일 삽입형은 축열조 내에 적정 길이의 열교환용 코일을 설치하여 열교환기 역할을 하도록 하는 방식으로, 주로 소형 시스템에 적용된다. 축열펌프가 필요 없는 장점이 있으나 열교환코일이 삽입된 축열조가 필요하다. 열교환코일은 지지대를 이용하여 설치되며, 열교환코일로 이용되는 관은 주로 동관이지만 스테인리스관도 종종 이용된다. 역시 팽창탱크의 방식에 따라 밀폐형, 반밀폐형, 개방형으로 구분할 수 있다(**그림 2-41**).

(3) 부동액 이용 이중탱크형

이중탱크형은 축열조가 이중탱크로 제작되어 그 환상공간에 집열매체인 부동액이 순환하면

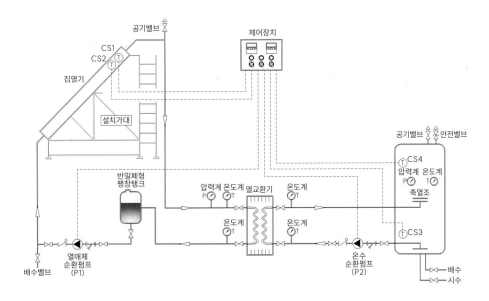

그림 2-40 부동액 이용 열교환기 외부설치 반밀폐형 시스템

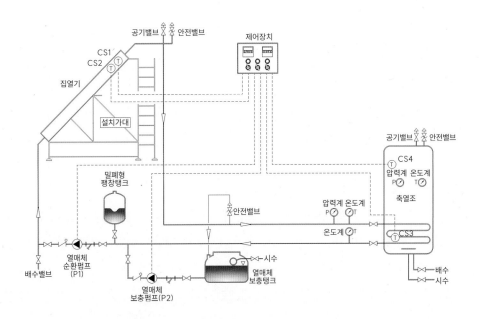

그림 2-41 부동액 이용 열교환코일 삽입 밀폐형 시스템

CHAPTER 2 태양열 **103**

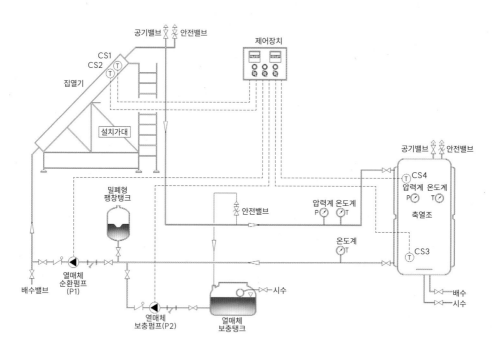

그림 2-42 부동액 이용 이중탱크 밀폐형 시스템

서 축열조 내 물을 가열하도록 하는 방식이다. 열교환 효율을 높이기 위해 전체 환상공간에 균등한 유량이 흐르도록 유로를 형성해 주어야 하며 전열면적이 넓은 특징이 있으나, 주로 소형 시스템에서 이용된다. 집열부 역시 밀폐형, 반밀폐형, 개방형으로 구분할 수 있다(**그림 2-42**).

(4) 자동배수형

자동배수 시스템은 물을 집열매체로 사용한다. 따라서 겨울철에는 집열판 및 배관의 동파를 방지하기 위해 집열부 내 온도가 설정온도 이하가 되면 집열부에 있는 물을 배수시키는 구조를 갖는다. 밀폐형 시스템은 집열부 내에 있는 물을 외부로 배출시키는 방식이고, 개방형 시스템은 집열부 내에 있는 물을 축열조 측으로 배수시키는 방식이다. 밀폐형 시스템은 시스템 내의 압력을 유지하도록 별도의 팽창탱크를 설치하며, 시스템 내의 압력이 떨어지면 자동으로 압력을 유지할 수 있는 장치가 필요하다(**그림 2-43**). 한편, 개방형 시스템은 집열펌프 바이패스 배관에 전동밸브를 설치하는데, 집열부 내의 온도가 설정온도 이하가 되면 전동밸브가 열

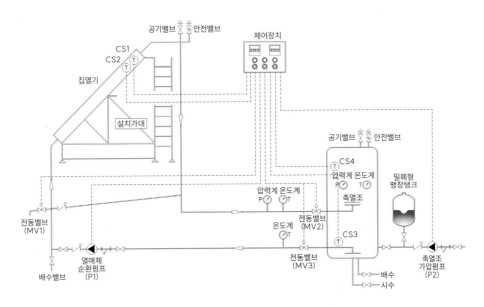

그림 2-43 자동배수 밀폐형 시스템

려 집열부 내 물을 팽창탱크로 회수한다. 집열부 내 물이 제거된 상태에서 다시 집열을 할 때
는 공기가 차 있는 배관에 물을 채워야 하므로 집열펌프 동력이 커지는 단점이 있지만, 부동
액을 사용하지 않아 경제적이며 집열회로 내 사소한 누수 발생이 허용된다는 장점이 있다.

2.6 태양열 시스템 설계

2.6.1 타당성 검토 및 부하 추정

태양열 시스템을 설치하기 전에 먼저 적용하고자 하는 건물의 온수급탕 또는 난방 부하와
설치여건 등을 고려하여 적용 타당성을 검토해야 하고, 그 타당성이 입증되었을 경우 설계에
필요한 기초 데이터를 수집하여 최적 시스템 구성을 위한 설계가 이루어져야 한다. 소비자가
쉽게 접근할 수 있는 태양열 시스템 설계 툴(tool)이 없는 이유는, 얻을 수 있는 열량을 가늠
하는 일사량 등 기후조건이 지역마다 다르고, 시스템 효율 또는 온수급탕 부하 등 설계에서
고려해야 하는 요소가 너무 다양하기 때문이다.

태양열 시스템을 설치하기 위해 소비자 또는 공급자가 가장 먼저 확인할 사항은 적용할 건물의 온수급탕 또는 난방 부하가 어떤지를 살펴보는 것이다. 태양열 시스템은 온수급탕이나 난방 부하가 많고 연중 고르게 분포하는 곳이 적합하므로, 이러한 수요가 존재하는지를 살펴봐야 한다. 일반 가정용 주택 외에 목욕탕이나 기숙사 또는 요양시설 등과 같이 비교적 연중 고른 온수급탕 부하가 존재하는 건물이 적합하다고 하겠다.

온수급탕 부하가 많은 곳이 태양열 시스템을 설치하는 데 적절하지만 정확한 온수급탕 부하를 산정하는 것은 매우 어려운 일이다. 여러 문헌을 참고하면 유럽의 경우 1인당 하루 45℃의 온수를 50~60리터 정도 소비한다고 하지만, 겨울철에는 평균보다 30% 이상 더 소비하는 것으로 추정되고 있다. 위생학적인 측면에서 30~50℃에서 번식속도가 매우 빠른 살모넬라균 등 박테리아를 제거하기 위해 유럽에서는 60℃ 이상의 온수급탕을 권장하는데, 이 경우에는 필요 온수량이 약 30~40리터로 감소하게 된다. 한편, 국내에서는 이보다 훨씬 많은 온수급탕 부하를 기준으로 하고 있는데, 1인당 60℃의 온수 100리터 정도가 필요하다는 자료도 있다.

2.6.2   태양열 의존율 결정

태양열 의존율을 결정하는 기본값은 태양열 시스템이 소비자에게 공급하는 가용 태양열의 양이다. 가용 태양열을 어떤 값으로 할 것이냐에 따라 태양열 의존율에 대한 정의도 다양해지므로 태양열 의존율을 산정할 때에는 사용한 정의를 밝혀야 한다. 가용 태양열을 간단하게 총집열열량으로 할 수도 있지만 엄밀한 의미에서는 축열조 또는 실내외 배관에서의 손실을 감안하는 것이 필요하며, 이 손실은 이용 행태에 따라 큰 차이가 있으므로 정확한 추정이 어려운 면이 있다. 여름철과 같이 집열된 열은 많지만 온수급탕 또는 난방 부하가 적어 실제 이용된 열량이 집열열량보다 적은 경우는 당연히 이용열량을 기준으로 태양열 의존율을 산정해야 한다. 일반적으로 해당 건물에서 필요로 하는 총열량수요 중 가용 태양열을 기준으로 태양열 의존율을 산정하며, 온수급탕 전용인 경우는 필요 온수급탕 열량을 기준으로 한다.

온수급탕 부하를 엄밀하게 산정하고자 하는 경우 시수를 소비자가 요구하는 온도까지 상승시킬 때 필요한 열량을 계산해야 한다. 공급온도는 일정한 반면 시수온도는 계절에 따라 달라진다는 점을 감안해야 하고, 배관 및 축열조에서의 열손실을 고려하는 경우 좀 더 정확한 부하가 산정될 수 있다. 유럽에서는 집열회로, 축열조 및 급탕배관에서의 열손실을 각각 5%, 10%, 5%로 산정하기도 한다.

$$\text{태양열 의존율}[\%] \;=\; 100 \times \frac{\text{태양열 시스템을 통한 이용열량}}{\text{필요열량}} \tag{2-8}$$

태양열 의존율이 클수록 보조열원에 필요한 화석에너지의 양은 감소하지만 그만큼 설비 용량이 증가하기 때문에 공간적·경제적 이유 등 여러 여건을 감안하여 적절한 태양열 의존 율을 결정해야 한다. 집열기 면적이 10 m² 이하인 소규모 태양열 시스템의 경우 여름철 온수 급탕 부하의 90% 이상을 태양열이 공급하는 것을 기준으로 한다. **그림 2-44**는 대표적인 월 별 태양열 의존율을 나타낸 그림으로서, 6월부터 8월 사이에는 태양열 의존율이 100%이며 연중 태양열 의존율은 평균 60%임을 알 수 있다.

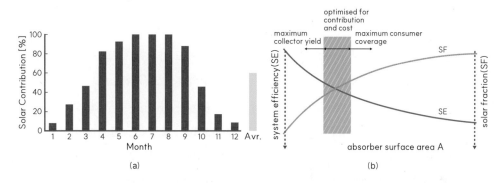

그림 2-44　(a) 월별 태양열 의존율의 예시와 (b) 태양열 의존율과 시스템 효율 간의 관계

2.6.3　소형 태양열 시스템의 간이 설계

집열기 면적이 10 m² 이상 또는 50 m² 이상인 중·대형 태양열 시스템의 설계에서는 구성 기 기를 결정할 때 여러 가지 고려해야 할 사항이 많지만, 집열기 면적이 10 m² 이하인 소형 시 스템의 경우는 대략적인 설계로도 충분한 경우가 많다. 소형 시스템은 1~2인 가구가 거주하 는 소형 주택의 온수급탕 전용 시스템이 대부분인데, 4인이 거주하는 건물의 지붕 또는 옥상 에 남향으로 집열기를 설치할 수 있는 공간이 있다는 가정하에 간이 설계방법을 정리하였다.

(1) 급탕부하 및 집열기 면적(매수) 산정

전술한 바와 같이 급탕부하 산정에는 매우 다양한 방법이 있기 때문에 어떤 방식을 이용할 지에 대한 결정이 필요하다. 만약 1인당 하루에 60℃의 온수를 50리터 정도 사용한다고 가정한다면, 연평균 시수온도를 15℃로 했을 때 다음 식에 의해 1인당 하루에 약 2.62 kWh의 열량이 필요하다고 계산할 수 있다.

$$q_{day} = 50[\text{kg}/\ell] \times 1[\text{kcal/kg℃}] \times (60-15)[℃]/860[\text{kcal/kWh}] = 2.62 \text{kWh} \quad \textbf{(2-9)}$$

우리나라에서는 연평균 경사면 단위면적당 일일 일사량이 약 4.1 kWh(≒ 3,500 kcal)이므로, 시스템 효율 약 40%를 감안하면 집열기 단위면적당 약 1.8 kWh의 열량을 얻을 수 있다. 따라서 1인당 필요한 집열면적은 1.5 m² 정도라고 할 수 있으며, 4인 가구의 경우 일반적인 평판형 집열기 3매(6 m²)로 온수급탕을 어느 정도 감당할 수 있게 된다.

(2) 축열조 및 열교환기

주간에 집열된 열을 저녁이나 아침에 이용하거나 흐린 날에도 가능한 보조열원 없이 태양열을 사용하기 위해서는 축열조 용량이 하루 온수 사용량의 1.5~2배 정도 또는 집열기 면적 기준으로는 50 리터/m² 이상인 것이 추천된다. 따라서 위의 예와 같이 하루 200리터의 온수가 필요하거나 집열기의 면적이 6 m²인 경우는 300~400리터 용량의 축열조가 추천된다. 만약 주간 급탕부하가 많은 소규모 사무실이라면 이보다 작은 용량의 축열조도 가능하다.

소형 시스템에서 집열매체인 부동액과 축열매체인 물 사이의 열전달을 가능하게 하는 열교환기는 일반적으로 튜브형 내부 열교환기를 이용한다. 열전달 면적 증대를 위해 튜브에 핀을 단 핀-튜브형 열교환기는 집열기 단위면적당 0.35 m²의 전열면적을, 그리고 일반적인 튜브형 열교환기는 집열기 단위면적당 0.2 m²의 전열면적을 갖도록 하는 것이 추천되고 있다. 따라서 위의 예에서 일반 튜브형 열교환기를 축열조 내에 내장시키는 경우 그 튜브의 전열면적은 1.2 m² 이상으로 한다.

(3) 집열배관, 순환펌프, 팽창탱크

30 m² 이하의 집열면적을 갖는 소형 또는 중형 설비형 태양열 시스템의 집열기 면적 및 배관 길이에 따른 배관 직경(mm 단위)을 **표 2-2**에 나타내었으며, 이용되는 순환펌프의 용량도

함께 나타내었다. 자연형인 경우에 배관 길이는 짧아야 하며 배관 직경은 다소 커진다. 위의 예에서와 같이 6 m²의 집열기 면적에 집열배관의 길이가 20 m인 경우, 배관 직경 18 mm의 순환펌프 용량은 30~60 W가 추천된다.

부동액을 집열매체로 사용하는 경우 특히 과열에 의한 팽창을 고려해야 하며, 이에 따라 팽창량을 저장할 수 있는 충분한 양의 팽창탱크가 있어야 한다. 팽창탱크의 용량은 집열기

표 2-2　집열기 면적 및 배관 길이에 따른 배관 직경(단위 : mm)과 순환펌프 용량

집열기 면적 (m²)	배관 길이(m)				
	10	20	30	40	50
~5	15	12	15	15	15
~12	18	18	18	18	18
~16	18	22	22	22	22
~20	22	22	22	22	22
~25	22	22	22	22	22
~30	22	22	22	22	22

☐ : 30~60 W　　　▨ : 45~90 W

표 2-3　집열면적과 시스템 높이에 따른 팽창탱크 용량　　　　　　　　　　　　(단위 : 리터)

집열 면적 (m²)	시스템 높이(m)					
	2.5	5	7.5	10	12.5	15
5.0	12	12	12	12	18	18
7.5	12	12	12	18	25	35
10.0	12	12	18	25	35	35
12.5	12	18	25	35	35	35
15.0	18	25	35	35	35	50
17.5	25	35	35	35	50	50
20.0	25	35	35	50	50	50
25.0	35	35	50	50	50	80
30.0	35	50	50	50	80	80

그림 2-45 소형 태양열 시스템 설치 사례

면적, 그리고 집열기 하단과 팽창탱크 사이의 시스템 높이 등에 따라 달라지며 **표 2-3**에 준한다. 위의 예에서 시스템 높이가 5 m 정도라면, 12리터의 팽창탱크가 추천될 수 있다.

    그림 2-45는 소형 태양열 시스템 설치 사례를 보여준다.

2.7 태양열 시스템 열성능 평가

태양열 시스템의 열성능을 분석하기 위한 평가 지표는 태양열 의존율(solar fraction)과 시스템 효율(system efficiency)로 구분된다. 태양열 의존율, F는 총열부하(Q_T)에 대한 태양열 시스템으로부터 공급된 열량(Q_s)의 비를 의미하며 시스템의 규모를 결정짓는 중요한 변수다. 태양열 시스템 효율, η은 설치된 태양열 집열면에 입사된 총일사량(G_T) 중에서 태양열 시스템으로부터 실제로 취득된 열량의 비를 나타낸다.

$$F = \frac{Q_s}{Q_T} \tag{2-10}$$

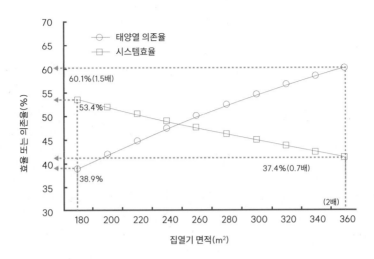

그림 2-46 집열면적에 따른 태양열 의존율과 시스템 효율 간 관계

$$\eta = \frac{Q_s}{G_T}$$ **(2-11)**

그림 2-46은 특정 태양열 급탕시스템에 대한 태양열 의존율과 시스템 효율 간의 관계를 나타낸 것이다. 집열면적이 180 m^{2}일 때 태양열 의존율과 시스템 효율이 각각 39.9%와 53.4%를 나타내고 있다. 집열면적을 2배 증가시킬 때, 즉 360 m^{2}에서 태양열 의존율은 60.1%로서 180 m^{2}와 비교할 때 1.5배 증가에 그치는 것을 알 수 있다. 이와 같은 현상은 시스템 효율이 약 16% 떨어진 결과로서, 태양열 축열조의 성층화가 무너지거나 태양열 축열조 하부의 온도 상승으로 인하여 태양열 집열기의 효율이 떨어지기 때문에 발생한다. 이와 같은 태양열 의존율과 시스템 효율 간의 관계를 고려하여 ASHRAE(미국냉난방공조기술자협회)에서는 태양열 난방시스템의 경우 40~50%, 태양열 급탕시스템인 경우 60~70%의 적정 태양열 의존율을 제안하고 있다.

2.8 태양열 시장 및 산업동향

IEA SHC Solar Heat Worldwide 2023 보고서에 따르면 2022년 말 기준 전 세계 가동 중

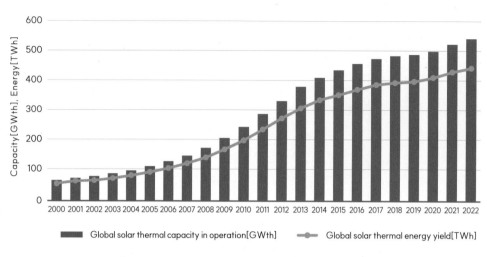

그림 2-47　전 세계 운영 중인 태양열 시스템 용량 및 연간 에너지 생산량

인 누적 태양열 시스템 용량은 542 GWh이며 집열면적 기준으로는 약 7억 7,400만 m²에 해당한다. 2022년 기준 신규로 설치된 태양열 집열 면적은 2,710만 m²로 보고되었다(**그림 2-47**).

연간 태양열 시스템을 통해 생산되는 에너지는 약 442 TWh에 달하며 이는 석유 4,748만 톤과 CO_2 1억 5,330만 톤을 절감할 수 있는 양이다.

지역난방 또는 주거용, 상업용 및 공공 건물을 위한 대규모 태양열 난방 시스템은 2022년 말 기준 전 세계적으로 571개의 대규모 태양열 시스템이 운영되고 있으며 이들 시스템의 총 설치 용량은 약 2,148 MWth이며 이는 310만 m²의 집열면적에 달한다. 대규모 태양열 시스

그림 2-48　오스트리아 그라츠(Graz) 태양열 지역난방 시스템

그림 2-49 중국 티베트 중바(Zhongba) 35,000 m² 의 태양열 지역난방 시스템

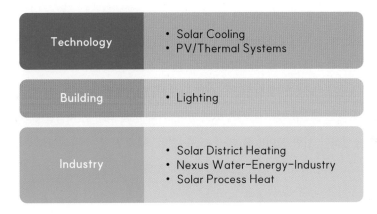

그림 2-50 IEA SHC 태양열 기술 개발 트렌드

템의 가장 큰 분야는 태양열을 활용한 지역난방이며 2022년 말까지 태양열 지역난방을 위해 설치된 집열기 용량은 1,795 MWth이고 약 256만 m² 집열면적에서 전 세계적으로 325개의 태양열 지역난방 시스템이 운영되고 있다.

그림 2-48과 **그림 2-49**는 태양열 지역난방 시스템 적용 사례를 보여준다.

IEA SHC 보고서에 의하면 태양열 분야도 시대의 흐름 변화에 따르기 위해서는 태양열 활용은 기술, 건물, 산업 분야 세 가지로 구분 지어 개발이 필요하다고 내다보았다(**그림 2-50**).

(1) 기술 분야의 경우 태양열 냉방, PV/T 시스템이 향후 시장에 보급되기 위한 제품의 기술 개발이 필요할 것으로 판단하였으며, 태양열 냉방의 경우 중소 냉방용량을 갖는 태양열 하이브리드 솔루션이 시장에 보급되면 건물의 냉방 시스템에 의한 이산화탄소 배출 저감에

크게 기여할 수 있을 것으로 전망되고 있다. PV/T 시스템의 경우 열과 전기를 동시에 생산함에 따라 히트펌프와 연계할 경우 열원으로 활용 및 동시에 전력 공급도 가능하여 그 잠재력이 매우 높을 것으로 판단하고 있다. (2) 건물 분야에서는 기존 온수 급탕 및 냉난방 시스템 외에도 건물의 조명 솔루션으로의 접근이 필요할 것으로 보고되었으며, 기존 전기 조명과 자연광이 통합된 하이브리드 조명이 향후 새로운 트렌드로 자리 잡을 것으로 예측하고 있다. (3) 산업 분야에서는 대규모 태양열 지역난방 시스템이 증가할 것이며 이러한 대규모 시스템에 대한 에너지관리시스템에 대한 기술이 요구될 것으로 보고되었다.

또한 태양열뿐만 아니라 다른 신재생에너지와의 연계를 통한 다양한 열원이 존재하는 지역난방 시스템으로 전환이 이루어져야 할 것으로 예측하고 있다. 그러나 현재 대부분의 지역난방 공급온도는 비교적 높은 80~100℃로 수요처에 공급되는 시스템이므로 태양열을 지역난방의 열원으로 활용하기 위해서는 100℃보다 높은 온도 범위에서 효율적으로 열을 생산할 수 있는 신뢰성 높은 집열기 개발이 필요하며, 또한 이를 저장할 수 있는 혁신적인 새로운 열 저장 시스템 개발도 필요할 것으로 예측하고 있다. 이와 함께 대규모 지역난방 시스템을 보다 효율적으로 운영하기 위한 모니터링, 자동 오류 진단, 예측을 통한 유지관리 시스템 개발도 새로운 트렌드로 자리 잡을 수 있을 것으로 예측하고 있다.

그림 2-51 오만 미라(Miraah)의 세계 최대 300 MWth 태양열 산업공정열 시스템

산업 부문에서는 Nexus 물-에너지-산업이 새로운 트렌드로 자리 잡을 수 있을 것으로 보고 있다. 특히 물 부족 국가의 경우 풍부한 태양에너지 자원을 바탕으로 전 세계 특정 국가의 물 부족 해결이 가능할 것으로 전망하고 있으며, 또한 산업 폐수 처리를 위한 공정에 태양열 활용이 점차 증가할 것으로 전망하고 있다.

마지막으로 산업공정열 분야에서는 다양한 기술(저장, 보일러, 히트펌프, 태양열 및 기타 재생에너지)로 구성된 전체 에너지 공급 시스템의 확산을 통해 산업공정열에 필요한 온도, 시간, 패턴을 구현할 수 있을 것으로 보고 있으며, 이를 통해 기존 화석연료를 사용하는 산업공정열 시스템보다 경제적이고 안정적인 열 공급 시스템 개발이 필요할 것으로 전망하고 있다. 이러한 태양열을 활용한 산업공정열 시스템은 신뢰성, 적용성 확보 차원에서 현재 여러 국가에서 대규모 실증 프로젝트가 진행 중이다.

그림 2-51은 오만 태양열 산업공정열 시스템을 보여준다.

1. 다음은 평판형 태양열 집열기의 성능 특성을 나타낸 것이다. 열매체의 C_p값이 입·출구 모두 4.184 kJ/kg·℃로 동일하다고 할 때 일사량 1,000 W/m²에서의 정상상태 평판형 태양열 집열기의 투과면적 및 전면적의 순간 열효율을 각각 계산하시오. 단, 열매체 유량은 전면적 기준으로 투입되고 있다고 가정한다.

전면적(A_g)	2.05 m²
투과면적(A_a)	1.90 m²
집열기 입구온도(t_{in})	40℃
집열기 출구온도(t_{out})	47℃
단위면적당 열매체 유량($\dot{m}$)	0.02 kg/s · m²
일사량(G_T)	1,000 W/m²

2. 다음은 평판형 태양열 집열기의 성능 특성을 나타낸 것이다. 2차 함수를 이용한 평판형 태양열 집열기의 최고 효율 η_0가 70%, 이 조건에서의 집열 효율 η가 60%라고 할 때 열손실 a_1값은 얼마인가? 소수점 셋째 자리까지 나타내시오.

집열기 입구온도(t_{in})	40℃
집열기 출구온도(t_{out})	47℃
대기온도(t_a)	28℃
일사량(G_T)	1,000 W/m²
열손실(a_1)	?
열손실(a_2)	0.03
최고 효율(η_0)	70%
효율(η)	60%

3. 1인당 하루에 55℃ 온수를 50리터 사용하고 있는 6인 가구 단독주택의 온수급탕을 감당하기 위한 집열기 면적을 소수점 둘째 자리까지 산정하시오. 단, 연평균 시수온도는 18℃, 연평균 일사량은 4.1 kWh, 시스템 효율은 50%로 가정한다.

4. 아래와 같은 태양열 집열기의 정상상태 시험 동안 측정된 데이터를 평균하여 집열기의 정체온도 t_{stag}를 소수점 둘째 자리까지 구하시오.

Time	흡수판온도(t_{sm})	일사량(G_m)	대기온도(t_{tam})
2022/10/22 오후 1:27:00	67.3	978.5	21.1
2022/10/22 오후 1:27:10	67.5	973.4	21.2
2022/10/22 오후 1:27:20	68.2	975.3	21.1
2022/10/22 오후 1:27:30	67.7	976.1	21.1
2022/10/22 오후 1:27:40	67.8	976.2	21.0

5. (1) 태양열 시스템의 열성능을 분석하기 위한 평가 지표인 태양열 의존율 및 시스템 효율의 정의와 식을 나열하시오. (2) 연간 단위면적당 총일사량 G_T가 1,250 kWh/m²일 때 태양열 시스템을 통해 취득한 총열량은 연간 3.75 MWh였다. 태양열 집열기의 설치면적이 10 m²라고 가정하면 이 태양열 시스템의 연간 시스템 효율은 몇 %인가?

참고문헌

국내문헌

주홍진. (2022). 태양열 국내외 시장 및 기술 동향, 한국신재생에너지학회, Vol. 02, No. 01, pp. 23-28

한국에너지공단 신·재생에너지센터. (2020). 2020 신재생에너지백서

한국에너지공단 신·재생에너지센터. (2022). 2022 신재생에너지백서

한국에너지기술연구원, 지식경제부. (2008). 태양열설비 시스템 표준화

한국태양에너지학회. (1991). 태양에너지 핸드북, 태림문화사

한국표준협회. (2015). KS B 8295, 태양열집열기(평판형, 진공관형, 고정집광형)

국외문헌

DBSP. (2016). The Solar Heating Design & Installation Guide

DGS. (2005). Planning and Installing Solar Thermal Systems, Earthscan Publications Ltd.

ESTTP(European Solar Thermal Technology Platform). (2009). Solar Heating and Cooling for a Sustainable Energy Future in Europe(Revised version)

IEA SHC. (2015). Report on state of the art and necessary further R+D, Task 45 Large systems, Seasonal thermal energy storage.

John A. D., William A. B. (2010). Solar Energy Thermal Processes, John Wiley & Sons, Inc.

John A. D., William A. B., Nathan B. (2020). Solar Engineering of Thermal Processes, Photovoltaics and Wind, John Wiley & Sons, Inc.

인터넷 참고 사이트

https://www.iea-shc.org/tasks-topic.

http://www.scores-project.eu/

CHAPTER 3

태양광

3.1 태양에너지

지구 표면에 도달하는 태양에너지는 우주라는 거의 진공의 공간을 통해 전자파의 형태로 보내진다. 평균 1억 5,000만 km라는 지구와 태양 간의 거리를 생각하면, 지구 표면에서는 거의 평행광선으로, 전자기학적으로 말하면 많은 주파수를 갖는 평면파의 집합이라고 볼 수 있다. 지표로 받는 복사 스펙트럼(spectrum)이 **그림 3-1**에 굵은 실선(Air Mass 1.5)으로 표시되어 있다. 가는 실선으로 보이는 우주로부터의 태양복사는 대기권에 들어와 자외선이나 청색의 고에너지(energy) 성분은 공기 분자와의 산란에 의해서 잃게 되고(지상에서 보면 하늘이 푸르게 보이는 이유) 또한 그 위에 대기 중의 수증기 분자 등에 의한 흡수를 받게 되기 때문에, 최종적으로 지표에 달하는 태양광은 그림에 나타낸 오존, 수증기, 산소, 이산화탄소 등에 의한 흡수 손실 부분을 뺀 굵은 실선(Air Mass 1.5)으로 나타낸 스펙트럼 분포가 된다.

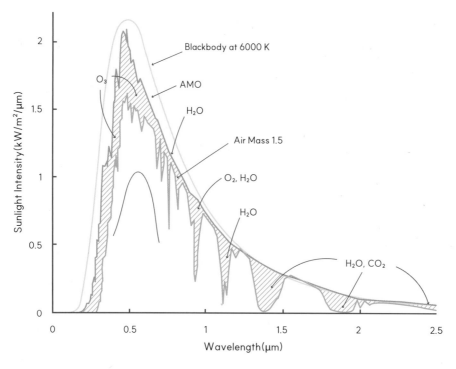

그림 3-1 태양권 외(AMO) 및 지표상(AM1.5)의 태양에너지 스펙트럼

태양복사 스펙트럼의 장파장대 영역에서는 태양전파라 부르는 구조를 볼 수 있지만, 이들은 태양흑점의 활동 등에 의해 변동한다. 따라서 일반적으로 시뮬레이터(simulator) 광원 스펙트럼으로서, 우주권에서는 **그림 3-1**의 파선으로 나타낸 6,000K, 그리고 지표상에서는 5,700K의 흑체복사 스펙트럼에 가까운 것이 사용되고 있다. 다음으로 태양복사에너지의 양에 관해서 생각해 보면, 태양 표면에서 방사된 에너지는 전력으로 환산하여 3.8×10^{23} kW 정도로 추정되고 있다. 이것이 약 1억 5,000만 km의 우주를 통해 지구 대기권 가까이에 도달하면, 그 복사에너지 밀도는 대략 1.4 kW/m^2 정도가 된다. 이 값은 태양정수(solar constant)라 부르고, 인공위성을 사용하여 실측된 것이다.

지구상의 어떤 지점에 입사되는 태양광선은 그 장소의 위도, 시간, 기상 상황에 따라 다양하게 변화한다. 예를 들면, 같은 장소의 남중 때의 직사일광이라도 사계에 따라 통과 공기량이 변화한다. 이 대기권 통과 공기량을 에어매스(AM, Air Mass)라 부른다. 이것을 단위로 하여 천장으로부터 수직으로 입사하는 통과 공기량을 AM1으로 나타낸다. 예를 들면, 대기권 외에서는 AM0, 겨울의 동경에서 정오 때의 직사일광은 AM1.5 정도이다. 따라서 지표에 도달하는 총복사에너지는 이 태양정수에 지구의 투영면적을 곱한 것이다. 지구는 장경 6,378 km, 단경 6,356 km의 거의 구에 가까운 타원체이지만, 시험적으로 단경을 써서 계산하면 177×10^{12} kW가 된다. 이렇게 지구에 내려오는 태양에너지를 100%로 하여, 이것이 지구상에서 어떠한 배분으로 잃게 되는지를 나타낸 것이 **그림 3-2**이다.

지구에 내리쏟아지는 태양복사에너지의 거의 30% 정도(52×10^{23} kW)는 빛으로 다시 우주에 반사된다. 아폴로(Apollo) 우주선에서 지구를 보면, 달 표면과 비교해 반사율이 훨씬 좋은 바다나 구름을 갖고 있는 지구는 푸르게 빛나서 대단히 밝게 보인다(**그림 3-2**). 그런데 나머지 약 70%가 지표에 달하는 에너지이지만, 이 중에 47%가 지표에서 직접 열의 형태로 기온을 유지하고, 나머지의 23%는 해수나 얼음에 축적되어 그 속의 일부가 구름이나 비를 만드는 물의 증발 등에 쓰인다.

이들 중에서 우리의 생활과 직접 관계가 깊은 바람, 파도, 대류에 쓰이는 에너지는 불과 0.2%의 0.37×10^{-2} kW 정도, 게다가 지구상의 동식물의 육성 등 생태계에서 광합성의 형태로 쓰이는 바이오매스 에너지(biomass energy)는 그 1/10인 0.02% 정도(400×10^8 kW)로 매우 적다.

인류가 지표로부터 채집할 수 있는 에너지의 99.98%가 태양에너지에 의한 것이다. 그 나머지 0.02%가 지열에너지이다. 우선, 태양에너지의 양이 얼마만큼 큰가에 관해서는, 전술한

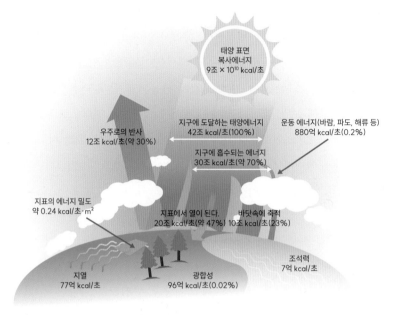

지구에 도달하는 태양에너지
42조 kcal/초(100%)

태양 표면
복사에너지
9조 × 10¹⁰ kcal/초

우주로의 반사
12조 kcal/초(약 30%)

운동 에너지(바람, 파도, 해류 등)
880억 kcal/초(0.2%)

지구에 흡수되는 에너지
30조 kcal/초(약 70%)

지표의 에너지 밀도
약 0.24 kcal/초·m²

지표에서 열이 된다.
20조 kcal/초(약 47%)

바닷속에 축적
10조 kcal/초(23%)

지열
77억 kcal/초

광합성
96억 kcal/초(0.02%)

조석력
7억 kcal/초

그림 3-2   태양복사에너지와 지구보유 에너지

것과 같이 태양에서 1억 5,000만 km 떨어진 지구에 들어오는 태양에너지는 전력으로 환산하면 1.77×10^{14} kW 정도이고, 이 값은 전 세계 평균 소비전력의 수십만 배에 이른다. 요컨대 문명 활동에 사용되고 있는 전체 에너지가 지금의 수 배가 되었다고 해도, 그것은 태양의 흑점 활동에 의한 지표도달 에너지의 변화보다 현격히 작은 차이 정도이다.

태양전지에 의해 태양에너지를 직접 전기에너지로 변환하는 '태양광발전 시스템'은 입사되는 태양광선이 무한하고, 지속가능한 에너지원을 제공함으로써 탈탄소화에서 주요한 역할을 할 것이다.

3.2 태양광에너지

3.2.1 태양광발전

빛을 직접 전기로 변환하는 태양광발전(PV, photovoltaic : photo = light, voltaic = electricity)은 신·재생에너지원 중에서 가장 각광받는 분야 중 하나이다. 실리콘(silicon)은 태양전지를 만드는 기본 물질로 원자번호 14번, 원소 주기율표상의 4족으로 지구상에 가장 많이 매장되어 있는 물질이다. 순수한 실리콘 자체를 진성 실리콘, 5족 불순물을 혼합하여 전자(electron)를 만들면 n형 실리콘, 3족 불순물을 혼합하여 정공(hole, 홀)을 만들면 p형 실리콘이 된다. 이런 실리콘을 0.2 mm 이하 두께, 125 mm 이상 크기로 하여 실리콘 웨이퍼를 만든다. 고체 내 원자들의 결정배열의 규칙성 범위의 크기에 따라서 단결정, 다결정, 비결정으로 구분한다. 단결정(single crystal 또는 monocrystal)은 결정 재료 전체를 구성하는 원자의 배열이 규칙성을 가지고 있는 물질이고, 다결정(polycrystal 또는 multicrystal)은 임의의 결정방향을 가진 다수의 작은 단결정 결정립(grain)이 여러 개로 집합된 결정이다. 비정질 또는 비결정(amorphous)은 원자 배열에 규칙적인 질서가 존재하지 않는 고체로 일반적으로 아주 얇은 박막으로 제조된다.

실리콘 태양전지(silicon solar cell)는 표면처리, 식각, p-n 접합 확산, 산화막 제거, 반사방지막 코팅, 금속 인쇄와 건조, 소성(firing)의 과정을 거쳐서 제작된다. 태양전지 구조는 p-n 접합과 전하 수집을 위한 전·후면 전극으로 이루어져 있다.

태양전지 모듈(solar cell module, photovoltaic module)은 태양전지(solar cell)를 직렬 또는 병렬 연결하여 장기간 자연환경 및 외부충격에 견딜 수 있는 구조로 밀봉하여 사용하게 되는데, 전면에는 투과율이 좋은 강화유리를 사용하고, 뒷면에는 수분 침투 방지와 전기적 절연 특성이 우수한 상품인 테들라(Tedlar®), 태양전지와 앞뒤 면에 투명 수지인 EVA를 사용하여 밀봉 합착시키는 라미네이션(lamination) 공정과 알루미늄 프레임과 전기에너지 출력용 단자함(junction box)을 형성하여 모듈을 완성한다.

이를 기본공정으로 한 태양전지 모듈의 종류에는 사용 형태에 따라 다양한 변종이 있다. 지붕재, 벽재 등의 건축용 부재에 집적하여 일체화한 태양광발전 모듈은 건자재 일체형 태양전지 모듈(building integrated photovoltaic (BIPV) module)이다. 건물의 옥상, 외벽에 모듈을 설치하는 가장 일반적인 태양광발전 모듈과, 건물과 빌딩의 창문에 유리 대신 투명 또는 반투명 유리창 겸용 태양전지 모듈을 설치하는 방식, 그리고 일반 대지 위에 반고정식, 태양의 궤도를 추적하는 방식에 적용되는 모듈로서 렌즈를 이용하여 집광한 태양광으로 발전하는 집광형 태양전지 모듈 등이 있다.

3.2.2 태양전지의 종류

그림 3-3과 같이 태양전지는 크게 소재에 따른 분류와 이용 분야 또는 태양전지 구조에 따른 분류로 나누어 생각할 수 있다.

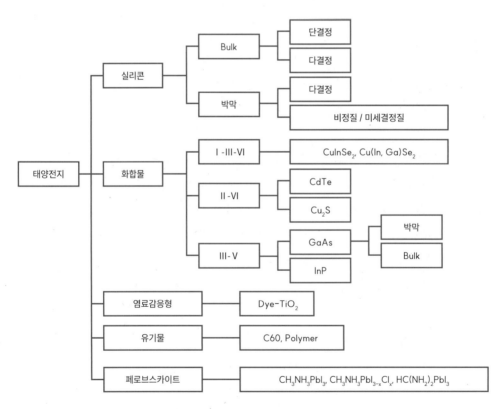

그림 3-3 반도체 소재에 따른 태양전지의 분류

(1) 재료에 따른 분류

① 실리콘 태양전지(silicon solar cell)

- 단결정 실리콘 태양전지(single crystalline silicon solar cell)
- 다결정 실리콘 태양전지(poly crystalline silicon solar cell)
- 비정질 실리콘 태양전지(amorphous silicon solar cell)

② 화합물 반도체 태양전지(compound semiconductor solar cell)

- III-V족 화합물계 : GaAs, InP, GaAlAs, GaInAs 등
- II-VI족 화합물계 : $CuInSe_2$, CdS, CdTe, ZnS 등

③ 염료감응형 태양전지(dye-sensitized solar cell) : $Dye-TiO_2$ 등

④ 유기물 태양전지(organic solar cell) : C60, 폴리머 계열 등

⑤ 페로브스카이트 태양전지(perovskite solar cell) : $CH_3NH_3PbI_3$, $CH_3NH_3PbI_{3-x}Cl_x$, $HC(NH_2)_2PbI_3$ 계열

⑥ 적층형 태양전지(tandem or multi-junction solar cell)

- 화합물/VI족 계열 : GaAs/Ge, GaAlAs/Si, InP/Si 등
- 유기 또는 페로브스카이트/실리콘 계열 : $CH_3NH_3PbI_3$/Si, $CH_3NH_3PbI_{3-x}Cl_x$/Si, $HC(NH_2)_2PbI_3$/Si 등

(2) 이용 목적과 구조에 따른 분류

① 지상용 태양전지

- 결정형 : 단결정, 다결정 실리콘 태양전지, GaAs/Si 등
- 박막형 : 비정질 실리콘, CdS, CdTe, $CuInSe_2$, 염료감응형, 유기물, 페로브스카이트 등
- 집광형 : GaAs 계열, 적층형 등

② 위성용 태양전지

- IV족 : 단결정 실리콘, Ge(저온용)
- GaAs 계열 : GaAs, InP 등
- 적층형(Tandem) : GaAs/Ge, GaInP/GaAs, GaAlAs/GaAs

3.2.3 태양전지 발전원리

태양전지는 빛에너지를 흡수하고, 전하(정공, 전자)를 생성·분리·수집하여 외부에 전기에너지를 공급한다. 태양전지 내부에 서로 다른 극성을 가지는 n형과 p형을 접합하면 물이 높은 곳에서 낮은 곳으로 이동하는 것처럼 전기가 높은 곳에서 낮은 쪽으로 전류가 흐른다. 이것이 태양전지의 p-n 접합에 의한 태양광발전의 원리이다(**그림 3-4**).

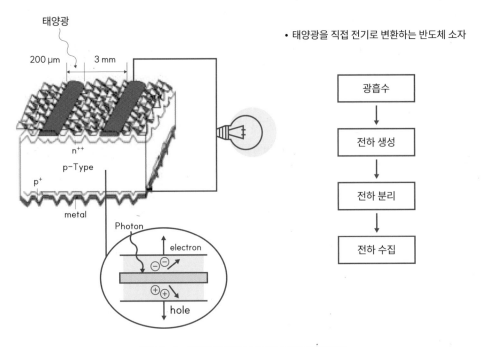

그림 3-4 실리콘 태양전지 구조와 태양전지 발전원리

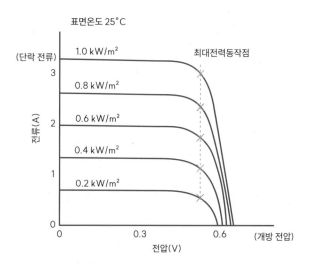

그림 3-5　일사강도에 따른 태양전지 출력 전류-전압 특성

　태양전지의 전기적인 특성으로서 태양광이 조사될 때 태양광의 세기강도(intensity, irradiance)에 따라 태양전지의 출력전압과 출력전류가 변하게 된다. 적도 부근에서 최대 1 kW/m²의 에너지가 조사되며, 위도가 높을수록 일사강도는 작아진다. 그리고 태양전지의 용량 표기는 Wp(photovoltaic watt, 원자력의 경우 We) 등으로 표시되고, 여기서 태양전지 출력 측정 조건은 태양전지 표면온도가 25℃에서 1Sun(일사강도가 100 mW/cm² 또는 1 kW/m²)일 때의 용량을 나타낸다. 태양전지는 일사량이 있는 주간에 발전되며, 날이 흐리거나 구름이 낄 때에는 출력이 감소하는 특성이 있다(**그림 3-5**).

3.2.4　단결정 실리콘 태양전지 제조방법

실리콘계 태양전지에는 결정계(crystalline)와 비정질계(amorphous)가 있다. 이 중 결정계는 고순도(99.9999…%)로 정제된 실리콘을 1,500℃ 정도의 고온으로 가열하여 최종적으로 대형의 결정을 만든다. 결정은 원자가 규칙적으로 배열된 물질로, 태양전지의 성능을 결정하는 중요한 요소이다. 이와 같이 형성된 결정을 단결정이라고 하는데, 이것을 둥글게 잘라 표면을 연마하여 두께 약 200 μm의 웨이퍼(wafer)라는 얇은 판으로 만든다(**그림 3-6**).

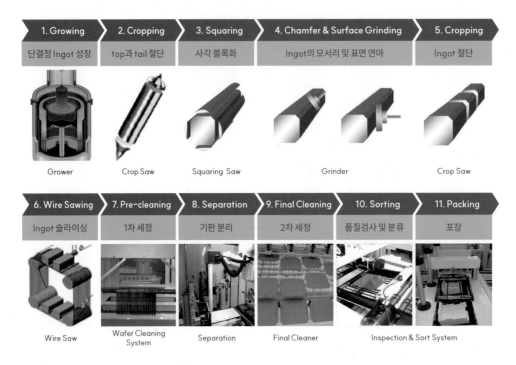

그림 3-6 실리콘 웨이퍼 제조공정 순서도
(자료 : (주)LG Siltron)

웨이퍼 준비 과정에서 손상된 표면 제거와 표면 텍스처 후에 **그림 3-7**과 같이 태양전지 구조에 필요한 불순물을 약 800~1,000℃의 온도에서 확산(diffusion)이라는 방법으로 n형 불순물을 첨가하여 p-n 접합을 만든다. 빛의 반사를 최대한 막기 위해 반사방지막(anti-reflection coating)을 형성하고, 전기를 얻기 위해 전극을 형성한다. 이와 같은 공정이 현재 산업계를 지배하고 있는 태양전지 제조공정이다. 제조공정 12단계로 태양전지가 완성되면 특성검사/분류/포장이 이루어진다. 이 제조공정은 현재 자동화, 연속화에 의한 비용 절감 연구가 진행 중이다.

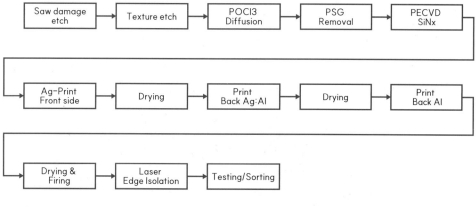

그림 3-7 단결정 실리콘 태양전지 제조공정
(자료 : (주)KPE)

3.2.5 다결정 실리콘 태양전지 제조방법

다결정 실리콘은 단결정 실리콘의 입자(입자의 지름은 수 μm~수 mm)가 여러 개 모인 것이다. 단결정 실리콘 태양전지의 단점은 웨이퍼 제조과정이 복잡하고 제조에 에너지가 많이 소요된다는 것이다. 이러한 문제 때문에 다결정 실리콘 태양전지(mc-Si solar cell)가 시장에서 가장 많이 생산되고 있다.

그림 3-8은 다결정 태양전지 제조과정을 나타낸 것이다. 실리콘을 녹인 액체를 주형(cast) 속에서 서서히 식힌 다음 굳혀 다결정 실리콘 덩어리(ingot)를 만든다. 주형 속의 실리콘 용액은 그 윗부분에서 주형별로 냉각되어 주형과 동일한 형태의 다결정 실리콘 덩어리를 얻을 수 있다. 이러한 실리콘 덩어리를 단결정 실리콘과 동일한 절단(cutting)작업을 거쳐서 두께 약 180 μm의 다결정 웨이퍼를 제조한다. 표면 요철 처리를 하고 불순물을 확산하여 p-n 접합을 형성한다. SiN나 SiO_2 등의 물질로 반사 방지막을 입히고, 후면 전계층(BSF, Back Surface Field)을 형성한다. 전면에 은(Ag) 등의 물질이 일정한 모양으로 패턴화된 마스크(mask)를 이용하여 스크린 인쇄(screen printing)로 전극을 형성한다.

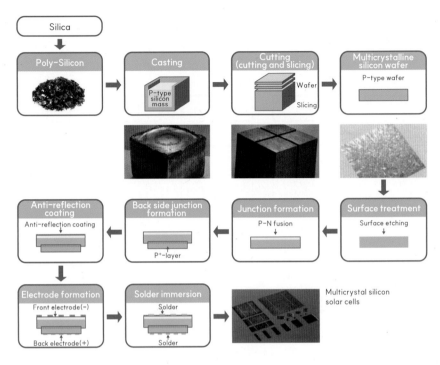

그림 3-8 다결정 실리콘 태양전지의 제조공정
(자료 : (주)Kyocera)

3.2.6 박막 실리콘 태양전지 제조방법

박막 실리콘 태양전지는 단결정 및 다결정 태양전지와는 전혀 다른 제조방법으로 만들어진다. 비정질 실리콘은 약 250℃ 정도의 저온 과정에서 형성되며, 공정 횟수도 적어 간단하다. **그림 3-9**는 비정질 실리콘 박막 태양전지(amorphous silicon thin film solar cell)와 미세결정 실리콘(microcrystalline silicon) 적층형 태양전지의 제조공정을 나타낸 것이다. **그림 3-9(a)**에 측면도를, **(b)**에 공정 순서 설비국산화 가능성을 정리하였다.

진공(대기와 비교하여 공기의 양이 100분의 1에서 1만분의 1을 펌프로 배기하여 달성)으로 유지된 반응실에 실리콘을 포함한 가스, 예를 들어 모노 실란(SiH$_4$) 등의 원료 가스를 유입하고 방전을 일으켜 원료 가스를 분해한다. 분해된 실리콘은 눈이 내려 쌓이는 것처럼 200~300℃의 온도로 가열된 투명 전극을 지닌 유리 또는 스테인리스 스틸(stainless steel), 플라스틱 등의 기판 위에 쌓인다. 이때 원료 가스에 붕소(B)를 포함한 가스(B$_2$H$_6$)를 혼입하

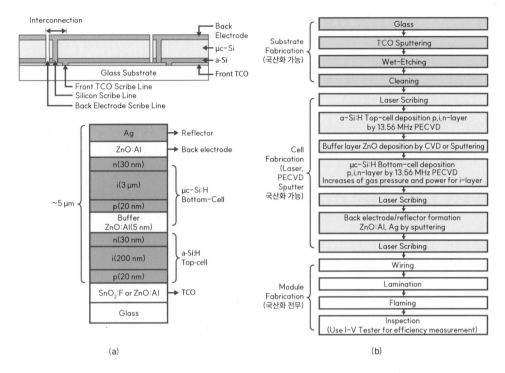

그림 3-9 비정질 실리콘 박막 태양전지 제조공정 순서도
(자료: (주)LG전자)

면 p형의 실리콘 박막이 만들어지고, 인(P)을 포함한 가스(PH₃)를 혼입하면 n형 박막이 만들어진다. 즉, 원료 가스의 교체만으로 태양전지에 필요한 p형 및 n형과 진성(intrinsic) 층을 형성할 수 있다. 이렇게 만들어진 p-i-n 층에 전극을 형성하면 태양전지가 완성된다.

비정질 실리콘 박막 태양전지의 일반적인 특징은 다음과 같다. 첫째, 제조 에너지가 적다 (단결정 실리콘의 1,000~1,500℃와 비교하면 제조에 필요한 온도가 250℃ 정도로 낮다). 둘째, 제조공정이 간단하다(비정질 실리콘 막을 형성함과 동시에 p-i-n 접합을 형성할 수 있다). 셋째, 빛의 흡수계수가 크기 때문에 태양전지의 두께가 1 μm 정도면 충분하다(단결정 실리콘은 기계적 강도를 포함하여 200 μm 정도 필요). 넷째, 가스 반응이기 때문에 큰 면적 확보가 용이하다.

태양전지는 종류별로 각각의 특징이 있으며, 현재 상태에서 성능(변환효율)이 가장 높은 것은 단결정 실리콘 태양전지이고, 그다음이 다결정 태양전지이며, 비정질 실리콘 태양전지가 그 뒤를 잇는다.

3.2.7 태양전지 모듈 제조방법

지금까지 설명한 태양전지는 셀(cell)이라는 최소 단위의 소자이다. 일반적으로 전자계산기, 라디오 등의 전자 제품은 1.5 V에서 12 V의 전압에서 작동하므로, 건전지를 직렬로 연결하듯이 태양전지 셀을 직렬로 연결하여 사용해야 한다. 태양전지를 가정에서 전력용으로 사용하는 경우에도 마찬가지로 직렬로 연결한다. 또 다른 요소로서 태양전지에서 생성하는 전류를 고려해야 한다. 발생 전류는 태양전지 셀의 면적에 비례한다. 면적을 고정하고 전류를 증가시키기 위해서는 15 cm×15 cm 크기의 태양전지를 병렬로 하여 리본 모양의 금속박으로 배선한 다음 고정시킨다. 즉, 전압을 증가시키기 위해 직렬로 연결하고 전류를 증가시키기 위해 병렬로 연결한다. 일반적으로 하나의 모듈에서는 태양전지를 직렬로만 연결하고, 전류 증가가 필요하면 모듈끼리 병렬로 배선하여 전류를 증가시킨다.

예를 들어, 태양전지 모듈은 태양전지를 4×9, 6×9, 6×12 등의 행과 열로 구성된 사각형 매트릭스(matrix)로 구성하고, 이러한 태양전지는 모두 직렬로 연결된다. 따라서 모듈의 전류값은 태양전지 1개의 값과 유사하고 개방전압은 0.615 V×태양전지의 수(36, 54, 72) = 22 V, 33 V, 44 V 등의 개방전압 값을 가지고, 최대전력은 전압에 약 0.5 V로 대신하여 계산하면 모듈의 예상 최대출력 전압과 전류를 얻을 수 있다. 필요한 전력에 맞추어 태양전지를 각각 전기적으로 연결하도록 배선 재료인 탭을 달아준다. 탭 공정 이후 각각의 전지를 9장 또는 12장씩 한 줄로 연결하여 스트링(string) 공정을 수행하여, 각 스트링을 모두 직렬로 연결하는 회로를 구성한다.

태양전지를 외부환경으로부터 보호하기 위해 잘 투과하면서도 전기적으로는 절연 특성을 가지는 재료(예를 들어 유리, 절연막이 코팅된 알루미늄 호일, 투명수지 등)를 사용하여 봉인해야 한다. 이와 같이 여러 개의 셀을 묶은 단위를 태양전지 모듈(module)이라고 한다. 모듈 제조공정의 순서는 태양전지 전면과 후면에 얇은 금속판을 납땜하여 탭 달기, 태양전지 탭을 직렬로 연결하는 스트링 공정, 4행×9열 또는 6행×12열과 같이 회로 만들기, 유리/EVA/회로화된 태양전지/EVA/back sheet 순서로 적층하는 레이업 공정, 진공을 뽑으면서 120℃ 내외에서 투명수지 EVA가 녹아서 밀착 및 밀봉되는 라미네이션 공정, 밀봉된 태양전지 모듈판 측면에 알루미늄 프레임을 형성하는 공정, 모듈을 보호하기 위한 다이오드와 모듈 출력 단자를 가지도록 하는 접합 단자함 공정, 완성된 모듈 품질 평가와 관리 순서로 태양전지 모듈이 제조된다.

그림 3-10은 태양전지 모듈화 과정과 모듈의 단면도 및 최종적인 태양전지 모듈 상용제품의 외관을 단결정, 다결정 실리콘 태양전지 모듈로 구분하여 나타낸 것이다.

태양전지 모듈의 구조에는 여러 가지가 있다. 그림 3-11(a)와 같은 서브플레이트(sub plate) 방식과 그림 3-11(b)와 같은 슈퍼스트레이트(superstrate) 방식이다. 태양전지의 빛을 받는 면은 유리 등의 투명 기판을 놓아 모듈의 지지판으로 하고 그 밑에 투명한 충진 재료와 내면 코팅을 이용하여 태양전지를 고정시킨다. 투명 기판과 백판 유리, 충진 재료로 PVB(Poly Vinyl Butylo)나 EVA(Ethylene Vinyl Acetate) 등이 주로 이용된다. 또 내면 코팅으로는 알루미늄과 같은 금속을 PVF('테드라'라는 상품명)로 샌드위치 층 구조를 만들어 내습성과 절연성을 높이고 있다. 거기에 모듈 전체의 강도를 높이기 위해 알루미늄 등으로 만든 외부 틀을 끼운다. 그림 3-12는 태양전지의 모듈 조립 공정을 나타낸 것이다.

결정계 실리콘 태양전지를 이용하는 경우에는 그림 3-10과 같은 방법으로 모듈을 형성한다. 이 방법은 태양전지 셀을 재배열하고 직렬로 선을 연결하여 높은 전압을 얻을 수 있다는 장점이 있으나, 조립 비용이 비싸고 선을 연결해야 하는 곳이 많아서 개량해야 할 점이 많다는 단점이 있다.

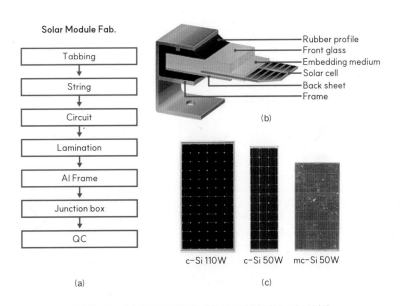

그림 3-10   (a) 태양전지 모듈화 과정, 모듈의 (b) 단면도와 (c) 외관

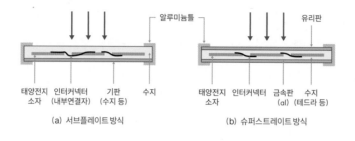

(a) 서브플레이트 방식   (b) 슈퍼스트레이트 방식

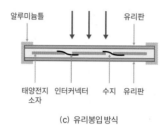

(c) 유리봉입 방식

그림 3-11   결정계 실리콘 태양전지를 이용한 각종 전력용 모듈의 구조

앞면유리   셀 배열 · 배선   수지충전 · 뒷면보호

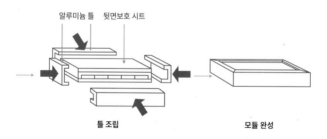

틀 조립   모듈 완성

그림 3-12   태양전지의 모듈 조립공정(슈퍼스트레이트 방식)

한편, 박막 실리콘 태양전지는 가스 반응으로 비정질 또는 미세 결정질 실리콘이 형성된다는 점이 특징이다. **그림 3-13**은 집적형 비정질 실리콘 태양전지의 구조를 나타낸 것이다.

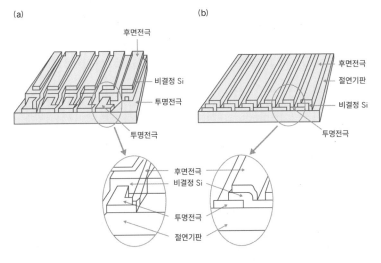

(a)   (b)

후면전극

비결정 Si

투명전극

투명전극

후면전극
절연기판
비결정 Si

투명전극

후면전극
비결정 Si

투명전극

절연기판

그림 3-13 두 가지 타입의 집적형 비정질 실리콘 태양전지 구조

한 장의 절연성 기판 위에 형성된 각 셀은 패터닝에 의해 투명전극(transparent electrode) 및 내면전극을 통해 인접한 셀과 직렬로 연결됨으로써 높은 전압을 얻을 수 있다. 이 태양전지도 모듈을 구성하는 최소 단위로 서브 모듈(sub-module)이라고 한다.

비정질 실리콘 태양전지의 제조에는 결정계 실리콘 태양전지와 같은 슈퍼스트레이트 방식이 적용되지만, 그 외에 **그림 3-14**와 같은 구조도 가능하다. 이 구조는 집적형 태양전지의 기판인 유리판을 그대로 빛을 받는 면의 보호판으로 이용하며, 면적을 크게 하는 데도 용이하다. 또한 리드 선에 의한 각 태양전지의 접속이 필요 없으므로 조립공정을 더욱 간단하게 할 수 있다.

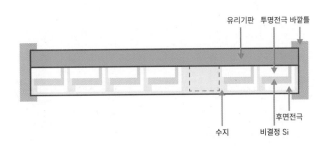

유리기판 투명전극 바깥틀

수지 후면전극 비결정 Si

그림 3-14 비정질 실리콘 태양전지를 이용한 전력용 모듈 구조

3.2.8 태양광발전 시스템

태양전지에서 생산된 전력을 이용하기 위해서는 태양전지와 부하를 직접 연결하여 사용할 수도 있지만, 대부분의 경우 전원 충전 또는 기타 백업 장비로 구성된 태양광발전 시스템으로 이용한다. 태양전지는 모듈(module)화하여 구성이 가능하므로, 태양광발전 시스템 역시 사용하는 곳에 따라 수 mW에서 수 MW까지 상상할 수 있는 모든 구성이 가능하다. 일반적으로 대규모 발전용을 제외하고는 kW 규모가 사용된다.

(1) 태양광발전 시스템의 구성

태양광발전 시스템은 일사량에 의존하여 직류 전력을 발전하는 태양전지와 발전된 전력을 부하에 공급하기 위한 부하 매칭(matching)의 기본 기능을 요구한다.

- ○ 일사량에 의존하여 직류 전력을 발전하는 태양전지 어레이(array)
- ○ 발전한 전기를 저장하는 전력저장 축전 기능
- ○ 발전한 직류를 교류로 변환하는 인버팅(inverting) 기능과 전력품질 및 보호기능을 갖는 PCS(Power Conditioning System) 기능
- ○ 전력계통이나 다른 전원에 의한 백업(back-up) 기능
- ○ 발전된 전력을 공급하기 위한 대상 부하

위의 기능을 실현하기 위한 전기적인 블록으로서 일반적인 태양광발전 시스템은 **그림 3-15**와 같이 구성된다.

태양광발전 시스템에서 입사된 태양 빛을 직접 전기에너지로 변환하는 부분인 태양전지나 배선, 이것을 지지하는 구조물을 총칭하여 태양전지 어레이라고 한다. 태양전지 어레이 구조물과 그 외의 구성기기는 일반적으로 주변장치라고 불리며, 영어로는 BOS(Balance of System)라고 한다. 태양전지 어레이와 축전지를 제외한 인버터 등의 전기적인 전력변환 기기류와 제어 보호 장치를 일체 구조의 유닛(unit)으로서 공급하는 경우에는 PCS라 부른다.

① PCS(Power Conditioning System)

태양광발전용 직류/교류 전력변환 기술은 태양전지로부터 나오는 직류전원을 교류전원으로

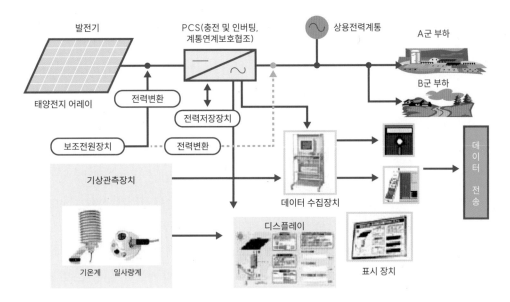

그림 3-15 태양광발전 시스템의 일반적인 구성 예

변환하는 인버터 기술을 의미하며, 태양광 주변기기 중에서 가장 중요하게 다루어지고 있다. 태양광발전용 PCS는 일반 전기기기를 사용할 수 있도록 하기 위해 태양전지의 직류출력을 상용주파수의 교류로 변환하는 것을 목적으로 개발, 제품화되고 있다. 이 목적을 달성하기 위해서는 파형왜곡이 작은 정현파를 안정적으로 출력할 필요가 있는데, 고속스위칭이 가능한 MOSFET나 IGBT 등의 자기보호소자의 대용량화와 제어기술의 발전에 의해 쉽게 가능해졌다. 한편 태양광발전 시스템의 가격 중 PV PCS가 점하는 비율은 10~20% 정도이며 시스템 전체의 가격절감을 위해서도 인버터의 효율향상은 중요한 항목이다. 특히 맑은 날이 적은 기상조건에서는 정격부하 시의 효율보다 30~50% 정도 부하 시의 효율이 중요하다. 계통연계 방식은 좁은 국토를 고려할 때 개인주택의 옥상에 태양전지를 설치하여 220 V의 교류전원에 연계하는 3 kW 정격의 소용량 PV PCS 및 공공건물 옥상용 10 kW 중규모 BIPV PCS가 향후 중점 보급될 것으로 예상된다. 계통연계형 PV PCS의 기술과제는 다음과 같다.

○ 계통 전력품질의 유지[낮은 왜율(THD) 및 전압안정화]
○ 계통과 PV PCS와 시스템의 보호협조
○ PV PCS의 저가화(주변장치 포함)

○ 효율향상과 소형경량화

② 축전지(battery storage)

태양광발전 시스템에서 축전지는 일조시간에 태양전지에 의해 충전된 전력을 일몰 후 태양전지로부터의 전력이 없을 때나, 흐린 날, 우천 시와 같이 태양전지의 출력이 부족할 때 방전하여 부하에 전력을 공급한다. 이와 같이 축전지는 독립형 태양광발전 시스템에서 필수적이다. 축전지의 전압이 일정 수준 이상 또는 일정 수준 이하가 되면 축전지에 악영향을 끼치므로 이런 상황을 방지하기 위한 축전지의 보호회로는 필수적이다. (1) 과충전(over-charge) 축전지가 일정 전압 이상의 전압으로 상승하게 되면 축전지에서 부식이 일어나고 가스가 발생하여 축전지의 생명을 단축시킨다. (2) 과방전(under-charge) 축전지가 일정 전압 이하의 전압으로 하강하게 되면 축전지에 침전물이 생기고, 또한 축전지의 성능이 점차적으로 저하하는 현상이 일어난다. 태양광발전 시스템에서 사용되는 축전지는 이차전지로 주로 납축전지(lead-acid battery) 또는 니켈-카드뮴 축전지(nickel-cadmium battery)가 사용된다.

③ 태양전지의 제품 구성 흐름도

실리콘 응괴에서 웨이퍼 형태로 자르고 이를 태양전지로 제조하고 나면 한 개의 태양전지가 0.6 V 전압과 5 A 이상의 전류를 생성하는 발전기 또는 건전지와 같아지므로 이를 직렬로 연결하면 12 V, 24 V 등 원하는 전력을 얻을 수 있어 태양광 주택 등에 발전 전력원으로 사용된다.

④ 태양광 시스템 종류(계통연계형, 독립형)

태양광발전 시스템은 전력계통 연계 유무에 따라 계통연계형(grid-connected)과 독립형(stand-alone)으로 분류할 수 있으며, 일부의 경우 풍력발전, 디젤발전 등 타 에너지원에 의한 발전방식과 결합된 하이브리드(hybrid)형으로 별도로 구분하기도 한다. 계통연계형과 독립형 태양광발전 시스템은 **그림 3-16**과 같이 (1) 태양전지 모듈, (2) 지지대, (3) 접속함, (4) 직류측개폐기, (5) 교류측개폐기, (6) 인버터, (7) 보호장치, (8) 잉여전력용 전력계, (9) 주택용 분전반, (10) 발생전력량계 등 여러 가지 요소로 구성되어 있다.

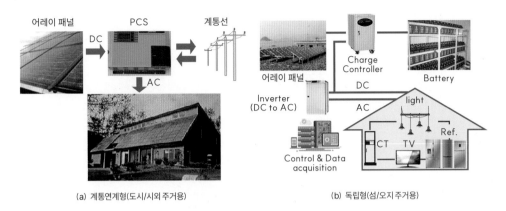

(a) 계통연계형(도시/시외 주거용)　　　　　　　　　(b) 독립형(섬/오지 주거용)

그림 3-16　태양광 시스템 종류(하이브리드형은 생략)

⑤ 계통연계 제어

향후 태양광발전 시스템의 이용 형태를 살펴보면, 주택 지붕이나 빌딩 옥상에 태양전지 어레이를 설치하고 출력을 배전선과 연계하여 상용전원과 조합해서 유효전력으로 이용하는 계통연계형 시스템이 상당히 보급될 것으로 기대되고 있다. 태양광발전 시스템의 계통연계 기술을 확립하기 위해서는 시스템 자체 성능 확인 이외에 배전선계통으로의 영향, 또는 그 주변에 존재하는 전기제품을 중심으로 한 부하로의 영향도 확인해야 한다. 주요 실증시험 항목으로는 다음을 고려해야 한다. (1) 발전특성, 전압변동, (2) 고조파 왜곡, (3) 고주파 전자유도 장애, (4) 순간전압 저하, (5) 순간전압 차단, (6) 지락고장, (7) 단락고장, (8) 역충전 현상이다.

3.3　태양광발전 특성

3.3.1　태양전지의 에너지 변환효율

태양전지의 에너지 변환효율(energy conversion efficiency)은 입사되는 태양복사광의 에너지와, 태양전지의 단자로부터 나오는 전기출력 에너지의 비를 퍼센트로 나타낸 것이다.

즉, 변환효율(η)은 다음과 같이 정의된다.

$$\eta = \frac{\text{태양전지로부터의 전기출력}}{\text{태양전지에 입사된 태양에너지}} \times 100(\%) \tag{3-1}$$

그러나 이것을 태양전지의 성능을 나타내는 지수로 정의하기 위해서는 다음과 같은 보정 작업이 필요하다. 같은 태양전지라도 입사광의 스펙트럼이 변하면 효율도 변하고, 또한 같은 입사광을 받고 있더라도 태양전지의 부하가 변하면 취득하는 전기출력이 변화하여 다른 값의 효율을 나타낸다. 따라서 국제전기규격표준화위원회(IEC TC-82)에서는 지상용 태양전지에 관해 태양복사의 공기질량 통과조건이 AM(Air Mass)1.5로, 100 mW/cm^{2}라는 입사광 power에 대하여 부하 조건을 바꾼 경우의 최대 전기출력과의 비를 백분율로 나타낸 것을 공칭효율(nominal efficiency) ηn으로 정의하고 있다. 그리고 이 측정조건으로 구한 효율이 태양전지의 카탈로그(catalog)에 게재되고, 연구개발단계에 학회에서 발표되는 값이다.

우선 이렇게 해서 정한 공칭효율에 의해 태양전지의 출력 측정법으로부터 요구되는 최대 출력점전압(maximum out-put power voltage) V_{max}, 최대출력점전류(maximum out-put power current) I_{max}, 개방회로전압(open circuit voltage) V_{oc}, 단락회로광전류밀도(short circuit photo-current density) J_{sc} 등의 관계를 이끌어 본다.

그림 3-17은 태양전지로 쓰이는 벌크(bulk) 투과형 감광면을 갖는 p-n 접합의 광기전력 효과를 설명한 그림이다. 같은 그림에 나타낸 것과 같이 표면에서 깊이 d의 장소에 접합이 존재하여 각각의 영역에서의 소수캐리어의 확산거리를 L_n 및 L_p, 광의 파장 λ에 대한 반도체의 흡수계수(optical absorption coefficient)를 α라고 하면, 표면에서의 거리 x의 점에서의 전자-정공대의 생성비율 g(x)는 점 x의 광흡수 $\delta\Phi/\delta x$에 비례하여, 광전양자효율(photo-electric quantum efficiency)을 γ라고 하면 다음과 같이 나타낼 수 있다.

$$g(x) = \gamma\phi_0\alpha e^{-\alpha x} \tag{3-2}$$

여기서 Φ_0는 표면에서의 파장 λ의 광속밀도로, **그림 3-17**과 같이 실제 전지에서는 x = 0 근방의 생성 캐리어는 표면 재결합에 의해 그 대부분을 잃게 되고, 이 성분을 표면 재결합 손실이라고 부른다. 그런데 광기전력효과에 기여하는 캐리어의 경우 천이영역의 끝으로부터 소수 캐리어의 확산거리 범위에 있는 것은 확산효과에 의해 수집할 수 있기 때문에, n 영역

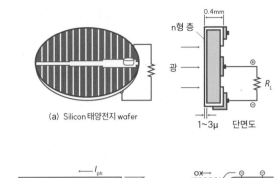

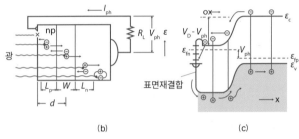

그림 3-17 silicon p-n 접합 태양전지의 원리 설명도. (a) 실제 태양전지의 구조. p형 silicon의 주변 확산에 의해 얇은 n형 층이 형성되고 전극이 만들어진다. (b) p-n 접합부(A부)의 확대도. 광에 의해 내부전계의 접합부 가까이에 캐리어가 생성된다 (L_n, L_p : 전자와 정공의 확산거리, d : 접합 깊이, W : 천이영역 폭). (c) 에너지 밴드(energy band) 그림에 의한 설명. 광 생성된 전자-정공대는 천이영역의 내부 전계에 의해 좌우로 분리되고 전극에 기전력이 발생한다.

속에는 g(x)에 exp[−(d−x)/L_p]를 곱한 것을 x = 0부터 d까지 적분하여, 같은 factor를 p 영역 중에서도 계산하여 양전류의 합을 모은 것에 따라 광전류를 구할 수 있다. 그 결과, p-n 접합의 양단을 단락한 경우의 파장 λ의 단색광에 대한 광전류는 다음과 같이 된다.

$$\frac{dI_{sc}(\lambda)}{d\lambda} = \gamma A\alpha\lambda\left(\frac{L_p}{1-\alpha L_p}[e^{-\alpha d} - e^{-d/L_p}] + \frac{L_n e^{-\alpha d}}{1-\alpha L_n}\right) \qquad \textbf{(3-3)}$$

실제 태양전지에서는 빛의 침투깊이(penetration depth)에 비교하여 d를 얇게 잡고, 또한 αL_n, $\alpha L_p \ll$ 1에 대해 생성 캐리어의 수집을 유효로 하기 위해 이것의 조건을 넣고 식 (3-3)을 간략화하면 다음과 같이 나타낼 수 있다.

$$\frac{dI_{sc}(\lambda)}{d\lambda} = A\gamma\alpha \cdot \lambda(L_n + L_p)e^{-\alpha d} \qquad \textbf{(3-4)}$$

그림 3-18은 d = 2 μm, L_n = 0.5 μm, L_p = 10 μm로서 silicon 태양전지의 스펙트럼 감도를 계산하여 실험 데이터와 비교한 것이다.

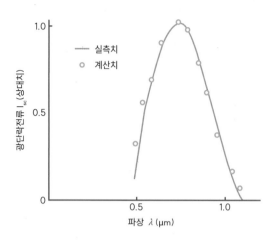

그림 3-18　silicon 태양전지의 스펙트럼 감도특성(계산치는 d=2 μm, L_n=0.5 μm, L_p=10 μm)

반도체 p-n 접합을 태양전지에 이용하는 경우, 위에서 계산한 광감도 스펙트럼의 분포와, 태양복사에너지의 스펙트럼 분포와의 매칭(matching)이 중요하고, 양자의 중첩이 많을수록 에너지 변환효율이 높아진다. 그런데 **그림 3-18**과 같이, p-n 접합의 광감도 스펙트럼의 장파장단은 반도체의 금지대폭의 에너지에 의해 정해지고, 또한 감도 스펙트럼의 구조는 소자의 기하학적 치수와 캐리어에 관계하는 거리정수(L_p, L_n, μp, μn 등) 및 **그림 3-19**와 같이 빛흡수계수의 스펙트럼 $\alpha(\lambda)$에 의해 정해진다. 따라서 이들이 변환효율의 이론한계 η_{max}를 정하게 된다. 태양복사광의 입사포톤속밀도의 파장 의존성을 $\varphi(\lambda)$, 전자의 전하를 q로 하면, 실제로 관측되는 단락회로 광전류 I_{sc}는 아래와 같다.

$$I_{sc} = \int_0^\infty I_L(\lambda)d\lambda = qA\gamma(L_n + L_p)\int_0^\infty \phi(\lambda)\alpha e^{-ad}d\lambda \qquad \textbf{(3-5)}$$

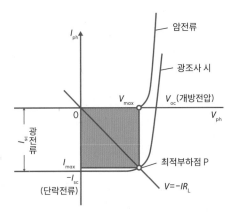

그림 3-19 태양전지의 전압-전류 특성

그리고 이 전류의 방향은 **그림 3-17**과 같이 n에서 p 방향으로 흐르기 때문에, 실제 태양전지의 전압-전류 특성은 p측을 정(+)으로 태양전지의 단자전압을 V, 흐르는 전류를 I라고 하면 아래와 같다.

$$I = I_0\left\{\exp\left(\frac{qV}{nkT}\right) - 1\right\} - I_{sc} \tag{3-6}$$

여기서 I_0는 p-n 접합의 역포화 전류이다. **그림 3-20**은 태양전지의 출력특성을 나타낸 것이다.

그런데 이 식으로 태양전지를 개방상태로 하면 광전류의 크기에 대응하여 기전력이 생긴다. 이것이 개방전압이다. 요컨대, 식 (3-6)에서 I = 0(개방)으로 하면 다음과 같이 된다.

$$V_{oc} = \frac{nkT}{q}\ln\left\{\frac{I_{sc}}{I_0} + 1\right\} \tag{3-7}$$

그림 3-19는 태양전지에 최적 불가저항 R_l을 접속하였을 때의 최대 출력점 P는 같은 그림의 출력특성으로 나타난 V_{max}와 I_{max}의 교점으로 표시되어, 그림에서 색으로 나타낸 면적이 출력 파워에 해당한다. 이것을 식 (3-6)에 따라 일반화해서 쓰면 태양전지의 단자전압을 V, 부하에 흐르는 전류를 I로 한 경우의 출력 에너지 P_{out}은 다음과 같다.

$$P_{out} = V \cdot I$$
$$= V \cdot \left\{ I_{sc} - I_0 \left[\exp\left(\frac{qV}{nkT}\right) - 1 \right] \right\} \tag{3-8}$$

그림 3-20과 같이, 최적 부하점 P_{max}에서는 다음과 같이 식으로 표현할 수 있다.

$$\frac{dP_{out}}{dV} = 0 \tag{3-9}$$

따라서 식 (3-8), (3-9)보다 최적 동작전압 V_{max}는 다음의 관계를 만족시킨다.

$$\exp\left(\frac{qV_{max}}{nkT}\right)\left(1 + \frac{qV_{max}}{nkT}\right) = \left(\frac{I_{sc}}{I_0}\right) + 1 \tag{3-10}$$

또한 이때의 최적 동작전류 I_{max}는 다음과 같이 표시할 수 있다.

$$I_{max} = \frac{(I_{sc} + I_0) \cdot qV_{max}/nkT}{1 + (qV_{max}/nkT)} \tag{3-11}$$

실제 태양전지의 공칭효율 측정에는 자연 태양방사광 스펙트럼을 모의한 솔라 시뮬레이터(solar simulator)를 사용하고, 그 출력 파워를 지상용 태양전지로서는 AM1.5, 100 mW/cm², 우주용 태양전지로서는 AM0, 130 mW/cm²에 입사광 조건을 설정하여 측정한다. 예를 들면, 지상용 태양전지의 입사광 조건을 기초로 측정된 최대 출력점 $P(V_{max}, I_{max})$ 및 V_{oc}, J_{sc}가 구해지면 공칭변환효율 ηn은 유효수광면적을 $S(cm^2)$로 하면,

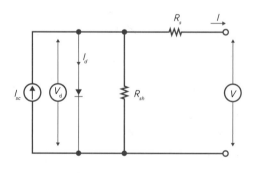

그림 3-20　태양전지의 등가회로

$$\eta_n = \frac{V_{max} \cdot I_{max}}{P_{1n}S} \times 100\,(\%) \qquad \textbf{(3-12)}$$

$$= \frac{V_{oc} \cdot J_{sc} \cdot FF}{100\,(\text{mW/cm}^2)} \times 100\,(\%)$$

$$= V_{oc}(\text{V}) \cdot J_{sc}(\text{mA/cm}^2) \cdot FF(\%)$$

단,

$$FF = \frac{V_{max} \cdot J_{max}}{V_{oc} \cdot J_{sc}} \qquad \textbf{(3-13)}$$

가 된다. 여기서 FF는 곡선인자(curve fill-factor)라 부르고, **그림 3-19**의 색칠된 면적을 $V_{oc} \times I_{sc}$의 면적으로 나눈 것이며, 태양전지의 성능이 좋음을 나타내는 중요한 지수이다.

식 (3-12)를 보면 알 수 있듯이, 입력 파워를 100 mW/cm² 에 규격화한 측정으로서는 실험으로 구해진 V_{oc} 및 J_{sc}와 FF를 알면 그 모든 곱이 공칭효율이 된다.

3.3.2 태양전지의 등가회로

태양전지는 이것을 등가회로로 보면, 그 출력특성이 식 (3-6)으로 나타낸 것과 같이 p-n 접합의 정류특성을 나타내는 제1항, 요컨대 정류기와 빛의 강도에 대해 발생하는 정전류전원 I_{sc}로 이루어진다. 이 밖에 발생한 전류를 단자에 모으는 직렬저항 R_s 및 p-n 접합부의 누설전류에 기인한 병렬저항 R_{sh}가 고려된다. 이들을 등가회로(equivalent circuit)로서 그림으로 표현한 것이 **그림 3-20**이다. 그림에 나타낸 것처럼, 태양전지의 양 단자로 관측되는 전류 I와 전압 V의 관계는 다음과 같이 나타낼 수 있다.

$$I = I_{sc} - I_0 \left[\exp\left\{ \frac{q(V + R_s I)}{nkT} \right\} - 1 \right] - \frac{V + R_s I}{R_{sh}} \qquad \textbf{(3-14)}$$

그림 3-21과 같이, 같은 태양전지에서도 조사강도가 약하고 I_{ph}가 작은 범위에서는 다이오드 전류 I_d와 누설전류 V_d/R_{sh}가 같은 크기가 되기 때문에 R_s보다 R_{sh}의 영향을 받기 쉽

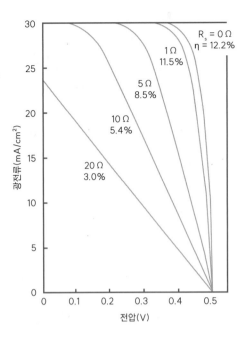

그림 3-21 광 입력 파워를 일정(100 mW/cm²)하게 하고 R_s를 파라미터로 한 silicon p-n 접합 태양전지의 출력특성
(V_{oc} = 0.51 V, J_{sc} = 30 mA/cm², R_{sh} = ∞로 가정)

고 아래와 같이 표시된다.

$$I = I_{sc} - I_0 \left[\exp \left\{ \frac{qV}{nkT} - 1 \right\} \right] - \frac{V}{R_{sh}} \tag{3-15}$$

조사강도가 강하고, $I_d \gg V_d/R_{sh}$가 되면, R_{sh}의 영향은 나타나지 않고, 반대로 R_s가 문제가 되어 여기에 다음과 같이 표시된다.

$$I = I_{sc} - I_0 \left[\exp \left\{ \frac{q(V + R_s I)}{nkT} \right\} - 1 \right] \tag{3-16}$$

R_s는 개방전압 V_{oc}에 거의 영향을 주지 않지만, 단락회로 광전류 I_{sc}를 현저히 저하시킬 가능성이 있다. 한편, R_{sh}는 I_{sc}에 거의 영향을 주지 않고, V_{oc}를 저하시킨다.

직렬저항 R_s가 출력전류에 어떠한 영향을 주는가를 간단한 실례를 들어 설명해 보자. 실제의 silicon p-n 접합 태양전지를 생각하고, 단락 광전류밀도 J_{sc}가 30 mA/cm², I_0가 50

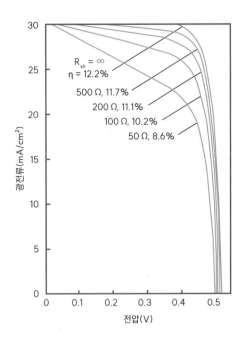

그림 3-22 광 입력 파워를 일정(100 mW/cm²)하게 하고 R_{sh}를 파라미터로 한 silicon p–n 접합 태양전지의 출력특성
(V_{oc} = 0.51 V, J_{sc} = 30 mA/cm², R_s = 0으로 가정)

pA/cm², n = 1로서 광 입력 파워 100 mW/cm²에 대해 R_s를 파라미터로 한 전압-전류 특성을 식 (3-14)에 따라 계산한 결과를 **그림 3-21**에 나타냈다. 이 경우, 병렬저항 R_{sh}는 무한대로서 누설전류 성분을 0으로 하여, 각각의 출력특성에 대한 변환효율 η도 R_s의 파라미터로서 그림에 나타냈다. 이 계산결과를 보면 분명하듯이, 태양전지의 출력특성은 R_s에 의해 크게 변화한다. 또한 R_s = 0 Ω으로 한 경우의 변환효율은 12.2%, FF가 0.8이 된다. 그리고 R_s를 1 Ω으로 한 경우 FF는 0.75 정도이다. 최근의 결정 silicon으로, 실용화되어 있는 태양전지의 R_s는 0.5 Ω 이하이다.

R_{sh}를 파라미터로 하여 같은 계산을 한 결과가 **그림 3-22**이다. 이 그림으로부터 R_{sh}는 광전류에 주는 영향은 비교적 작다고 생각되지만, V_{oc}의 크기에 직접 영향을 미친다. 최근 생산되고 있는 태양전지의 변환효율은 셀(cell) 효율에 대해 20% 가깝게 보고되어 있다. 그러나 이들은 다음 절 이후에서 서술하는 고효율화 기술, 요컨대 BSF 처리 등을 구사하여 V_{oc}에 대해 0.6~0.7 V 정도까지 개선되며, 한편, J_{sc}에 관해서도 무반사 코팅(coating), 헤테로(hetero) 접합 및 텍스처(texture) 처리 등을 사용하여 35~40 mA/cm²가 얻어지고 있다. 그

림 3-21과 **그림 3-22**는 태양전지의 설계상 가장 기본적인 출력특성의 형태로, 제조 기술상 문제가 되는 R_s 및 R_{sh}와의 관계를 이해하는 데 중요한 기본 특성이다.

3.3.3 태양전지의 캐리어 수집효율

태양전지에 이상적인 백색광이 조사되었을 때 광생성 캐리어의 스펙트럼을 양자효과를 포함해서 감도 스펙트럼으로 나타낸 양을 캐리어 수집효율(collection efficiency)이라고 부른다. 캐리어 수집효율은 소자의 band profile에 관해서 광 생성에 의해서 생기는 소수 캐리어의 확산방정식을 풀어 p-n 접합에 모이는 캐리어의 수를 구하면 알 수 있다.

공핍층 중에 생성된 전자-정공대는 공핍층 중의 고전계에 의해 가속되기 때문에 공핍층 중에 재결합하는 성분은 작다고 생각되므로, 공핍층 중에서의 광생성 캐리어의 수집효율 j_2 는 다음과 같이 주어진다.

$$j_2 = \{1 - \exp(-ad_p)\}\exp(-\beta D - ad) \qquad \textbf{(3-17)}$$

여기서 d_p는 공핍층 폭이다.

3.4 태양광발전 시장과 산업동향

2021년 세계 태양광발전량은 23% 증가했으며, 발전원 중에서 17년 연속 가장 빠르게 증가했다. 발전량은 전년 대비 188 TWh 증가한 1,023 TWh이다. 태양광은 2021년에 전 세계 전력의 3.7%를 생산했다. 이는 파리협정이 체결된 2015년의 1.1%에서 증가한 값이다. 최근 IEA는 태양광, 풍력 및 기타 재생에너지로부터 전기를 생산할 수 있는 새로운 용량이 2022년보다 8% 이상 증가하며 중국, 중남미 및 유럽연합이 주도하고 있는 가운데 거의 320 GW가 증가할 것임을 시사했다(**그림 3-23**).

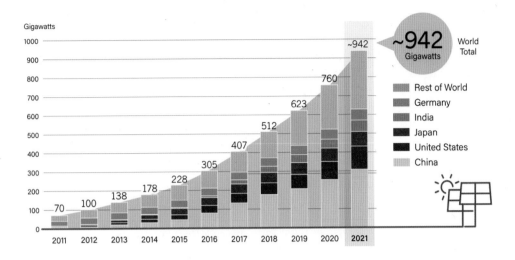

그림 3-23　세계 태양광 누적 설비 용량 및 연도별 추가량
(자료 : REN21, Renewables 2021 Global Status Report, 2021)

현재 미국에서 166 GW 이상의 에너지를 생산하는 12,000개의 대규모 프로젝트가 진행되었다. 스마트 재생에너지와 전력계통 현대화 프로젝트를 지원하기 위해 캐나다 정부는 2021년에 9억 6,400만 달러의 프로그램을 시작했다. 총투자의 점유 비율은 유럽 21%, 미국 17%, 아시아 태평양 지역(중국 및 인도 제외) 15% 순이었다. 중동과 아프리카 지역에서 5%의 미소한 점유율을 보였고, 아메리카(미국 제외)는 3%의 점유율을 보였으며, 브라질은 1%의 점유율을 보였다.

태양광발전 비용은 지난 10년간 매년 10% 이상씩 빠르게 저가화되고 있다. 몇몇 국가에서 태양광발전 비용은 석탄과 가스로 생성되는 에너지 가격만큼 낮다. 이러한 경향은 고무적이다. 개발도상국의 새로운 태양광 PV 발전용량은 저가의 장비와 혁신적인 새로운 응용 프로그램으로 매년 증가하고 있다. 세계적으로 재생에너지 전력이 신규 발전설비용량을 주도하고 있으며, 신규 재생에너지 설비용량을 주도하는 것은 태양광이며 개발도상국들은 이미 전 세계 태양광발전 설비용량의 50% 이상을 차지하고 있다(발전설비용량은 10년 전에 10% 미만, **그림 3-24**).

개발도상국들은 현재 세계의 다른 지역들이 전환하려고 하는 탄소집약적인 전력시스템을 극복하는 국가 위치에 있다. 많은 개발도상국들은 전력을 생산하기 위해 사용하는 석유의

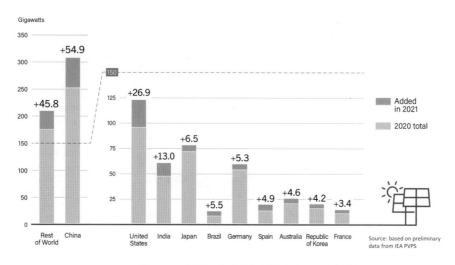

그림 3-24 세계 주요국 태양광 설비용량 및 2021년 추가량
(자료 : REN21, Renewables 2021 Global Status Report, 2021)

고비용을 풍부한 태양에너지 자원을 통해 해결할 수 있다. 이러한 국가는 특히 태양에너지 가격이 계속해서 빠르게 하락함에 따라 전력시스템에서 태양광발전 시스템을 광범위하게 설치할 수 있을 것이다. 태양광발전은 이제 선진국뿐만 아니라 개발도상국에서도 확대가 이루어질 것으로 전망된다. 태양광발전에 대한 원대한 목표와 개발도상국의 상황이 결합하여 더 친환경적이고 저렴한 접근방법으로 지속적인 개발이 이루어질 것이다.

3.5 태양광발전 기술현황과 사례

태양에너지를 이용한 태양광발전의 핵심소자인 태양전지는 1839년 프랑스 과학자 베크렐(Becquerel)이 전해질 속에 담겨진 2개의 금속전극으로부터 발생하는 전력이 빛에 노출되었을 때 그 세기가 증가하는 광기전력효과를 발견한 것에서 그 역사가 시작되었다. 1954년 미국 벨 연구소(Bell Lab)에서 실리콘을 소재로 한 최초의 태양전지가 개발되었고, 1958년 우주선 뱅가드(Vanguard) 1호의 전원공급용으로 최초로 실용화되기에 이르렀다. 1970년대에 두 차례의 석유파동을 겪으면서 미국, 유럽, 일본 등에서의 체계적이고 집중적인 연구개발에 힘입어 1980년대부터 제한적이긴 하지만 지상 발전용으로 활용이 시작되었고, 이어서 에너지 환경 문제가 지구적 차원의 문제로 부각됨에 따라 최근 가장 유망한 에너지 기술의 하나로 인식되기에 이르렀다. 지난 30년 동안 미국, 일본, 독일을 중심으로 한 기술개발의 결과로 태양전지의 효율은 높아지고 생산단가는 크게 낮아져 경제성이 점점 더 좋아지고 있다.

3.5.1 태양광발전 사례

최초의 태양전지는 통신위성의 전원공급용으로 사용되었고, 전 세계의 산간 오지나 사막지역에 사는 주민들에게도 통신용이나 라디오 수신, 야간 조명용으로 최소한의 전기가 필요한데, 가장 이상적인 것이 바로 태양전지이다. 전 세계 인구 중에서 약 16억 명이 아직까지 전기의 혜택을 누리지 못하고 있는데, 태양광을 통해 이들도 최소한의 문명 혜택을 누리고 삶의 질을 높일 수 있을 것으로 기대된다.

특수한 용도로만 사용되던 태양전지는 가격이 크게 내려가면서 현재는 우리 주변에까지 널리 파급되고 있는데, 주택 및 건물용과 수 MW급의 대규모 태양광발전소에 사용되고 있다. 일조량은 좋지만 불모지에 가까운 넓은 사막 지대는 그 면적의 약 4%만 태양전지로 덮어도 전 세계가 필요로 하는 에너지를 모두 충당할 수 있다. 최근 각광받고 있는 건물통합 태양에너지 시스템은 건물과 지역 환경에 전기 및/또는 열을 제공할 수 있다(태양광발전, 태양열 또는 이 둘의 하이브리드 사용). BIPV(Building-Integrated Photovoltaics)는 에너지 생성기와 건축 자재의 기능을 모두 갖춰 부착 및 설치를 통해 잉여 전기를 생산할 수 있다. 이는 탈탄소화에너지 시스템을 도입할 수 있는 기회이다. 특히 기존의 지상장착형 태양광(PV) 시스템을 쉽게 사용할 수 없는, 조밀하게 건축된 환경에서의 적용은 더욱 그렇다. BIPV 장치는 기존 건축 자재의 일부와 지붕 및 파사드와 같은 구성요소를 대체할 수 있다. 일반적으로 BIPV 시장은 세 가지 주요 범주로 나눌 수 있다. **그림 3-25**는 다양하게 구현된 BIPV를 보여준다.

- ○ 파사드 : 벽과 창호(walls and windows)
- ○ 지붕 : roof-integrated PV
- ○ 기타 : 셰이딩, 발코니 레일링 등

(a) 컬러 c-Si 태양전지가 적용된 BIPV 파사드 ⓒ ertex-solar

(b) 반투광 컬러 a-Si 태양전지가 적용된 BIPV 모듈(Calabria, 이탈리아)

(c) 잎모양의 유기태양전지가 적용된 BIPV 모듈(왼쪽, 가운데 : Cristina Polo Lopez, 오른쪽 : Merck KgaA, 이탈리아)

그림 3-25   다양하게 적용된 BIPV

그리고 태양전지로 구동되는 태양광 자동차(solar car), 태양광 비행기(solar plane) 등도 주목을 받고 있다. 미래에는 지상보다 햇빛이 강한 우주에서 태양전지를 넓게 펼쳐 생산한 전기를 지구로 보내는 이른바 우주 태양광발전도 그 모습을 드러낼 것이다. **표 3-1**은 태양전지의 용도를 구분한 것이다.

태양전지 시장은 **그림 3-26**과 같이 규모 면에서 크게는 지상발전용, 소규모 전자제품의 전원공급용, 그리고 우주용으로 나눌 수 있다. 지상발전용은 다시 계통연계 유무에 따라 독

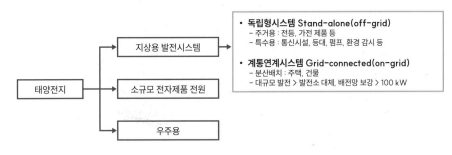

그림 3-26　태양전지 시장의 분류

립형 태양광발전 시스템과 계통연계형 태양광발전 시스템으로 구분되고, 다시 독립형 태양광발전 시스템은 주민의 전원공급용과 특수 목적의 용도(통신용, 해양, 도로 교통, 환경 개선 등)로 구분한다. 그리고 계통연계형 시스템은 규모에 따라 소규모 분산배치형 시스템(**그림 3-27, 3-28**)과 대규모 발전용 시스템(**그림 3-29**)으로 구분한다.

　　그림 3-30~그림 3-32는 태양광 에너지를 적용한 사례를 보여주고 **표 3-1**은 태양전지 활용분야를 요약하였다.

표 3-1　태양전지 활용 분야

분야	용도
통신시설	무선중계기, 방송중계국
항공보안	항공장애등, 항공보안 및 지원시설
기상·하천 관측	각종 텔레미터, 텔레미터 중계국, 하천 및 댐 관리, 홍수경보
해양	등대, 등부표, 해상텔레미터, 선박 비상전원
도로·교통	가로등, 도로표시판, 긴급전화, 무인신호등
산업기기	산업용 전원공급
농·어·축산업	배수펌프, 배양시스템, 온실
환경 개선	오수 정화, 호수 정화, 환경 감시
재해·안전	지진 및 화재 시 비상 전원, 산불 감시 카메라
교육·오락	광검출기, 완구, 조도계, 교육기기
전자 제품	시계, 라디오, 계산기, 무전기, 휴대전화, PC
주택·건물·BIPV	주택, 건물 전원 공급
대규모 발전소	계통연계 집중식 발전시스템
자동차	태양광 자동차, 전기자동차 보조전원
항공·우주용	인공위성, 우주발전, 탐사, 비행선, 비행기

그림 3-27 단독주택용 태양광 시스템

그림 3-28 아파트, 공동주택 태양광 시스템

그림 3-29 MW급 태양광발전소

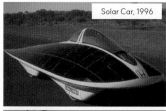

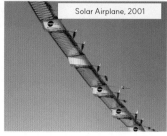

그림 3-30 태양광 구동 자동차와 비행기

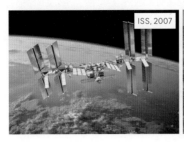

그림 3-31 태양광 구동 우주정거장과 탐색용 로버

그림 3-32 소규모(50 W 미만) 태양전지 응용 제품

1. 태양전지 시스템 3 kW 구성품을 정리하여 답하시오.

2. 태양전지 모듈 350 W를 구성하기 위한 태양전지 배열과 필요량을 계산하시오. (단, 태양전지 한 장의 출력은 4.86 W)

3. 태양전지의 성능이 전류밀도 40 mA/cm², 개방전압 700 mV, 충진율 80%일 때 태양전지 효율을 구하시오.

4. 태양전지의 효율이 25%일 때 면적이 100 cm²인 태양전지로부터 얻을 수 있는 전력(W)을 구하시오. (단, 기준 태양광의 세기는 100 mW/cm²)

5. 태양광발전 시스템 설계에서 경제성 분석을 하려고 한다. 아래와 같은 조건의 수상태양광발전 시스템(수상태양광발전 : REC 가중치 1.5배)을 설치한다고 할 때 다음 질문에 답하시오.

설비용량	800(kWp)	할인율	5%
SMP	150(원/kWh)	발전시간(hour)	3.8
REC	190(원/kWh)	모듈발전량 경년 감소율	3%
자기자본율	100(%)		

(1) REC 가중치가 적용된 판매단가는 얼마인가?

(2) 시스템 이용률은 얼마인가?

참고문헌

국내문헌

이준신 외. (2005). 태양전지원론. 과학출판사

이준신 외. (2007). 태양전지공학. 그린도서출판사

이준신 외. (2008). 태양전지 실무 입문. 두양사

이준신 외. (2014). 태양전지공학 개론. 도서출판 그린

이준신 외. (2019). 결정질 실리콘 태양전지. 도서출판 씨아이알

국외문헌

Census open Innovation Labs, The opportunity project 2022, NREL

Energy System Integration Newsletter, April 2022

Industry Growth Forum, April 2022, NREL

인터넷 참고 사이트

www.ertex-solar.at/produkte/referenzen

www.onyxsolar.com/mediterranean-foundation-terina

4.1 해양에너지 종류

해양에너지는 해양에 부존하고 있는 에너지원으로 해상풍력, 조류, 조력, 파력, 온도차, 태양광, 태양열, 해수염도차 등이 포함된다. 이 책에서는 고갈성 자원인 해양 바이오매스는 제외하였고, 육상에도 존재하는 태양광, 태양열, 풍력은 다른 장에서 다루고, 이 장에서는 조류, 조력, 파력, 해수온도차 및 해수염도차 에너지를 다룬다.

4.1.1 조류발전

조류발전은 조수 간만 현상에 의한 밀물과 썰물의 흐름을 이용하여 에너지를 생산하며, 유체의 수평 흐름을 회전운동으로 변환시켜 전력을 생산한다. 우리나라 인천지역과 서해안에서는 약 10 m의 높은 조수 간만의 차가 발생하고 이로 인한 강한 유속이 생성되므로 조류발전에 적합한 많은 후보지를 갖고 있고, 남해안은 지형적인 특성으로 섬과 섬 사이에서 높은 흐름이 발생하는 지역이 많다. 다른 재생에너지와 달리 날씨나 계절적 요인의 영향을 받지 않고 일정하게 가동하며 발전량을 정확히 예측할 수 있는 장점이 있다.

4.1.2 조력발전

조력발전은 조수 간만의 차에 의한 위치에너지를 이용한 발전으로 조수 간만이 큰 하구나 만을 댐이나 방조제로 막아 물을 가두어 둘 수 있는 저수지를 조성하고, 밀물과 썰물에 의해 발생하는 외해와 저수지의 수위차를 이용해 전기를 생산하는 발전방식이다. 해수면이 높아지는 밀물 때 댐 안의 호수에 물을 가두어 두었다가 썰물 때 물을 흘려보내 터빈을 돌려 흐름의 수평 에너지를 회전운동으로 변환시켜 전기를 생산하는 방법이다. 조력발전은 조류발전과 같이 에너지 생산을 예측할 수 있고, 대규모 전력 생산이 가능하다.

4.1.3 파력발전

파력발전은 파도의 위치 및 운동에너지를 이용하여 전기를 생산하며, 파고가 높을수록 에너지를 많이 갖고 있다. 파력발전장치는 형태 및 원리에 따라 크게 가동물체형, 진동수주형, 월파수류형으로 구분된다. 가동물체형 파력발전은 직접 발전기에 연결하거나 유압변환장치를 통해 왕복운동을 고속회전운동으로 변환하여 발전기를 돌려 전기를 생산한다. 파고가 높은 외해에서는 주로 가동물체형이나 월파수류형이 적합하고, 내해에서는 진동수주형 방식이 보편적으로 적용되고 있다.

4.1.4 해수온도차발전

해수온도차발전은 기화점이 특정 압력에서 20℃ 내외인 작동유체(냉매)를 이용하여 이보다 높은 온도를 갖는 해수 표층수로 작동유체(냉매)를 끓여 기화하여, 그 증기로 터빈을 가동해 전기를 생산한다. 터빈을 가동한 작동유체 증기는 심층의 차가운 해수를 이용하여 액화시켜 다시 사용하는 재순환 방식이다. 해수온도차발전의 주요 장치인 응축기는 작동유체(냉매)를 액체로 바꾸는 장치이고, 증발기는 액체를 기체로 변환하는 장치이다. 해수 표면 온도는 계절적으로 변화를 보이지만, 적도지방은 일반적으로 높고 또한 계절적인 영향이 적으므로 연속발전이 가능하여 해수온도차발전을 하기에 매우 적합하다.

4.1.5 해수염도차발전

해수염도차발전은 담수와 해수 사이의 소금 농도차를 이용해 전기를 추출하는 발전방식이다. 염도차발전은 삼투압법(PRO, Pressure Retarded Osmosis)과 역전기분해(RED, Reverse Electrodialysis)가 있다. 반투막을 사용하여 해수와 담수 사이의 삼투압 또는 증기압을 이용한 방식이 삼투압법이다. 역전기분해 방식은 전기·화학적인 에너지 전환방식 및 mechano-chemical 방식으로 구분될 수 있다. 해수염도차발전은 강과 바다가 만나는 지역에서 적용되고, 대체로 이런 조건을 갖는 후보지는 인구밀도가 높은 지역과 가깝기에 해저케이블 비용과 전력 전달 손실을 줄일 수 있다.

4.2 조류에너지

4.2.1 해류와 조류

바다에서 발생하는 해류는 해양의 대류현상, 지구 자전뿐만 아니라 밀물과 썰물, 온도차, 염분차, 지형적인 영향 등 여러 원인에 의해 발생한다. 큰 의미의 해류는 지구표면에 작용하는 열에너지 분포 차이로 발생하는데, 태양에서 발생하는 열에너지가 지구표면에 다르게 작용하여 이런 열에너지 불균형에 의한 대류현상으로 해수가 이동하게 되면서 발생하는 흐름이 해류이다. 세계의 주요 해류분포를 **그림 4-1**에 나타냈다.

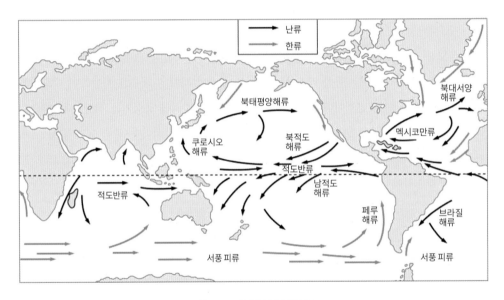

그림 4-1　세계의 주요 해류분포
(자료 : 네이버 지식백과)

조류는 조수 간만의 차에 의한 해수의 흐름이며 밀물과 썰물에 의해 발생하고 조석은 하루에 두 번씩 바닷물이 들어오고 빠지는 주기적인 현상이다. 만조에서 만조, 간조에서 다음 간조까지의 조석 주기는 약 12시간 25분이기에 만조와 간조는 각각 하루에 2회씩 발생하며,

매일 50분가량 늦어진다.

유체 흐름에너지 $P[\text{W}]$는 식 (4-1)로 나타낼 수 있고, 터빈 출력계수 C_p, 유속 $\text{V}[\text{m}/\text{s}]$, 유량 $\text{Q}[\text{m}^3/\text{s}]$, 수차 투영면적 $\text{A}[\text{m}^2]$, 해수밀도 $\rho\,(= 1,\!025\ \text{kg}/\text{m}^3)$와 관계된다.

$$P = 0.5\,C_p\rho\,Q\,V^2 = 0.5\,C_p\rho\,A\,V^3 \tag{4-1}$$

유체의 흐름으로 발생하는 에너지는 투영면적과 밀도 그리고 유속의 3승에 비례하므로 공기보다 약 820배 큰 밀도를 갖는 해양에서는 육지에 비해 매우 큰 에너지를 얻을 수 있다.

4.2.2 조류발전 기술

조류발전은 해수의 수평 흐름을 터빈을 통한 회전운동으로 변환하여 전기를 생산하는 기술이다. 조류발전의 가장 큰 장점은 발전량 예측이 가능하며 날씨나 계절과 관계없이 연속적으로 발전하므로 신뢰성이 높은 에너지원이라는 점이다.

터빈에 의한 회전운동은 가속기어에 의해 회전수를 증가시켜 발전에 적합한 회전수를 얻는다. 보통 6극 발전기는 1,200rpm, 4극 발전기는 1,800rpm이 요구된다. 발전기 종류에 따라 유도발전기와 동기발전기가 있고 유도발전기는 유속이 일정한 환경에 주로 설치하고, 동기발전기는 유속이 일정하지 않은 지역에 효과적으로 적용된다. 발전량은 유속에 따라 변화하므로 컨버터와 인버터 제어장치를 통해 AC, DC 등으로 변환시켜 적합한 에너지로 생산한다. 최근 개발되는 조류발전장치는 가속기어가 없는 기어리스를 적용하여 시스템을 단순화시켜 신뢰성을 높이고 유지보수 비용을 낮추는 경향이 있다.

조류발전은 조력발전과 달리 댐이 필요 없고 자유로운 해수 유통이 가능하므로 주변 해양환경에 거의 영향을 끼치지 않는 친환경적인 발전방식이다.

조류발전의 특징을 요약하면 다음과 같다.

- 기상 상태와 관계없이 전력 생산 및 예측 가능
- 조류의 속도가 빠른 우리나라 서해안과 남해안 지역에 적합
- 갯벌 황폐화 및 해양생태계에 미치는 영향이 거의 없음

○ 댐이 필요 없고 연안가에 위치하므로 전력 수요지역과 근접

○ 무공해 및 친환경적인 지속가능한 에너지원

4.2.3 주요 장치와 특성

조류발전장치는 로터축 방향과 유향이 일치하는 수평축 방식과, 유향과 로터축이 90° 각도를 이루는 수직축 방식으로 나뉜다. 조류의 방향은 밀물과 썰물에 따라 계속 바뀌므로, 유체의 입사각이 90°가 되게 터빈을 회전시키는 요잉(yawing) 회전장치를 적용하여 발전효율을 높일 수 있다. 요잉 장치는 모터로 구동되며 조류방향을 예측하여 터빈을 회전시키는 능동형과 꼬리날개를 설치하여 터빈을 회전시키는 수동형이 있다. 수동형 꼬리날개는 주로 소형 조류발전에 적용된다. 발전효율을 높이기 위해 블레이드의 피치각을 조정하여 유입 유속에 따른 터빈의 회전을 최적화하는 피치 제어장치도 사용되고 있다. **표 4-1**에 수직축 및 수평축 터빈 방식의 특성을 비교하였다.

표 4-1 수직축 터빈과 수평축 터빈 비교

비교 요소	수직축 터빈	수평축 터빈
유향 변화	변화하는 유향에 특별한 장치 불필요	유향에 따라 터빈을 회전시키는 장치 필요
유속 변화에 따른 출력	항력식 수직축 터빈의 경우 낮은 유속에서 상대적으로 유리하며 양력식 수직축은 수평축 터빈과 유사	높은 유속에서 고효율을 나타내고 낮은 유속에 상대적으로 불리
구조적 안정성	회전축에 큰 굽힘 모멘트가 작용하며 진동에 취약	회전축과 유향이 같아 구조적으로 안정
자기시동 여부	항력식 터빈은 자기시동에 유리하고 양력식 터빈은 상대적으로 불리	블레이드 수와 특성에 따라 자기시동 속도 변화
공동현상	공동현상이 날개 전체에 발생할 수 있으므로 회피설계가 매우 중요	수면에서 가까운 위치의 날개 끝단에서 주로 발생하므로 상대적으로 유리
유지 및 보수	주요 장치를 수면상에 위치시킬 수 있어 유지보수에 유리	유지보수를 위한 장치 및 장비 필요
기타 특성	• 터빈의 운전을 방해하는 유기체, 침전물, 고형물로부터 취약 • 하나의 회전축에 다수의 터빈 적용 가능 • 해저부터 수면까지 위치하는 터빈을 지지할 수 있는 대형구조물 필요	• 수중에 위치시킬 수 있어 이물질로 인한 소상 위험이 상대적으로 낮음 • 풍력터빈과 선박의 프로펠러 기술 응용 가능

자료 : 한국에너지공단, 신·재생에너지백서, 2020

조류발전은 유속이 1 m/s 내외인 곳에서도 가능하나, 경제성 있는 발전을 위해서는 최소한 1.5 m/s 이상인 지역에 적용된다. **그림 4-2**는 전형적인 수평축 터빈을 보여주는데 **(a)**는 영국 MCT-Atlantis사의 1.2 MW급 조류발전장치, **(b)**는 Alstom사의 1 MW급 발전장치이다.

(a) MCT-Atlantis사 터빈(RISE 홈페이지)　　　(b) Alstom사 터빈(Subsea World News 홈페이지)

그림 4-2　수평축(HAT) 조류발전

그림 4-3은 다양한 수직축 조류발전장치를 보여주는데, **(a)**는 양력을 이용하는 다리우스 터빈, **(b)**는 다리우스 터빈 주위의 유속벡터, **(c)**는 이탈리아 나폴리대학에서 개발한 가변피치형 다리우스 터빈, **(d)**는 헬리컬 터빈, **(e)**는 항력식 수직축 터빈인 사보니우스 터빈을 개선한 장치이다.

사보니우스 방식은 1929년 사보니우스(S.J. Savonius)에 의해 고안되어 풍속이나 유속을 측정하는 데 응용되어 왔다. 이 방식은 전 방향 흐름에 대해 항상 한쪽 방향으로만 회전하며 기동토크가 크고 낮은 유속에서도 회전하는 장점을 가지고 있으나 효율이 낮은 단점이 있다.

수평축 터빈은 블레이드 단면을 항공기 날개와 같은 익형을 이용하는 양력식 터빈으로, 블레이드 끝단의 속도가 유속에 비해 5배 이상 빠른 속도로 회전하며 양력에 의해 토크 또한 높아 효율이 높다. 최적 설계된 수평축 터빈의 에너지변환효율은 45~50% 정도로 높은 성능을 보여준다. 양력식 수평축 터빈 중에서도 단면 익형에 따라 단방향 터빈과 양방향 터빈으로 나눌 수 있다. 항력을 이용하는 사보니우스 터빈의 일반적인 효율은 약 15%로 알려

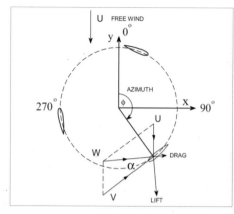

(a) 다리우스 터빈 작동원리(Hantoro et al., 2011)

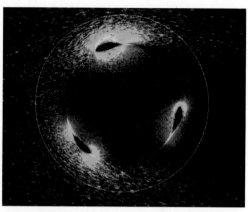

(b) 다리우스 터빈 유속벡터(옥스퍼드대학교 홈페이지)

(c) 나폴리대학의 다리우스 터빈(ADAG 홈페이지)

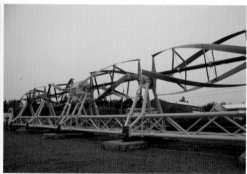

(d) 헬리컬 블레이드 방식(Wikipedia)

(e) 사보니우스 블레이드(WET 홈페이지)

그림 4-3　수직축(VAT) 조류발전

져 있다. 수직축 터빈 중에서도 다리우스 터빈은 양력을 이용하며 터빈 끝단의 속도가 유속에 비해 3~5배 빠른 속도로 회전하며 효율은 약 25~40%의 분포를 나타낸다.

4.2.4 고정 방법

발전장치의 고정방식에 따라서도 파일고정식과 계류삭을 사용하는 계류식 그리고 자체 무게를 이용하는 자중고정식으로 나눌 수 있다. **그림 4-4**의 **(a)**는 파일고정식, **(b)**는 계류삭을 이용하는 계류식, **(c)**는 자중고정식 장치를 보여준다.

(a) 파일고정식(MCT 홈페이지)

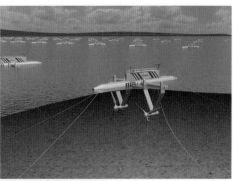
(b) 계류고정식(Offshore Wind 홈페이지)

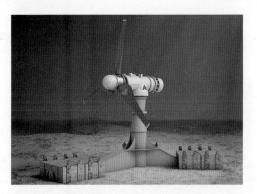
(c) 자중고정식(Atlantis Resources 홈페이지)

그림 4-4　조류발전 고정방식

파일고정식은 조류나 파도에 의한 외력에 대해 모노 파일을 해저면에 관입하여 조류장치의 안정성을 확보하는 방법이고, 계류고정식은 계류삭을 사용하여 부유식 조류발전장치를 고정하는 방법으로, 해저면에 계류삭을 앵커로 고정시켜 계류삭에 인장력을 가해 회전반경을 제어할 수 있다. 자중고정식은 조류장치 하부구조를 무겁게 하여 외력으로부터 안정성을 확보하는 방법이다.

4.2.5 국내외 현황

국내 서해안은 높은 조수차로 인해 조류속도가 높은 지역이 많고, 남해안은 지형적인 특성으로 조류속도가 높아 조류발전에 적합한 곳이 많다. 서해안은 덕적도 인근, 백령도, 풍도의 도서지역, 남해안의 울돌목, 횡간수도, 장죽수도, 대방수도, 맹골수도 등 여러 지역이 조류발전 부존량이 높은 적합지로 알려져 있어 장기적으로 개발 잠재력이 매우 높다. 국내 최초로 2009년 울돌목에 설치된 1 MW의 시험조류발전소는 수직축 헬리컬 터빈을 적용하였다(**그림 4-5**).

국내 최초의 수평축 조류발전은 2008년에 인하대학교가 주관하여 개발한 25 kW급 장치로 삼천포 화력발전소 내 방수로에서 현장실험을 성공적으로 수행하였다. 이를 통해 수평축 조류발전 기술을 확보하고 상업화 가능성을 확인하였다(**그림 4-6**).

그림 4-5 울돌목 시험조류발전소
(자료 : 동아사이언스 홈페이지)

그림 4-6 방수로에 적용된 25 kW급 수평축 조류발전장치

2010년 국내 최초로 개발된 부유식 수평축 조류발전의 해상시험이 전남 여수해역에서 실시되었다. 오션스페이스와 인하대학교가 개발한 100 kW 용량으로 직경 8 m의 수평축 3블레이드 터빈을 적용하였고 계류고정방식을 적용하였다(**그림 4-7**).

그림 4-7 100 kW급 계류식 조류발전장치
(자료 : 오션스페이스 제공)

2011년 4월 장죽수도에서 독일 Voith Siemens사의 110 kW급 자중식 조류발전장치를 시험운전하였다. 기어리스 발전기가 적용되었으며 콘크리트 하부구조물의 무게로 외력에 대한 안정성을 확보하였다(**그림 4-8**).

그림 4-8　110 kW급 조류발전장치
(자료 : 매일경제뉴스 홈페이지)

인하대학교는 홍콩시티대학과 함께 낮은 유속에서도 구동이 가능한 덕트를 적용한 소형 조류발전장치를 개발하여 홍콩 골드코스트 지역에 설치하여 7개월간 성능실험을 통해 예상된 전기를 생산하여 실용화 가능성을 입증하였다(**그림 4-9**). 개발된 조류발전장치는 기존에 1 m/s로 알려져 있는 가동유속보다도 매우 낮은 0.4 m/s 유속에서도 발전이 가능하여 조류 발전 적용지역을 대폭 확대할 수 있는 미래 기술로 평가받았다(Jo, C.H., et al., 2015).

그림 4-9　인하대학교에서 개발한 저유속 조류발전장치

표 4-2는 국내외 조류발전사업현황을, **표 4-3**은 실증에 성공한 조류발전장치를 요약하였다.

표 4-2　국내외 조류발전 사업 요약

국가	사업명	개발사	대상지역	개발 단계	설비용량 (kW)
캐나다	Sustainable Marine	Sustainable Marine	Grand Passage, Nova Scotia	운영 중	280
	Uisce Tapa Project	Andritz Hammerfest Hydro	FORCE site, Nova Scotia	개발 중	9,000
	Sustainable Marine	Sustainable Marine	FORCE site, Nova Scotia	개발 중	9,000
	Big Moon Power	Big Moon Power	FORCE site, Nova Scotia	개발 중	4,000
	Nova Innovation	Nova Innovation	Petit Passage, Nova Scotia	개발 중	1,500
	Jupiter Hydro	Jupiter Hydro	Minas Passage, Nova Scotia	개발 중	2,000
캐나다	New East Energy	New East Energy	Minas Passage, Nova Scotia	개발 중	800
	Big Moon Power	Big Moon Power	Minas Passage, Nova Scotia	개발 중	5,000
	Yourbrook Energy Systems	Yourbrook Energy Systems	Haida Gwaii, British Columbia	개발 중	500
중국	LHD Tidal Current	HangZhou United	Xiushan Island	운영 중	1,700

(계속)

국가	사업명	개발사	대상지역	개발 단계	설비용량 (kW)
중국	ZJU Tidal Current Energy Demonstration Platform	Zhejiang University	Zhairuoshan Island, Zhejiang Province	운영 중	1,007
	Zhousham Tidal Current Energy Demonstration Platform	China Three Gorges Corporation(CTG)	Hulu Island, Zhejiang Province	개발 중	450
프랑스	OceanQuest	HydroQuest	Brehat–Paimpol test site, Brittany	운영 중	1,000
	Sabella D10	Sabella	Ushant island, Brittany	운영 중	1,000
	Phares	Sabella	Ushant island, Brittany	운영 중	1,000
	Flowatt	HydroQuest	Raz Blanchard, Normandie	승인 완료	17,500
	Nepthyd	SIMEC–Atlantis	Raz Blanchard, Normandie	승인 완료	12,000
이탈리아	GEMSTAR Demonstration	Seapower Scrl	Messina, Thyrrenian Sea	개발 중	300
뉴질랜드	Ruka Marine Turbine	Environment River Patrol–Aotearoa	Whangarei	개발 중	–
	Aluantis Advanced Turbine Technology	Aquantis	New Zealand	개발 중	–
한국	Uldolmok Tidal Pilot Power Plant	KIOST	Jindo, Korea	개발 중	80
영국	MeyGen	SIMEC–Atlantis Energy	Pentland Firth, Scotland	운영 중	6,000
	Enabling Future Arrays in Tidal (EnFAIT)	Nova Innovation	Bluemull Sound, Shetland, Scotland	운영 중	600
영국	ITEG	Orbital Marine Power/EMEC	Orkeny Islands, Scotland	운영 중	2,000
	ATIR	Magallanes Renovables	Orkeny Islands, Scotland	운영 중	1,500
	Floating Tidal Energy Commercialization (FloTEC)	Orbital Marine Power/EMEC	Orkeny Islands, Scotland	개발 중	6,000
	Holyhead Deep	Minesto	Holyhead, North Wales	개발 중	500
미국	ORPC Cook Inlet	Ocean Renewable Power Company (ORPC)	Cook Inlet, Alaska	개발 중	5,000

자료 : 한국해양과학기술원, 2022

표 4-3 실증에 성공한 조류발전장치

구분	기업명	국가	지역	용량	특징	사진
1	SIMEC Atlantis Energy	영국	스코틀랜드 펜틀랜드해협	398 MW	• 세계 최대의 MeyGen 실증단지 • 398 MW 시설용량	
2	SIMEC Atlantis Energy	일본	고토 열도 내 나루섬 사이 나루 해협	500 kW	• 2020년 조류발전 시스템 설치 및 실증 진행	
3	Nova Innovation	영국	스코틀랜드 셰틀랜드	2 MW	• 2020년 10월 Eunice 터빈 설치 • 2 MW 시설용량 실증단지	
4	Verdant Power	미국	뉴욕 이스트강	–	• 2020년 10월 3기 조류발전장치 설치 • 설치 후 85일간 100 MWh 전기 생산	
5	Sustainable Marine Energy & Schottel Hydro	캐나다	노바스코사주 펀디만	1.26 MW	• 6개의 터빈이 부착된 420 kW급 부유식 플랫폼	
6	Orbital Marine Power	영국	오크니 제도	2 MW	• 1 MW급 조류터빈 2기 탑재한 부유식 조류발전장치	
7	Magallanes Renovables	영국	오크니 제도 EMEC	1.5 MW	• 750 kW 터빈 2기 • 2019년 3월 EMEC에서 실해역 시험	

(계속)

구분	기업명	국가	지역	용량	특징	사진
8	Sabella	프랑스	웨상섬	1MW	• 2019년 10월 1MW급 조류발전장치 설치 • 프랑스 최초로 전력망에 연계한 조류발전장치	
9	HydroQuest	프랑스	브르타뉴 해역	1MW	• 듀얼 수직 반전축 형식 1MW급 조류발전장치 • 2019년 6월 생산 시작	
10	LHD New Energy Corporation	중국	시우산섬 인근 해역	4.1MW	• 수직축 3개와 수평축 1기 설치 후 2016년 전력망 연결 • 4.1MW급 단지로 확장 예정	
11	KIOST	한국	울돌목	1MW	• 2009년 1MW 수직축 발전장치 설치 • 국내최초 수직축 조류발전장치 실증	
12	SeaPower Scrl	이탈리아	나폴리 메시나 해협	30kW	• 직경 6 m 블레이드 3개를 갖춘 수직축 Kobold 터빈 탑재	
13	ADAG & SeaPower Scrl	이탈리아	나폴리 메시나 해협	100kW	• 수중 본체에 2개의 수평축 터빈 장착 • 계류식 방식으로 조향이 자유로움	
14	Minesto	덴마크	파로 제도	100kW	• 저유속 또는 해류 이용 발전 가능	
15	ORPC (Ocean Renewable Power Company)	미국	알래스카 이지우직 크비착강	35kW	• 2019년 10월부터 이지우직 마을에 전기 공급	

(계속)

구분	기업명	국가	지역	용량	특징	사진
16	Mittelrhein Strom	독일	장크트 고아르 라인강	70 kW	• 기어 없는 직접 구동식 수평축 터빈 • 디퓨저를 사용한 부유식 장치	
17	인하대학교/ 오션스페이스	한국	삼천포	25 kW	• 국내 최초로 방수로에 설치하여 실증한 수평축 조류발전장치	
18	인하대학교/ 오션스페이스	한국	여수해역	100 kW	• 국내 최초로 실증 성공한 부유식 조류발전장치 • 승하강식 유지/보수 장치	

자료 : OES(www.ocean-energy-systems.org)

4.3 조력에너지

4.3.1 원리 및 현상

조석현상은 해수면이 하루에 2회 주기로 상승하고 하강하는 현상으로 달과 태양 등 천체의 인력에 의해 발생한다(**그림 4-10**). 조석현상을 만드는 기조력의 크기는 천체의 질량에 비례하고 지구까지 거리의 세제곱에 반비례한다. 밀물에 의해 해수면이 가장 높이 상승한 상태를 만조 또는 고조라고 하고, 썰물에 의해 해수면이 가장 낮게 하강한 상태를 간조 또는 저조라고 한다. 만조나 간조는 약 6시간 간격으로 하루에 2회씩 발생한다. 조위는 해면의 높이를 말하며, 만조와 간조의 높이 차이가 조차이다.

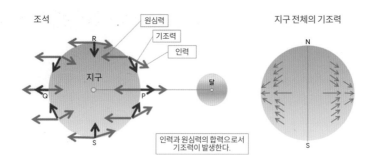

그림 4-10   조석의 원리

세계적으로 큰 대조차가 발생하는 지역을 **표 4-4**에 나타냈다.

표 4-4   대소차 지역과 최내조차

국가	지명	최대조차(m)
캐나다	Moncton	16.0
영국	Severn	15.5
캐나다	Jordan	15.4
호주	Fizroy	14.7
프랑스	Granvill	14.5
프랑스	Rance	13.5
아르헨티나	Rio Gagllegos	13.3
한국	인천	13.2
인도	Bhaunagar	12.0
미국	Anchorage	12.0
러시아	Anadory	11.0

자료 : 해양에너지공학, 1998

4.3.2   조력발전 기술

조력발전은 조차가 큰 장소에 댐과 수문을 설치하여 밀물 시 수문을 닫아 물을 모았다가 썰물 때 수문을 열어 수위차에 의한 유체 흐름을 이용하여 터빈을 회전시켜 전기를 생산한다. 조력발전은 최소한 4 m 이상의 조차를 확보해야 경제성이 있다고 알려져 있다. **그림 4-11**부터 **그림 4-13**은 조력발전의 개념도와 조력발전 순환과정을 보여준다.

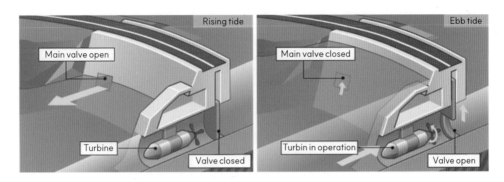

그림 4-11 조력발전 개념도 1
(자료 : Les Technologies Marine 홈페이지)

만조 시 댐에 저수된 해수의 위치에너지 E_g의 기본 식은 다음과 같다.

$$E_g = mgH \tag{4-2}$$

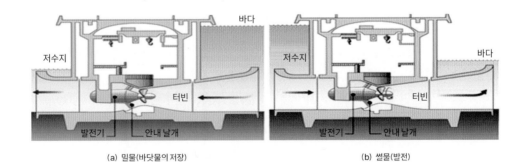

(a) 밀물(바닷물의 저장)   (b) 썰물(발전)

그림 4-12 조력발전 개념도 2
(자료 : Climarx 홈페이지)

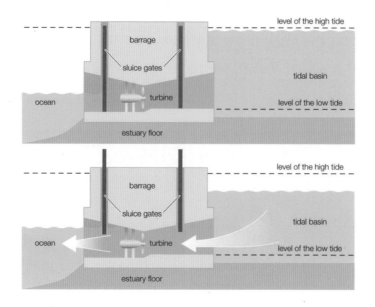

그림 4-13 조력발전 순환과정
(자료 : Hydroelectric.energy.K.D 홈페이지)

여기서 m은 해수 질량(kg), H는 수위차(m), g는 중력가속도(9.8 m/s²)이다. 터빈에 유입되는 유속이 V(m/s), 유량은 Q(m³/s), 투과 단면적이 A(m²)일 때 터빈이 한 일의 양 W_p는 다음과 같다.

$$W_p = \rho g V A H = \rho g Q H \approx 9.8 Q H \ (\text{kW}) \tag{4-3}$$

여기서 V는 $\sqrt{2gH}$, Q는 VA, m은 ρQ이며, ρ는 해수의 밀도이다. 평균조차를 H_a, 저수지 면적을 S라고 하면 연간 발전량 E는 조차의 제곱에 비례한다.

$$E = 0.017 H_a^2 S \ (\text{kWh/yr}) \tag{4-4}$$

조차가 높은 지역이 조력발전에 적합하지만, 대상지역 주변 환경에 미치는 단기 및 중·장기적 영향 및 변화에 대한 심도 있는 평가가 선행된 후 결정되어야 한다.

(1) 조력발전의 장단점

조력발전의 장단점을 요약하면 다음과 같다.

- 장점
  - 오염물질 발생 없이 주기적인 발전 가능
  - 저렴한 유지비와 가동에 필요한 추가 연료 불필요
  - 전기 공급량이 일정하며 예측 가능
  - 무한한 청정에너지원

- 단점
  - 조수 간만의 차가 큰 지역에 한정적으로 적용
  - 넓은 저수지 면적과 댐 건설을 위한 높은 초기비용
  - 주변 환경 및 생태계에 많은 영향 발생

4.3.3 조력발전 시스템

조력발전의 종류로는 부체식, 압축공기식, 저수지식이 있으며 현재 실용화된 방식은 저수지식이다. 부체식은 부유체의 부력을 이용하여 전기를 생산하는 방식이고, 조차의 상하 수위를 이용하여 밀폐된 공간에 갇혀 있는 공기를 압축시켜 발전하는 방식을 압축공기식이라 한다. 저수지식은 조차가 큰 하구나 만에 댐을 설치하여 해수를 모아두는 저수지를 만들어 조차를 이용해 발전하는 방식이다. 조력발전방식은 **그림 4-14**와 같이 저수지의 수에 따라 단저수지식과 복저수지식으로 나눌 수 있고, 다시 유체 흐름의 이용방식에 따라 단류식과 복류식으로 나눌 수 있다.

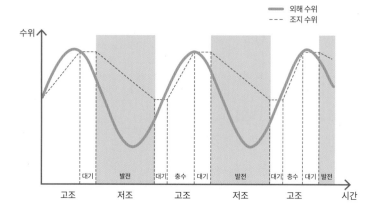

(a) 낙조식 단류발전

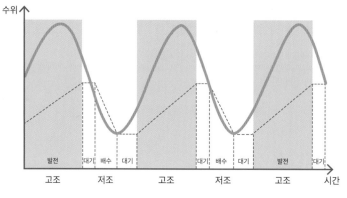

(b) 창조식 단류발전

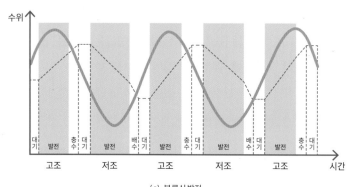

(c) 복류식 발전

그림 4-14 조력발전의 발전방식
(자료 : 조철희 외, 2016)

(1) 발전방식

① 단저수지 단류식

단저수지 단류식 조력발전은 해수를 모아두는 저수지 1개를 조성하여 만조 시에 수문을 개방하여 만조수위까지 해수를 채운 다음 간조 시에 수문을 열어서 높은 속도로 해수를 방출하며 발전하는 방식이다(**그림 4-15**). 이를 간조식 또는 낙조식 발전이라 하며 저수지와 외해의 조차가 클수록 발전량은 많아진다. 만조식 또는 창조식 발전은 간조 시에 수문을 개방하여 만조 시에 발전 수문을 열어 발전하는 방식이다. 간조식과 만조식은 한 방향의 유체 흐름을 이용하여 발전하므로 단류식이라 이름 붙여졌다. 이 방식은 한 방향으로 회전하는 터빈을 사용하며 댐 구조도 간단하고 건설비용과 시설비용도 타 방식에 비해 저렴하지만, 하루 중 발전시간이 약 30%로 짧은 특성이 있다. 이를 보완하기 위해 간조식 발전방식에서 저수지 수위가 만조수위에 도달한 후에 외해의 해수를 양수를 통해 저수지 내로 추가로 공급하여 수위를 상승시켜 발전가동시간과 발전량을 증가시키기도 한다. 현재 가동 중인 시화호 조력발전소와 가로림만 조력발전소 모두 단류식으로 설계되어 있다.

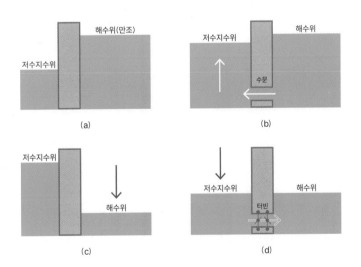

그림 4-15 단저수지 단류식 개념도

② 단저수지 복류식

단저수지 복류식은 저수지는 하나이지만 만조 시와 간조 시 모두 발전이 가능한 방식으로 단저수지 단류식보다 발전시간을 증가시킬 수 있다(**그림 4-16**). 만조 시와 간조 시 양방향에서 발전이 가능하기 때문에 터빈이 약 6시간마다 반복되는 양방향 흐름을 이용하여 발전이 가능하다. 만조 시에는 저수지의 간조 시 수위와 상승하는 해수면 수위의 낙차로 발전하며, 간조 시에는 단방향과 같은 방법으로 발전하기 때문에 단방향 발전방식의 2배로 증가하나 양방향으로 회전과 발전이 가능한 터빈과 시설이 요구된다. 이런 특성으로 인해 시설비용이나 제작비용이 단류식보다 많이 든다. 복류식은 조차가 매우 큰 지역에 적용할 경우 단류식보다 유리하다. 프랑스의 랑스 조력발전소는 복류식을 적용하여 발전하고 있다.

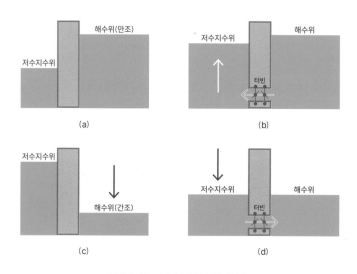

그림 4-16 단저수지 복류식 개념도

③ 복저수지 연속식

저수지를 2개 만들 수 있는 여건을 갖춘 지역일 경우 1개의 저수지를 고저수지, 다른 저수지를 저저수지로 만들어 2개의 저수지 간 수위차를 이용하여 발전하는 방식이다(**그림 4-17**). 고저수지의 높은 수위에서 저저수지의 낮은 수위 지역으로 해수를 유통시켜 발전한다. 외해의 조차 변화에 따라 2개의 저수지 수문이 연속적으로 작동하여 항상 발전에 최적 수위를 제어하여 24시간 연속적으로 발전하는 방식이다. 터빈은 2개의 저수지 사이에 설치하고 두

저수지 사이의 낙차를 이용하여 발전하므로 외해의 수위와 관계없이 연속적으로 출력할 수 있다. 그러나 저수지 구조가 복잡하여 건설비용이 단저수지 발전방식에 비해 높고 유효에너지를 반밖에 사용하지 못하므로 발전효율이 떨어진다.

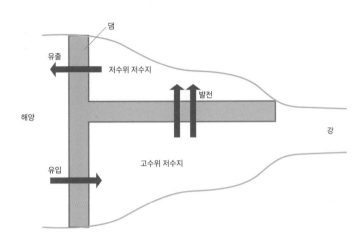

그림 4-17 복저수지 연속식 개념도

④ 복저수지 독립식

복저수지 독립식은 2개의 단저수지 단류식 발전소를 독립적으로 설치한 것과 같고, 만조 시에 한쪽 저수지에서 낙차를 이용하여 발전하고 이와 동시에 다른 저수지에 해수를 채워 간조 시에 발전하는 방식이다. **그림 4-18**은 조력발전방식의 분류를 보여준다.

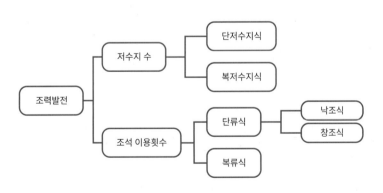

그림 4-18 조력발전방식 분류

조력발전의 최대 가용에너지, E는 다음 식으로 구할 수 있다.

$$E = \int_0^H \rho Aghdh = \rho g \frac{AH^2}{2} \, [\text{J}] \tag{4-5}$$

A는 저수지 면적(m^2), H는 조차(m), ρ는 해수밀도($1{,}025 \text{ kg/m}^3$), g는 중력가속도이다. 하루에 조수 간만의 차가 2회 있으므로 일일 최대 생산 에너지는 다음과 같다.

$$E = 4\rho g \frac{AH^2}{2} \times \frac{24}{24.8} \, [\text{J}] \tag{4-6}$$

이용 가능한 최대 전력의 평균값, 즉 하루에 생산된 에너지 총량은 다음과 같다.

$$Pavg = \frac{4 \times \rho g \dfrac{AH^2}{2}}{24.8 \times 3600} \, [\text{W}] \tag{4-7}$$

(2) 조력발전 터빈

조력발전 터빈은 수위차에 의한 위치에너지로부터 변환된 유체의 운동에너지를 기계적인 회전에너지로 변환하는 역할을 한다. 조력발전 터빈 설계 시 고려해야 할 사항은 단류식, 복류식에 따른 터빈 방식과 수평축 또는 수직축 방식의 적용 여부이다. 일반 수력터빈 기술과 유사하나 염분에 의한 부식, 파랑의 영향, 긴 발전시간에 의한 높은 내구력, 부유 퇴적물에 의한 표면침식 등을 고려한 설계가 요구된다.

① Kaplan 수직축 터빈

그림 4-19와 **그림 4-20**은 각각 Kaplan 터빈과 구성도를 보여준다.

그림 4-19 Kaplan 터빈
(자료 : ZECO-hydraulic for power generation)

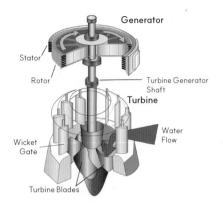

그림 4-20 Kaplan 터빈 구성도
(자료 : All Rivers Hydto 홈페이지)

② Bulb 터빈

그림 4-21은 Bulb 터빈의 단면도를 보여준다.

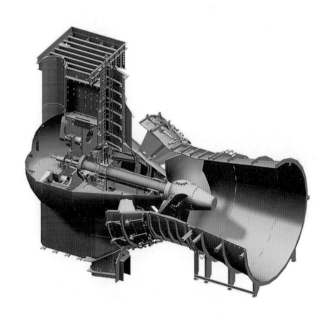

그림 4-21 Bulb 터빈 단면도
(자료 : Andritz Hydro 홈페이지)

③ Rim 터빈

그림 4-22는 Rim 터빈의 개념도를 나타낸다.

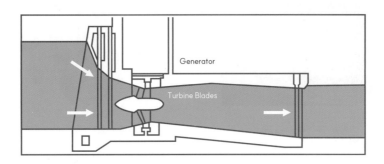

그림 4-22　Rim 터빈 개념도
(자료 : ESRU.Strath 홈페이지)

④ Tubular 터빈

그림 4-23은 Tubular 터빈과 개념도를 나타내고 **표 4-5**는 조력발전의 터빈 축에 따른 장단점을, **표 4-6**은 터빈의 종류 및 특징을 보여준다.

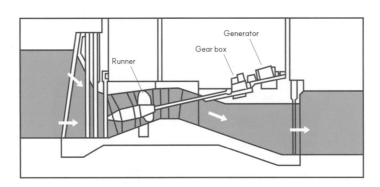

그림 4-23　Tubular 터빈 개념도
(자료 : ESRU.Strath 홈페이지)

표 4-5 조력발전의 터빈 축에 따른 장단점

구분	수직축	수평축
장점	• 유지관리 및 냉각이 용이함 • 유량과 수위 변동에도 효율이 양호함	• 베어링이 물 위에 노출됨 • 유지관리가 편리함
단점	• 하부베어링이 물밑에 잠김 • 조정기어로 물의 흐름을 조절하므로 구조가 복잡함	• 가동 중에 수위변동을 수용하려면 큰 직경이 요구됨

자료 : 남기수, 2003

표 4-6 터빈의 종류와 특징

구분	Kaplan 수직 터빈	Rim 터빈	Tubular 터빈	Bulb 터빈
장점	• 물 위에 베어링이 노출 • 유지관리가 용이 • 유량과 낙차 변동범위가 넓어서 효율이 좋음	• 설계공간이 넓고 냉각이 용이 • 발전기의 회전자가 runner 끝에 있어 안정성 있는 운전이 가능 • Bulb 터빈보다 전장이 짧아 경제적임	• 발전기가 수로 밖에 위치하여 발전기 주변공간이 많음 • gear box로 runner 회전속도를 증가시키므로 발전기 크기가 감소될 수 있어 경비 절감이 가능	• Epycyclic gear box를 적용하여 대형 터빈의 MW급 토크 전달이 가능 • Bulb 안쪽 공간이 축소되어 flow pattern에서 수리손실이 감소 • 공랭식 Bulb 터빈은 냉각효율을 높이고 Bulb 내외의 압력차를 줄임
단점	• 직각방향으로 두 번 꺾이므로 가용수두가 감소	• 회전자의 측면과 수로 사이에 gap sealing이 어려움 • 직경이 커서 인접수차와의 간격이 큼	• 구동 축 끝단과 gear box와 flange 연결 문제가 있음	• Bulb 고정자의 고정 • 좁은 공간으로 발전기 설계와 냉각시스템이 제한적임

자료 : 남기수, 2003

4.3.4 국내외 현황

한국은 세계 최대 규모인 시화 조력발전소를 운영하고 있어 선진국 수준의 기술을 보유하고 있다. 조력발전 적지 조사 및 평가, 에너지양 및 발전량 예측 등 기초적인 기술은 이미 시화호, 가로림만, 천수만 그리고 인천만과 강화만 조력발전 기초조사를 통해 입증되었다. 국내의 대표적인 시화 조력발전소는 2004년 시화호 수질개선대책의 일환으로 시화호 운영방법을 담수호에서 해수호로 전환했고, 청정에너지 생산과 수질개선 목적으로 2011년 254 MW급 조력발전소를 완공하여 현재까지 성공적으로 운영하고 있다(**그림 4-24**).

　표 4-7은 국내 조력발전소 현황을, **표 4-8**은 해외 주요 조력발전소 현황을 요약한 것이다.

그림 4-24 시화호 조력발전단지 조감도
(자료 : 한국수자원공사 홈페이지)

표 4-7 국내 조력발전소 현황

구분	시화호	가로림만	강화
위치	경기 안산시	충남 태안군, 서산시	인천 강화군
대조차(m) (평균조차 m)	7.8 (5.6)	6.7 (4.8)	7.8 (5.5)
방조제길이(km)	12.7	2.05	4.45
조지면적(km^2)	43.15	96.03	36.9
발전방식	단류식 창조발전	단류식 낙조발전	단류식 낙조발전
발전시설	수차 10기/수문 8문	수차 20기/수문 12문	수차 14기/수문 4문
시설용량(MW)	254 (25.4 MW×10)	520 (26 MW×20)	420 (30 MW×14)
연간발전량(GWh)	552	950	710
유류대체 효과 (배럴)	80만	137만	103만
CO_2 저감 (만 톤/연)	25.9	44.6	33.3
추진 상황	가동 중	추진 중	추진 중
특이사항	2011년 준공 세계 최대규모	10만 8천 가구 전력공급 가능	13만 9천 가구 전력공급 가능

표 4-8   해외 주요 조력발전소 현황

구분	랑스 (Rance)	아나폴리스 (Annapolis)	키스라야구바 (Kislaya Guba)	장샤 (Jiangxia)
위치	프랑스	캐나다	러시아	중국
조위(m)	최대조차 : 13.50	최대조차 : 8.70	최대조차 : 3.90	최대조차 : 8.39
	평균조차 : 8.50	–	평균조차 : 1.04	평균조차 : 5.08
방조제연장(km)	0.75	제방 이용	0.15	–
저수지면적(km²)	22	11.5	1.1	5.37
시설용량(MW)	240	20	0.4	3.2
연간발전량(GWh)	544	50	1.2	6.0
준공연도	1966	1984	1968	1980
개략이용률(%)	29	29	34	21
발전방식	단·복류식 및 양수식	단류식	복류식	복류식

4.4   파력에너지

4.4.1   파력발전 개요 및 개념

파력발전은 해수면 파랑의 운동에너지와 위치에너지를 터빈 및 유압 장치를 사용하여 전기로 변환시켜 에너지를 생산하는 발전 형식이다.

해상에는 다양한 형태의 파랑이 존재하며, 그중 풍파가 대표적인 파랑이다. 해상의 바람이 페치(fetch)라고 불리는 섬이나 육상과 인접하지 않아 방해받지 않은 해상영역에 지속적으로 에너지를 공급하여 풍파를 발생시킨다(**그림 4-25**). 바람에 의해 발생된 풍파는 해수면의 잔물결(ripples)에서 시작하여 점차 완전히 발달한 풍파(fully developed seas)가 된다.

그림 4-26은 전 세계 연평균 파랑에너지(kW/m) 부존량을 보여준다. 전 세계의 파랑에너지는 이론적으로 연간 32,000 TWh에 달하는 것으로 알려져 있다(Mork, 2010).

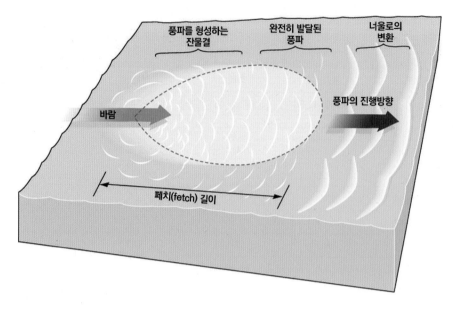

그림 4-25　풍파의 생성원리

(자료 : http://geophile.net/Lessons/waves/waves_02.html에서 수정)

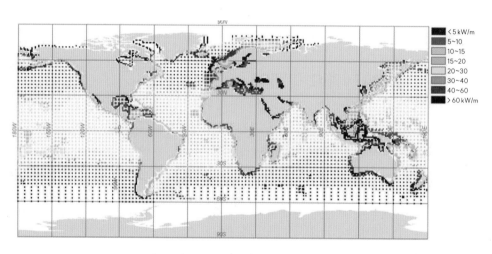

그림 4-26　전 세계 연평균 파력(wave power)

(자료 : Mork, G., 외, 2010)

파력발전 기술개발은 1799년에 프랑스에서 소개되었고, 1940년대 일본의 Yohio Masuda의 항로표지부이 에너지 공급용 파력발전장치(60~500 W급 부유식 진동수주형)가 1965년에 최초로 상용화되었다. 현재 기술개발 대상인 단위모듈당 수백 kW급의 개념과 체계적인 연구는 1970년대 석유파동 이후 본격 추진되었다(Falcao, 2010).

파력발전장치는 에너지변환장치, 플랫폼, 위치유지구조, 에너지전달시설 등으로 구성된다. 에너지변환장치는 파랑의 위치에너지와 운동에너지로부터 전기에너지를 추출하는 핵심기능을 담당한다. 플랫폼은 에너지변환장치를 비롯한 대부분의 물리적 요소를 지탱하는 구조본체에 해당한다. 위치유지장치는 플랫폼의 위치가 고정되거나 허용범위 내에 유지되도록 하는 기능을 담당하며, 중력식 및 파일식으로 지반에 고정되는 고정식과 부유체에 체인이나 로프와 같은 계류로 지반앵커와 연결된 부유식으로 구분된다. 에너지전달장치는 생산된 전기를 전송하는 해저케이블과 육상계통과 연계하는 계통연계시설을 포함한다.

도서지역에서는 파력발전을 통해 전기생산이 가능하고, 원해에 설치된 탐사 및 탐지장비 전기공급에도 파력발전이 사용될 수 있다. 풍력이나 태양광 발전과 연계한 복합발전, 그린수소나 담수 생산과 결합한 융합이용, 해상교량이나 항만방파제와 같은 해상시설에도 적용할 수 있어 다양한 목적으로 사용되고 있다.

4.4.2 파력발전의 주요 특징, 원리, 주요 구성품

핵심 구성품인 에너지변환장치는 파랑에너지를 전기에너지로 변환하고, 파랑에너지에서 기계에너지를 추출하는 1차변환장치와 추출된 기계에너지를 전기에너지로 변환하는 2차변환장치로 구성된다. 1차변환장치는 직접방식과 공기흐름이나 수두차와 같은 제3의 에너지로의 중간변환을 포함한 간접방식이 존재하며, 공기터빈, 부이, 진자판 등이 여기에 해당된다. 2차변환장치는 동력인출장치(PTO, Power Take-Off)라고도 불리며, 기계에너지를 전기생산에 유리한 형태로 변환하는 기계-기계변환(예 : 유압변속장치, 변속기), 기계에너지를 전기에너지로 변환하는 기계-전기변환(예 : 동기형, 유도기형 등 전기발전기), 생산된 전기에너지를 계통연계기준에 적합한 형태로 변환하는 전기-전기변환(예 : 전력변환장치) 등의 세 가지로 구성된다.

2차변환장치는 계통연계기준을 만족시키기 위한 형태로 변환하는 기능 외에도 에너지변환장치의 부하(동력인출력)를 조절하는 역할을 담당한다. 전력변환장치를 통해 계통 인입 전류를 인가하면, 전기발전기축 토크, 유압변속장치축 토크, 원동기 토크 등의 순서로 1차변환장치의 동력인출력으로 전달되고 전력변환장치를 통해 전기에너지 생산효율을 최대로 할 수 있다.

파력발전은 1차변환의 직간접 여부와 중간과정에 따라 세 가지 발전형태가 존재한다. 파랑에너지를 공기 왕복흐름 운동에너지 또는 수두차 위치에너지의 중간변형을 거쳐 터빈을 통해 발전하는 진동수주형(oscillating water column) 또는 월파형(overtopping)으로 불리는 방식, 파랑에너지를 부이나 진자판을 이용하여 원동기를 통해 직접 기계에너지를 추출하는 가동물체형(oscillating body 또는 moving body) 방식이 대표적인 발전방식이다.

진동수주형 파력발전의 1차변환장치는 수실과 공기터빈으로 구성된다. 아래쪽으로 해수가 출입할 수 있는 수실을 만들어 파랑에 의해 수실 내 수위가 오르내림으로 인해 공기의 왕복흐름을 발생시키고 이를 이용하여 터빈을 회전시켜 전기를 생산한다. 이때 사용되는 터빈은 양방향의 왕복 공기 흐름에서도 일정한 방향으로 회전하면서 발전할 수 있는 웰즈 터빈(Wells turbine) 또는 임펄스 터빈(impulse turbine)이 적용된다.

월파형 파력발전장치는 파랑에너지를 해수의 위치에너지로 중간변환하는 과정을 거쳐 전기에너지를 생산한다. 월파형 파력발전의 1차변환장치는 월파벽, 저수지, 수력터빈 등으로 구성된다(신승호, 홍기용, 2016). 파랑이 월파벽을 통해 넘치고 저수지에 모아진 해수가 주변에 비해 높아진 수두로 인해 해수면으로 배출되는 중간에 수력터빈을 설치해 에너지를 얻는 방식이다.

가동물체형 파력발전은 파랑에너지의 중간변환 없이 직접 부이의 상대운동을 통해 전력을 생산하는 형태이다. 파력발전의 1차변환장치는 세부 개념에 따라 부이, 진자판 등이 있다. 1차변환장치와 플랫폼 간 상대운동 또는 1차변환장치 간 상대운동의 자유도를 가지도록 구성되며, 이러한 자유도의 방향에 원동기를 설치하고 부하를 가하여 에너지를 얻는다. 가동물체형 파력발전의 1차변환장치 운동이 왕복형인 경우 2차변환장치는 유압변속장치를 포함하여 연속회전운동을 변환할 수 있다.

위 세 가지 형태 중 가동물체형이 간접적인 중간 에너지변환을 거치지 않아 에너지효율이 가장 우수한 것으로 알려졌다. 진동수주형은 수중이 아닌 접근성이 용이한 공기 중에 터빈이 위치하여 내구성이나 유지보수적인 측면이 우수한 것으로 알려져 있다. 2020년 기준으로 운용 중인 파력발전은 주로 진동수주형과 가동물체형이다(IRENA, 2020).

가동물체형 파력발전은 점흡수식 장치(point absorber), 감쇠식 장치(attenuator), 잠수

(a) 진동수주형

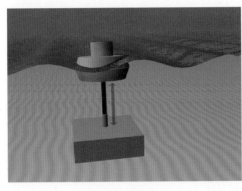

(b) 월파형

(c) 점흡수식 가동물체형

(d) 진동파랑서지식 가동물체형

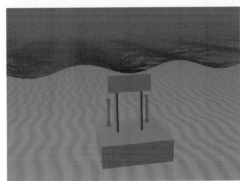

(e) 잠수차압식 가동물체형

(f) 회전질량식 가동물체형

그림 4-27 파력발전 개념
(자료 : http://www.aquaret.com)

차압식 장치(submerged pressure differential device), 진동파랑서지식 장치(oscillating wave surge converter), 회전질량식 장치(rotating mass) 등으로 구분된다(**그림 4-27**).

점흡수식 장치는 파랑하중을 받는 부이가 플랫폼과의 상대운동을 발생시켜 PTO를 통해 동력인출력을 발생시키는 원리이다. 감쇠식 장치는 복수의 부이가 파랑 진행방향으로 평행하게 배열되며, 앞뒤 부이 간 상대 경사가 발생하면 그 방향으로 동력인출력을 가하여 발전한다. 잠수차압식 장치는 물속에 잠겨 있는 부이가 플랫폼과 상대운동을 하되 정유체복원력이 아닌 공기탄성에 의해 공진하도록 배치된 형태이다. 파랑의 수위 변동에 의한 압력 변화에 의해 부이와 플랫폼 간 상대운동이 발생하면 그 방향으로 적절한 동력인력을 가하여 발전한다. 진동파랑서지식 장치는 천해에서 파랑의 수평방향 왕복유동을 이용하는 것이 특징이다. 이 장치는 힌지된 플레이트가 수평 왕복유동에 의해 왕복회전운동하게 되면 이 방향으로 동력인출토크를 가하여 발전하는 방식이다. 회전질량식 장치는 부유식 플랫폼과 편심회전터빈으로 구성된다. 부유식 플랫폼은 파랑에 의해 종동요와 횡동요가 번갈아 발생하여 플랫폼의 경사축이 계속 변경되도록 설계되어 편심회전터빈이 연속적으로 회전하도록 한다. 이러한 편심회전터빈에 적절한 동력인출력을 가하여 발전하는 형태이다.

4.4.3 파력발전 에너지변환 주요 이론

(1) 파랑 수치모델

파랑 생성의 원인은 주로 바람에 의해 수면에 발생하는 표면파(surface wave)인 풍파(wind wave)이며, 그 외에도 달과 태양의 기조력에 의해 발생하는 조석, 수면 아래 지진이나 산사태로 발생하는 지진해일, 수중 폭발이나 운석 강하 등에 의해 발생될 수 있다. 풍파는 표면장력파(capillary wave), 중력파(gravity wave), 너울(swell) 등으로 구분된다.

파랑의 규모를 나타내는 주요 인자는 파고, 파장, 파주기 등이다. 유의파고는 기상예보에서 주로 언급되는 파랑의 규모를 정의하는 가장 대표적인 인자이며, 통상 20분 동안의 관측에서 계산된 파고를 순서대로 나열하여 상위 33.3%(1/3)의 평균값이다.

파랑을 해석하는 이론에는 여러 가지가 있고, 선형파이론(linear wave theory 또는 airy wave theory)은 해수면에서 파랑의 전파현상을 손쉽게 모델링하는 데 사용된다. 파랑을 해수면 파형(η)의 시간적·공간적 전파현상으로 정의하면 아래와 같이 모델링된다.

시간 t에서 x위치에서의 파형은 아래와 같다.

$$\eta(x,t) = a\cos(kx - wt) \tag{4-8}$$

$$k = \frac{2\pi}{\lambda}, \ \omega = \frac{2\pi}{T}$$

여기서 a는 파진폭(wave amplitude), k는 파수(wave number), λ는 파장(wave length), ω는 각진동수(angular frequency), T는 파주기(wave period)를 나타낸다.

위상속도(c_p)는 파랑의 전파비를 나타내며 파주기의 시간 동안 파장의 길이를 지나가는 속도로 파동속도라고 부른다.

$$c_p = \omega/k = \lambda/T \tag{4-9}$$

(2) 파력

파력(wave power)은 파랑에너지 전달률을 의미하는 파랑에너지 플럭스(flux)를 단위 폭당으로 환산한 값으로, '단위 폭당 파랑에너지 플럭스'라고도 부르며 단위는 W/m를 사용한다. 파력은 파랑자원평가, 파력발전설계, 모형시험, 수치해석, 실해역 등 파력발전장치 개발의 전분야에 적용되어, 해당 해역 파랑자원을 표현하거나 발전장치 출력성능의 입력값으로 사용된다(IEV, 417-07-08, wave power).

파력은 통상 20분 단위의 통계적인 값으로 산출되며, 이를 위해 먼저 파랑스펙트럼을 구한다. 파랑스펙트럼의 주파수 모멘트(m_n)는 아래와 같이 정의된다(IEC, 2012).

$$m_n = \sum_{i=1}^{N} S_i f_i^n \Delta f_i \tag{4-10}$$

주파수 모멘트 중에서 -1차($n = -1$)와 0차($n = 0$) 모멘트는 각각 m_{-1}와 m_0로 표현되며, 이를 이용하여 유의파고(H_{m0})와 에너지 주기(T_e)가 각각 아래 식과 같이 계산된다.

$$H_{m0} = 4.00\sqrt{m_0} \tag{4-11}$$

$$T_e = \frac{m_{-1}}{m_0} \tag{4-12}$$

파력(J)은 다음과 같이 정의된다.

$$J = \rho g \sum_i S_i c_{gi} \Delta f_i \tag{4-13}$$

$$c_{gi} = \frac{1}{2} c_{pi} \left[1 + \frac{2k_i h}{\sinh(2k_i h)} \right] \tag{4-14}$$

$$c_{pi} = \sqrt{\frac{g}{k_i} \tanh(k_i h)} \tag{4-15}$$

$$k_i = \frac{2\pi}{\lambda_i} \tag{4-16}$$

여기서 g와 h는 중력가속도와 수심을 나타내며, c_{gi}, c_{pi}, k_i, λ_i는 각각 i번째 파주파수성분 (f_i)의 군속도, 위상속도, 파수, 파장을 나타낸다.

유의파고(H_{m0})와 에너지 주기(T_e)를 포함하는 파력(J)은 다음과 같이 계산된다.

$$J = \frac{\rho g^2}{64\pi} H_{m0}^2 T_e \tag{4-17}$$

(3) 파력발전의 1차변환 모델

대표적인 파력발전의 1차변환장치인 수직동요(heave motion) 점흡수식 장치(point absorber)의 시간영역 1자유도 운동방정식은 식 (4-18)과 같다. 부이 중심에 수직동요 운동을 z좌표계로 두고, 파랑 가진력(F_e, excitation force)이 부이에 가해져서 z방향으로 운동할 때 동력인출장치(PTO)인 2차변환장치와 원동기(prime mover)로 연결되어 인가된 외력(F_{PTO}, PTO force, 동력인출력)을 적절히 조절하면서 기계에너지를 추출한다.

$$m\ddot{z} = F_e(t) + F_r(t) + F_h(t) + F_m(t) + F_v(t) + F_{PTO}(t) \tag{4-18}$$

여기서 m은 부이의 질량, F_r은 부이의 수직동요방향 운동에 의해 주변에 가해지는 방사력(radiation force), F_h는 부이의 수면 아래 잠긴 체적의 부력에 해당하는 정유체복원력(hydrostatic restoring force), F_m은 계류에 의한 반력(mooring force), F_v는 와류와 점성에 의해 부이에 가해지는 저항력(viscous force)을 나타낸다.

이중 방사력은 선형포텐셜 이론을 사용하여 Cummins' equation(1962)을 적용하면 다음과 같이 정리된다.

$$F_r(t) = -\mu_\infty \ddot{z}(t) - \int_0^{+\infty} k(\tau)\dot{z}(t-\tau)d\tau \qquad \text{(4-19)}$$

여기서 $\mu_\infty = \lim_{\omega \to +\infty} A(\omega)$ 이다. μ_∞ 는 무한 주파수에서 부가질량(added mass)을 의미하고, $A(\omega)$ 는 방사부가질량(radiation added mass)이며, $k(t)$ 는 방사임펄스응답(radiation impulse response)을 나타내고 유체응답의 모든 메모리효과를 담고 있다. 즉, 방사부가질량에 의한 관성력과 방사임펄스응답과 수직동요방향 운동속도의 컨볼루션 적분(convolution integral)으로 표현된다(Yerai Pena-Sanchez, 2018).

정유체복원력은 부이의 위치에 비례하며 아래와 같은 관계식으로 표현된다.

$$F_h(t) = -s_h z(t) \qquad \text{(4-20)}$$

위 식을 조합하면 다음과 같은 운동방정식을 유도할 수 있다.

$$(m+\mu_\infty)\ddot{z}(t) + \int_0^{+\infty} k(\tau)\dot{z}(t-\tau)d\tau + s_h z(t) = F_e(t) + F_m(t) + F_v(t) + F_{PTO}(t) \qquad \text{(4-21)}$$

수치해석을 통해 이러한 운동방정식에 대해 시간영역 시뮬레이션을 수행할 수 있고, 이를 통해 파력발전장치의 1차변환뿐만 아니라 기계 및 전기에너지 변환식을 연립하여 해석할 수 있어 에너지변환장치 전체에 대한 통합 수치시뮬레이션이 가능하다.

4.4.4 국내외 기술현황 및 사례

(1) 국내 파력발전 기술현황 및 사례

국내 파력발전 기술개발 현황은 **표 4-9**에 요약하였다. IEA-OES(2021)의 해양에너지분야 기술성숙도인 Stage의 개념을 도입하여 기술현황을 표시하였다. Stage 2는 통합시스템에 대한 실험실 성능평가, Stage 3는 축소규모 실해역 성능평가, Stage 4는 실규모 실해역 성능평가, Stage 5는 복수의 장치로 구성된 발전단지 성능평가를 거쳐 상용화 준비를 마친 기술수준을 의미한다.

표 4-9 국내 파력발전 기술개발 현황

과제명(주관기관, 발주처)	변환형식	설치형태	용량(kW)	연구기간	Stage(최종)	비고
60 kW급 부유식 진동수주형 파력발전장치/주전A호(KRISO, 전력연구원)	OWC	부유식	60	1993~2001	3	
월파형 파력발전 기반기술 연구 (KRISO, 전력연구원)	OT	고정식	250	2003~2005	2	
진동수주형 파력발전 실용화 기술개발 (KRISO, 해수부)	OWC	고정식	500	2003~2016	4	운용 중 (2023)
나선암초형 월류파력발전 기술개발 (KRISO, 산자부)	OT	고정식	250	2007~2010	2	
가동물체형 고효율 파력발전 시스템 기술 실증연구(한국전력공사, 산업부)	AT	부유식	50	2009~2012	3	
4측식 선형 발전기 기반 AWS형 파력발전 시스템 개발(연세대, 산업부)	SPD	부유식	200	2010~2013	2	
양방향 수력터빈을 이용한 부유식 파력터빈 원천기술 개발(해양대, 신업부)	WIF	부유식	1	2011~2014	3	
부유식 진자형 파력발전 기술개발 및 실증 (KRISO, KRISO)	OWSC	부유식	300	2011~2016	3	
승강식 해상플랫폼을 가진 수직 진자운동형 30 kW급 파력발전기 개발(화진, 산업부)	PA	고정식	30	2013~2016	3	
10 MW급 부유식 파력-해상풍력 연계형 발전시스템 설계기술 개발(KRISO, 해수부)	PA	부유식	2,000	2013~2016	2	
도서(섬)지역 전력 공급을 위한 분산발전용 50 kW급 파력발전 시스템 시제품 개발 및 상용화(인진, 산업부)	PA	부유식	50	2014~2016	3	
파력발전의 발전효율 향상을 위한 연근해용 수평축 회전의 3 kW급 원통형 파력발전 시스템 개발(한국건설기술연구원, 산업부)	PA+OWSC	고정식	3	2015~2018	2	
방파제 연계형 파력발전 융복합 기술개발 (KRISO, 해양부)	OWC	고정식	30	2016~2021	4	운용 중 (2023)
파랑변화에 대응 가능한 1 MW급 운동 부체 배열식 파력발전시스템 원천기술 개발 (제주대, 산업부)	PA	부유식	30	2017~2021	3	
방파제 연계형 파력발전 상용보급을 위한 성능 고도화(KRISO, 해양부)	OWC	고정식	90	2023~2027		

*OWC(oscillating water column, 진동수주형), OT(overtopping, 월파형), PA(point absorber, 점흡수식 가동물체형), AT(attenuator, 감쇠식 가동물체형), SPD(submerged pressure differential device, 잠수차압식 가동물체형), OWSC(oscillating wave surge converter, 서지파랑식 장치), RMD(rotating mass device, 회전질량식 장치), WIF(wave induced flow, 파랑기인유동식 장치)

2016년에 완공된 용수시험파력발전소(500 kW)(홍기용 외, 2016; **그림 4-28**)와 2021년에 완공된 묵리융·복합시험파력발전소(30 kW)(신승호 외, 2022; **그림 4-29**)는 모두 진동수주형

그림 4-28　용수시험파력발전소
(자료 : 선박해양플랜트연구소, 2022년 연보)

| 파력발전 구조물 | 파력발전장치 | 에너지저장장치 |

그림 4-29　묵리융복합시험파력발전소
(자료 : 선박해양플랜트연구소, 2022년 연보)

파력발전이다. 용수시험파력발전소는 수심 15 m 해역에 수실, 발전기실, 전기실, 제어실, 이 접안시설 등이 포함된 케이슨형 고정 플랫폼에 250 kW급 임펄스형 공기터빈 2대가 설치되어 운용되고 있다. 묵리융복합시험파력발전소는 추자도 묵리항에 케이슨형 구조물에 기반하여 30 kW급 임펄스 공기터빈 1대가 설치되어 있으며, 2차선시형 에너지저장장치로 출력의 변동성에 대응하도록 구성된 것이 특징이다. 육상계통과 연계되지 않은 도서지역에 기존의 디젤발전기를 대체하여 파력발전을 통한 청정에너지의 안정적 공급을 목표로 개발되었다.

　그림 4-30은 2020년 실해역 시험을 수행한 1 MW급 운동부체 배열식 파력발전을 보여준다.

그림 4-30　1MW급 운동부체 배열식 파력발전 실증시험
(자료 : 선박해양플랜트연구소, 2020년 연보)

(2) 국외 파력발전 기술현황 및 사례

유럽과 미국을 중심으로 다양한 파력발전장치가 개발되어 왔으며, 아직 상용화된 장치는 존재하지 않는다(**표 4-10**). 현재 개발 중인 장치는 대부분 수백 kW급 단위모듈을 배열한 발전단지를 조성하는 것이 목표이다.

표 4-10 국외 주요 파력발전 기술개발 현황(실증사례)

파력장치명(수행기관, 실증위치)	변환형식*	설치형태	용량(kW)	설치연도**	Stage	비고
PowerBuoy(Ocean Power Technologies, 미국 하와이/뉴저지 등)	PA	부유식	15	1997~2019	4	PB3 (배터리 포함)
PICO Power Plant(WavEC, 포르투갈 PICO)	OWC	고정식	400	1999	4	–
Limpet(Wavegen, 영국 Islay)	OWC	고정식	500	2000	4	250 kW로 축소
Pelamis(Pelamis Wave Power, 영국 EMEC/포르투갈)	AT	부유식	750	2004~2014	5	1세대 : 3대 2세대 : 2대
Oyster(Aquamarine Power, 영국 EMEC)	AT	고정식	800	2012	4	Oyster 2
Wavestar(Wavestar, 덴마크 Hanstholm)	PA	고정식	110	2009	3	목표 600 kW
Mutriku Wave Power Plant (BiMEP, 스페인 Muturiku)	OWC	고정식	296	2011	4	운용 중
Penguin(Wello Oy, 영국 EMEC)	RMD	부유식	500	2011	3	목표 1 MW
CETO(Carnegie, 호주 Firth)	SPD	고정식	240	2016	4	CETO 5
WaveRoller(AW-Energy, 포르투갈 Peniche)	OWSC	고정식	300	2019	4	–
Zhoushan(GIEC, 중국 Wanshan)	PA	부유식	500	2020	3	목표 1 MW
Calwave(Calwave Power Technolgies Inc., 미국 샌디에이고)	SPD	부유식	–	2020	3	목표 100 kW
Blue X(MOCEAN energy, 영국 EMEC)	AT	부유식	10	2021	3	목표 100 kW
AWS(AWS ocean energy Ltd., 영국 EMEC)	SPD	부유식	16	2022	3	목표 25~250 kW

* OWC(진동수주형), OT(월파형), PA(점흡수식 가동물체형), AT(감쇠식 가동물체형), SPD(잠수차압식 가동물체형), OWSC(서지파랑식 장치), RMD(회전질량식 장치)
** 기간으로 표시된 것은 그 기간 동안 실증이 여러 번 수행되었음을 의미

그림 4-31부터 **그림 4-33**은 유럽에서 실증시험을 수행한 파력발전장치를 보여준다.

그림 4-31 Mutriku(2021) IEAOES wave highlight
(자료 : https://www.power-technology.com/projects/mutriku-wave/)

그림 4-32 Pelamis 실증 장면
(자료 : https://www.emec.org.uk/about-us/wave-clients/pelamis-wave-power/)

그림 4-33 OPT사의 Power buoy 실증 장면
(자료 : https://oceanpowertechnologies.com/platform/opt-pb3-powerbuoy/)

4.5 해수온도차에너지

4.5.1 개요 및 개념

(1) 개요

해수온도차발전(OTEC, Ocean Thermal Energy Conversion)은 태양에너지를 받아 따뜻해진 해양표층수와 극지방에서 침강하여 바닥을 타고 흘러온 차가운 해양심층수 간 해수온도차(ocean thermal gradient)를 이용하여 전력을 생산하는 해양발전 기술이다. 해수온도차발전은 화석연료를 사용하지 않아 환경오염과 자원고갈 문제가 없고, 전 세계 해양에너지 잠재량 76,350 TWh 중 44,000 TWh(IEA-OES, 2017)로서 세계 전력수요의 1.6배에 달하는 풍부한 자원이다. 특히 열대 및 아열대 해역에서는 연중 발전이 가능하여 기저부하를 담당할 수 있는 해양에너지로서 중요한 의미를 갖는다.

(2) 개념

해수온도차발전은 온도차에 의한 작동유체의 상변화와 압력차에 의해 터빈을 회전시켜 전력을 생산하는 열엔진발전 기술과 전자소자를 이용하여 온도차로 전력을 생산하는 열전발전 기술로 대별할 수 있다.

전자는 특정 압력에서 끓는점이 약 20~30℃인 작동유체(냉매)를 이용하여 따뜻한 해양 표층수로 작동유체를 증발시켜 발생된 증기압에 의해 터빈을 돌려 발전기로 전기를 생산하는 폐쇄순환·개방순환·복합순환식 발전시스템이다. 그리고 증기를 차가운 해양심층수로 다시 응축시켜 재순환시키거나 이용하는 방식이다. 작동유체로는 프레온을 이용해 왔으나 지구온난화지수(GWP)가 높아서 규제되었고, 암모니아, 물 등의 친환경냉매가 검토되고 있다.

후자는 열전소자를 이용하여 열에너지를 전기에너지로 변환하는 기술로서 온도차가 있는 두 곳 사이에 열전소자(N형 및 P형 반도체로 구성)를 놓으면, 열이 이동하려는 에너지를 전하 운반자가 전달하면서 전류가 흐르게 되고 이로써 발전이 이루어진다. 해수온도차를 이용한 열전발전은 온도차가 작아서 효율이 낮은 편이지만, 효율 좋은 소자와 모듈이 개발되고, 손실 최소화 및 집적화 등을 통해 미래에는 적용이 가능할 것으로 전망된다.

4.5.2 기술 특징, 작동원리, 주요 구성

(1) 폐쇄순환식 해수온도차발전

폐쇄순환식(closed cycle) 해수온도차발전은 해양표층수를 이용하여 천연냉매인 암모니아나 지구온난화지수가 낮은 메탄(R32, 디플루오로메탄), 프로필렌처럼 비등점이 낮은 작동유체를 증발시켜 터빈을 돌려 전기를 생산하는 방식이다. 따뜻한 해양표층수가 증발기에 유입되면 온열이 전달되고 작동유체가 기화되어 증기가 발생한다. 이 증기가 터빈을 회전시켜 전력을 생산하는 기술이다. 터빈을 통과하여 응축기에서 차가운 해양층수에 의해 응축되어 액화되면 작동유체 펌프에 의해 증발기로 보내지며 재순환하는 특징을 가진다.

폐쇄순환식 해수온도차발전 시스템은 증발기, 터빈발전기, 응축기, 순환펌프 등으로 구성된다(**그림 4-34**). 폐쇄순환식 시스템은 변환장치가 비교적 간단하여 전력 생산만을 목적으로 하는 경우 실용적이다. 발전효율은 온도차에 따라 달라지나 약 3% 정도이며, 펌프 효율 등을 포함한 전체 시스템 효율은 약 2% 내외이고, 플랜트 제작비도 상대적으로 저렴한 장점이 있다.

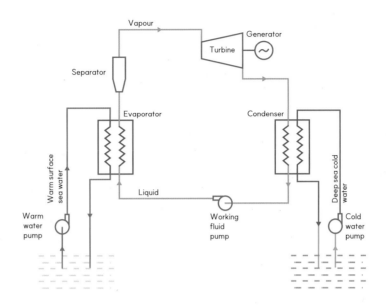

그림 4-34 폐쇄순환식 OTEC 사이클 구성
(자료 : IEA-OES, 2021)

(2) 개방순환식 해수온도차발전

개방순환식(open cycle) 해수온도차발전은 작동유체로 해수를 직접 이용하는 방식이다. 따뜻한 해양표층수를 작동유체로 직접 사용하며, 진공펌프로 감압된 증발기에서 증발시켜 저압의 수증기 흐름으로 터빈을 돌려서 전력을 생산한다. 터빈을 통과한 수증기는 응축기에서 해양심층수의 냉기를 전달받아 액화되면서 담수가 부산물로 얻어지는 것이 특징이다.

개방순환식 해수온도차발전 시스템은 증발기, 터빈발전기, 응축기, 진공펌프 등으로 구성된다(**그림 4-35**). 개방순환 시스템은 온도차 에너지의 일부를 담수 생산에 이용하므로 발전효율은 상대적으로 낮아진다. 터빈 입구와 출구의 작은 압력차에 대응하기 위한 터빈의 대형화와 해양표층수 중 불응축가스 유출에 의한 터빈의 불규칙 회전 등에 대응하여야 한다.

개방순환 시스템의 발전효율은 담수 생산을 하지 않을 경우에는 약 3%이며, 담수 생산을 병행하면 그만큼 발전효율은 떨어진다. 그러나 식수가 부족하여 물의 가치가 전기보다 높거나 전력이 부족한 곳에서는 유리할 수 있다.

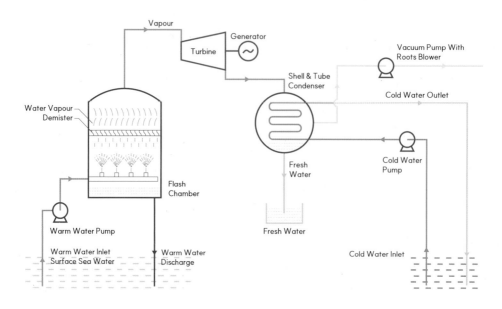

그림 4-35 개방순환식 OTEC 사이클 구성
(자료 : IEA-OES, 2021)

(3) 복합순환식 해수온도차발전

복합순환식(hybrid-cycle) 해수온도차발전 시스템은 폐쇄순환식 시스템과 개방순환식 시스템의 장점을 결합한 것으로, 열원을 최대한 사용하여 전력과 담수를 동시에 얻는 방법이다. 유입된 해양표층수를 이용하여 1차적으로 폐쇄순환 사이클에서 전력을 생산하며, 그 증발기에서 나오는 배출 온수(표층수)를 2차적으로 개방순환 사이클(터빈발전기 제외)의 직접 접촉식 증발기로 보내어 수증기를 증발시킨 후에 응축기에서 액화시키는 2단계 시스템을 사용함으로써 담수도 안정적으로 생산할 수 있다(**그림 4-36**).

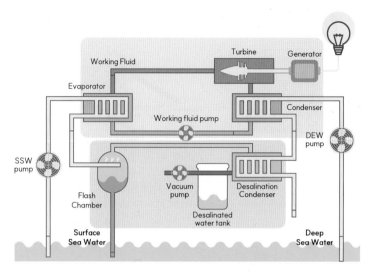

그림 4-36 복합순환식 OTEC 사이클 구성
(자료 : KRISO, 2022)

(4) 열전소자식 해수온도차발전

열전소자식(thermoelectric) 온도차발전이란 고온과 저온 사이의 온도차로 발생한 열이 이동하려는 에너지를 전기에너지로 변환하는 기술이다. 즉, 전하 운반자가 따뜻한 면에서 차가운 면으로 이동하면서 전류가 발생하는 열전소자를 적용하는 것이다. 열전발전의 요소기술은 온도별 열전달 구조 및 제어, 반도체 특징을 활용한 열전소재, 단위 열전소자의 집적화 및 손실을 최소화한 모듈화와 시스템 최적화기술 등이다.

열전소자식 온도차발전 시스템은 흡열 전달장치와 방열 전달장치 사이에 P형 반도체와 N형 반도체로 구성된 열전소자의 조합인 열전모듈을 배치시키는 구조이다(**그림 4-37**). 전류는 전하 운반자가 따뜻한 면에서 차가운 면으로 이동하면서 발생하는데, N형 반도체에서는 전자(electron)가, P형 반도체에서는 홀(hole)이 이러한 이동의 매개체 역할을 한다.

열전발전의 효율은 온도차 및 열전소자 재료의 영향을 많이 받으므로 소재 개발과 적용이 중요하다. 이상적인 열전 소재는 열전도율은 낮고, 전기전도율은 높아야 한다. 한편, 300℃ 이하에 적용하는 대표적인 열전물질은 Bi-Te V족 Telluride계로 알려져 있고, 다양한 소재와 모듈화 연구가 진행되고 있다.

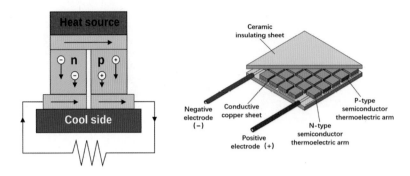

그림 4-37 열전소자 구성과 원리

(자료 : https://en.wikipedia.org/wiki/Thermoelectric_effect#; Courtesy of Linear Technology)

4.5.3 주요 이론

해수온도차발전 변환시스템은 열기관(heat engine)형과 열전소자(thermoelectric)형으로 대별될 수 있다. 열기관형에는 해수를 작동유체로 이용하는 '개방순환식'과 암모니아, 프레온, 프로판, 부탄 등을 작동유체로 하는 '폐쇄순환식', 그리고 폐쇄순환식과 개방순환식의 장점을 결합한 '복합순환식' 등이 있다. 열전소자형은 반도체 형식의 첨단 소재를 이용하여 엔진 없이 직접 전기를 생산하는 것이다. 현재 실증단계를 거친 발전시스템은 개방순환식과 폐쇄순환식이며, 전력 생산을 주목적으로 하는 경우에는 제작경비가 상대적으로 낮고 운용효율을 높일 수 있는 폐쇄순환식이 유리하다.

(1) 열기관(히트엔진)형 해수온도차발전

작동유체가 고온에서 저온으로 등온팽창(A-B) → 단열팽창(B-C) → 등온압축(C-D) → 단열압축(D-A)의 4개 행정으로 순환하면(**그림 4-38**), 그 효율은 작동유체와는 관계없이 고온 T_1[K]와 저온 T_2[K]에 의해 결정된다는 것이 카르노 사이클의 원리이다. 이 원리에 의한 카르노 사이클의 열효율(Carnot cycle thermal efficiency), η_C는 다음과 같이 나타낼 수 있다.

$$\eta_C = \frac{T_1 - T_2}{T_1} = 1 - \frac{T_2}{T_1} = 1 - \frac{273.15 + t_2}{273.15 + t_1} \tag{4-22}$$

여기서 T_1, T_2는 절대온도(K)이고, t_1, t_2는 섭씨온도(℃)이다. 카르노 사이클의 효율은 화력발전소나 원자력발전소 및 해수온도차발전과 같은 열기관에서 증발기로 얻은 열이 도중에 전혀 손실 없이 응축기로 도달한 경우의 이상적인 사이클에서 얻을 수 있는 최고의 효율을 의미한다. 따라서 발전효율을 높이기 위해서는 증발기 출구온도를 높이고, 응축기 냉각온도를 낮춰야 한다. 해수온도차발전에서 해양표층수의 온도를 28℃, 해양심층수의 온도를 7℃라 가정하면, 카르노 사이클의 열효율 η_C는 7% 정도가 된다.

$$\eta_C = 1 - \frac{273.15 + 7}{273.15 + 28} = 1 - \frac{280.15}{301.15} = 1 - 0.930 = 0.070 = 7\% \tag{4-23}$$

카르노 사이클은 마찰 손실이 없는 이상유체를 이용한 이상적인 열기관이지만, 실제 해수온도차발전에서는 작동유체로 물이나 암모니아 같은 실존하는 유체를 이용하기 때문에 각종 손실이 발생한다. 그래서 실제 열효율은 카르노의 열효율보다 더 나쁘다. 이 열효율은 랭킨사이클 열효율 η_R이라 하고 다음 식으로 나타낸다.

$$\eta_R = (Q_1 - Q_2)/Q_1 \tag{4-24}$$

여기서 Q_1는 증발기에서 얻은 열량, Q_2는 응축기에서 잃은 열량이다. 해수온도차발전 과정의 압력(p)과 엔탈피(h) 선도를 그려보면 **그림 4-39**와 같다. 이 그림에서 식 (4-24)의 효율은 엔탈피 h를 이용하여 나타내면 다음과 같다.

$$\eta_R = \frac{(h_1 - h_3) - (h_2 - h_3)}{h_1 - h_3} = 1 - \frac{(h_2 - h_3)}{(h_1 - h_3)} \tag{4-25}$$

$$\eta_R = \frac{(T_4 - T_3)\frac{1}{2}(s_4 - s_3) + (s_1 - s_4)}{\frac{1}{2}(T_3 + T_4)(s_4 - s_3) + T_4(s_1 - s_4)} \tag{4-26}$$

엔탈피 h의 값은 작동유체의 종류에 따라 다르며, 같은 유체라도 온도와 압력에 따라 다르다. 이 수치는 각 물질의 상태식이나 물성치에 따라 결정된다.

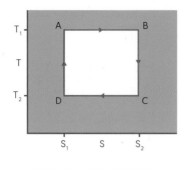

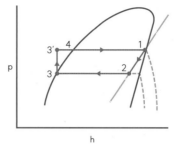

그림 4-38   카르노 사이클 선도   그림 4-39   랭킨 사이클 선도

랭킨 사이클 열효율 η_R은 온도차발전 플랜트에 적용된 터빈, 발전기, 펌프 및 그 외 장치의 효율에 좌우된다. 여기서 랭킨 사이클 열효율(η_R), 터빈 효율(η_T), 발전기 효율(η_G), 그 외 배관, 전열면 등에서의 기계적인 효율(η_m)을 고려하면 다음과 같이 약 4.8%가 된다.

$$\eta_{tt} = \eta_R \cdot \eta_T \cdot \eta_G \cdot \eta_m \tag{4-27}$$

여기서 η_R = 0.06(6%), η_T = 0.85, η_G = 0.98, η_m = 0.96이라면, 랭킨 사이클에 의한 발전효율은 0.048, 즉 4.8%가 된다.

열전방식은 서로 다른 금속을 접속하여 그 양단에 온도차가 있으면 기전력이 생긴다는 제베크 효과(Seebeck effect)를 이용하여 해수 온도차를 직접 전력으로 전환하는 방식이다(그림 4-37). 열전방식은 오래전부터 알려져 왔지만 실현이 어려웠으나 최근 반도체 형식으로 실용화되어 이용되기 시작하였다. 즉, 반도체의 앞뒤로 온해수와 냉해수를 통과시켜 직접 전력을 생산한다. 이 경우 변화효율은 다음 식으로 나타낼 수 있다.

$$\eta = (1+Z_{av})^{\frac{1}{2}} - 1 / \left\{ (1+ZT_{av})^{\frac{1}{2}} + \frac{T_C}{T_H} \right\} \cdot \eta_C = K\eta_C \tag{4-28}$$

여기서

η_C = 카르노 효율, T_{av} = $(T_C + T_H)/2$

T_H = 온해수(해양표층수) 온도, T_C = 냉해수(해양심층수) 온도

Z = 소자 상수

이 식에서 온도차가 20℃일 때 카르노 효율이 20%가 되기 위해서는 소자상수 Z는 4×10^3 이상이 필요하다는 것을 알 수 있다. 그러나 지금까지 개발된 열전소자는 상온에서 2.5×10^{-3} 정도이기 때문에 아직 실용화되기는 쉽지 않지만, 향후 Z = 6×10^{-3}~10×10^{-3} 정도의 열전소자가 개발되면 실용화가 가능할 것으로 예상된다.

4.5.4 국내 부존량

해수온도차발전은 차가운 해양심층수와 따뜻한 해양표층수의 온도차인 열에너지를 전기에너지로 변환하는 해양에너지 기술이다. 따라서 해수온도차의 정도와 지속성이 중요하다. 해양심층수는 연중 5℃ 이하로 수온의 변화가 거의 없지만 태양에너지가 유입되는 해양표층수의 평균 수온은 12.6℃이며, 위도와 계절에 따라 변화한다. 열대 및 아열대 해역의 해양표층수는 연중 23~29℃로 안정되어 있다.

우리나라의 경우, 수심 200 m 이상의 해양심층수는 연중 2℃ 이하로 안정되어 있고, 해양표층수는 8~29℃ 사이에서 변화하여 하계를 중심으로 3~4개월 동안 온도차가 18℃ 이상 유지되고 있다. 이러한 온도차의 자연적 잠재량은 연간 557 TWh이며, 설비용량은 64 GW로 추정되었다. 한편, 기술적 잠재량은 4 TWh이며, 설비용량은 0.5 GW로 산정되었다(**그림 4-40**).

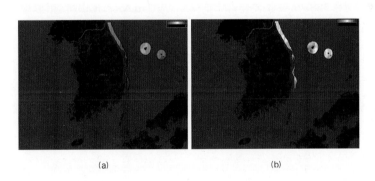

(a) (b)

그림 4-40 해수온도차에너지의 (a) 자연적 및 (b) 기술적 잠재량
(자료 : 한국에너지공단, 2020)

연중 5℃ 이하를 유지하는 해양심층수는 지구상 전체 해수의 90%를 차지하는 무한한 양이며, 해양표층수는 끊임없이 태양에너지를 받아들여 약 55.1조 kW가 순환재생되고 있으며, 2%만 가용해도 1.1조 kW에 이르는 막대한 양이다. **그림 4-41**에서 연중 온도차가 크게 지속되는 적도벨트가 유망해역이다.

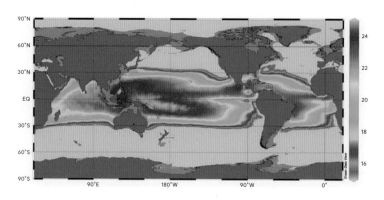

그림 4-41　해수온도차에너지(1,000 m 심층수와 표층수의 연평균 온도차) 분포
(자료 : Nihous, 2007)

4.5.5 국내외 기술현황 및 사례

(1) 해수온도차발전 역사와 현주소

해수온도차발전은 1881년 프랑스 물리학자 다르송발(J. d'Arsonval)에 의해 제안된 이후, 석유 가격의 변동에 따라 부침을 달리하며 다양한 연구와 시도가 이어져 왔다. 1973년에 석유 파동과 함께 미국과 일본의 본격적인 연구가 시작되었다가 침체된 후 2008년경 가격이 다시 상승하면서 재개되었다. 20세기까지 최고 출력은 미국의 210 kW였고, 21세기 들어 최고 출력 기록은 우리나라의 338 kW이다(**그림 4-42**). 현재 세계적으로 20여 개의 해수온도차발전 프로젝트가 추진 중이다(**그림 4-43**).

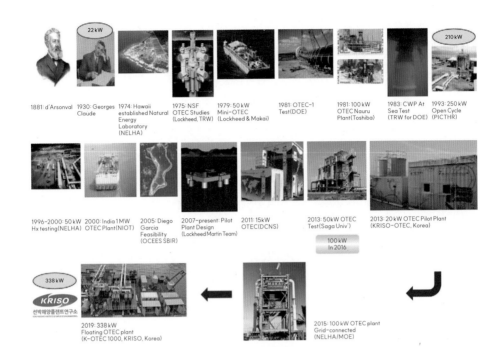

그림 4-42 해수온도차발전의 연구개발 및 실증 역사
(자료 : IEA-OES, 2022)

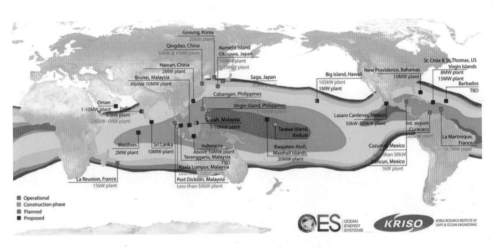

그림 4-43 세계 해수온도차발전 연구개발 현황
(자료 : IEA-OES, 2022)

(2) 국내의 해수온도차발전

우리나라에서 해수온도차발전에 대한 최초 연구는 1998년에 인하대학교에 의해 시작되었으며, 본격적인 연구개발은 2010년부터 한국해양과학기술원부설 선박해양플랜트연구소(KRISO)에 의해 착수되었다. 2013년에 20 kW 해수온도차발전 파일럿플랜트를 완성하여 실증에 성공하였다(**그림 4-44**). 이는 미국, 일본, 프랑스에 이어 세계 네 번째로 10 kW 이상의 해수온도차발전 플랜트 개발 사례로 소개되고 있다.

2014년에는 200 kW 해수-미활용열 고온도차발전플랜트를 개발하였다. 미활용 열원의 온도가 높으면 효율이 좋아져 지열발전에 이용되는 ORC시스템과 유사한 고온도차발전플랜트를 이용할 수 있다. 500 kW급 목재바이오매스 가스화 발전 플랜트(**그림 4-45**)의 공정열 및 발전기 냉각열을 모아서 약 75℃의 고온수를 공급하고, 약 5℃의 해양심층수나 연안저층수를 활용하여 발전효율 7.5% 이상의 고온도차발전플랜트를 실증하였다.

이를 바탕으로 2015년에 1 MW 해수온도차발전 실증플랜트를 설계하여 프랑스 선급(BV)으로부터 개념인증(AIP)을 받고, 2016년부터 2019년까지 터빈발전기, 증발기, 응축기 등을 단계적으로 개발하였다. 2019년 봄부터 여름까지 부산항에 바지선박을 정박시키고, 그 위에 핵심장치 배열 및 조립을 통해 1 MW급 해수온도차발전 실증플랜트를 완성하였다. 이를 우리나라 동해 남부해역으로 예인하여 구룡포 외해에 설치하고 실증실험을 통해 338 kW 출력 성과를 얻었다(**그림 4-46**).

그림 4-44 20 kW급 OTEC 파일럿플랜트

그림 4-45 해수열-산업폐열 500 kW급
고온도차발전플랜트(KRISO)

그림 4-46 MW 해수온도차발전 실증플랜트 국내 실험, 338 kW 출력
(자료 : 김현주, 2019)

(3) 국외의 해수온도차발전

해수온도차발전은 1881년에 프랑스의 다르송발에 의해 제안된 이후, 1930년경 그의 제자인 조르주 클로드(Georges Claude)에 의해 23 kW 실증실험이 처음 진행되었다. 클로드에 의해 많은 시도가 있었으나 편리한 석유가 대량으로 공급되면서 잊혀져 가다가 석유 파동이 발생하면서 미국과 일본에 의해 재개되었다. 미국은 1978년, 하와이 외해에서 해상형 폐쇄순환식 온도차발전플랜트인 Mini-OTEC 운전실험에 성공하였고, 1983년에 210 kW 육상형 개방순환식 온도차발전플랜트를 완성하고 장기운전실험을 실시하였다. 일본은 동경전력(100 kW, 나우루), 사가대학(75 kW) 등에 의한 여러 실증실험을 수행하였다. 인도는 1 MW급 해상형 폐쇄순환식 온도차발전플랜트를 실해역에 설치하였으나, 바지와 라이저(취수관) 연결부가 파손되면서 중단되었다(**그림 4-47, 표 4-11**).

  (a) Mini-OTEC(미국)　　　(b) OC-OTEC(미국)　　　(c) Nauru OTEC(일본)　　　(d) NIOT OTEC(인도)

그림 4-47 대표적인 해수온도차발전 플랜트의 국외 사례
(자료 : 조철희 외, 2016)

표 4-11 대표적인 국외 해수온도차발전 플랜트의 특성

구분	Mini-OTEC (미국)	동경전력 (일본)	사가대학 (일본)	NELHA (미국)	NIOT (인도)	DCNS (프랑스)	Xenesys (일본)	Makai Ocean (미국)
목표출력 (kW)	50	100	75	210	1,000	1,500	50	100
장소	하와이	나우루	이마리	하와이	–	라유니온	쿠메지마	하와이
발전방식	offshore	onshore	onshore	onshore	onshore	onshore	onshore	onshore
사이클	closed	closed	closed	open	closed	closed	closed	closed
표층수 온도(℃)	26.1	29.8	28.0	26.0	24.4	–	23~30	26.0
심층수 온도(℃)	5.6	7.8	7.0	6.0	14.14	–	6~8	6.0
심층취수관 길이/직경 (m)	645/0.61	950/0.7	–/0.4	1,827/1.0	1,000/0.88	–	612/0.3	1,827/1.2
작동유체	암모니아	R22	암모니아	해수	암모니아	–	R134a/암모니아	암모니아
증발기/응축기	plate/plate	tube/tube	plate/plate	접촉식/접촉식	plate/plate	–	plate/plate	plate 핀
터빈 종류	Radial inflow turbine	Freon axial turbine	–	Mixed flow turbine	4-stage axial turbine	–	Radial	Dadial inflow turbine
터빈 효율 (%)	37.8	10.5	–	25.2	–	–	3	–
실제 출력 (kW)	18	10	–	40	–	–	13	–
기간	1978~1979	1982~1984	1982~2002	1983~	2004~중단	–	2013.3.~	2015
건설사	Lockheed	TEPSCO	사가대학	PICHTR	사가대학	DCNS	Xenesys	Makai Ocean

자료 : 조철희 외, 2016

해수온도차발전의 상용화를 위해 다각적으로 노력을 기울여 온 것은 미국의 Lockheed
Martin과 프랑스의 DCNS(현, Naval Energies)라 할 수 있다(**그림 4-48**). 해상형 10 MW
해수온도차발전의 기본설계 및 상세설계까지 수행하여 앞선 기술을 보유하고 있으며, 일본
과 우리나라도 10 MW급 해상형 플랜트의 개념인증(AIP, Approval In Principle)을 취득한
상황이다.

(a) Lockheed Martin　　　　　　　　　　(b) DCNS(Naval Energies)

그림 4-48　10 MW급 해상형 해수온도차발전 플랜트 설계 사례

4.6　해양염도차에너지

4.6.1　염의 정의

염도차발전에 사용될 수 있는 염의 종류는 매우 다양하다. 염도차발전의 구동력은 염에 의해 생성되는 삼투압이다. 삼투압은 염의 종류와 농도에 따라 매우 다양하다. **그림 4-49**는 몇 가지 염에 대한 농도별 삼투압을 나타낸다. 그림에서 2가 이온들의 결합인 $MgCl_2$와 $GaCl_2$가 삼투압이 가장 크며, 농도의 증가에 따라 삼투압이 급속히 증가하는 것을 알 수 있다. 염도차발전을 위해 1가 또는 2가 이온의 이동을 위한 선택성이 우수한 분리막의 개발은 매우 중요한 기술적 과제라고 할 수 있다.

4.6.2　해양염도차발전

(1) 기술의 정의

염도차발전은 담수(fresh water)와 염수(salty water) 사이의 농도차를 이용한 발전방식으로, 가장 대표적인 염 용액인 해수를 이용하여 전기를 생산하는 기술을 해양염도차발전이라고 한다.

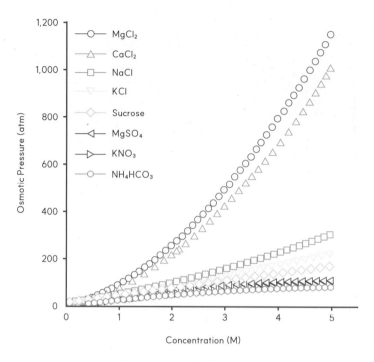

그림 4-49 염의 종류에 따른 삼투압

(자료 : ScienceDirect, osmotic pressure: an overview)

① 기초 이론

강이 바다와 만나는 경계에서는 염도의 차이가 급속히 발생하는데, 이때 막대한 양의 에너지가 생성된다(Dr. Pattle, 1954). 해수와 담수의 염도 차이를 동력원으로 하여 삼투압을 이용하여 전기를 생산하는 발전인 해양염도차발전은 반투과성 분리막(semi-permeable membrane)을 사용하여 물 분자 또는 이온을 선택적으로 이동시켜 전기를 만들어낼 수 있다(Pro. Sydney Leob, 1975).

해양염도차발전은 해수 내 포함된 염이 가지는 화학적 에너지 $P_{Gibbs\,free\,energy}$를 이용하여 발전하므로 에너지 기본식은 다음과 같다.

$$P_{Gibbs\,free\,energy} = 2RT[V_R C_R \ln\frac{C_R}{C_M} + V_S C_S \ln\frac{C_S}{C_M}] \tag{4-29}$$

여기서

R : 기체상수

T : 온도

V_R : 담수 유량, V_S : 해수 유량

C_R : 담수 농도(mol/m³), C_S : 해수 농도(mol/m³)

$$C_M = \frac{V_R C_R + V_S C_S}{V_R + V_S}$$

그러므로 실제 발전기를 통해 얻은 에너지를 P_{actual} 이라고 하면, 해양염도차발전 시스템의 효율 η는 다음 식으로 나타내진다.

$$\eta = \frac{P_{actual}}{P_{Gibbs\,free\,energy}} \tag{4-30}$$

(2) 기술의 특징

해양염도차발전의 전 세계 이론잠재량은 최대 3.1 TW로 알려져 있다(Stenzel, 2012). 기술적으로는 약 647 GW이며, 연간 517 TWh의 전력 생산이 가능한 것으로 보고된다(IRENA, 2014). 담수량이 비교적 풍부한 아시아와 남아프리카 지역에서의 잠재량이 매우 크다.

(3) 기술의 장단점

해양염도차발전의 장점과 단점은 아래와 같다.

- 장점
  - 해수의 염도는 변화가 거의 없어 항상 일정한 양의 전기 공급이 가능
  - 주야, 계절에 따른 변화가 없어 타 재생에너지원에 비해 예측 가능성이 우수
  - 가스나 폐기물 같은 오염물질 발생이 없음
  - 유지비가 저렴하며 추가 연료가 들어가지 않음
  - 무한한 청정의 바다를 이용하는 지속가능한 블루에너지임

- 단점
  - 염도차를 이용하기 때문에 담수와 해수가 존재하는 지역에 한정적으로 적용 가능

○ 화력발전 및 원자력발전에 비해 에너지밀도가 낮아 상대적으로 시스템이 커질 수 있음

(4) 기술의 종류

현재 개발 중인 해양염도차발전은 크게 나누어 반투과성 분리막을 사용하여 해수와 담수 사이의 삼투압 또는 증기압을 이용한 압력지연삼투(PRO), 이온교환분리막(ion exchange membrane)을 사용하여 해수와 담수 사이의 전기화학적 포텐셜을 이용한 역전기투석 (RED), 이온교환분리막과 이온 흡착소재를 사용하여 해수 내 이온의 전기화학적 흡·탈착을 이용한 축전식 혼합(Capmix), mechano-chemical에 의한 피스톤 운동 발전방식으로 대별 될 수 있다.

① 압력지연삼투(PRO, Pressure Retarded Osmosis)

압력지연삼투는 화학적 에너지를 기계적 에너지로 전환하여 에너지를 생산하는 방식으로, **그림 4-50**과 같이, 해수와 담수를 공급하는 펌프, 물 분자를 선택적으로 이동시키는 반투과 성 삼투막, 유로 구조체, 압력탱크, 터빈으로 구성된다.

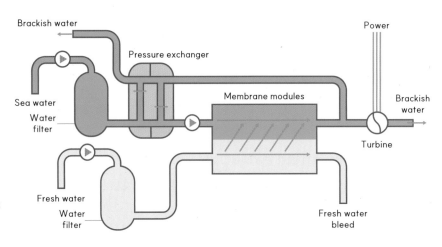

그림 4-50 압력지연삼투 시스템 구성도

해수와 담수 사이에 물 분자만 선택적으로 투과시킬 수 있는 반투과성 삼투막을 설치하 면, 두 용액은 염의 농도 평형을 유지하기 위해 농도가 낮은 담수에서 농도가 높은 해수 쪽

으로 물 분자가 반투과성 삼투막을 통해 이동하게 된다. 이로 인해 해수 쪽의 수위가 두 용액의 삼투압 차이만큼 상승하게 되는데, 일반적으로 해수와 담수 사이에서의 삼투압은 26기압으로 알려져 있다. 이때 얻어진 삼투압을 압력 탱크에 저장하고, 이 압력을 이용해 터빈을 회전시켜 전기를 생산하는 방식이다.

1980년대에 들어와 PRO 기술에 대한 이론적·실험적 연구가 다수 수행되었다. FO(정삼투, Forward Osmosis) 및 RO(역삼투, Reverse Osmosis) 실험으로부터 얻은 결과를 이용하여 식 (4-31)과 추후 개선된 식 (4-32)와 같은 이론적 모델을 개발하였다(Lee, 1981). 전력밀도 P_d는 아래와 같이 계산될 수 있다.

$$P_d = J_W \Delta P = A(\Delta \pi - \Delta P)\Delta P \tag{4-31}$$

$$P_d = J_W \Delta P = A \left[\pi_D \frac{1 - \dfrac{C_F}{C_D}\exp(J_w K)}{1 + \dfrac{B}{J_W}\left[\exp(J_W K - 1)\right]} - \Delta P \right] \Delta P \tag{4-32}$$

② 역전기투석(RED, Reverse Electrodialysis)

이 방식은 해수와 담수 사이에 이온만 선택적으로 투과시킬 수 있는 이온교환분리막을 사용하는 전기화학적 원리를 통해 에너지를 생산하는 방식으로, **그림 4-51**과 같이 이온을 선택적으로 이동시키는 이온교환분리막(양이온교환분리막과 음이온교환분리막), 전극(산화전극과 환원전극), 유로 구조체로 구성된다.

해수 내에는 다양한 양이온과 음이온이 존재하기 때문에 이온의 이동을 이용하는 역전기투석 방식은 양이온과 음이온을 각각 이동시킬 수 있는 두 가지 이온교환분리막인 양이온교환분리막과 음이온교환분리막이 모두 필요하다. 양이온교환분리막과 음이온교환분리막은 서로 번갈아 가며 적층되며, 그 사이로 해수와 담수가 각각 유입될 수 있도록 유로 구조체가 삽입된다. 유로 구조체로는 일반적으로 스페이서가 사용되며, 경우에 따라 이온교환분리막 표면제 직접 유로를 형성할 수도 있다.

이온교환분리막을 사이에 두고 공급되는 해수와 담수는 서로 염 농도평형을 유지하기 위해 농도가 높은 해수에서 농도가 낮은 담수 쪽으로 이온이 이동하게 된다. 양이온은 양이온교환분리막을 통해서만 이동하고, 음이온은 음이온분리막을 통해서만 이동하게 되는데, 건전지의 양극과 음극 사이에 생성되는 전압과 유사한 화학적 포텐셜이 발생하게 된다. 해수와

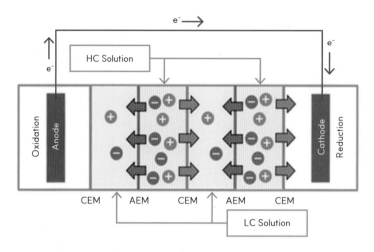

그림 4-51 역전기투석 시스템 구성도

강물의 염도 차이 조건에서 양이온교환분리막과 음이온교환분리막 한 쌍에서는 전기화학적 포텐셜이 약 0.1~0.15 V 발생하는 것으로 알려져 있다. 역전기투석 발전기(스택, stack)에는 이온교환분리막 층 양쪽 끝단에 산화전극(anode)과 환원전극(cathode)이 위치한다. 이 2개의 전극에서는 이온교환분리막 층에서 발생된 전압을 구동력으로 하여 산화전극에서는 전자를 잃는 반응이, 환원전극에서는 전자를 얻는 반응이 반복적으로 발생하면서 연속적인 전자의 흐름 현상이 발생한다. 결국 역전기투석 방식은 이온교환분리막 층에서 발생된 전압과 전극부에서 발생된 전자의 흐름 현상을 이용하여 전기를 생산하는 전기화학적 방식이다.

식 (4-33)은 Weinstein과 Leita(1976)에 의해 개발된 이론 모델을 나타낸다. 이러한 방식은 압력지연삼투 발전방식에 비해 효율적이고 미래 상용화 가능성이 큰 편이다. 이러한 방식으로 계산될 수 있는 총전력밀도(gross power density) P_d(W/m²)를 식으로 나타내면 아래와 같다.

$$P_d = I^2 R_{load} = \frac{E^2 R_{load}}{\left(R_i + R_{load}\right)^2} \tag{4-33}$$

여기서 E와 스택의 내부저항 R_i 및 ohm 저항 R_{stack}은 각각 아래와 같다.

$$E = 2\frac{\alpha R_g T}{F} \ln \frac{c_c}{c_d} \tag{4-34}$$

$$R_i = R_{stack} + R_{nonohm} \tag{4-35}$$

$$R_{stack} = R_{aem} + R_{cem} + \frac{h_c}{k_c} + \frac{h_d}{k_d} + R_{electrode} \tag{4-36}$$

여기서 스택의 nonohm 저항 R_{nonohm}은 아래와 같다.

$$R_{nonohm} = R_{bdl} + R_{edl} \tag{4-37}$$

일반적으로, 이상적인 RED 스택에서 최대 전력밀도 $P_{d,max}$는 내부저항과 부하저항이 같은($R_i = R_{load}$) 조건에서 계산될 수 있기 때문에 모든 전압의 합인 OCV(open circuit voltage)와 이온교환분리막의 유효면적 A, 그리고 내부저항 R_i와의 관계식으로 아래와 같이 계산될 수 있다.

$$P_{d,max} = \frac{OCV^2}{4AR_i} \tag{4-38}$$

또한 RED 스택의 실제 전력밀도는 전체 생산된 전력밀도에서 펌프 등에 의해 소모되는 전력밀도 P_h(hydrodynamic loss)를 뺀 것으로 아래와 같이 계산된다.

$$P_{d,nt} = P_d - P_h \tag{4-39}$$

$$P_{d,nt} = P_d - \frac{\Delta p_c Q_c + \Delta p_d Q_d}{NA} \tag{4-40}$$

여기서

E	=	electro-chemical potential drop across the membrane (V)
R_{load}	=	load resistance (Ω)
R_i	=	internal resistance (Ω)
R_{stack}	=	ohm resistence of stack (Ω)
R_{nonohm}	=	non-ohmic resistance (Ω)
R_{bdl}	=	boundary layer resistance (Ω)
R_{edl}	=	electrical double layer resistance (Ω)

$R_{electrode}$ = electrode resistance (Ω)

F = Faraday constant

α = permselectivity(cations or anions)

R_{aem} = cation exchange membrane resistance (Ω)

R_{cem} = two channel resistance (Ω)

h_d = dilute feed channel height

h_c = concentrated feed channel height

k_c = concentrated feed conductivity

k_d = dilute feed conductivity

Q_d = dilute feed flow rate (m³/s)

Q_c = concentrated feed flow rate (m³/s)

Δp_d = dilute feed pressure drop (pa)

Δp_c = concentrated pressure drop (pa)

③ 축전식 혼합(Capmix, Capactive Mixing)

축전식 혼합은 축전식 탈염(CDi, Capacitive Deionization) 기술을 활용한 발전방식으로 이온의 흡착과 탈착 현상에 의한 에너지의 충전 및 방전 현상을 이용한다. 이 방식을 위해 이온을 이동시킬 수 있는 이온교환분리막과 이온을 흡착할 수 있는 흡착소재가 사용된다. **그림 4-52**와 같이, 축전식 혼합시스템은 유로 구조체, 이온교환분리막(양이온교환분리막과 음이온교환분리막), 흡착소재, 전극(양극과 음극)으로 구성된다.

이온을 흡착하기 위해 해수를 시스템의 유로 구조체로 공급하면, 해수 내 양이온과 음이온은 각각 양이온교환분리막과 음이온교환분리막을 통해 흡착소재로 이동한다. 흡착소재는 비표면적이 매우 큰 소재라면 가능하며, 일반적으로 비표면적이 큰 활성탄과 같은 탄소소재를 사용한다. 흡착소재의 흡착 기공으로 이온이 모두 흡착되면 더 이상 이온의 흡착 현상이 발생하지 않는데, 이 상태가 에너지의 충전 상태이다. 충전된 에너지를 사용하기 위해 이온을 탈착시키기 위해 유로 구조체로 이번에는 담수를 공급시켜 준다. 그러면 흡착소재와 담수 사이에 이온의 농도 평형을 유지하기 위해 흡착소재에 흡착되어 있던 양이온과 음이온이 양이온교환분리막과 음이온교환분리막을 통해 담수로 이동하게 된다. 이 상태가 에너지의 방전 상태로 전기를 생산할 수 있는 단계이다. 흡착소재에 흡착되어 있던 이온이 모두 탈착되면, 다시 해수를 공급하면서 위의 과정을 연속적으로 반복하며 발전하는 원리이다.

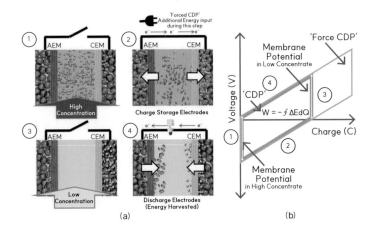

그림 4-52　축전식 혼합시스템 구성도

(자료 : Hatzell et al., Energy Environ. Sci. 7)

④ mechano-chemical에 의한 피스톤 운동 발전

mechano-chemical에 의한 피스톤 운동 발전방식은 해수와 담수의 농도 차이에 따라 신축할 수 있는 재료가 해수 및 담수에 교대로 접촉하면서 피스톤 또는 회전 운동을 일으켜 발전장치를 회전시킴으로써 전기를 생산하는 방식이다. **그림 4-53**은 mechano-chemical 시스템 구성도를 보여준다.

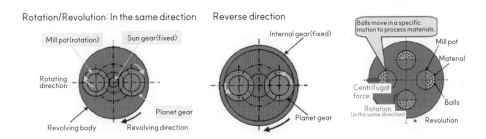

그림 4-53　mechano-chemical 시스템 구성도

(자료 : Kurimoto 홈페이지)

4.6.3 국내외 기술개발 동향 및 사례

(1) 기술수준

해양염도차발전 기술은 1950년대에 해당 개념이 처음으로 제시된 이후, 1970년대 최초로 반투과성 분리막을 이용하여 실험적으로 개념을 규정하는 데 성공하였다. 2000년대에는 실험실 규모에서 소규모 kW급 파일럿 실증기술 개발이 압력지연삼투와 역전기투석 방식을 중심으로 진행되었다. 2010년 이후에는 10~50 kW급의 중규모 kW급에 대한 기술개발이 수행되었으며, 2020년 이후에는 100 kW 이상급 대규모 파일럿플랜트 기술개발이 진행 중에 있고, 2030년 이후에는 10~100 MW급 상용플랜트 기술개발이 가능할 것이라 예상된다. 역삼투(RO), 정삼투(FO) 등의 해수담수화 분리막 기술의 발전 및 수처리 공정기술의 발전과 더불어 압력지연삼투를 통한 에너지 생산 가능성이 높아졌다.

(2) 국내외 해양염도차발전 기술개발 사례

2009년 노르웨이에서 세계 최초의 kW급 압력지연삼투 프로토타입 발전플랜트가 건설되어 시험 가동되었다(**그림 4-54**; 조철희, 2015.)

그림 4-54   노르웨이 Statkraft사 프로토타입 플랜트 전경

① 네덜란드

네덜란드는 할링엔(Halingen) 지역에 있는 Frisia 소금 공장에서 역전기투석 발전방식을 시

험운전하였고, 2011년에는 압스루이티크(Afsluitdijk) 지역에 설계 용량으로 약 50 kW급 역전기투석 파일럿플랜트를 구축하여 약 30 kW급으로 운영 중에 있으며, 2023년 16 kW급 스택을 추가 증설하기로 결정했다(**그림 4-55**). 2030년 이후 100 MW급 이상의 상용플랜트 구축을 완료한다는 계획을 갖고 있다.

그림 4-55　네덜란드 압스루이티크의 역전기투석 생산설비
(자료 : REDstack, 2023)

② 일본

2009~2014년 나가사키정수장 인근에 5 kW급 압력지연삼투 파일럿플랜트를 실증하였다. 또한 Blue Energy Center for SGE Technology(BEST)는 최근 오키나와섬에서 RO공정에서 배출되는 농축염수와 하수처리장 방류수를 이용한 역전기투석 파일럿플랜트 운전을 시작하였다(**그림 4-56**).

그림 4-56　야마구치대학의 역전기투석 기술개발 현황
(자료 : Desalination, 2020)

③ 이탈리아

이탈리아는 트리파니(Tripani) 지역에 염전농축수(brine)와 기수(brackish water)를 사용한 수백 W급 염도차발전 파일럿플랜트를 제작·운영하였다. REA power project는 본 공정의 payback period를 6~10년으로 계산하였다(**그림 4-57**).

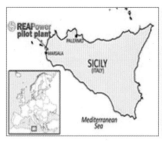

그림 4-57 역전기투석 실증단지 및 스택 전경
(자료 : REAPower project, 2014)

④ 국내 개발 현황

국내에서는 2013년부터 5년간 MD/PRO 복합탈염공정 실증플랜트 기술개발 과제를 수행하였고, 2018~2020년에는 GS건설 해수담수화/압력지연삼투(SWRO/PRO) 복합공정에 대한 파일럿플랜트를 개발하여 부경대학교에서 3~5 kW급 실증에 성공하였다.

2013년에 한국에너지기술연구원에서 역전기투석과 압력지연삼투 방식의 해양염도차발전 핵심기술 개발 프로젝트가 수행되었고, 이 과제를 통해 압력지연삼투 방식의 반투과성 삼투막 제조기술에 대한 기초 기술을 확보하였으며, 2015년에는 세계 최고 수준의 역전기투석 성능을 구현하였다. 2014~2020년의 6년에 걸쳐 20 kW급 역전기투석 파일럿플랜트를 구축하는 연구가 진행되었으며, 해수와 해수담수화의 농축수(RO 농축수)를 활용하여 5~20 kW급 전력 생산에 성공하였다(**그림 4-58**). 2021년에는 세계 최초로 역삼투(RO) 해수담수화와 역전기투석이 복합공정에 대한 기술개발에 성공하였다. 설치용량은 100 m^3/d급으로, 운전 결과 기존 역삼투(RO) 해수담수화 단독 공정 대비 에너지소모량을 30% 이상 절약할 수 있는 것으로 나타났으며, 최종 배출수도 해수 수준으로 낮춰 배출이 가능한 것으로 보고됐다.

그림 4-58 한국에너지기술연구원에서 개발한 역전기투석 파일럿플랜트
(자료 : KIER, 2020)

조류, 조력발전

1. 다음과 같은 조건에서 조류발전의 출력을 산출하시오.

유속 3 m/s, 터빈 직경 10 m, C_p = 0.4

2. 평균 조차가 6 m, 저수지면적이 30 km^2인 조력발전의 일평균 전력 생산량을 계산하시오.

파력발전

3. 파랑측정기의 수위(H_{m0})가 1.2 m, 에너지주기(T_e)가 6.2 sec이고 수심이 50 m일 경우 해당 해역의 입사 파력을 구하시오(해수 밀도 = 1,027 kg/m^3).

4. 파랑측정기 데이터 중 T_z와 T_p를 알고 있을 때, 해당 파랑이 JONSWAP 스펙트럼이라고 가정하고 T_e와의 관계를 제시하시오.

온도차발전

5. 해수온도차발전에서 해양표층수의 온도를 29℃, 해양심층수의 온도를 5℃라 가정할 때 카르노 사이클의 열효율 η_C를 계산하시오.

6. 해수온도차발전에서 총발전량이 시간당 1 MWh이고, 해양심층수 취수펌프가 4.5 MWh/일, 해양표층수 취수펌프가 2.5 MWh/일, 작동유체 순환펌프 등이 1 MWh/일을 소모한 경우 순발전율을 계산하시오.

해수염도차발전

7. 역전기투석 방식에서 이온교환분리막의 유효면적이 1 m^2이고, 스택의 내부 저항이 2 Ω, 회로가 열린 상태에서의 전압이 2 V일 때 생성될 수 있는 최대 전력밀도를 구하시오(단, 스택의 내부저항과 부하저항은 같다).

8. 염도차발전 기술과 핵심기술의 연결이 바르게 되어 있는 것을 고르시오.

① 역전기투석 - 삼투막   ② 압력지연삼투 - 이온교환분리막
③ mechano-chemical 방식 - 스택   ④ 축전식 혼합 - 흡착소재

참고문헌

국내문헌

김현주. (2019). KSOE NEWS LETTER, VOl6, No.2, 3-7.

남기수. (2003). 조력발전 기술현황 및 발전 전략, 한국과학기술정보연구원

박지용, 김경환, 하윤진, 박세완, 김길원, 김정석, 이정희, 오재원, 노찬, 최장영, 장강현, 천호정, 김재환. (2020). 파력발전 통합성능평가를 위한 WECAN 프로그램 개발방향 고찰

산업통상자원부, 한국에너지공단. (2020). 2020년 신·재생에너지 백서, pp. 200-201

선박해양플랜트연구소. 2016년 연보

선박해양플랜트연구소. 2020년 연보

선박해양플랜트연구소. 2022년 연보

선박해양플랜트연구소. (2022). 해수온도차발전담수화 복합플랜트 개발, 내부자료

신승호. (2022). 국가연구개발 우수성과, 방파제 연계형 파력발전 실증플랜트 구축 및 시범운용·기술이전, NTIS

신승호, 홍기용. (2006). 월파형 파력발전구조물의 월파 특성에 관한 실험적 연구. 한국항해항만학회지, 30(8), 649-656

조철희, 이영호, 김현주, 최영도, 김범석. (2016). 해양에너지공학, 다솜출판사

한국에너지공단. (2020). 신·재생에너지백서, p. 914

한국해양과학기술원. (2016). 진동수주형 파력발전 실용화 기술 개발

한국해양과학기술원. (2022). 해외 조류발전 사업

국외문헌

Cummins W. E. (1962). The Impulse Response Function and Ship Motions

Falcao. (2010). Wave energy utilization: A review of the technologies

Hantoro R., Utama I.K.A.P., Erwandi, Sulisetyono A. (2011). "An experimental investigation of passive variable-pitch vertical axis ocean current turbine", J. of Engineering Science, Vol.43, No.1, pp. 27-40.

Hatzell M.C. (2014). "Capacitive mixing power production from salinity gradient energy enhanced through exoelectrogen-generated ionic currents", Energy Environ. Sci. Vol.7, pp. 1159-1567

Hodges J., Henderson J., Ruedy L., Soede M., Weber J., Ruiz-Minguela P., Jeffrey H., Bannon E., Holland M., Maciver R., Hume D., Villate J-L, Ramsey T., (2021) An International Evaluation and Guidance Framework for Ocean Energy Technology, IEA-OES

IEA-OES. (2017). An International Vision for Ocean Energy, p. 28

IEA-OES. (2021). White paper on Ocean Thermal Energy Conversion, p. 34

IEC TS62600-100(2012, Ed. 1.0), Edition 1.0 (2012-08-30)

IEV, 417-07-08, wave power

IRENA. (2020). Ocean Energy Technologies

Jo C.H., Lee K.H., Kim D.Y., Goo C.H., 2015, "Preliminary design and performance analysis of ducted tidal turbine", J. of Advanced Research in Ocean Engineering, Vol.1, No.3, pp. 176-185

K. Budar, J. Falnes, A resonant point absorber of ocena-wave power

Marine energy - Wave, tidal and other water current converters - Part 100: Electricity producing wave energy converters - Power performance assessment

Mork, G., Barstow, S., Pontes, M.T. and Kabuth, A. (2010). Assessing the global wave energy potential. In: Proceedings of OMAE2010 (ASME), 29th International Conference on Ocean, Offshore Mechanics and Arctic Engineering, Shanghai, China, 6 . 10 June 2010.

Nihous G.C. (2007). A Preliminary Assessment of Ocean Thermal Energy Conversion Resources, J. Energy Resour. Technol. 129(1): 10-17

Peter H. (2016). "Salinity Gradients for Sustainable Energy: Primer, Progress, and Prospects", Environ. Sci. Technol. Vol. 50, pp. 12072-12094.

Ross D. (1995). Power from sea waves. Oxford: Oxford University Press

Salter S.H. (1974). Wave power. Nature 1974; 249: 720-4

Veerman J. (2016). "Reverse electrodialysis: Fundamentals A2" - Cipollina, Andrea. In: Micale G, editor. "Sustainable energy from salinity gradients". Woodhead Publishing, pp. 77~133

Weinstein J.N. (1976). "Electric power from differences in salinity: the dialytic battery", Science, Vol. 191, pp. 557-559

인터넷 참고 사이트

동아 사이언스 홈페이지(http://www.dongascience.com/sctech/view/656/special)

매일경제뉴스 홈페이지(http://news.mk.co.kr/newsRead.php?year=2012&no=533806)

한국수자원공사 홈페이지(https://www.kwater.or.kr/website/mtlight/sub03_01.do)

ADAG & SeaPower Scrl(https://undimotriz.frba.utn.edu.ar/lo-mas-destacado-en-energia-de-las-corrientes-de-marea/)

ADAG 홈페이지 – 다리우스 터빈(http://www.adag.unina.it/english/)

All Rivers Hydro 홈페이지(http://allrivershydro.co.uk/technology/)

Andritz 홈페이지(http://grz.g.andritz.com/c/com2011/00/02/22/22269/1/1/0/392135538/hy-hammerfest.pdf)

Aquatet 홈페이지(http://www.aquaret.com/indexea3d.html?option=com_content&view=article&id=203&Itemid=344&lang=en#Animations)

Atlantis Resources 홈페이지(http://atlantisresourcesltd.com/marine-power/tidal-current-power.html)

Atlantis 홈페이지(https://www.offshorewind.biz/2015/04/29/atlantis-acquires-mct/)

Climarx 홈페이지(http://climarx.com.ne.kr/book/cont/co_313b.htm)

ESRU.Strath 홈페이지(http://www.esru.strath.ac.uk/EandE/Web_sites/01-02/RE_info/Tidal%20Power.htm)

http://geophile.net/Lessons/waves/waves_02.html

https://en.wikipedia.org/wiki/Wave_power

https://ko.wikipedia.org/wiki/염

https://marine-offshore.bureauveritas.com/bureau-veritas-approves-ocean-thermal-energy-converter

https://verticalwindturbineinfo.com/gorlov-helical-turbine/

https://www.bluewater.com/our-solutions/renewable-energy-solutions/floating-tidal-energy-converter/

https://www.electropedia.org/iev/iev.nsf/display?openform&ievref=417-07-08

https://www.offshore-energy.biz/tidal-stream-power-could-significantly-enhance-energy-security-research-finds/

https://www.offshorewind.biz/2015/04/29/atlantis-acquires-mct/

https://www.sciencedirect.com/topics/biochemistry-genetics-and-molecular-biology/osmotic-pressure

https://www.youtube.com/watch?v=xc4j95mbHDo

Hydroelectric.energy.K.D 홈페이지(http://hydroelectricenergykd.weebly.com/)

HydroQuest(https://www.researchgate.net/publication/337147158_Wake_of_a_Ducted_Vertical_Axis_Tidal_Turbine_in_Turbulent_Flows_LBM_Actuator-Line_Approach)

IRENA, 2014(https://www.irena.org/publications/2014/Jun/Salinity-gradient)

KIOST(https://www.kimst.re.kr/contentFile.do?path=rnd&fn=oceaninsight_2012.pdf)

Les Technologies Marine 홈페이지(http://energies-marine.e-monsite.com/pages/energie-maremotrice/
principe-et-fonctionnement.html)

LHD New Energy Corporation(https://www.oceanenergy-europe.eu/wp-content/uploads/2023/03/
Ocean-Energy-Key-Trends-and-Statistics-2022.pdf)

Magallanes Renovables 홈페이지(https://www.magallanesrenovables.com/)

MCT 홈페이지(http://www.marineturbines.com/News/2012/09/05/world-leading-tidal-energy-system-
achieves-5gwh-milestone)

Minesto / Minesto 홈페이지(https://minesto.com/)

Mittelrhein Strom(http://s523185842.online.de/presse/pressefoto)

Nova Innovation 홈페이지(https://novainnovation.com/)

ORPC 홈페이지(https://orpc.co/)

OES 홈페이지(www.ocean-energy-systems.org)

Offshore Wind Biz 홈페이지 - Alstom Oceade(http://www.offshorewind.biz/2014/05/22/france-moves-
forward-with-pilot-tidal-energy-development/)

Orbital Marine Power 홈페이지(https://www.orbitalmarine.com/o2/)

Oxgord University 홈페이지 - 다리우스 터빈(http://www.eng.ox.ac.uk/tidal/research/thawt)

PTC사 홈페이지(http://ptcgamgak.gamgakdesign.com/sub02/sub04.php)

REDstack, 2023(https://www.youtube.com/watch?v=UUbK86CPofo)

Sabella(https://www.offshore-energy.biz/sabellas-tidal-power-production-curve-gets-bureau-veritas-
seal/)

SeaPower Scrl(https://undimotriz.frba.utn.edu.ar/lo-mas-destacado-en-energia-de-las-corrientes-de-
marea/)

SAE Renewables 홈페이지-SIMEC Atlantis Energy(https://saerenewables.com/)

Sustainable Marine Energy & Schottel Hydro(https://openei.org/wiki/PRIMRE/Databases/Projects_
Database/Devices/Sustainable_Marine_Energy_and_Schottel_Hydro_PLAT-I)

Sweetch Energy, 2022(https://www.sweetch.energy/)

Verdant Power 홈페이지(https://www.verdantpower.com/)

WADAM 홈페이지(https://www.dnv.co.kr/services/frequency-domain-hydrodynamic-analysis-of-stationary-vessels-wadam-2412)

WEC-Sim 소개(https://wec-sim.github.io/WEC-Sim/master/index.html)

WET사 홈페이지-사보니우스 터빈(http://www.waterotor.com/innovative-breakthrough/)

Wikipedia-Airy wave thoery(https://en.wikipedia.org/wiki/Airy_wave_theory)

Wikipedia-wind wave(https://en.wikipedia.org/wiki/Wind_wave)

WIMIT 홈페이지(https://www.wamit.com/)

CHAPTER 5

바이오에너지

5.1 개요

바이오에너지는 바이오매스(biomass)로부터 생산되는 재생에너지이다. **그림 5-1**과 같이 식물은 태양에너지를 이용해 이산화탄소와 물을 유기물로 합성하는데, 이 과정에서 식물에 흡수된 태양에너지는 유기물 형태의 화학에너지($(CH_2O)n$)로 바뀌어 바이오매스 내에 저장된다. 따라서 바이오에너지는 필요시 바이오매스를 에너지원으로 사용할 수 있으므로 태양광, 풍력에너지 등 다른 재생에너지원과 달리 별도의 에너지 저장시스템이 필요 없다는 장점이 있다. 또한 바이오에너지 사용에 의해 발생하는 이산화탄소는 식물이 성장할 때 다시 흡수되어 이산화탄소의 순환특성을 갖는다. 이러한 바이오에너지의 이산화탄소 순환특성 때문에 국제 사회에서는 바이오에너지를 이산화탄소 중립(CO_2 neutral) 재생에너지로 인정한다.

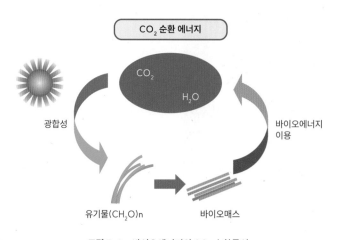

그림 5-1 바이오에너지의 CO_2 순환특성

바이오에너지 생산에 이용 가능한 주요 바이오매스에는 농·임산 부산물, 에너지 작물 및 유기성 폐기물 등이 있다(**표 5-1**). 이러한 바이오매스는 적용 바이오에너지 기술에 따라 고체, 액체 또는 기체 연료로 만들어져 에너지로 쓰인다(**그림 5-2**). 이와 같이 연료 형태로 이용되는 바이오에너지의 특성 때문에 별도의 에너지 유통 인프라 구축을 필요로 하는 태양

표 5-1 바이오에너지 생산용 바이오매스 예

바이오매스	주요 물질
농산 부산물	볏짚, 밀짚, 옥수수 대
임산 부산물	산림 간벌재, 목재 부산물
에너지 작물	옥수수, 사탕수수, 유채유, 팜유
유기성 폐기물	축산 분뇨, 음식물 쓰레기, 유기성 슬러지

광, 풍력 등 다른 재생에너지와 달리 기구축된 에너지 인프라(예 : 발전소, 주유소 등)의 활용이 가능하다는 장점이 있다. 이런 장점 때문에 바이오에너지는 현재 전 세계 재생에너지 생산의 약 67%를 차지하고 있다(IRENA, 2022).

바이오에너지는 친환경에너지로서 활용 잠재성이 높지만 보급을 획기적으로 늘리는 데 장애요인도 있다. 가장 중요한 장애요인은 낮은 경제성이다. 즉, 바이오에너지는 현재 사용하고 있는 석탄, 석유 등의 화석에너지에 비해 1.5~2배가량 비싸다. 하지만 바이오에너지는 태양광, 풍력 등 다른 재생에너지와 달리 생산비 중 원료비 비중이 높아 기술개발에 따른 경제성 개선효과가 상대적으로 낮다는 문제점이 있다. 따라서 바이오에너지 경제성 개선을 위해서는 보다 값싼 원료의 활용이 중요하다.

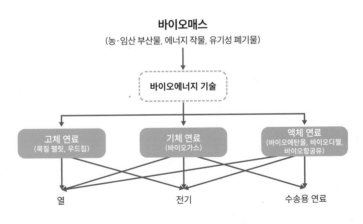

그림 5-2 바이오에너지 생산 및 활용

5.2 바이오에너지 기술

바이오매스를 바이오연료로 전환하기 위해서는 바이오에너지 기술의 적용이 필요하다(**그림 5-2**). 이러한 바이오에너지 기술은 크게 열화학 공정과 생물 공정으로 구별된다(**그림 5-3**). 열화학 공정은 열, 화학촉매 등 물리화학적인 수단을 사용하며, 생물 공정은 미생물 촉매를 사용한다. 따라서 열화학 공정은 반응속도가 빨라 대량생산에 유리하여 다수의 상용화 공정이 가동 중이지만 고온·고압 반응이 대부분이어서 에너지 소비가 커 이산화탄소 저감효과가 낮고 공정설비에 대한 투자비가 높다는 단점이 있다. 반면에 생물 공정은 에너지 소비 및 설비 투자비가 낮다는 장점은 있으나 반응속도가 느려 매우 제한적인 경우에 한해서만 상용화 공정이 가동 중이다.

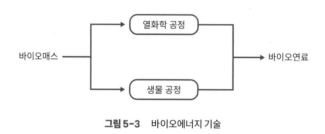

그림 5-3 바이오에너지 기술

실제 바이오에너지는 고체, 액체, 기체 연료로 만들어져 열, 전기 및 수송용 연료를 생산하므로 각 바이오연료 생산기술에 대해 기술하고자 한다. 주요 바이오에너지 기술의 구체적인 사례를 **그림 5-4**에 요약하였다.

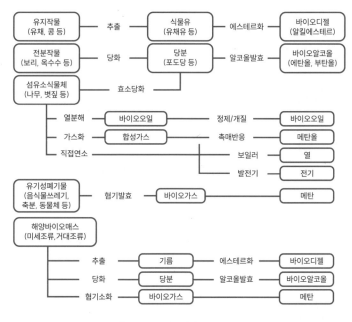

그림 5-4 바이오에너지 기술 체계도

5.2.1 고체 바이오연료 기술

지구의 육상에서 생성되는 바이오매스 중 산림 바이오매스 비율은 90%에 이르며, 전 세계 1차 에너지 소비량과 비교하면 20배에 해당하는 산림 바이오매스가 매년 축적되고 있고, 이는 석유 매장량의 7배에 해당하는 것으로 추정된다. 인류는 원시시대부터 나무 등 땔감을 고체 연료로 사용해 왔다. 지금까지도 개도국 및 후진국에서 장작의 형태로 많이 이용하고 있다. 하지만 자연에서 수집되는 나뭇가지 등의 고체 연료는 부피가 커서 수송 시 에너지가 많이 투입되는 문제점이 있다. 따라서 현대의 고체 연료 기술은 에너지 밀도를 높이기 위한 방향으로 개발되고 있으며 현재는 목질 펠릿이 가장 많이 사용된다. 최근에는 반탄화 고체 연료인 반탄화 펠릿(bio-coal) 기술개발 및 상용화도 추진되고 있다(**그림 5-5**). **그림 5-6**은 고체 바이오연료의 이용 체계를 보여준다.

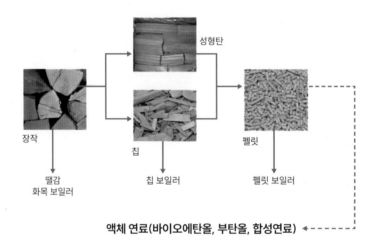

고 에너지 밀도화!

간벌재 → 우드칩 → 목질 펠릿 → 반탄화 펠릿

그림 5-5 고체 바이오연료의 에너지 밀도

성형탄

장작

칩

펠릿

땔감
화목 보일러

칩 보일러

펠릿 보일러

액체 연료(바이오에탄올, 부탄올, 합성연료)

그림 5-6 고체 바이오연료의 에너지 이용

(1) 목재 칩

목재 칩은 목재의 수집과 분쇄 및 파쇄과정을 거쳐 저장한 다음 보일러 또는 열병합 설비를 이용하므로 그 이용 과정이 매우 간단하다(**그림 5-7**). 목재를 파쇄하는 칩퍼(chipper) 구조는 단순하며, 일정한 크기로 만들기 위해 칩 선별기 망을 이용하기도 한다. 목재 칩은 주로 열병합발전 및 지역난방 등에 활용하는데, 우리나라의 경우 대구의 공업단지 내 에너지공급을 위해 (주)케너텍에서 시설한 열병합발전이 대표적이며, 최근에는 에너지가격 상승으로 비교적 저렴하게 이용할 수 있는 목재 칩 열병합발전을 위한 에너지 이용시설과 칩 공급을 위한 생산시설이 늘어나는 추세이다.

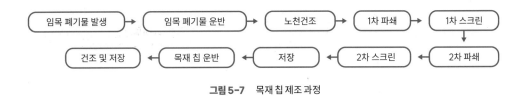

그림 5-7   목재 칩 제조 과정

(2) 목질 펠릿

목질 펠릿은 에너지 밀도가 높아 수송비를 줄일 수 있다는 장점이 있다. 목질 펠릿의 제조과정은 다음과 같다(**그림 5-8**).

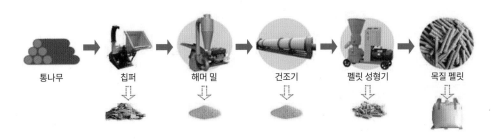

그림 5-8   목질 펠릿의 제조공정
(자료 : Wind-smile Inc.)

1. 통나무 원목을 칩퍼(chipper)를 이용해 칩(chip) 형태로 분쇄한다.
2. 목재 칩은 해머 밀(hammer mill)을 이용해 2~3 mm 크기의 톱밥으로 2차 분쇄한다.
3. 분쇄 톱밥(수분함량 50%)은 수분함량 17% 이하로 건조한다.
4. 건조된 톱밥은 성형기에서 압축하여 펠릿으로 성형한다.

목재 칩과 목질 펠릿의 특성을 **표 5-2**에 요약하였다.

목재 칩과 목질 펠릿의 장단점 비교

목재 칩(Wood chip)	목질 펠릿(Wood pellet)
•저렴한 제조비용 •낮은 에너지 밀도로 운송 및 저장비용 증가 •목재 칩 공급설비의 잦은 고장 •높은 함수율에 의한 낮은 발열량 •비균일한 연료특성	•높은 시설 투자비용 •높은 에너지 밀도로 운송 및 저장비용 절감 •목질 펠릿 공급설비의 운전 안정성 •10% 미만의 함수율 •균일한 연료특성

(3) 반탄화(bio-coal) 펠릿

발전 연료로 바이오에너지를 적극적으로 도입하는 EU와 우리나라 등은 대부분의 발전용 목질 펠릿을 해외 수입에 의존하고 있다. 하지만 펠릿을 원거리 수입할 경우 운송비가 전체 펠릿 연료비의 30~70%까지 올라가게 돼 보다 에너지 밀도가 높은 고형 바이오연료에 대한 필요성이 높아졌다. 또한 목질 펠릿은 석탄과 연료 물성에 차이가 있어 혼소 시 바이오연료 혼소 비율이 제한되는 문제점도 있다. 이러한 목질 펠릿의 한계를 극복하기 위해 현재 다양한 반탄화 기술 개발이 진행되었으며 일부 기술의 경우 상용화 단계에 있다(Chen 외, 2015). 반탄화 고형연료의 경우 펠릿에 비해 에너지 밀도가 약 30% 이상 높아 원거리 수입 시 경제성을 가질 수 있을 것으로 기대된다. EU와 미국 등에서 반탄화 고형연료 양산공정 실증단계에 있다.

목질 바이오매스를 부분 탄화하여 만들어지는 반탄화 펠릿은 목재를 먼저 건조한 후 고온습식 또는 건식 조건에서 반탄화하고 펠릿으로 성형하는 과정으로 만들어진다(**그림 5-9**).

바이오매스 원료 → 건조 → 반탄화 → 고형연료 성형 → 반탄화 펠릿

그림 5-9 반탄화 고형연료 제조공정도

반탄화 펠릿 제조공정으로는 고온열수 또는 증기를 사용하는 습식 그리고 건조 공기를 사용하는 건식 탄화 공정 등이 있다. 습식 반탄화 공정 중에서는 증기폭쇄 방식이 경제성이 가장 우수한 것으로 나타났다.

그림 5-10은 한국에너지기술연구원에서 개발한 건식 탄화 기술 공정도를 보여준다. 그림에 나타낸 바와 같이 고체 바이오매스는 아래로, 고온건조 공기는 위로 각각 이동하는 과정에서 탄화가 이루어지며 바이오매스와 공기의 접촉시간을 늘리기 위해 방해판이 다수 설치되어 있다. 반응 후 반탄화 바이오매스는 반응기 하부로 나오게 된다. 건식 반탄화 공정으로부터 회수된 반탄화 바이오매스가 성형과정을 거치면 반탄화 펠릿이 만들어진다.

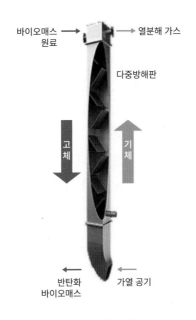

바이오매스 원료 → 열분해 가스

다중방해판

고체

기체

반탄화 바이오매스 ← 가열 공기

그림 5-10　건식 반탄화 공정도
(자료 : 이시훈, 2019)

5.2.2　기체 바이오연료 기술

기체 바이오연료 기술은 원료 바이오매스 성상에 따라 생물 공정과 열화학 공정 기술로 나뉜다(**그림 5-11**). 즉, 수분함량이 매우 높은 슬러지, 음식물 쓰레기 및 축산분뇨 등의 경우 직접 연소에 의한 에너지 활용이 어려우므로 혐기소화 미생물에 의해 바이오가스를 생산하여 연료로 활용하는 것이 효율적이다. 하지만 수분함량이 50% 내외로 비교적 낮은 나무 등 일반 산림 바이오매스의 경우 건조하여 고온가스화에 의해 바이오합성 가스로 전환하여 에너지로 활용하는 것이 유리하다. 이러한 두 연료 기술에 대해 알아보기로 한다.

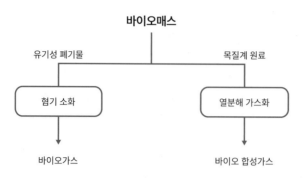

바이오매스

유기성 폐기물	목질계 원료
혐기 소화	열분해 가스화
바이오가스	바이오 합성가스

그림 5-11 기체 바이오연료 기술

(1) 바이오가스

수분함량이 매우 높은 유기성 폐기물의 경우 수분 제거에 많은 에너지가 필요하므로 자연상태 유기물을 직접 분해하는 미생물을 활용하는 생물 공정이 기체 바이오연료 생산에 유리하다. 따라서 산소가 없는 상태에서 활성을 갖는 미생물(혐기성 미생물)인 메탄균을 이용해 유기물을 메탄으로 전환하는 기술이 주로 활용되고 있다. 바이오가스 기술은 바이오가스 생산 공정 기술과 바이오가스 활용 기술로 나뉜다. 1990년대부터 유기성 폐기물에 대한 처리 및 에너지 생산 연구가 진행되어 유기성 폐기물의 에너지화 방안으로 보급되고 있다.

① 바이오가스 생산공정 기술

수분함량이 매우 높은 슬러지, 축산분뇨 등의 유기성 폐기물은 메탄균을 활용하는 혐기소화 공정에 의해 바이오가스를 생산할 수 있다. 바이오가스 생산공정은 유기성 폐기물에 포함된 협잡물 제거를 위한 조정조와 바이오가스를 생산하는 소화조로 구성되며 이후 생산된 바이오가스는 연료로 활용된다. 혐기소화 후 배출된 슬러지는 탈수공정을 거쳐 폐수와 고형물로 분리되며 폐수는 폐수처리장으로 보내지며 고형분은 매립 또는 소각 처리된다(**그림 5-12**).

바이오가스의 생성은 고분자 유기물이 저분자 유기물인 단당류로 가수분해되며 유기산으로 전환되는 산 생성과정을 거쳐 최종적으로 유기산이 메탄과 이산화탄소를 생성하는 발효과정으로 진행된다(**그림 5-13**). 바이오가스 생성에 관여하는 미생물은 통상 수백 종이 관여하는 것으로 알려졌으며, 현재까지는 각각의 미생물이 수행하는 역할에 대해 정확히 규명된 바 없다. 미생물은 각종 영양물질과 미량원소를 필요로 하며, 탄소(carbon, C)는 주로 에너지원으로 이용되며 질소(nitrogen, N)는 세포를 유지하고 증식시키는 데 이용된다. 바이

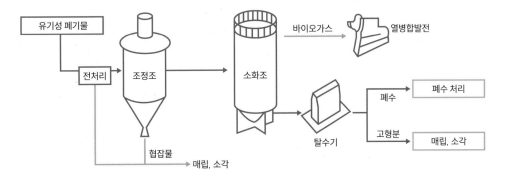

그림 5-12 바이오가스 생산공정도

오가스화를 위한 혐기소화 효율은 유기물의 C/N 비에 영향을 많이 받으며 적정한 C/N 비는 20~30으로 알려져 있다. 미량원소로서 철의 경우 70 mg/L 내외, Na, Ca, K, Mg은 100 mg/L 내외가 적당하지만 이 범위를 넘어서면 오히려 독성물질로 작용하게 된다. 다른 독성 물질로는 암모니아, 황화물 등이 있다.

혐기소화공정은 소화 온도, 대상 기질의 고형물 함량, 폐기물 수화특성, 폐기물 투입방식에 따라 나뉜다(**그림 5-14**). 소화 온도는 중온과 고온 공정으로 나뉘며 우리나라의 경우 겨울철 소화조 온도 유지에 많은 에너지가 들어가는 고온소화보다는 중온소화를 많이 채택하고 있다. 고형물 함량에 따라 습식, 반건식, 건식으로 나뉘는데 습식소화가 많이 채택되고 있으며, 폐수 발생량을 줄이기 위해 건식소화를 하는 곳도 있다. 폐기물 수화특성은 산 생성과 메탄 발효를 하나의 소화조에서 시행하는 단상공정과 소화 효율 증대를 목적으로 산 생성과 메탄 발효 단계를 구분한 이상(two phase)공정이 있다. 폐기물 투입방식에 따라 회분식과 연속식으로 나뉘며, 현재는 거의 모든 공정이 연속식으로 운전되고 있다.

② 바이오가스 정제 및 활용 기술

혐기소화조에서 나오는 바이오가스는 메탄 함량이 50~60%로 에너지 발열량 측면에서 보일러 또는 엔진 연료로 사용에 문제가 없지만, 바이오가스에 포함된 미량의 황화수소 및 실록산 등이 가스 엔진/터빈의 부식 및 침적에 의한 파울링 문제 등을 야기하므로 제거가 필요하다. 황화수소와 실록산 등은 통상 흡수 또는 흡착방법으로 제거한 후 열 또는 전기에너지를 생산연료로 사용한다. 최근에는 전력 생산과 폐열 회수를 동시에 진행하는 열병합발전으

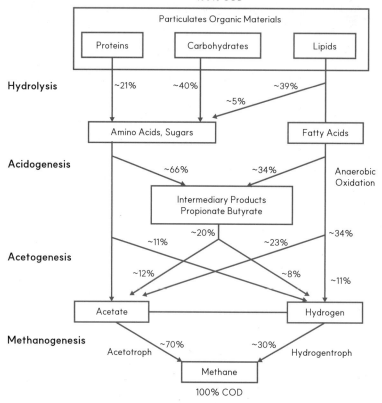

그림 5-13   혐기소화 메커니즘

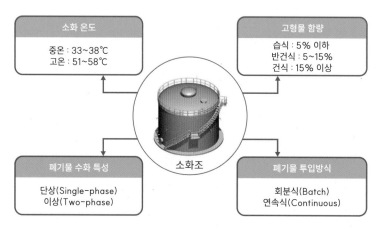

그림 5-14   혐기소화 공정의 분류

로 플랜트 내에서 사용하고 남은 잉여 전력을 판매하고 회수 열은 소화조 가온과 인근 지역의 난방열로 공급하는 기술 보급이 활성화되고 있다. 바이오가스의 열과 전기에너지를 생산 연료로 활용하는 예시를 **그림 5-15**에 나타냈다.

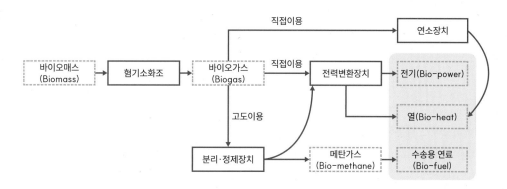

그림 5-15 바이오가스 생산 및 활용 형태
(자료 : 윤영만 외, 2013)

최근에는 바이오가스를 보다 부가가치가 높은 도시가스 대체 연료 또는 천연가스 차량용 연료로 활용하기 위한 고질화 기술이 개발되었다. 즉, 1차 정제를 거친 바이오가스의 메탄 순도는 60% 내외로 도시가스 또는 천연가스 차량용 연료로 활용하기 위해서는 순도가 95% 이상으로 높아져야 한다. 이를 위해 바이오가스 내 이산화탄소를 제거하는 과정이 필요하며 흡수, 흡착, 막분리 및 심랭분리 기술 등이 개발되고 있다. 각 고질화 기술은 고유의 장단점이 있어 해당 바이오가스의 특성에 맞는 기술을 적용하는 것이 중요하다. 앞에 기술한 바이오가스의 정제 및 활용에 대한 내용을 **그림 5-16**에 나타냈다.

(2) 바이오 합성가스

바이오매스는 산소가 없는 환경에서 800℃ 이상의 고온으로 가열할 경우 메탄, 수소, 일산화탄소 등 불완전연소가스로 분해된다. 이와 같이 열분해 가스화에 의해 생성된 가스를 바이오 합성가스라 한다. 바이오 합성가스는 열분해에 의해 생성되므로 반응속도가 높아 양산이 용이하다는 장점이 있다. 하지만 시설 투자비와 에너지 소비가 크다는 단점도 있다.

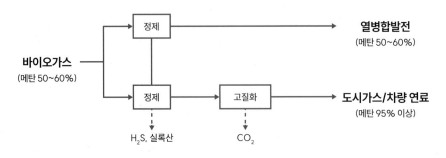

그림 5-16　바이오가스 정제와 활용

① 바이오매스 열분해 가스화 기술

가스화 반응은 우드칩이나 톱밥 형태의 고형원료로부터 일산화탄소와 수소 농도가 높은 가연성 합성가스(syngas)를 생산하는 과정이다. 가스화 반응은 흡열반응이므로 셀룰로오스, 헤미셀룰로오스, 리그닌 등으로 구성된 목재 원료의 고분자 조직이 완전 붕괴되어 가스상 물질로 전환하는 데 필요한 열을 외부에서 가해주어야 한다. 열을 가하는 방법에는 공기, 산소, 수증기 등의 산화제를 고온 상태로 원료에 직접 접촉시키는 방법과 반응기 벽을 통하여 원료를 가열하는 간접 가스화 방법이 있으나, 열전달 효율이나 반응기 운전의 용이성에서 직접 가스화 방법이 유리하여 개발된 대부분의 기술에서 이 방법을 택하고 있다. 가스화 반응기의 형태는 크게 고정층 반응기와 유동층 반응기로 구분된다.

바이오매스 가스화의 기본 공정은 **그림 5-17**과 같이 4개의 단위공정으로 이루어진다. 목재를 열화학적 가스화 반응에 효율적으로 이용하기 위해서는 적절한 수분과 입도를 갖는 원료를 제조해야 하며, 가스화 반응의 적절한 수분함량은 10~20%이며, 가스화 반응과 목재의 건조를 위하여 입도가 작은 것이 좋으나 너무 작게 할 경우 파쇄 에너지 비용이 높아지는 문제가 있다. 원료의 과도한 수분함량은 가스화 반응기의 운전효율을 떨어뜨리고 생성가스의 에너지함량을 감소시키므로 적당한 건조방법을 통하여 목재의 수분함량을 낮추어야 한다. 건조과정은 원료가격에 큰 영향을 미치므로 가능한 한 간단하고 저렴하게 수행하는 것이 좋으며, 공기 예열은 가스화 반응기에서 생성된 고온의 합성가스나 가스터빈 등에서 발생하는 연소가스를 활용한 건조장치를 이용하면 비교적 경제적으로 수행할 수 있다.

일반적으로 목재 가스화 반응기에서 생성된 합성가스는 비산 입자, 타르(tar), 알칼리 금속, 황, 염소화합물 등을 포함하고 있다. 합성가스에 포함된 이러한 불순물은 최종 에너지 회

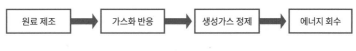

그림 5-17 목재의 열화학적 가스화 공정

수단계에서 효율 저하나 부식 등의 문제를 일으키므로 적절한 정제공정을 거쳐 제거되어야 한다. 합성가스 정제공정은 기본적으로 사이클론, 타르 크래커, 흡수탑 등으로 구성된다.

정제과정을 거친 합성가스는 다양한 에너지 생산에 활용 가능하지만 가장 많이 연구·개발되고 있는 기술은 합성가스를 가스터빈이나 가스엔진의 연료로 활용하여 전기를 생산하고, 이 과정의 고온은 수증기로 스팀터빈에 적용하여 재차 전기를 생산하는 바이오매스 통합 가스화 복합발전(BIGCC, Biomass Integrated Gasification Combined Cycle) 시스템이다.

또한 적절한 바이오매스 가스화 반응조건을 통하여 수소 농도가 높은 합성가스를 생산한 다음 연료전지의 연료로도 활용할 수 있다. 합성가스를 용융탄산염 연료전지 등의 연료로 사용하면 가스터빈에 적용할 때보다 발전효율을 10% 이상 높일 수 있기 때문에 최근에는 이 분야에 대한 연구가 활발하게 진행되고 있다. 이 밖에 합성가스를 가솔린, 메탄올 등의 액상연료로 전환하여 수송 부문에서 활용하기 위한 기술개발도 진행되고 있다.

5.2.3 액체 바이오연료 기술

앞에서 기술한 바와 같이 바이오에너지는 수송 부문에서 이산화탄소 감축을 위한 중요 수단으로서 역할을 하고 있다. 현재 수송 에너지의 약 4%를 바이오에탄올, 바이오디젤 등의 바이오연료가 차지하고 있다. 휘발유 대체연료인 바이오에탄올은 미주 지역 중심으로, 경유 대체연료인 바이오디젤은 EU에서 많이 사용되고 있다. 또한 최근 전기차 보급이 급증함에 따라 육상 부문에서의 바이오연료 보급 증가세는 둔화되었지만 전기에너지 적용이 어려운 항공 및 해상 부문의 이산화탄소 감축 수단으로서 바이오연료 중요성이 높아짐에 따라 관련기술 개발이 진행되고 있다. 여기서는 바이오에탄올, 바이오디젤, 바이오항공유 기술에 대해 소개한다.

(1) 바이오에탄올 기술

에탄올은 이미 1890년대 내연기관에 연료로서 활용된 바 있다. 에탄올은 석유나 천연가스로부터 합성되거나 전분질계 곡류로부터 당분을 얻어 생물학적 전환을 통해 얻어질 수 있으며, 두 에탄올 모두 성상이나 물리·화학적 특성은 같으나 이 중 생물학적 전환을 통해 얻어지는 에탄올을 바이오에탄올이라고 부른다. 바이오에탄올은 오늘날 우리가 주정이라고 하는 술의 원료이며, 기타 식품과 화장품 등 퍼스널케어 제품에 이용되고 있다. 바이오에탄올은 태양에너지를 이용하는 식물의 광합성 작용으로 만들어지는 탄수화물을 활용하여 가능한 에너지로 변환한 결과이기 때문에 재생가능 에너지원으로 간주한다. **그림 5-18**은 지속 가능성 및 탄소중립 개념을 보여준다.

바이오에탄올이 수송용 연료원으로 세계적으로 각광을 받고 있는 것은 우선은 지속적 사용이 가능하기 때문이다(sustainablity). 즉, 해마다 지구상 각지에서 재배할 수 있는 작물로 만들어지기 때문에 매년 재생산이 가능하다(renewability). 바이오에탄올의 직접적 원료가 되는 경작물은 식물이 자라면서 대기 중의 이산화탄소를 흡수하여 광합성 작용을 하므로 온실가스 배출을 줄이는 데 도움이 될 수 있다(carbon neutrality). 또한 바이오매스 공급원에서 현지 생산이 가능하여 일부 지역에 편중된 석유에 대한 의존도를 낮출 수 있으며(energy security), 석유 유출보다 환경에 미치는 영향이 작기 때문에 친환경 연료라 할 수 있다(biodegradability).

수송용 연료로 활용되고 있는 바이오에탄올의 원료는 효모나 박테리아에 의해 알코올로 발효될 수 있는 당(sugar)이 풍부한 바이오매스가 된다. 바이오매스의 선정은 주어진 지역에서 쉽게 구할 수 있으며 비용효율적인 것이 무엇인지에 따라 달라질 수 있으나, 현재 가장 일반적으로 사용되는 바이오에탄올 원료는 미국 중심의 옥수수나 브라질 중심의 사탕수수가 대표적이다.

옥수수는 미국에서 가장 풍부하게 생산되는 경작물일 뿐만 아니라, 바이오에탄올로 전환하는 기술의 가용성이 상당히 높은 원료이다. 세계 최대의 바이오에탄올 생산국 중 하나인 브라질은 주로 사탕수수를 원료로 사용하는데, 이는 사탕수수가 당도가 높고 광합성 효율이 높은 바이오매스이기 때문이다. 이 외에도 유럽 일부에서는 사탕무를 바이오에탄올 생산 원료로 사용하기도 하고, 유럽과 캐나다 일부에서는 밀을 바이오에탄올의 원료로 사용한다. 지역적으로 아프리카 일부 지역과 같은 건조한 지역에서는 가뭄에 강한 수수 작물이, 아시아 일부를 포함한 일부 열대 지역에서는 카사바가 바이오에탄올의 주원료가 되기도 한다.

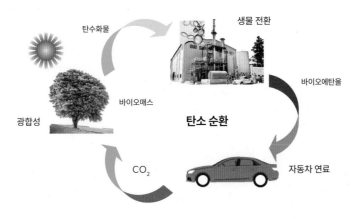

그림 5-18　지속 가능성 및 탄소 중립

위와 같이 바이오에탄올은 옥수수, 사탕수수 또는 밀과 같은 설탕 또는 전분이 풍부한 작물로 만들어진다(1세대 바이오에탄올). 이러한 작물은 바이오에탄올로 전환하기 쉽지만, 종종 중요한 식량작물이기도 하다. 따라서 바이오연료 생산을 위한 이들의 사용은 잠재적으로 식량가격 상승과 농지 경쟁을 초래할 수 있으며, 이는 종종 '식품 대 연료(eat or go)' 경쟁이라고 부른다. 즉, 인간의 먹이사슬에서 경작지와 식량자원으로부터의 바이오연료 생산은 소비자의 식품가격에 직접적인 영향을 미치고 식량 부족과 급격한 가격 상승을 초래할 것이라는 주장이다.

이러한 문제를 해결하기 위해서 비식량작물을 사용하는 목질계 바이오에탄올 생산에 대한 관심이 집중되고 있는데(2세대 바이오에탄올), 목질계 바이오매스의 성분 및 구조에 기인한 공정의 복잡성과 높은 효소 비용으로, 1세대 바이오에탄올 생산보다 기술적으로 더 어렵고 생산비가 많이 든다. 그러나 식량작물과 경쟁하지 않고 한계 토지에서 재배할 수 있는 공급 원료를 활용하는 잠재적인 이점이 있으므로, 현재는 목질계 바이오에탄올 생산기술 개발이 집중적으로 진행되고 있으며, 일부 유럽과 미국의 기업들이 상업적 생산을 가능하게 하고 있다. 앞서 언급한 다양한 바이오매스로부터의 바이오에탄올 생산공정을 **그림 5-19**에 요약하였다.

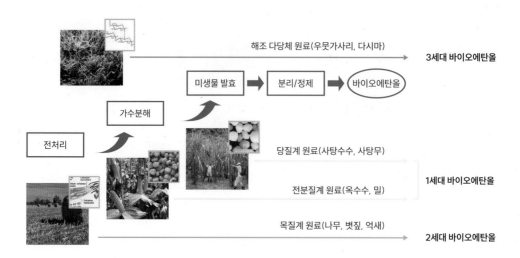

해조 다당체 원료(우뭇가사리, 다시마)

3세대 바이오에탄올

미생물 발효 ➡ 분리/정제 ➡ 바이오에탄올

가수분해

전처리

당질계 원료(사탕수수, 사탕무)

전분질계 원료(옥수수, 밀)

1세대 바이오에탄올

목질계 원료(나무, 볏짚, 억새)

2세대 바이오에탄올

그림 5-19　원료별 바이오에탄올 생산 경로

아래에서는 공학도의 관점에서 2세대, 즉 목질계 바이오에탄올 생산기술에 대하여 살펴보고자 한다.

① 목질계 바이오에탄올

목질계 바이오에탄올 생산을 위한 대표적인 원료 바이오매스로서 우선 농림부산물을 들 수 있으며, 여기에는 옥수수 대, 밀짚, 왕겨와 같은 농업 부산물과 간벌목을 비롯한 나뭇가지, 나무껍질 및 목재로 사용되지 않는 나무의 다른 부분의 임산부산물이 있으며, 국가에 따라 전략적으로 바이오연료 생산을 위해 특별히 재배되는 작물인 스위치그라스(switchgrass), 억새, 포플러나무 등과 같은 에너지 작물이 있다(**그림 5-20**). 또한 재활용이 불가능한 종이 및 기타 유형의 유기 폐기물 등 고형 폐기물이 바이오에탄올 원료로 이용될 수 있다.

목질계 바이오에탄올의 잠재적 이점은 상당하지만, 목질계 바이오매스의 주요 구성성분인 셀룰로오스 및 헤미셀룰로오스를 발효 가능한 당으로 전환한 다음에야 에탄올 발효를 수행할 수 있다. 따라서 생산공정은 사용되는 원료의 복잡하고 견고한 구조 특성으로 인해 당질계 또는 전분질계 바이오에탄올보다 더 복잡한 공정을 요구한다. 목질계 바이오에탄올 생산에 관여하는 세부 공정별 기술적 요인에 대하여 알아보자.

● **전처리 공정(pretreatment)** : 바이오매스 전처리 공정은 목질계 바이오매스의 복잡한 구조

간벌목 옥수수 대 속성수 스위치그래스 홍조류 팜오일부산물

거대억새 유칼립투스 하이브리드 포플라 녹조류 기타 부산물

그림 5-20 비식량 바이오매스

를 파괴하여 당화효소가 셀룰로오스와 헤미셀룰로오스에 더 쉽게 접근할 수 있도록 하기 위한 단계로 물리적(밀링), 화학적(산 또는 알칼리 처리) 및 생물학적 방법과 이들의 조합을 병행해서 사용할 수 있다. 바이오매스 물질을 바이오연료, 생화학물질 및 기타 부가가치 제품으로 전환하는 과정에서 가장 최초의 공정 단계이다(**그림 5-21**). 셀룰로오스, 헤미셀룰로오스, 리그닌과 같은 복잡한 구조로 구성된 바이오매스는 효율적인 처리를 위해 더 간단한 구성요소로 구조적 파쇄가 이루어져야 하며, 효소가수분해 또는 발효와 같은 후속공정 단계에서 효소나 발효 미생물의 역할을 극대화하는 것을 목표로 한다. 따라서 바이오매스 전처리의 주요 목표는 다음과 같이 정리할 수 있다.

○ 반응성 증가 : 바이오매스 원료는 복잡하고 치밀한 구조로 인해 분해에 저항성이 있는 경우가 많다. 전처리는 이러한 복잡한 구조를 분해하도록 도와주어 바이오매스를 유용한 제품으로 전환하는 효소나 미생물에 더 쉽게 접근하고 반응효율을 높일 수 있게 하는 공정이다.
○ 효소 접근성 향상 : 효소는 바이오매스 내부 당질의 고분자 형태인 탄수화물을 당 또는 기타 유용한 화합물로 분해하는 데 중요한 역할을 한다. 바이오매스의 셀룰로오스와 헤미셀룰로오스를 효소에 더 쉽게 노출시켜 당화 효율을 높여준다.
○ 억제제 감소 : 전처리공정에서 유의해야 할 사항으로서 후속공정 단계(당화 및 발효)에서

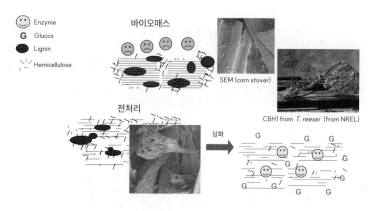

그림 5-21 전처리 개요
(자료 : 김준석 교수, 경기대학교)

효소 또는 미생물의 활동을 억제할 수 있는 화합물이 부생될 수 있는데, 이러한 억제제를 최소화하거나 제거함으로써 후속 공정의 효율성을 향상할 수 있다. 또한 이러한 억제제의 부생은 전처리공정에서 생성된 탄수화물의 과분해에 기인하는 경우가 많으므로 억제제의 발생은 그만큼 당의 손실을 가져와 전체 수율을 낮출 수도 있다.

바이오매스 전처리 방법에는 여러 가지가 있으며 각각 장단점이 있다. 몇 가지 일반적인 전처리 방법은 다음과 같다.

○ 물리적 전처리 : 바이오매스를 더 작은 입자로 물리적으로 분해하는 기계적 작용을 포함한다. 이는 바이오매스의 표면적을 증가시켜 후속공정 단계에서 효소가 더 쉽게 접근할 수 있도록 하는 것이며, 밀링, 그라인딩, 치핑 및 초음파 처리와 같은 기술이 사용된다. 이러한 방법은 상대적으로 간단하고 화학물질이 필요하지 않지만, 바이오매스를 함께 유지하는 강력한 리그닌 및 헤미셀룰로오스 결합을 분해하는 데에는 한계가 있어서 그리 효과적이지 않을 수 있다.

○ 화학적 전처리 : 화학물질을 사용하여 바이오매스의 리그노셀룰로오스 구조를 약화시키거나 분해하는 것이다(**그림 5-22**). 산 전처리는 황산이나 염산과 같은 희석 산으로 바이오매스를 처리하는 것을 말하는데, 이것은 헤미셀룰로오스와 약간의 리그닌을 분해하여 셀룰로오스를 남기는 역할을 한다. 알칼리 전처리는 수산화나트륨과 같은 염기를

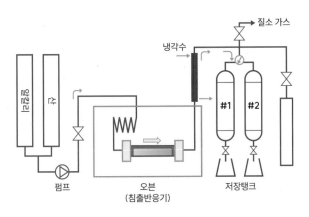

사용하여 리그닌을 제거하고 셀룰로오스 접근성을 향상시킬 수 있으며, 유기용매 침출(organosolv) 공정과 같은 유기용매 기반 방법은 용매를 사용하여 바이오매스로부터 리그닌을 용해·추출한다. 이러한 방법은 효소 소화율을 효과적으로 개선할 수 있지만, 폐기물 관리에 있어 화학물질을 주의 깊게 관리해야 하는 어려움이 있다.

○ 생물학적 전처리 : 진균류 또는 박테리아를 사용하여 자연적으로 바이오매스를 분해하는 것이다. 이러한 미생물은 리그노셀룰로오스 성분을 분해할 수 있는 효소를 생산하는 원리이며, 예를 들어, 백색부후균(white rot fungi)은 리그닌을 분해하여 셀룰로오스에 대한 효소의 접근성을 향상시킬 수 있다. 다만, 생물학적 전처리는 화학적 방법과 비교해 환경친화적일 수 있지만, 더 긴 처리시간과 특수한 조건이 필요하다는 단점이 있다.

○ 물리화학적 전처리 : 물리적 및 화학적 작용을 결합하여 바이오매스 전처리를 수행한다. 흔히 사용되는 방법으로서 증기폭쇄(steam explosion)는 바이오매스가 고압증기에 노출된 후 빠르게 방출되어 바이오매스를 파열시키는 방법이다. 이것은 바이오매스의 구조를 열어 효소분해에 더 잘 적응하도록 하는 것인데, 암모니아 폭쇄(AFEX, Ammonia Fiber Expansion)는 바이오매스를 암모니아와 열로 처리하여 리그노셀룰로오스 성분이 더 잘 소화되도록 한다. 유기용매 침출 방법은 유기용매의 혼합물과 열을 사용하여 리그닌을 용해 및 제거하며, 이러한 방법은 리그노셀룰로오스 구조를 효과적으로 파괴하고 바이오매스 소화율을 증가시킬 수 있다. 결과적으로, 바이오매스

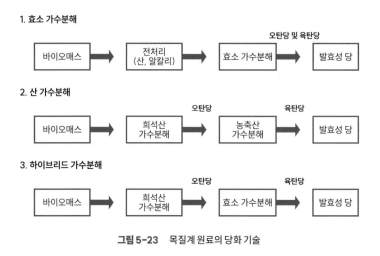

1. 효소 가수분해

바이오매스 → 전처리 (산, 알칼리) → 효소 가수분해 → 발효성 당

오탄당 및 육탄당

2. 산 가수분해

바이오매스 → 희석산 가수분해 → 농축산 가수분해 → 발효성 당

오탄당 / 육탄당

3. 하이브리드 가수분해

바이오매스 → 희석산 가수분해 → 효소 가수분해 → 발효성 당

오탄당 / 육탄당

그림 5-23 목질계 원료의 당화 기술

전처리는 미가공 바이오매스를 바이오연료 및 생화학 제품과 같은 가치 있는 제품으로 전환하기 위한 중요한 공정 단계이며, 전처리 방법의 선택은 바이오매스 유형, 원하는 최종 제품, 경제적 고려사항 및 환경 영향과 같은 요인에 따라 달라질 수 있다. 각각의 방법에는 고유한 장점과 해결해야 할 문제가 있으며, 바이오매스 전환공정에서 효율성과 지속 가능성을 높이기 위해 이러한 방법을 최적화해야 한다.

● **당화공정(hydrolysis)** : 전처리 후 바이오매스의 셀룰로오스 및 헤미셀룰로오스(육탄당 및 오탄당의 고분자형태) 성분을 발효 가능한 당으로 전환하기 위해 당 단량체로 분해해야 한다. 화학구조의 변화로 가수분해반응이라고도 하며, 이 공정은 복잡한 탄수화물을 간단한 당 단위로 분해하는 효소(셀룰라아제' 및 헤미셀룰라아제)에 의해 수행된다. 당화는 바이오 연료 또는 기타 바이오 화학제품으로 추가 발효될 수 있는 단순 당(포도당 및 자일로스)으로 분해하는 과정이다(**그림 5-23**). 당화공정은 산(산당화) 또는 효소(효소적 당화)를 사용할 수 있는데, 본문에서는 세계적으로 활용되고 있는 효소 당화공정에 대해 주로 논하고자 한다.

간략하게, 산 당화에 대해 먼저 알아본다. 황산, 염산 등 무기산을 사용하여 다당류의 글리코시드 결합을 가수분해하여 단당류로 전환하는데, 일반적으로 고온(160℃ 이상)이 필요하며, 특히 묽은 산을 사용할 때 고압에서 수행하게 되므로 몇 분에서 몇 시간 안에 완료되는 신속한 공정이 가능하다. 그러나 산 당화의 가혹한 공정 조건은 생산된 당의 과

분해로 이어져 푸르푸랄 및 하이드록시메틸푸르푸랄(HMF, hydroxymethylfurfural)과 같은 화합물로 전환될 수 있으며, 이러한 화합물은 후속 발효 단계에서 사용되는 미생물의 활성을 억제하는 독성물질로 작용할 수 있다. 또한 산 당화공정 후에는 반드시 중화공정이 필요하며, 여기서 발생한 염은 환경적으로 폐기물이 된다.

효소 당화(enzymatic saccharification) 과정에서 생산된 당 단량체들은 미생물, 그리고 종종 효모 또는 박테리아에 의해 에탄올로 전환되는데, 이 공정은 1세대 바이오에탄올 생산의 발효과정과 같아야 하지만 1세대 바이오에탄올 공정에 사용되는 전통적인 효모는 육탄당(포도당)을 발효시킬 수 있는 반면, 목질계 바이오매스 유래 당에는 오탄당(예: 자일로스)도 상당 포함되어 있기 때문에 두 가지 유형의 당을 효율적으로 발효할 수 있는 유전자변형 효모 또는 특정 박테리아의 개발이 필요하다. 효소 당화는 후속 미생물 발효 또는 화학공정을 위한 빌딩 블록 역할을 하는 당을 생성하기 위한 주요 공정단계이며, 당화공정의 효율은 바이오매스 유형, 전처리 방법, 효소 활성 및 반응 조건과 같은 요인의 영향을 받는다. 바이오매스로부터 발효가능 당(fermentable sugar) 생산공정에서 효소 당화공정의 효율성을 나타내는 요소 매개변수는 다음과 같다.

○ 효소 활성 : 효소적 가수분해 과정은 셀룰로오스와 헤미셀룰로오스의 당 분자 사이의 글리코시드 결합(glucosidic bond)을 끊는 역할을 하며, 주로 셀룰로오스의 포도당과 헤미셀룰로오스의 다양한 당 단량체(자일로스, 만노스 등)를 생산한다. 효소는 노출된 셀룰로오스 및 헤미셀룰로오스 분자와 상호 작용하는데, 셀룰라아제는 함께 작용하는 여러 효소 성분의 길항작용으로, 엔도글루카나아제는 내부 결합을 끊고, 엑소글루카나아제는 셀룰로오스 사슬 말단에서 개별 포도당 분자를 방출하며, 베타-글루코시다아제는 셀로바이오스(포도당 이합체)를 포도당으로 전환한다(**그림 5-24**). 셀룰로오스는 β-1,4-글리코시드 결합으로 연결된 β-D-글루코스 단위로 구성된 선형 다당류이다. 결정구조와 수소결합으로 인해 셀룰로오스는 분해에 저항성이 있으며, 이를 가수분해하려면 섬유소 분해에 특화된 효소가 필요하다. 우선, 엔도글루카나아제(셀룰로오스의 내부 결합을 공격함)는 셀룰로오스 사슬의 무정형 영역에서 내부 β-1,4-글리코시드 결합을 임의로 절단하여 새로운 사슬 말단을 생성하며, 더 짧은 셀룰로오스 단편을 생성하여 엑소글루카나아제의 접근 가능한 사슬 말단의 수를 증가시킨다. 엑소글루카나아제(또는 셀로바이오하이드롤라아제, CBH)는 셀룰로오스 단편의 환원 말단에서 이당

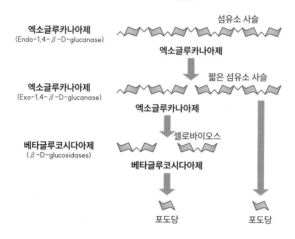

섬유소

엑소글루카나아제
(Endo-1,4-β-D-glucanase)

섬유소 사슬

엑소글루카나아제

짧은 섬유소 사슬

엑소글루카나아제
(Exo-1,4-β-D-glucanase)

엑소글루카나아제

셀로바이오스

베타글루코시다아제
(β-D-glucosidases)

베타글루코시다아제

포도당　　　　　　포도당

그림 5-24　셀룰로오스의 효소 당화
(자료 : 김태현 교수, 한양대학교)

류 단위(셀로바이오스; β-1,4-글리코시드 결합으로 연결된 2개의 글루코스 분자)를 점진적으로 생산한다. 이렇게 생산된 셀로바이오스는 β-글루코시다아제에 의해 개별 포도당 단위로 가수분해된다. 또한 셀로바이오스의 축적이 엔도글루카나아제 및 엑소글루카나아제의 작용을 억제할 수 있으므로(생성물 억제반응), 셀로바이오스를 포도당으로 전환시킴으로써 생성물 억제반응을 완화하는 역할도 한다. 마찬가지로, 헤미셀룰라아제는 헤미셀룰로오스를 구성 당으로 분해하는데, 주요 헤미셀룰라아제의 경우 1차 효소는 자일라나아제로, 자일로올리고당을 생산하고, β-자일로시다아제에 의해 자일로오스로 분해된다.

○ 효소 생산 : 효소 생산비용은 목질계 바이오에탄올 생산 공정비용에서 단위 비용으로 가장 큰 부분을 차지한다. 효소를 더 저렴하고 더 안정적이며 더 효과적으로 만들기 위한 연구는 지금도 계속 진행 중이며, 셀룰로오스 분해효소의 생산은 특히 지난 수십 년 동안 상당한 발전을 보여왔다. 셀룰로오스 분해효소는 주로 미생물 발효에 의해 생성되는데, 균류와 박테리아가 모두 이용되며, 가장 광범위하게 사용되는 미생물 중 하나인 트리코더마 리세이(*Trichoderma reesei*)와 같은 사상균이 있다.

효소 당화는 효소 활성, 온도, pH 및 바이오매스 자체의 특성과 같은 요인의 영향을 받는 복잡한 과정이므로, 공정의 효율성과 수율을 향상시키기 위한 이러한 매개변수가 최적화되어야 하며, 효소 칵테일을 개선하고, 반응 조건을 최적화하고, 전처리에서 억제 화합물을 해결하는 것이 주요한 기술개발 요소이다.

- **발효공정(fermentation)** : 효소 당화공정으로부터 얻어진 당 혼합물은 미생물에 의한 발효를 위한 기질로 사용될 수 있으며, 발효 중에 효모 또는 박테리아와 같은 미생물은 당을 대사하여 바이오연료(예 : 바이오에탄올) 또는 기타 가치 있는 제품(예 : 유기산 또는 효소)을 생산하고, 다양한 화학물질, 재료 또는 바이오 기반 제품을 생산할 수 있다. 에탄올은 포도당을 효모 발효하여 생산한다(**그림 5-25**). 셀룰로오스 유래 당류와 기존의 전분계 당류의 발효과정은 미생물을 이용하여 단당류를 바이오에탄올로 전환하는 기본 원리는 같지만, 전분질계를 이용한 에탄올 발효에서는 포도당과 맥아당을 발효시키는 데 적합한 효모를 이용한다. 그러나 셀룰로오스 유래 가수분해물에는 종종 전처리 중에 생성되는 푸르푸랄 및 하이드록시메틸푸르푸랄과 같은 다양한 억제제가 포함되어 있으며, 이러한 억제제는 미생물 성장 및 바이오에탄올 수율을 저하하는 원인이 되기도 한다.

$$(C_6H_{10}O_5)_n + n\,H_2O \rightarrow n\,C_6H_{12}O_6$$

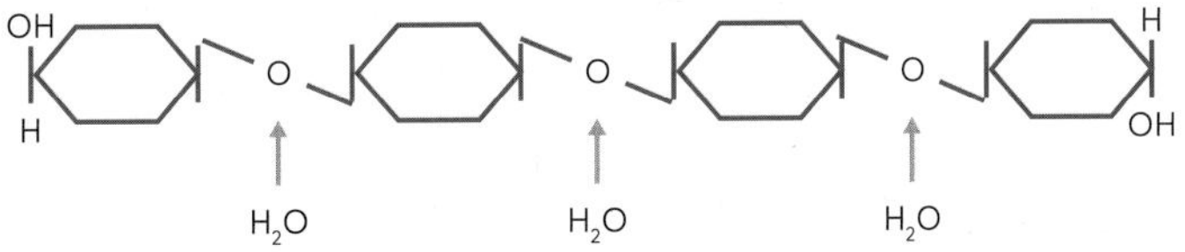

$$C_6H_{10}O_5 \rightarrow 2\,C_2H_5OH + 2\,CO_2$$

그림 5-25　포도당의 바이오에탄올 전환

　바이오에탄올 생산을 위한 발효공정의 '공정방식'은 당이 가수분해되고 발효되는 방식 또는 순서에 따라 다르게 명명되기도 한다. 다양한 기술적 요소를 적용함으로써 주로 분리가수분해 및 발효(SHF, Separate Hydrolysis and Fermentation), 동시당화발효(SSF, Simultaneous Saccharification and Fermentation), 통합 바이오프로세싱(CBP, Consolidated Bio-Processing)의 세 가지 공정방식이 이용되고 있다(**그림 5-26**). 각 공정방식에는 각각 장점과 제한점이 있으며, 다음은 관련된 기술적 요소를 달리하는 발효 공정방식을 나타낸 것이다. 분리가수분해 및 발효(SHF), 동시당화발효(SSF) 또는 통합 바이오프로세싱(CBP) 등 바이오에탄올 생산을 위한 발효공정 모드의 효율성을 결정하는 요인에는 공급 원료 유형, 사용되는 발효 미생물, 사용 가능한 기술, 경제적 요인, 원하는 최종제품의 품질이 포함된다.

분리가수분해 및 발효(SHF)는 우선 탄수화물을 발효가 가능한 단순 당으로 분해하는 과정이 먼저 일어나고, 별도의 반응기 또는 공정에 따라 발효를 수행하는 것으로, 기존 발효공정 대부분이 분리발효공정에 속한다. 당화와 발효가 분리되어 수행되기 때문에 당화공정의 최적 조건과 발효공정의 최적 조건이 독립적으로 적용될 수 있으므로 공정 조건에 따른 수율 저하를 방지할 수 있다. 그러나 당화공정에서 생성되는 단순 발효당의 축적은 당화효소를 저해하는 억제제 역할을 하게 되므로 당화 수율 향상을 위해서는 별도의 생성 당 분리공정을 요구하기도 한다.

동시당화발효(SSF)는 당화와 발효의 두 공정이 한 반응기에서 동시에 수행되므로 SHF보다 반응속도가 빠르다. 당화에 의해 생성된 포도당이 발효 미생물에 의해 즉시 소비되기 때문에 효소의 생성물 억제가 감소하며, 반응기 및 공정 단계가 필요하지 않기 때문에 SHF보다 생산비용이 낮을 수 있다. 그러나 당화공정(보통 50℃)과 발효(보통 30℃)를 위한 최적 온도가 각각 다를 수 있으므로 공정 조건에 대한 절충이 필요할 수 있다. 이것은

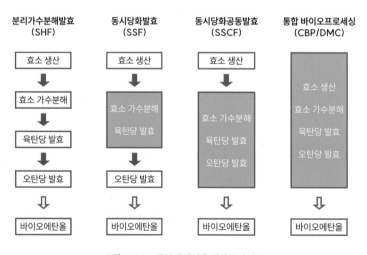

그림 5-26 목질계 에탄올 생산공정 비교

당화 또는 발효공정 또는 두 공정 모두의 효율성을 제한할 수 있다.

통합 바이오프로세싱(CBP)은 효소 생산, 당화, 발효를 단일 단계로 통합하여 공정을 단순화하여 비용을 크게 절감할 수 있다. 즉, 이용되는 미생물이 가수분해와 발효를 모두 담당하기 때문에 SHF나 SSF에서의 문제점을 해결할 수 있는 방안이 될 수 있다. 그러나 자연적으로 CBP 공정에서 필요한 모든 기능을 효율적으로 수행할 수 있는 미생물은 거의 없기 때문에 대사공학 등의 새로운 기술 개발이 필요하다. 다양한 공급원료와 조건에서 견고하고 효율적인 미생물을 찾거나 개발하는 것은 매우 어려운 일이다.

목질계 바이오매스 공급원료(예 : 농업 잔류물 또는 목질 재료)의 경우 SSF와 SHF 사이의 선택은 특정 공급원료, 전처리 방법 및 사용 가능한 기술에 따라 달라지며, SSF는 잠재적인 비용 절감 및 속도로 인해 많은 설정에서 광범위하게 연구 및 적용되고 있다. CBP는 개념적으로 가장 능률적이고 잠재적으로 비용효율적인 공정방식이고 단순성과 경제성 측면에서 가장 효과적인 공정이 될 수 있겠지만, 대부분이 여전히 연구개발단계에 있는 실정이다.

궁극적으로 가장 효과적인 공정방식은 생산작업의 특정 목표(예 : 비용 절감, 수율 극대화 또는 공정 단순성)와 선택한 공급원료 및 기술에 의해 제시된 제한조건에 따라 다르다.

- **분리정제 공정(separation and purification)** : 발효과정이 완료되면 결과 혼합물에는 바이오에탄올, 물, 잔류 당, 효모 세포 및 기타 다양한 부산물이 담겨 있다. 에탄올, 물 및 기타 불순물 등이 포함된 발효액을 증류하여 바이오에탄올을 분리 농축하는 공정으로 1세대 바이오에탄올에서 적용되는 증류공정을 그대로 활용할 수 있다. 이 혼합물에서 바이오에탄올을 분리하고 정제하는 것은 연료 등급 또는 산업용 등급 바이오에탄올을 생산하는 데 중요한 단계이며, 이 분리에 사용되는 기본 방법은 증류이지만 에탄올을 추가로 정제하기 위해 다른 방법도 공동으로 사용될 수 있다(예 : 침전/디캔테이션 : 효모 세포 및 기타 고형물 침전).

발효 여액에는 바이오에탄올이 다른 미량 성분과 함께 포함되어 있다. 바이오에탄올의 끓는점을 기준으로 바이오에탄올을 분리하기 위해 증류공정이 사용되는데, 에탄올의 끓는점은 78.4℃로 물(100℃)보다 낮기 때문이다. 혼합물이 가열되면 에탄올이 먼저 증발한 다음 응축되어 회수될 수 있으며, 일반적으로 에탄올 농도를 높이기 위해 일련의 증류 칼럼이 순차적으로 사용되기도 하는데, 바이오에탄올과 물 사이에는 공비혼합물(일정한 온도에서 끓는 특정 조성의 혼합물)이 형성되기 때문에 전통적인 증류법은 바이오에탄올을 약 95~96%까지만 농축할 수 있다.

이러한 공비혼합물을 분해하여 무수(물이 없는) 에탄올을 얻으려면 추가 탈수공정을 거쳐야 하는데, 일반적인 방법으로 분자체(molecular sieve)를 이용해서 물 분자를 선택적으로 흡착하여 무수 에탄올을 통과시키거나 분리를 용이하게 하기 위해 구성요소(에탄올 또는 물) 중 하나를 우선으로 용해시키는 용매 추출공정이 이용되기도 한다. 분리 및 정제공정의 효율성은 바이오에탄올 생산의 전반적인 품질과 경제성에 직접적인 영향을 미친다. 증류 및 탈수시스템의 적절한 설계 및 작동은 경쟁력 있는 비용으로 고순도 바이오에탄올을 생산하는 데 매우 중요하다.

최종 바이오에탄올은 순도 및 기타 특성에 대해 분석 및 평가되고 연료, 산업 또는 기타 응용분야에서 의도된 용도에 요구되는 표준을 충족해야 한다. **표 5-3**은 휘발유와 에탄올의 물성 및 장단점을 비교한 것이다.

표 5-3 휘발유와 에탄올의 물성 비교

연료특성	휘발유	바이오에탄올
화학식	C 4 ~ C 12 탄화수소	C_2H_5OH
탄소비율(C:O:H wt.%)	85~88 C, 12~5 H	52:35:13
비중	0.72~0.78	18:57:36
저위발열량(LHV, kcal/kg)	10,600	6,400
옥탄가((R+M)/2)	86~94	98
점화온도(℃)	240	420
비등점(℃)	125.7	78.3
공연비(air/fuel ratio)	14.7	9
단위량 운임거리	100%	70%
장점	• 가격이 저렴함 • 고함량 에너지 • 추운 지방에서도 시동 용이 • 정련된 공정	• 함산소 연료 • 무독성 • 높은 증발열 • 낮은 불꽃온도 • 온실가스 배출 저감
단점	• 낮은 옥탄가 • 불완전 연소 • 온실가스 배출	• 낮은 발열량 • 연료저장장치가 큼 • 혼합 시 높은 증기압이 요구됨

② 바이오에탄올 연료 활용

차량 연료로서 에탄올의 사용은 휘발유와 물성 차이로 인해 차량 연료 중 에탄올 혼합률을 10~15% 이하로 제한하고 있다. 에탄올을 저농도(3~5%)로 혼합 사용하는 경우 연료 내 미량의 수분이 존재하면 에탄올과 휘발유가 분리되어 연료로 사용할 수 없게 되는 상 분리(phase separation) 이슈가 있다. 이러한 상 분리 이슈는 에탄올 혼합연료의 유통단계(예 : 주유소)에서 수분 혼입에 의한 발생 가능성이 높으므로 이에 대한 주의가 필요하다. 따라서 상 분리 발생 문제를 줄이기 위해 에탄올은 정유공장에서보다는 중간유통지인 저유소에서 휘발유에 혼합된 후 주유소로 보내진다. 국내에서도 저농도 에탄올 혼합연료의 유통과정에서의 상 분리 이슈 확인을 위해 에탄올 3%, 5% 혼합연료에 대해 실증연구 사업을 수행한 바 있다(석유관리원실증사업 보고서).

미국, 브라질 등에서는 에탄올 보급을 늘리기 위해 85% 고함량 에탄올 혼합연료의 사용이 가능한 전용차량(FFV, Flexible Fuel Vehicle)을 개발하여 판매하고 있다.

(2) 바이오디젤 기술

① 바이오디젤 개요

루돌프 디젤(Rudolf Diesel)이 디젤엔진을 발명하여 가장 먼저 적용한 연료는 땅콩 기름이다. 실제 식물성 기름은 차량 연료로 사용하기에 충분한 열량을 갖지만 점도가 높아 현대 고압분사방식의 디젤엔진에는 연료로서의 직접 사용이 곤란하다. 따라서 1980년대 초 식물성 기름의 점도를 낮춰 경유차량용 연료로 활용하기 위한 유지의 전이에스테르화 기술개발이 이루어졌다. 전이에스테르화란 **그림 5-27**에 나타낸 바와 같이 유지의 메틸기(CH_2)와 알코올의 알킬기(R)가 서로 교환되는 반응이다.

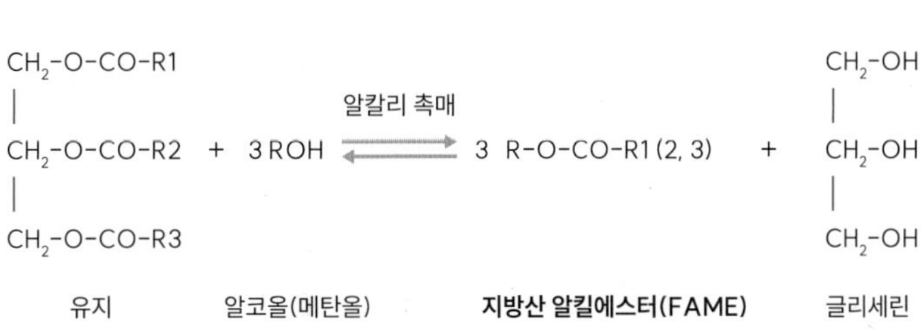

$$
\begin{array}{cccccc}
CH_2\text{-}O\text{-}CO\text{-}R1 & & & & & CH_2\text{-}OH \\
| & & \text{알칼리 촉매} & & & | \\
CH_2\text{-}O\text{-}CO\text{-}R2 & + & 3\,ROH \rightleftharpoons & 3\,R\text{-}O\text{-}CO\text{-}R1\,(2,3) & + & CH_2\text{-}OH \\
| & & & & & | \\
CH_2\text{-}O\text{-}CO\text{-}R3 & & & & & CH_2\text{-}OH \\
\text{유지} & \text{알코올(메탄올)} & & \textbf{지방산 알킬에스터(FAME)} & & \text{글리세린}
\end{array}
$$

그림 5-27　유지의 전이에스테르화 반응

전이에스테르화 반응의 촉진을 위해 NaOH, KOH 등의 알칼리 촉매가 첨가되며 반응 후 유지는 3분자의 알킬에스터로 분해되며 부산물로 글리세린이 생성된다. 반응에 사용되는 알코올은 모두 가능하지만 메탄올이 반응성과 경제성 측면에서 가장 우수하여 주로 사용된다. 이와 같이 생산된 지방산 메틸에스터(FAME, Fatty Acid Methyl Ester)는 유지의 저분자화에 의해 경유와 비슷한 점도를 가져 디젤차량 연료로 사용 가능하다. 바이오디젤은 경유에 비해 CO_2 저감효과가 높아 기후변화 대응에 효과적이지만 생산단가가 높아 경제성이 낮다는 문제점이 있다. 따라서 바이오디젤의 경제성 개선을 위해서는 바이오디젤 경제성의 영향인자에 대한 분석이 필요하다. 가장 중요한 인자는 바이오디젤 판매단가, 바이오디젤 수율 및 원료비 등이다(**그림 5-28**). 바이오디젤 판매단가는 시장 수요에 의해 결정되므로 기술개발에 의해 대응 가능한 인자는 바이오디젤 수율과 원료비이다.

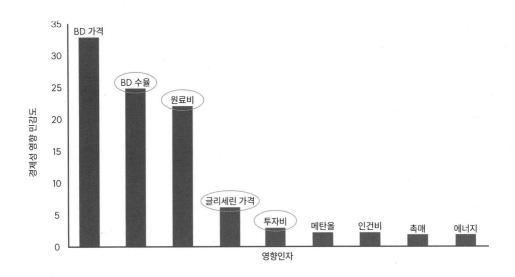

그림 5-28 바이오디젤 경제성의 영향인자

② 바이오디젤 생산기술

● **바이오디젤 반응특성** : 효율적인 바이오디젤 생산공정의 설계를 위해서는 반응특성을 먼저 이해할 필요가 있다.

1. 바이오니젤 생성은 가역반응이므로 수율을 높이기 위해서 반응기 내 반응물 농도를 높이거나 생성물 농도를 낮게 유지하는 것이 중요하다(**그림 5-27**).
2. 반응에 투입되는 기름은 비극성인 데 비해 가장 보편적으로 사용되는 메탄올은 극성이어서 서로 섞이지 않는 특성이 있으므로 반응성을 높이기 위해서는 반응물 간에 균일한 혼합이 필요하다.
3. 생성물인 바이오디젤은 비극성인 데 비해 글리세린은 극성이어서 서로 용해도가 매우 낮으며 글리세린의 밀도가 훨씬 높아 쉽게 분리되는 특성이 있다.

이러한 반응특성을 고려하여 바이오디젤 생산공정을 설계해야 공정효율을 높일 수 있다. 1번 특성과 관련하여 바이오디젤 생산반응에서 알코올은 통상 양론비 대비 100% 과량 첨가한다. 또한 반응이 약 80% 진행되면 중단하고 글리세린을 분리한 후 알코올과 촉매를 새로 첨가하고 재반응을 실시한다. 2번 특성과 관련하여서는 교반을 하거나 상호 용해도를 높일 수 있는 보조 용매를 첨가하는 방안 등이 사용된다. 3번 특성은 촉매의 선정과 반응기 설계에 중요한 고려인자이며 이 부분은 반응기 설계에서 다시 기술하기로 한다.

표 5-4는 공정 촉매별 운전특성을 비교하였다.

표 5-4 공정 촉매별 운전특성 비교

구분	산 촉매 공정	염기 촉매 공정
운전압력	최대 80기압	최대 9기압
운전온도	최고 250℃	최고 100℃(통상 60~80℃)
반응시간	2~4시간	10~30분
대상원료	유리 지방산 함량이 높은 원료(2% 이상)	유리 지방산 함량이 낮은 원료(2% 이하)

● **반응기 설계 기술** : 소규모 생산 또는 원료의 성상이 일정하지 않은 원료를 사용하는 경우에는 회분식 반응기를 사용하지만 원료 성상이 일정하고 생산 규모가 커지면(용량 : 4,000 kL/연 이상) 연속 공정을 적용하게 된다. 대규모 용량(연 생산 용량 4,000 kL 이상)에 적합한 연속식에 주로 사용되는 두 형태의 반응기인 관형반응기(PFR, Plug Flow Reactor)와 연속교반반응기(CSTR, Continuous Stirred Tank Reactor) 중 반응속도론 측면에서 보

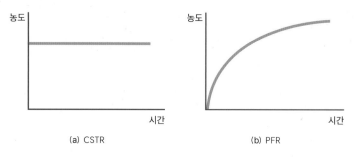

그림 5-29 (a) CSTR과 (b) PFR에서의 생성물 농도 곡선

면 생성물 농도를 낮게 유지할 수 있는 관형반응기가 유리하지만 균일한 혼합을 고려하면 교반이 가능한 연속교반반응기가 유리하다(**그림 5-29**).

또한 장치비 면에서는 관형반응기가 투자비가 낮아 유리하지만, 관형반응기에는 교반장치가 없어 NaOH와 KOH 등 친수성 촉매를 사용할 경우 반응이 진행되면 글리세린 층이 분리되고 촉매는 분리된 글리세린 층으로 이동하여 바이오디젤 중 미반응 물질이 촉매 부재로 더 이상 전환되지 않게 된다. 이러한 문제를 해결하기 위해 기름과 바이오디젤 등 비극성 용액에 친화성을 갖는 CH_3ONa을 적용하는 기술이 개발되었다. 또한 PFR에서 반응 초기 혼합 효율을 높이기 위해 반응기 입구에 static mixer를 장치하고 반응기 내에서는 와류 흐름을 유지하도록 해 반응 중 균일한 혼합이 이루어지도록 하는 기술이 독일 Henkel 공정으로 상용화되었다(**그림 5-30**). CSTR의 경우 생성물에 의한 반응 억제 문제를 최소화하기 위해

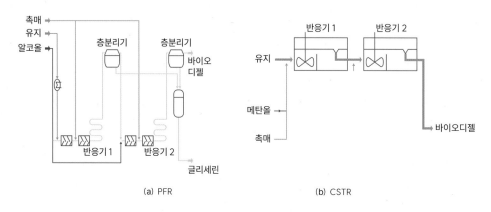

그림 5-30 연속 바이오디젤 생산 : (a) 관형반응기(PFR)와 (b) 교반반응기(CSTR) 공정

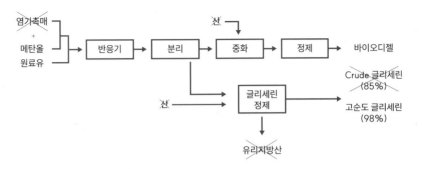

그림 5-31 고체 촉매를 이용한 바이오디젤 생산공정도

글리세린을 연속 분리하는 반응시스템으로 발전하였다. 두 시스템 모두 반응-평형 문제를 해결하기 위해 2단 시스템으로 운용된다.

- **촉매** : 염기 촉매는 반응효율이 높고 부식성이 낮은 장점이 있지만 정제된 원료에 대해서만 적용가능하다는 단점이 있다. 유리지방산의 허용함량은 0.5% 이하, 수분의 경우 0.4% 이하이지만 수율을 높이려면 유리지방산과 수분 함량은 낮을수록 좋다. 산가 또는 수분이 기준치보다 높으면 염이 생성되며 그 결과 바이오디젤의 분리가 어려워 수율이 낮아지게 된다. 현재 바이오디젤 생산에 사용되는 염기 촉매는 NaOH와 KOH 등 친수성 촉매와 CH_3ONa 등이 있다. 반응에 적용되는 촉매 첨가량은 통상 0.5~1.0%이다.

  현재 사용되는 액상 촉매는 반응 후 바이오디젤과 글리세린에 포함되어, 규격에 맞는 바이오디젤을 제조하기 위해서는 복잡한 정제과정이 요구되며 글리세린의 경우에도 순도가 낮아 고부가 원료로 활용하기 어려운 문제가 있다. 이러한 문제를 해결하기 위해 고체 염기 촉매 개발에 대한 연구가 활발하게 진행되고 있다. 고체 촉매를 사용한다면 후처리 공정의 단순화가 가능하며 글리세린의 순도가 약 98%로 매우 높아 고부가물질 생산원료로 직접 활용가능하다는 장점이 있다(**그림 5-31**). 최근 프랑스의 Axen사는 고체 촉매를 이용한 바이오디젤 생산공정을 상용화한 바 있다.

  앞에서 기술한 바와 같이 산 촉매는 유지에 대한 반응효율이 낮아 유리지방산 함량이 높은 저급 유지에 대해서만 제한적으로 사용된다. 즉, 1차 산 촉매로 원료에 포함된 유리지방산을 바이오디젤로 전환하여 산가를 낮춘 다음 후단 공정에서 남은 유지를 염기 촉매로 하여 바이오디젤을 만든다. 이 부분에 대해서는 바이오디젤 생산공정에서 보다 자세히

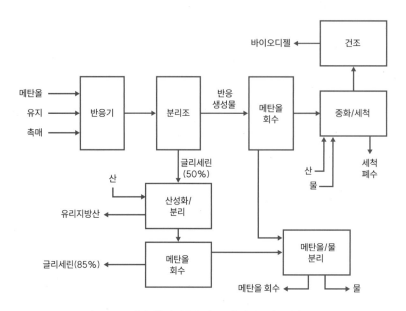

그림 5-32 정제 식물성 기름을 원료로 한 바이오니젤 생산공정도

다루기로 한다.

최근에는 액상 산 촉매의 문제점을 해결하기 위해 고체 산 촉매 탐색에 대한 연구가 활발하게 진행되고 있다. 이러한 촉매에는 강산성 이온교환수지와 무기계 고체 산 촉매 등이 있다. 고체 산 촉매는 황산에 비해 가격이 비싸지만 재사용이 가능하며 폐수 발생의 문제가 없어 현재 상용화공정 적용 검토단계에 있다. 향후 보다 경제성 있는 고체 산 촉매가 개발되면 보급이 본격적으로 늘어날 것으로 전망된다.

③ 바이오디젤 생산공정 개발현황

바이오디젤의 생산비용 중 원료가격이 약 80%를 차지하므로 수율을 높이거나 보다 값싼 원료의 사용이 바이오디젤의 생산비용을 낮추는 데 중요하다. 정제 식용유를 원료로 사용하는 경우 대부분의 상용화공정에서는 수율이 99% 이상이므로 수율 향상에 의한 원가절감은 실질적으로 어렵다. 정제 식물성 기름으로부터 바이오디젤을 생산하는 공정도를 **그림 5-32**에 나타냈다.

그러므로 보다 저렴한 원료의 사용이 바이오디젤 생산단가를 낮추는 데 중요하다. 이러한 원료에는 폐식용유 등과 같은 폐유지가 대표적이며 이들은 대개 유리지방산 함량이 높아

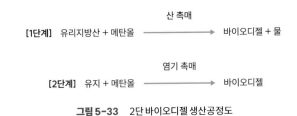

[1단계] 유리지방산 + 메탄올 $\xrightarrow{\text{산 촉매}}$ 바이오디젤 + 물

[2단계] 유지 + 메탄올 $\xrightarrow{\text{염기 촉매}}$ 바이오디젤

그림 5-33   2단 바이오디젤 생산공정도

염기 촉매의 직접 사용 시 바이오디젤 수율이 낮아지는 문제점이 있다. 따라서 원료 중 산가가 2를 넘으면(유리지방산 함량 1% 이상) 먼저 산 촉매를 사용하여 유리지방산을 바이오디젤로 전환하여 산가를 충분히 낮춘 후 염기 촉매를 사용하는 2단 공정을 적용해야 한다(**그림 5-33**). 이러한 2단 공정은 산가가 높은 일부 식물성 원료유(예 : 자트로파유)로 바이오디젤을 생산할 때에도 적용이 필요하다. 현재 유리지방산 함량이 매우 높아 바이오디젤 원료로 활용되지 못하는 저급 유지가 많이 있다(**표 5-5**). 이러한 폐유지의 바이오디젤 전환기술 개발도 진행 중이다.

표 5-5   글로벌 저급 폐유지 발생량

미활용 유지	유리지방산(FFA) 함량(%)	발생량(만 톤/연)	주요 발생처
대두 산폐유(acid oil)	50~60	40	미국, 브라질
동물성 유지	10~60	100	미국, 브라질
Trap grease	40~60	250	중국
Yellow/Brown grease	20~60	60/56	미국
옥수수 산폐유(acid oil)	약 15	80	미국
팜 폐유(PSO)/코코넛유	40~80	150	말레이시아, 인도네시아
합계		736	–

④ 바이오디젤 활용 기술

바이오디젤 생산원료로 쓰이는 유채유, 대두유 및 팜유는 각각 다른 지방산 조성을 가지기 때문에 만들어진 바이오디젤도 각각 다른 연료물성을 갖는다(**표 5-6**). 즉, 포화지방산 함량이 높은 팜유를 원료로 만들어진 바이오디젤은 저온 유동성이 낮아 겨울철에는 연료 필터 막힘에 의해 차량 시동이 걸리지 않는 문제가 자주 발생한다. 반면에 다중 불포화지방산 함량이 높은 대두유로 만들어진 바이오디젤은 산화안정성이 낮아 장기간 저장 시 연료 변질 위험이 크다. 따라서 바이오디젤을 차량 연료로 사용 시 발생하는 문제를 최소화하기 위해 대부분의 국가에서는 바이오디젤 품질기준을 마련하여 시행하고 있다. 또한 바이오디젤의 경유차량 연료로서의 사용은 7% 이하 혼합으로 제한하고 있다. 현재 우리나라 주유소에서는 3.5% 바이오디젤이 혼합된 경유를 판매하고 있다.

표 5-6　주요 식물유의 지방산 조성

식물유	포화지방산		불포화지방산		
	팔미트산 (C16:0)	스테아르산 (C18:0)	올레인산 (C18:1)	리놀레산 (C18:2)	리놀렌산 (C18:3)
유채유	3~5	1~2	55~65	20~26	8~10
대두유	11~12	3~5	23~25	52~56	6~8
팜유	40~48	4~5	37~46	9~11	–

자료 : M. Mittelbach 외, 2004

⑤ 수소 첨가 바이오디젤(HVO, Hydrotreated Vegetable Oil)

현재 경유 대체연료로 보급 중인 바이오디젤(FAME)은 산소를 약 10% 포함하고 있어 탄소와 수소로만 구성된 경유와 물성 차이가 다소 있으며 이러한 문제점 때문에 자동차 제조사들은 5% 이하 범위에서 혼합하도록 권장하고 있다. 이와 같은 바이오디젤(FAME)의 문제점을 극복하기 위해 동·식물성 기름과 수소를 반응시켜 산소가 전혀 포함되지 않은 수첨 바이오디젤(HVO)이 개발되었다(그림 5-34). 기존 바이오디젤 생산공정에서는 저급 글리세롤이 부산물로 생성되는 데 비해 수첨 바이오디젤 생산공정에서는 프로판과 물이 부산물로 생성돼 부산물(프로판) 활용 측면에서는 유리하지만 수분에 의한 촉매활성 저하 방지를 위한 내수성 촉매 개발이 요구된다. 또한 반응공정 조건이 300℃, 60 bar 이상의 고온·고압 공정이므로 투자비가 높다는 단점도 있다.

$$\text{유지 + 수소} \underset{}{\overset{\text{촉매}}{\rightleftarrows}} \textbf{수첨 바이오디젤} + \text{Propane} + CO_2 + H_2O$$

그림 5-34　수첨 바이오디젤(HVO)의 생성반응

수첨 바이오디젤은 전통 바이오디젤 대비 세탄가와 세탄지수가 높고, 밀도는 낮으며, 저온 유동성(CP, PP)이 월등히 우수하다. 수첨 바이오디젤은 연료 내 산소가 포함되지 않고 분자 구조 내 이중결합이 없어 저장안정성이 우수한 장점도 있다. 수첨 바이오디젤과 바이오디젤의 연료물성 비교를 **표 5-7**에 나타냈다.

표 5-7 바이오디젤(FAME)과 수첨 바이오디젤(HVO)의 물성 비교

물성	바이오디젤(FAME)	수첨 바이오디젤(HVO)
산소 함량(%)	11	0
밀도(g/ml)	0.88	0.78
점도	≒4.5	2.9~3.5
운점(cloud point)(°C)	−5	−30~−5
세탄가	≒51	84~99
저위 발열량(MJ/kg)	≒38	≒44
저장안정성	낮음	높음
허용 혼합률(%)	7% 이하	100% 이하

자료 : IEA-AMF, 2008

(3) 바이오항공유 기술

항공 부문은 전기 등 다른 재생에너지의 적용이 어려우므로 실질적으로 바이오항공유(SAF, Sustainable Aviation Fuel)가 유일한 이산화탄소 저감 수단이다. 바이오항공유는 앞에서 언급한 유지계 및 당질계, 목질계 등 모든 바이오매스 원료로부터 생산 가능하다. 주요 바이오항공유 생산반응 경로를 **그림 5-35**에 나타냈다. 다양한 바이오항공유 기술 중 유지의 수소화반응에 의해 만들어지는 바이오항공유(HEFA, Hydrotreated Ester Fatty Acid) 기술이 상용화에 가장 근접한 것으로 평가되고 있으며 실제 많은 해외 항공사들이 시험 비행을 진행한 바 있다. 우리나라도 2026년에 바이오항공유 도입을 위한 실증연구를 추진할 예정이다.

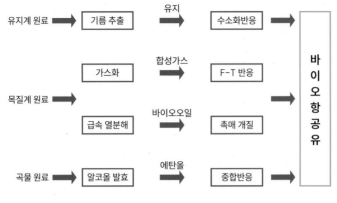

그림 5-35 바이오항공유 생산반응 경로

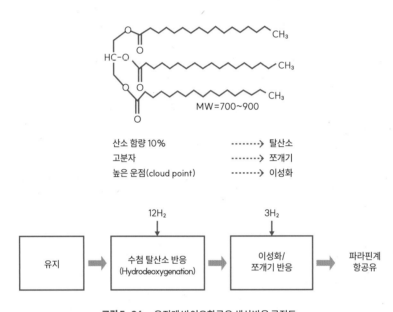

그림 5-36 유지계 바이오항공유 생산반응 공정도

① 유지계 바이오항공유(HEFA) 기술

유지계 원료로부터 바이오항공유 생산공정이 가장 상용화 근접 기술로 평가되므로 유지계
바이오항공유 기술에 대해 알아보기로 한다. 바이오디젤에서와 마찬가지로 유지는 산소함량,
점도 및 응고점 등이 높아 항공기 연료로 직접 사용이 불가능하다. 따라서 유지를 항공 연료
로 사용하기 위해서는 탈산소(deoxygenation), 저분자화를 위한 쪼개기(cracking), 저온 유

동성 개선을 위한 이성화(isomerization) 과정 등이 필요하다. 유지계 바이오항공유 생산반
응 공정도를 **그림 5-36**에 나타냈다.

- ○ 유지의 탈산소반응에는 유지 1몰당 12몰의 수소가 필요하다. 실제 반응에서는 반응효율을 높이
기 위해 100% 이상의 과량 수소가 투입된다.
- ○ 탈산소된 유지의 쪼개기 및 이성화 반응에는 3몰의 수소가 더 필요하다.

5.3   국내 부존량

바이오에너지 잠재량은 원료인 바이오매스의 에너지 부존량으로 나타낸다. 바이오에너지 부
존량은 이론적 부존량, 기술적 부존량, 시장 부존량 등으로 분류된다. 각 잠재량의 정의는 **표
5-8**에 요약하였다.

표 5-8 바이오에너지 부존량 정의

분류	정의
이론적 부존량	국토 전체에 존재하는 바이오매스로부터 생산가능한 에너지양
기술적 부존량	현재의 기술 수준을 적용하여 생산가능한 에너지양 (지리적으로 수집, 운송이 어려운 지역의 바이오매스 제외)
시장 부존량	정부 지원/규제 정책 등으로 시장 보급이 가능한 에너지양

자료 : 신·재생에너지센터, 2021

　　국내 바이오에너지 생산에 활용가능한 바이오매스에는 ① 임산, ② 농산, ③ 축산, ④ 도
시 폐기 바이오매스 등이 있다. 각 바이오매스원별 잠재량은 각각 다른 기관에서 취합, 정리
되어 총괄적인 확인이 어려운 측면이 있었다. 이러한 문제점을 해결하기 위해 한국에너지기
술연구원 신·재생에너지 데이터센터는 국내 신·재생에너지 자원부존량을 체계적으로 정리
한 신·재생에너지자원지도를 만들었다. 이 지도는 온라인으로 개방되어 일반인들이 쉽게 활
용할 수 있다. 신·재생에너지자원지도에는 주요 바이오매스 종(임산, 농산, 축산 및 도시 폐기
바이오매스 등)에 대한 지역별 부존량 자료 정보가 제공된다. **그림 5-37**은 신·재생에너지 데

이터센터에서 제공하는 국내 지역별 총 바이오매스 자원량 정보를 보여준다. 이 자료에 따르면 강원도와 충북, 경북 등이 상대적으로 바이오매스 자원량이 높은 것으로 나타났다.

　동일한 방법으로 임산, 농산, 축산 및 도시 폐기 바이오매스 등에 대한 지역별 바이오매스 부존 자원량 정보도 신·재생에너지자원지도에서 확인 가능하다.

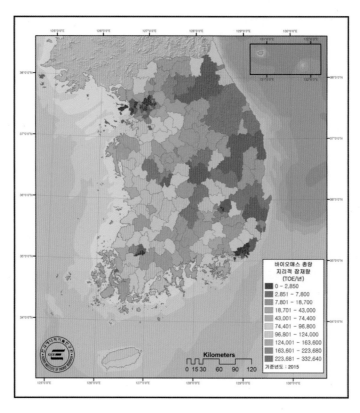

그림 5-37　국내 총 바이오매스 자원량 지도
(자료 : 신·재생에너지 데이터센터)

5.4 국내외 기술현황 및 사례

5.4.1 국내 바이오에너지 산업현황

앞에서 기술한 바와 같이 바이오에너지는 화석에너지에 비해 경제성이 낮아 정부의 지원 없이는 보급이 불가능하다. 따라서 우리나라에서도 바이오에너지 보급 활성화를 위한 지원정책이 일부 시행되고 있다. 이러한 정책의 대표적인 사례를 **표 5-9**에 나타냈다. 바이오에너지 발전의 경우 시행 초기에는 바이오가스 발전에 대해 발전차액보전제도를 시행하였으나 이후 2012년부터 발전차액 보전정책을 중단하고 모든 바이오에너지 발전을 재생에너지의무발전(RPS) 대상 에너지원에 포함시켜 안정적인 수요처를 확보하도록 하였다. 이와 같은 정책지원에 따라 바이오에너지 발전량은 2013년 이후 가파르게 증가하였다(**그림 5-38**).

표 5-9 국내 바이오에너지 보급 지원정책

바이오에너지 용도	지원정책
바이오에너지 발전	발전차액보전 -----> RPS(2012년 이후)
수송용 바이오연료	면세 ----> 의무 사용(RFS)(2015년 7월 이후)
바이오 열에너지	재생 열에너지 의무 사용(RHO)(도입 검토 중)

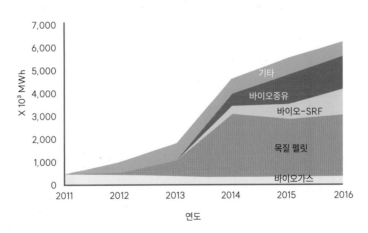

그림 5-38 국내 바이오에너지 발전현황
(자료 : 신·재생에너지센터, 2018)

바이오디젤은 보급 초기인 2006년부터 교통세를 면세하여 경유에 대해 가격경쟁력을 확보해 보급이 이루어지도록 하였으나, 이후 바이오디젤 보급량이 늘어나면서 면세제도는 2015년부터 의무 사용(RFS)으로 변경되었다. 바이오에너지의 열에너지로의 사용에 대한 지원정책인 열에너지 의무 사용(RHO, Renewabl Heat Obligation)도 도입방안은 검토 중이나 아직까지 시행되지 않고 있다. 위에 기술한 지원정책의 시행에 따라 국내 바이오에너지 산업이 점차 활성화되고 있으며 2021년 기준 국내 바이오에너지 산업 시장 규모는 약 1.4조 원에 이른다(그림 5-39). 국내 바이오에너지 산업은 바이오디젤, 바이오중유 및 펠릿 등을 중심으로 형성되고 있다. 앞에서 기술한 바와 같이 경유 대체연료인 바이오디젤에 이어 발전연료인 바이오중유는 가장 늦게 시장에 진입하였지만 두 번째로 높은 시장점유율을 보인다. 다음으로는 발전소에서 석탄 대체연료로 사용하는 목질 펠릿의 시장점유율이 8.7%로 높았다.

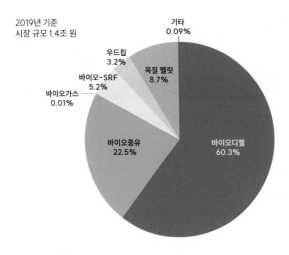

그림 5-39 　국내 바이오에너지 산업현황
(자료 : 신·재생에너지센터, 2021)

이어서 주요 바이오에너지 산업별 현황에 대해 알아본다.

(1) 바이오디젤 산업

바이오디젤은 2002년 시범보급 후 2006년부터 전면보급이 시작되었다. 초기에는 0.5% 바이오디젤을 일반 주유소에서 판매하는 경유에 혼합하게 하였으나 이후 순차적으로 혼합률을 높여 2023년 기준 3.5%의 바이오디젤이 혼합되고 있다(**그림 5-40**).

향후 2030년까지 바이오디젤 혼합률은 8%로 높아질 예정이다. 국내 바이오디젤 업계는 바이오디젤의 경제성을 개선하기 위해 보다 값싼 원료인 폐식용유, 팜유 정제 부산물(PFAD) 등 비식용 원료의 사용을 꾸준히 늘려 2021년 기준 전체 원료의 약 75%를 비식용 원료로 대체한 바 있다(**그림 5-41**). 또한 현재 미활용 저급 유지를 바이오디젤 원료로 활용하기 위한 기술개발 연구도 진행 중이어서 비식용 원료의 활용은 앞으로도 증가할 전망이다.

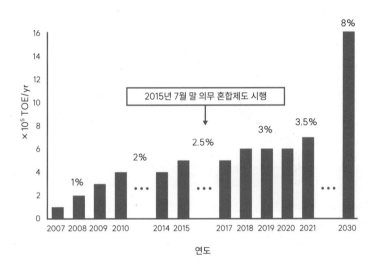

그림 5-40 국내 바이오디젤 보급현황 및 목표
(자료 : 산업자원부, 2022)

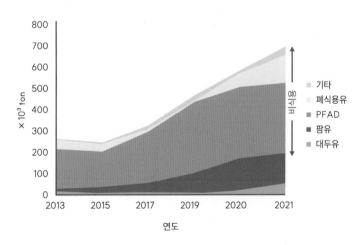

그림 5-41 국내 바이오디젤 원료 사용현황
(자료 : 바이오에너지협회, 2022)

(2) 바이오중유 산업

바이오디젤 산업이 활성화됨에 따라 동 산업 부산물을 활용한 발전용 연료로서 바이오중유 활용성에 대한 검토가 2012년부터 시작되었다. 이후 일련의 시범보급과정을 거쳐 2019년부터 바이오중유 보급이 전면 허용되면서 국내 대부분의 바이오디젤 업체가 바이오중유 사업을 하고 있다.

(3) 발전용 고형연료 산업

발전용 고형연료는 목질 펠릿, 바이오 고형폐기물(SRF, Solid Refuse Fuel) 및 우드칩 등이 있다. 바이오 SRF 및 우드칩은 국내 조달 원료를 활용하여 생산되지만 목질 펠릿은 대부분 해외 수입에 의존하고 있다.

각 바이오에너지원별 주요 국내 기업은 **표 5-10**에 요약하였다.

표 5-10 바이오에너지 국내 산업현황

분류	주요 제품	해당 기업	
		대기업	중소기업
고체 바이오연료	목질 펠릿	–	신영이엔피, 풍림, 아주녹화개발, 청림, 대현우드, 규원에너지
액체 바이오연료	바이오디젤	SK케미칼, GS바이오, 애경유화	JC케미칼, 단석산업, 이맥바이오, 에코솔루션
	바이오에탄올	–	창해에탄올
	바이오부탄올	–	–
	바이오중유	SK케미칼, GS바이오, 애경유화	JC케미칼, 단석산업, 이맥바이오, 에코솔루션
	바이오오일	–	대경에스코, ENFC
기체 바이오연료	바이오가스	대우건설, 한솔이엠이	서희건설, 리클린, 한라산업개발

자료 : 신·재생에너지센터, 2021

5.4.2 국외 바이오에너지 산업현황

전 세계 바이오에너지 소비현황을 보면(**그림 5-42**), 열에너지로의 활용이 87%로 가장 많으며, 수송용 연료 7%, 바이오에너지 발전은 6%이다. 열에너지 활용은 개발도상국에서 나무 등 땔감을 단순 취사, 난방 등의 목적에서 연료로의 사용이 54%로 가장 컸다. 그다음으로 산업 및 건물용 에너지 수요 대응을 위한 바이오에너지 사용이 각각 21%와 12%였다.

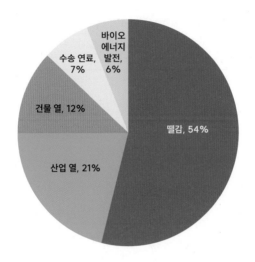

그림 5-42 2020년 기준 전 세계 바이오에너지 이용현황
(자료 : Statista, 2023)

바이오에너지 산업은 바이오매스 자원이 풍부한 미국, 브라질 그리고 기후변화 대응에 적극적인 EU 등에서 꾸준히 성장하고 있으며 전 세계 시장의 80% 이상을 차지한다. 바이오에너지 산업은 열, 전기 및 수송용 연료 등 모두 존재하지만 타 재생에너지원의 보급이 어려운 수송 부문에서 특히 가파르게 성장할 것으로 보인다. 가솔린 차량에 적용 가능한 바이오에탄올은 미국, 브라질을 중심으로, 경유 차량에 적용 가능한 바이오디젤은 EU를 중심으로 수송용 바이오연료 산업이 존재한다. 미국의 주요 에탄올 생산 기업은 POET, ADM, Green plains이며, EU에는 다수의 바이오디젤 기업이 있다. 주요 글로벌 바이오연료 업체는 **표 5-11**에 요약하였다.

표 5-11 바이오에너지 관련 주요 업체 현황

분류	주요 제품	기업명(국가)
고체 바이오연료	목질 펠릿	Fulghum Fibrevuels(미국), Drax Group(영국), Envia Partners(미국), Graanul Invest(에스토니아), Pinnacle Renewable Energy(캐나다) 등
액체 바이오연료	바이오디젤	Neste Oil(핀란드), Bunge(미국), ADM(미국), Wilmar International (싱가포르), Cargil(미국), Louis Dreyfus(네덜란드), Renewable Energy Group(미국) 등
	바이오에탄올	POET(미국), Algenol(미국), ADM(미국), Green Plains(미국), Cargil(미국), BP(영국), Abengoa(스페인), GranBio(브라질)
	바이오부탄올	Butamax(미국), POET(미국)
	바이오오일	Dynamotiv(캐나다)
기체 바이오연료	바이오가스	Schmack Biogas(독일), EnviTech Biogans(독일), Flotech(미국), Planet Biogas Golbal(캐나다)

자료 : 2020 신·재생에너지 백서(신·재생에너지센터, 2021)

1. 오늘의 유가(석유)를 한국석유관리원 홈페이지에서 알아보시오.

2. 현재 우리나라에서 활용되고 있는 바이오연료 종류를 나열하시오.

3. 수송용 바이오연료와 석유(petroleum)의 근본적 차이점은 무엇인가?

4. 바이오연료가 온실가스를 저감시킬 수 있는 이유는 무엇인가?

5. 바이오매스의 열화학 처리공정에서 가스화(gasfication)와 열분해(pyrolysis)의 공정 조건과 최종 생산물을 비교하시오.

6. 현재 자동차용 경유에서 바이오디젤의 혼합비율은 얼마인가?

7. 바이오디젤 1 kL 혼합 사용 시 몇 톤의 온실가스 발생량이 감소하는 것으로 인정받는가?

8. 바이오매스 100 kg을 활용하여 바이오에탄올을 생산하였다. 아래 물질 수지 도표를 보고 질문에 답하시오.

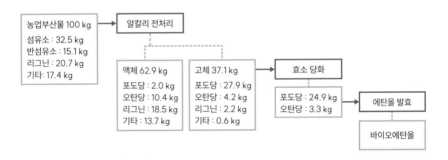

(1) 바이오매스 전처리공정에서 손실된 포도당은 몇 %인가?

(2) 효소 당화율은 몇 %인가?

(3) 발효효율이 90%라 가정할 때 생산되는 에탄올은 몇 L인가? (단, 에탄올 이론수율은 0.51, 에탄올 비중은 0.79)

9. 다음과 같은 조성을 갖는 옥수수 대 100 kg을 전처리, 당화 및 에탄올 발효 과정을 거쳐 에탄올을 생산하고자 한다. 전처리 후 얻어진 고형물 85 kg 중 글루칸, 자일란, 리그닌의 양은 각각 36.1 kg, 18.1 kg, 7.9 kg이었다.

		효소		효모	
옥수수 대	→ 전처리	→	당화	→	발효

100 kg	85 kg		
글루칸 36.1%	글루칸 42.4%	글루코스 ? kg	에탄올 ? kg
자일란 21.4%	자일란 21.3%	자일로스 ? kg	
리그닌 17.2%	리그닌 9.3%		
기디 25.3%	기타 27.0%		

⑴ 전처리 고형물의 효소 당화 시 얻을 수 있는 글루코스 및 자일로스의 양을 계산하시오. 효소 당화 수율은 1.0으로 가정한다.

⑵ 글루코스와 자일로스를 에탄올 발효하여 얻을 수 있는 에탄올양을 산출하시오. 글루코스와 자일로스의 에탄올 전환 수율은 각각 0.9와 0.5로 가정한다.

10. 아래 그림에 표현한 대로 1몰의 콩기름을 바이오디젤로 전환하는 데는 3몰의 메탄올이 필요하다. 하지만 반응의 효율적 진행을 위해 통상 이론요구량의 2배에 해당하는 메탄올을 반응공정에 투입한다. 1톤의 콩기름을 바이오디젤로 전환하는 반응을 진행하는 데 필요한 메탄올양을 계산하시오. 콩기름 분자량은 880으로 가정한다.

알칼리 촉매

콩기름 + 3·메탄올 ⇌ 3·바이오디젤 + 글리세린

1몰   3몰   3몰   1몰

11. 아래 그림에 표현한 대로 유지(대두유)는 탈산소 및 이성화/쪼개기 반응을 거쳐 바이오항공유로 전환되는데 바이오항공유 이론수율(원료유 기준)은 1.034이다. 미국의 UOP 공정에서는 1톤의 유지를 바이오항공유로 전환하기 위해 약 711 m³의 수소를 투입하는 것으로 알려져 있다. 이 경우 수소 투입량은 이론량 대비 얼마나 과량인지 계산하시오. 유지의 평균 분자량은 880, 수소는 이상기체로 가정한다.

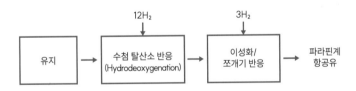

국내문헌

신·재생에너지센터. (2018). 2018년 신·재생에너지 보급 통계 결과

신·재생에너지센터. (2021). 2020 신·재생에너지백서

윤영만 외. (2013). 기체 바이오에너지기준 및 범위, 산업자원부 연구보고서

이시훈. (2019). 인도네시아 미활용 자원의 청정연료 상용화패키지 개발, 한국에너지기술연구원 연구보고서

국외문헌

Chen, W.H., Peng, J., Bi, X.T. (2015). A state-of-the-art review of biomass torrefaction, densification and applications, Ren. Sustain. Energ. Rev. 44, 847

Mittelbach, M., Remschmidt, C. (2004). Biodiesel: A comprehensive Handbook, Vienna

인터넷 참고 사이트

신재생에너지데이터센터(https://www.kier-solar.org/user/map/map_patential.do)

임업진흥원(https://www.kofpi.or.kr/index.do)

IRENA, Bioenergy for the energy transition, 2022(https://www.irena.org/-/media/Files/IRENA/Agency/Publication/2022/Aug/IRENA_Bioenergy_for_the_transition_2022.pdf)

Statista, 2023(https://www.statista.com/statistics/1369179/bioenergy-consumption-globally-by-end-use/)

Wind-smile Inc.(http://www.wind-smile.com.vn/wood-pellet-supply-business)

CHAPTER 6

소수력

6.1 정의 및 개요

6.1.1 소수력의 정의

물은 중력의 영향을 받아 높은 곳에서 낮은 곳으로 흐른다. 그 흐름을 수로로 끌어들여 수차 발전기를 회전시켜 전기에너지를 발생시키는 것이 수력발전(hydropower generation)이다. 수력발전은 높은 위치에 있는 하천이나 저수지 물의 위치에너지인 낙차를 이용하여 수차에 회전력을 발생시키고 수차와 직결되어 있는 발전기에 의해 전기에너지로 변환시키는 것을 말한다. 수차를 회전시키는 물의 유량이 많고, 낙차가 클수록 발전설비용량이 커지고 전력량도 그만큼 많아진다.

수력은 2005년 이전에는 설비용량 1만 kW를 기준으로 소수력(small hydropower)과 수력(hydropower)으로 구분하였으나, 2005년에 개정된 「신에너지 및 재생에너지 개발·이용·보급 촉진법 시행 규칙」에서는 설비용량이 삭제되어 '물의 유동에너지를 변환시켜 전기를 생산하는 설비'로 일원화하였다.

수력 부문의 연구개발 및 보급대상은 주로 1만 kW 이하의 소수력발전을 대상으로 하고 있으며, 다양한 수력자원 조건에 적용할 수 있는 친환경 수력에너지 개발, 발전설비 설계 및 제작, 자동화 및 최적운영, 표준화 및 간소화 그리고 발전설비 현대화 등에 필요한 일체의 선진기술을 포함한다.

수력발전은 발전설비용량 규모에 따라 **표 6-1**과 같이 분류한다.

표 6-1 수력발전의 발전설비용량에 따른 분류

규모	설비용량 기준
대수력(Large hydropower)	100,000 kW 이상
중수력(Medium hydropower)	10,000~100,000 kW
소수력(Small hydropower)	1,000~10,000 kW
미니수력(Mini hydropower)	100~1,000 kW
마이크로수력(Micro hydropower)	5~100 kW
피코수력(Pico hydropower)	5 kW 이하

자료 : 에너지관리공단 신·재생에너지센터(2008)

6.1.2 소수력의 개요

소수력(SHP, Small Hydropower)은 곡식을 제분하기 위한 물레방아용으로 처음 이용되었지만, 나중에는 조금 복잡한 수차(water wheel)가 출현하여 물레방아를 대신하여 사용되었다. 1827년 프랑스에서 수력터빈의 발명은 현대 수력발전에 크게 기여하였으며, 1880년에 처음으로 수력터빈이 대용량 전기를 생산하는 데 사용되었다. 19세기 말 유럽에서 개발된 터빈은 수차를 거의 완전히 대체하게 되었다.

수력발전의 기본 기술은 19세기에 확립된 것으로 소수력 규모의 발전이 일반적이었기 때문에 기초 기술에 특별한 기술이 요구되지 않았다. 이 기간 동안 소형 터빈은 유럽과 북미 전역에서 지속적으로 증가하였으며, 오늘날과 같은 기본적인 터빈 기술이 출현하게 되었다. 송전선로의 확장과 증가의 용이성으로 전력 생산은 대형화 중심으로 전개되었다. 따라서 1930년대와 1970년대에 걸쳐 소수력 시스템과 대수력 설비가 새롭게 갖추어지게 되었다.

1973년 오일 위기는 소수력 자원 개발에 대한 관심을 다시 불러일으키는 계기가 되었고, 전력 시장에는 새로운 터빈 제조업자의 출현과 함께 산업의 부흥을 맞이하게 되었다. 1980년대와 1990년 초 낮은 원유 가격과 연이은 'dash for gas' 때문에 수력시스템 개발에 대한 관심은 다시 잦아들었다. 그러나 최근 전기 산업의 개방에 따라 일부 지역에서 독자적으로 전력을 생산하는 민간발전사업자(IPP, Independent Power Producers)와 공공기관이 소수력발전의 개발을 주도하고 있다.

신·재생에너지의 한 분야인 소수력은 자연적인 지역조건과 조화를 이루며 국내 부존 잠재량이 많고, 탄산가스 배출량이 가장 적어 범세계적인 환경규제에 적극적으로 대비하는 친환경 청정에너지원으로서 에너지 밀도가 높아 지역의 분산전원(DR, Distributed Resources)에 기여할 수 있는 유용한 자원으로 재평가되고 있다. 최근 각국의 친환경에너지 개발은 국제적인 환경요인에 부응한 기술적·사회적·환경적 효과의 높은 기대치로 인하여 소수력발전설비의 투자를 더욱 확대하고 있다.

우리나라는 연평균 강수량이 1,245 mm로서 강수량이 풍부하고 전 국토의 2/3가 산지로 구성되어 있는 지형에 맞는 치수사업으로 댐이나 저수지를 건설하여 생활·공업용수, 관개용수, 하천유지용수, 수력발전 등으로 이용하고 있으며 일반 하천의 낙차 이용, 다목적댐 및 양수발전소의 수위 조절을 위한 낙차 이용, 농업용 저수지의 낙차 이용, 하수종말처리장의 방류수 이용, 수도관로의 관압 이용, 화력발전소의 온배수 이용, 양어장의 순환수 이용, 공장의 냉각수 이용, 방조제 수문 이용 등 각 지역에 산재한 미활용 소수력자원이 많이 부존하고 있다. 소수력발전의 이용은 국내 재생에너지 자원을 활용하여 전력을 생산할 수 있을 뿐만 아니라 청정에너지원의 개발을 통하여 지역개발을 촉진하고, 이로 인한 경제적 파급효과도 매우 큰 것으로 알려져 있다. 소수력발전은 고전적인 기술임에도 불구하고 IT 기술과 친환경 기술을 접목한 순수 국내 기술로도 확립이 가능하며, 계획, 설계 및 건설 기간이 빠른 편이다.

계통연계 시의 수력발전시스템은 **그림 6-1**과 같이 하천이나 수로에 댐이나 보를 설치하고 수압관로로 발전소까지 물을 유동시켜 전력을 생산하는 것으로서 수차, 발전기 및 계통연계 장치 등으로 구성되어 있다.

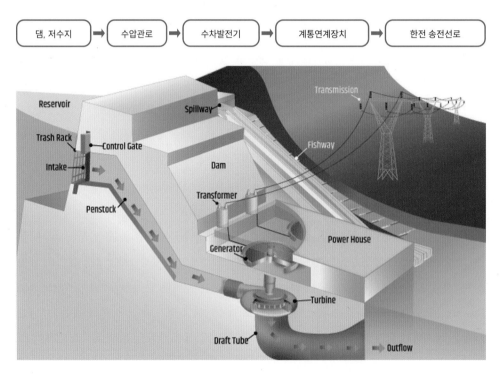

그림 6-1 수력발전소의 단면도
(자료 : U.S. Department of Energy)

(1) 수력발전의 필요성

1970년대의 제1차 및 제2차 석유 위기를 경험하고 나서 안정적인 공급 확보에 중점을 두고 석유 대체에너지의 도입, 석유 비축 등에 의한 안정적 공급 확보 등을 적극적으로 진행시켜 왔다. 수력에너지는 우리나라의 에너지 정책 현실에서 전력 생산량의 1.4%, 발전설비 구성별 용량의 8.4%에 불과하지만 다음과 같은 이유로 에너지원으로서 중요한 역할을 해왔다.

- ○ 공급 안정성이 우수하다.
- ○ 발전 가격이 장기적으로 안정적이고 싸다.

이상과 같은 장점을 가지고 있는 수력에너지는 기술 숙련도가 높은 석유의 대체에너지로서 지속적으로 개발할 가치가 있다. 또한 수력은 재생가능한 순 국산 에너지이고, 우리나라의 에너지 안정성에 기여함과 동시에 이산화탄소(CO_2)를 배출하지 않는 깨끗한 에너지로 지구온난화 방지에 공헌하고 있어 개발 필요성이 점점 높아지고 있다.

수력발전의 특징은 다음과 같다.

① 청정에너지

수력발전은 운전 중에 질소산화물(NO_X), 유황산화물(SO_X)을 배출하지 않을 뿐만 아니라 이산화탄소 배출량도 석유나 석탄 등의 다른 에너지원에 비해 매우 적은 청정에너지(clean energy)로 지구온난화 방지 관점에서 가장 적합한 에너지 중 하나이다(표 6-2).

표 6-2 1kWh당 CO_2 배출량

구분	1kWh당 CO_2 배출량(g-CO_2/kWh)	구분	1kWh당 CO_2 배출량(g-CO_2/kWh)
석탄화력	975.2	태양광	53.4
석유화력	742.1	풍력	29.5
LNG화력	607.6	지열	15.0
LNG	518.8	수력	11.3
원자력	28.4		

자료 : 에너지관리공단 신·재생에너지센터(2008)

② 순 국산 에너지

전력 생산량 중 수력발전이 차지하는 비율은 1.4%이지만, 순 국산 에너지이다.

③ 전력 공급량 조정 기능

수력은 3~5분의 짧은 시간에 발전이 가능하기 때문에 전력 수요의 변화에 가장 민첩하게 대응할 수 있는 특징이 있다. 따라서 유입식은 기저전력 공급용으로 사용하고, 조정지식, 저수지식, 양수식은 첨두부하 공급용으로 사용이 가능하다.

④ 발전단가의 장기 안정성

수력발전의 원가 구성은 자본비가 대부분이라서 인플레이션이나 연료가격 변동이 거의 없으므로 타 전원에 비교하여 발전단가는 싸고 장기적으로 안정되어 있다.

⑤ 높은 에너지변환효율

수차·발전효율이 80~90% 정도인 수력발전은 열효율이 40~50% 정도인 화력발전에 비교하여 약 2배가 될 만큼 에너지변환효율이 높다.

⑥ 지역 에너지 공급

향후 개발이 예상되는 소수력발전소의 적지는 산간지대에 위치하기 때문에 전력계통 운용상 외딴 지역의 에너지 수요에 대처하는 전원으로서의 기능을 할 수 있다. 또한 자연재해 등의 발생 시에 필요최소 전원으로 사용될 수 있다.

⑦ 사회교육 기회 제공

청정에너지인 수력발전시설을 개발하여 지역 주민이나 마을의 장래를 짊어질 아이들에게 에너지·환경에 관한 교육의 장을 제공할 수 있고, 일상적인 에너지활동이나 신·재생에너지의 보급 촉진을 통해 지역 주민에게 홍보·계도도 할 수 있다.

⑧ 지역 발전에 공헌

소수력발전을 위한 저수댐은 치수, 관개, 상수도, 공업용수 등으로 사용이 가능한 지역사회의 기반시설이며, 또한 지역 주민에게 장소를 제공하고 문화적 행사 등 각종 행사 장소를 제공할 수 있어 지역사회에 활력을 줄 수 있다.

(2) 소수력발전의 종류
소수력발전은 기존 시설물을 이용하여 발전설비를 설치함으로써 수력에너지를 회수하며 다음과 같은 발전방식이 있다.

① 하천수 이용
하천에 보(하천이나 수로를 횡단하여 설치되는 구조물)를 설치하여 취수하고 침사지·도수로·수조·수압관로에 의해 발전소까지 도수하고 발전 후에 다시 하천으로 방류한다. 설비의 기본 배치는 자유수면을 가지는 도수로를 설치하여 도수로 하단에 설치한 수조로부터 발전소까지의 낙차(수위의 표고차)를 이용하여 발전하는 것이며, 하천의 경사가 비교적 완만한 지점이 적합하다. 취수방법으로서는 경제성과 친환경 보전의 관점에서 될 수 있는 한 새로운 취수보 등을 설치하지 않고 하천에 자연스럽게 형성된 터널 등을 활용하여 취수하거나, 농업용 보 및 조정지 댐 등 기존 구조물을 이용하여 취수하는 것이 바람직하다.

② 농업용수 이용
기존 농업용수로의 낙차를 이용하기 위해 짧은 수압철관을 설치하고 간이 발전설비를 설치하여 농업용수를 이용하는 방식이다. 비교적 유량이 크고 안정적인 물의 이용이 가능한 경우에는 기존 수로에 수중식 발전기 일체형 수차 또는 투입식 발전기 일체형 수차를 설치하는 경우가 있다. 수로 중 큰 낙차를 얻을 수 있는 곳에 낙차공 또는 급류공을 우회하는 형태로 취수하여 발전에 이용한 후 기존 수로에 다시 방류하는 시스템이다.

③ 상하수도, 공장 냉각수 이용
원수 취수지점으로부터 정수장까지 또는 정수장에서부터 배수지 사이에 얻어지는 낙차를 이용하는 방식이다. 이 방식의 송수과정에서 관로 말단부의 관압을 감압하기 위한 감압용 밸브 등이 설치되어 있는데, 이 감압되는 수압을 소수력발전에 이용하는 것이다. 구체적으로 상하수도의 밸브에 병렬로 설치한 수압관으로 수차·발전기를 설치하여 발전하고 동시에 수차에 의해 유량 조절도 한다. 하수도를 이용하는 발전은 기본적으로는 최종처리시설에서의 배출수를 하천이나 해안으로 방류할 때의 낙차를 이용하는 발전방식이다. 또한 하수도시설의 배치에서 상수도와 같이 하수처리 후의 송수도 중 감압용 밸브부에서 얻어지는 낙차를 이용하는 발전방식이다. 공장 내의 순환되는 물에 착안하여 순환과정에서 얻어지는 낙차를 이용한 공장 내 발전방식도 있다.

④ 기타

기타 소수력발전으로서는 기존 댐에서 방류되는 하천유지유량을 이용하여 발전하는 방식도 있다. 또한 최근에는 고층건물에서 배출되는 미활용 수자원도 재활용하는 차원에서 미니급 또는 마이크로급의 발전에 이용하고 있다.

(3) 소수력발전의 특징

소수력발전의 특징은 아래와 같다.

1. 규모가 작기 때문에 발전설비를 설치할 때 지형을 변화시키지 않으며, 사용하는 수량도 적어 하천수질이나 수생생물 등 주변 생태계에 미치는 영향이 작으므로 자연스러운 환경조화형 에너지이다.
2. 발전 중에 이산화탄소(CO_2)가 발생하지 않는 청정에너지이고, 지구온난화 방지에 공헌한다.
3. 발전설비가 비교적 간단하여 단기간 건설이 가능하고, 유지관리가 용이하다.
4. 소수력발전에 의한 전기를 지역 에너지사업에 이용하면 지역발전과 자연에너지 이용으로 상호 작용하여 경제적·사회적·심리적 효과 등 지역 경제활동에 기여한다.
5. 기존 농업용수시설이나 상하수도시설 등을 이용한 발전계획이 가능하고, 발생전력에 의한 시설의 유지관리비 경감에 기여한다.
6. 연간 사용가능한 수량 자료를 바탕으로 계획하면 태양광발전이나 풍력발전과 같은 기후와 관련된 자연에너지에 비하여 공급 안정성이 우수하다.

6.2 수력발전방식과 수차의 종류

6.2.1 수력발전방식의 종류와 특징

수력발전소는 하천의 경사, 형태, 지질, 운송의 편리, 공사 자재의 유무, 보상 물건의 과다 여부, 하류 이용 낙차의 유무, 유역면적의 대소, 전력부하의 예상, 송전선로 연계성 등을 감안한 경제성이 있을 때 건설되며, 발전방식의 구조나 운영방법에 따라 **표6-3**과 같이 구분한다.

표6-3 수력발전방식의 분류

분류 항목	유형
발전소 구조	수로식, 댐식, 댐수로식
물의 이용	유입식, 저수식, 조정지식
낙차	저낙차, 중낙차, 고낙차
발전소 건물	옥내, 옥외, 반옥외, 지하, 반지하, 수중
기계의 배치	종축, 횡축, 사축
제어방식	수동, 직접제어, 원격제어, 원격감시제어

자료 : 에너지관리공단 신·재생에너지센터(2008)

(1) 발전소 구조에 따른 분류

① 수로식(waterway type)
하천의 물을 막아서 취수구에서 비교적 긴 수로를 거쳐 발전소로 인도하고, 그 사이의 하천 바닥의 높낮이 차이에 의해 낙차를 얻는 방식이며, 유입식 발전소에 많다. 구조물은 취수댐 → 취수구 → 침사지 → 도수로(무압수로) → 상수조 → 수압관 → 발전소(수차) → 방수로 → 방수구의 순으로 구성된다(**그림 6-2**).

● **댐(dam)** : 발전소댐은 사용목적에 따라서 취수댐과 저수댐으로 대별된다. 전자는 하천으로부터 취수를 위한 목적으로 설치한 낮은 댐을 말하고, 후자는 하천을 막아서 저수하기

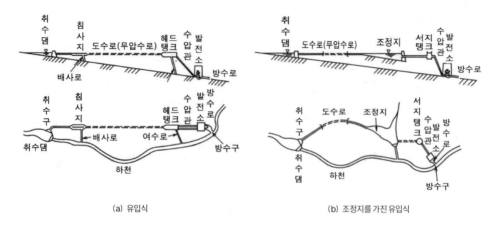

(a) 유입식   (b) 조정지를 가진 유입식

그림 6-2 수로식 수력발전소의 예
(자료 : ターボ機械協会編, 2007)

위해서 설치한 댐을 말한다. 댐은 그 구조의 차이에 따라서 중력댐, 아치댐, 중공중력댐, 필댐 등으로 구분된다.

- **수문(gate)** : 댐 월류부에 설치하는 둑마루수문(crest gate), 취수량 조정을 위한 제어수문, 토사를 배출하기 위한 배사수문, 방수용 수문 등이 있다. 수문의 형식은 크게 나누어 롤러 형식, 힌지 형식, 슬라이드 형식의 세 종류가 있다.

- **취수구(intake)** : 취수구에는 취수댐과 저수지에 설치되어 떠내려가는 나무 등의 유입을 방지하는 스크린 및 제진기와 취수량을 조정하는 제수수문 등이 설치된다.

- **도수로(headrace)** : 발전용 물을 취수구로부터 상수조(또는 서지탱크)에 인도하는 수로를 말한다. 일반적으로 터널, 암거(땅속 수로), 개거(개방 수로) 등이 있다. 수로가 자유수면을 가지는 것은 무압수로(non-pressure flume), 자유수면이 없는 것은 압력수로(pressure flume)라고 한다.

- **침사지(grit chamber)** : 수로 내에 토사의 유입을 방지하기 위해 설치하는 연못이며, 연못 안의 유속은 0.2~0.3 m/s 정도로 하고, 토사가 침전하기에 충분한 용량을 갖추어야 한다.

- **상수조(forebay)** : 도수로 종단의 부하 변화에 대해서 수위를 가능한 한 일정하게 유지하기 위해서 적당한 용량의 상수조를 설치한다. 단지 수조(head tank)라고 하는 경우도 있다. 상수조에는 수차가 급하게 정지하는 경우에 최대사용수량을 흘려보낼 수 있도록 여수로를 설치한다.

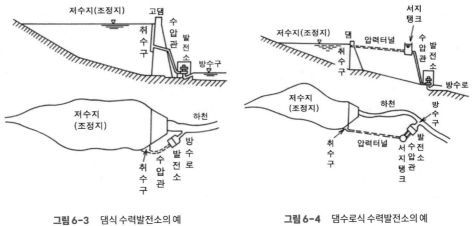

그림 6-3 댐식 수력발전소의 예
(자료 : ターボ機械協会編, 2007)

그림 6-4 댐수로식 수력발전소의 예
(자료 : ターボ機械協会編, 2007)

- **서지탱크(surge tank)** : 압력수로의 경우 수차로 유입하는 수량이 급변하면 수격작용이 커지기 때문에 이것을 작게 하기 위해서 설치하는 특별한 구조의 상수조를 말한다.

② 댐식(dam type)

하천을 막고 높은 댐을 만들어서 이 댐에 저수하여 낙차를 얻는 방식이며, 이 방식에서는 어떤 기간에 걸쳐서 발전 조정이 가능하고, 최근의 대용량 발전소는 거의 이 방식이다. 댐식 발전소에는 앞에서 설명한 각종 설비 이외에 저수지, 조정지, 역조정지가 설치된다(**그림 6-3**).

- **저수지(reservoir)** : 하천의 갈수기와 필요시 사용 수량을 보급할 목적으로 풍수기에 저수하는 호수와 연못을 말한다.
- **조정지(regulating pondage)** : 수력발전소를 1일 또는 단기간 내의 부하 변화에 맞추어서 운전할 목적으로 하천유량을 조정하기 위해 설치한 연못이다.
- **역조정지(reregulating reservoir)** : 상류의 조정지 발전소의 출력 조정에 의해 방류량이 변화할 경우 이 유량을 평활화하도록 발전소 하류에 설치된 연못을 말한다.

③ 댐수로식(dam and conduit type)

댐과 수로 양쪽에 의해 낙차를 얻도록 한 방식을 말한다(**그림 6-4**).

(2) 물의 이용방식에 따른 분류

① 유입식(run of river type)
하천유량을 조정하지 않고 자연유량 그대로 발전하는 방식이다. 특별한 경우 외에는 출력 조정을 하지 않으며, 풍수기에는 잉여수가 발생하고, 갈수기에는 출력이 감소한다. 댐을 필요로 하지 않으며 건설이 비교적 용이하기 때문에 개발 초기에 많이 볼 수 있는 방식이다.

② 조정지식(regulation type)
댐 상류 또는 수로 중간 등에 조정지를 설치하여 부하 변화에 따라 1일 또는 1주 정도의 출력 조정을 하는 방식이다.

③ 저수지식(reservoir type)
하천의 물을 저수지에 모아두고, 연간 계절적인 부하 변동과 하천수량의 변화에 따라 출력 조정을 하면서 발전하는 방식이다.

(3) 낙차에 따른 분류
낙차별로 분류하면 **표6-4**와 같다.

표6-4 낙차별 분류

구분	낙차범위(m)	수차 종류	비고
저낙차	H < 35	카플란, 프란시스, 튜블러	남강, 부안, 밀양, 보령, 광천, 합천소수력, 안동소수력, 충주제2
중낙차	H = 35~250	프로펠러, 카플란, 프란시스, 사류	소양강, 충주제1, 안동, 합천, 대청, 섬진강, 주암, 용담
고낙차	H > 250	프란시스, 펠턴	강릉, 청평, 삼랑진, 무주, 산청

자료 : 에너지관리공단 신·재생에너지센터(2008)

(4) 발전소 건물에 따른 분류
발전소 건물별로 분류하면 **표6-5**와 같다.

표 6-5 발전소 건물별 분류

구분	내용
옥내 발전소	수차 및 발전기를 옥내에 설치하는 일반적인 발전소로 발전기를 지지하는 기초와 수차를 지지하는 기초가 동일한 경우가 있지만 이를 별도로 설치함에 따라 단상, 2상, 3상식으로 구분한다.
옥외 발전소	수차, 발전기 등의 주요 기기를 수용하는 건물을 생략한 것으로 건조한 지역에 건설되는 소형 발전소를 전자동으로 제어하는 발전소에 드물게 채용된다. 발전기의 외함은 강판 등으로 덮여 있다.
반옥외 발전소	주요 기기만 수납되는 건물을 설치하고 기계의 조립과 분해는 옥외용 크레인으로 실시하는 발전소를 말한다.
지하 발전소	주로 기상, 지형, 외관 등을 고려하여 채용되는 것으로 모든 기기는 지하에 수용된다. 기기에 영향을 주는 습기, 기온 및 근무자의 건강 등에 대한 특별한 고려가 필요하다.
반지하 발전소	수차 및 발전기는 지하에, 조립용 크레인은 옥외에 설치하고 배전반, 사무실 등은 지상에 설치하는 방식이다.
수중 발전소	튜블러 수차를 채용하는 경우 수차와 발전기를 도수관로상이나 도수관에 근접하여 설치하여 주 건물을 생략하게 된다.

자료 : 에너지관리공단 신·재생에너지센터(2008)

(5) 수차의 배치방법에 따른 분류

수차를 배치방법별로 분류하면 **표 6-6**과 같다.

표 6-6 수차의 배치방법별 분류

구분	내용
종축	발전기와 수차의 주축이 일직선이며, 수직으로 접속되어 있고, 저낙차 또는 중낙차의 발전소에 넓게 채용되는 방식이다. 고낙차에 있어서도 입축 펠턴 수차가 개발됨에 따라 고낙차 발전소에도 많이 채용되고 있다.
횡축	수차와 발전기가 동일 기초상에 설치되어 주축이 일직선상으로 접속되어 있는 방식으로 소용량 기기 및 펠턴 수차에 널리 채용되고 있다.
사축	저낙차의 개발에 튜블러 수차를 채용하여 수력에너지 이용효율을 높이기 위해 주축이 경사지게 설치되는 경우가 있다. 또한 유수 수차를 채용하는 경우에도 주축이 경사지게 된다.

자료 : 에너지관리공단 신·재생에너지센터(2008)

그림 6-5는 수차의 배치별 분류를 보여준다.

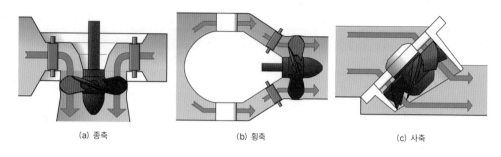

| (a) 종축 | (b) 횡축 | (c) 사축 |

그림 6-5　수차의 배치별 분류
(자료 : Wikimedia Commons)

(6) 제어방식에 따른 분류

제어방식별로 분류하면 **표 6-7**과 같다.

표 6-7　제어방식별 분류

구분	내용
수동제어	수차, 발전기의 제어를 완전히 수동으로 하는 것으로, 중소용량의 구형 발전소에 채용되어 있으나, 현재는 간이 자동식으로 개선되어 가고 있다.
일인제어	제어실의 한 명의 운전요원이 수차의 기동, 정지, 병입, 부하 조정, 역률 조정, 차단기 조작 등을 행하는 방식이다. 주 제어기의 조작만으로 자동으로 임의의 단계 또는 전 단계까지 제어할 수 있다.
원격제어	비교적 소용량 발전소에 채용되어 부하는 수위조정장치에, 전압은 자동전압조정장치에, 역률은 자동역률조정장치에 의해 조정되고, 원격지에서 수차의 기동, 정지만 행하는 방식이다.
원격감시제어	원격지에서 발전소를 상시 감시하고 필요한 조작은 원격지에서 제어설비를 통해 제어하는 방식이다. 최근에는 중대형 발전소까지 운전될 만큼 발전소의 집중제어기능이 향상되고 있다.

자료 : 에너지관리공단 신·재생에너지센터(2008)

6.2.2　수차의 형식과 구조

(1) 수차의 종류

수차란 물이 가진 위치에너지를 기계적 에너지로 전환하는 기계를 말한다. 좁은 의미로는 회전력을 발생시키는 회전차(러너)를 말하지만, 일반적으로 회전차와 회전차를 둘러싼 케이싱(casing)과 그 내부에 장치된 부속 기기들을 통칭한다. 수차의 종류는 에너지 발생, 즉 물과 회전차의 상호 작용 특성에 의하여 크게 충동수차(衝動水車)와 반동수차(反動水車)로 나눌 수 있으며, **표 6-8**과 같이 수차의 종류를 구분할 수 있다.

표 6-8 수차의 종류

구분	수차종류		
충동형	펠턴수차(Pelton)		
	횡류수차(Cross flow)		
	터고수차(Turgo)		
반동형	프란시스수차(Francis)		
	프로펠러수차(Propeller)	고정날개형	
		가동날개형(Kaplan)	
		벌브형(Bulb), 튜블러형(Tubular), 림형(Rim)	
	사류수차(Diagonal flow)	고정 및 가동 날개형(Diagonal)	
		고정 및 가동 날개형(Deriaz)	
	펌프수차(Pump turbine)	프란시스형	
		사류형	
		프로펠러형	
기타	아르키메데스수차(Archimedes)		
	중력수차(Water wheel)	상괘수차(Overshot)	
		흉괘수차(Breastshot)	
		하괘수차(Undershot)	

충동수차(impulse turbine)는 유수의 속도수두를 이용하고, 반동수차(reaction turbine)는 압력수두와 속도수두를 이용한다. 현재 실용화된 수차 중에서 충동수차는 펠턴수차, 횡류수차, 터고수차 등이 있고, 반동수차는 프란시스수차, 프로펠러수차, 사류수차 등이 있으며, **그림 6-6**과 같은 형상을 가진다. 최근 중소수력용으로 횡류수차와 튜블러수차가 널리 사용되고 있다.

펌프수차는 한 개의 회전차(수차에서는 러너, 펌프수차에서는 임펠러라 한다)로 수차 및 펌프의 양쪽으로 회전방향을 바꾸어 가역적으로 운전이 가능하며, 양수발전소에 설치되어 사용되는 수차이다.

이 밖에 기원전 고대 그리스시대부터 곡물 분쇄 등에 사용되어 온 아르키메데스수차와

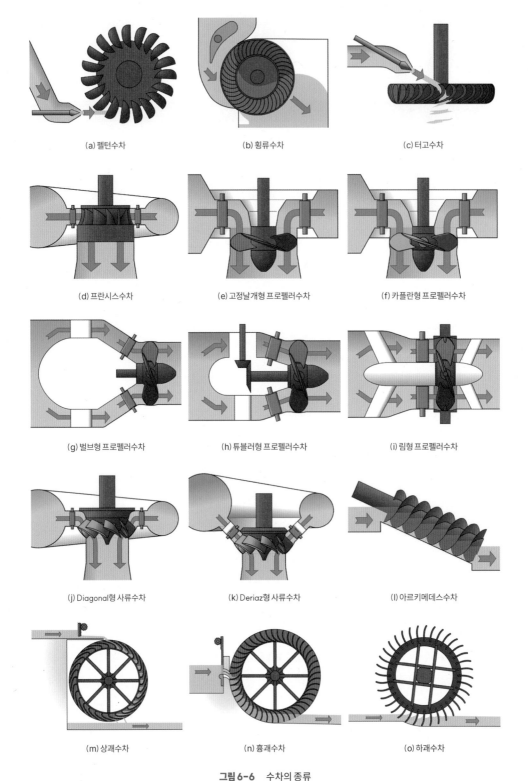

(a) 펠턴수차   (b) 횡류수차   (c) 터고수차

(d) 프란시스수차   (e) 고정날개형 프로펠러수차   (f) 카플란형 프로펠러수차

(g) 벌브형 프로펠러수차   (h) 튜블러형 프로펠러수차   (i) 림형 프로펠러수차

(j) Diagonal형 사류수차   (k) Deriaz형 사류수차   (l) 아르키메데스수차

(m) 상괘수차   (n) 흉괘수차   (o) 하괘수차

그림 6-6   수차의 종류

(자료 : Wikimedia Commons)

중력수차는 현대 소수력발전용 수차로도 널리 사용되고 있으며, 위치수두를 이용하는 대표적인 수차이다.

(2) 수차의 형식과 적용범위

발전용 수차로서 현재 일반적으로 사용되고 있는 수차를 수력학적 관점에서 대별하면 펠턴수차, 프란시스수차, 프로펠러수차 등 세 종류로 구분할 수 있다. 그 외에도 사류수차 및 펌프수차가 있다. 펠턴수차는 고낙차, 소유량인 경우, 프로펠러수차는 저낙차, 대유량인 경우, 프란시스수차는 중낙차, 중유량인 경우에 적용하면 경제적이다. 수차의 각 형식별 특징은 수차의 러너에 가장 잘 나타나 있으며, **그림 6-7**에서 세 종류의 수차 형식별 러너 형상을 보여준다.

(a) 펠턴수차 러너   (b) 프란시스수차 러너   (c) 프로펠러수차 러너

그림 6-7 수차 형식별 러너 형상
(자료 : Mechanical Booster & CNC TVAR & Unbox Factory)

펠턴수차, 프란시스수차, 사류수차, 프로펠러수차의 러너에서는 유체역학적 형상이 적절하여 높은 효율을 발휘할 수 있는 비속도의 범위가 존재하며, 수차의 비속도는 다음과 같이 나타낸다.

$$n_s = \frac{nP^{1/2}}{H^{5/4}} \tag{6-1}$$

여기서, n_s : 수차 비속도[min^{-1}, kW, m]

n : 정격회전속도[min^{-1}]

P : 수차출력[kW]

H : 유효낙차[m]

수차출력 P는 프란시스, 사류, 축류수차에서는 러너 1개당, 펠턴수차는 노즐 1개당 값을 취한다.

각 형식의 수차에 대한 실용 비속도 범위는 **표 6-9**와 **그림 6-8**에 나타낸 각종 수차 고유의 특징을 고려하여 결정된다. 개발해야 할 수력(낙차 H, 출력 P)이 주어질 경우 수차의 형식을 선정하기 위하여 비속도를 계산하게 되는데, 식 (6-1)의 비속도 정의 식에서 알 수 있듯이 가급적 높은 회전속도 n의 수차를 채용하는 것이 수차·발전기가 소형이 되기 때문에 유리하지만, 한편 너무 소형으로 되면 수차의 수력성능이 나빠지거나, 수차와 발전기의 강도가 부족해질 수 있으므로 한도가 있다.

표 6-9 각종 수차의 형식과 적용범위 비교

형식 항목	펠턴수차	프란시스수차	사류수차	프로펠러수차
비속도 n_s [min^{-1}, kW, m]	$(10 \sim 25)\sqrt{n}$ (n : 노즐 개수)	50~350	100~400	250~1,200
유효낙차 H[m]	200 이상	40~600	30~200	2~90
실적에 기초한 한계비속도 (적용낙차범위)	-	$\dfrac{20,000}{H+20}+30$ ($H=50 \sim 500$)	$\dfrac{20,000}{H+20}+40$ ($H=40 \sim 180$)	$\dfrac{20,000}{H+20}+50$ ($H=10 \sim 80$)
전효율(%) (10만 kW급, 설계점)	90	93	93	93

자료 : 大橋(1987)

H와 P가 주어진 경우의 수차의 형식 선정 범위 및 종류는 **그림 6-9**와 같다.

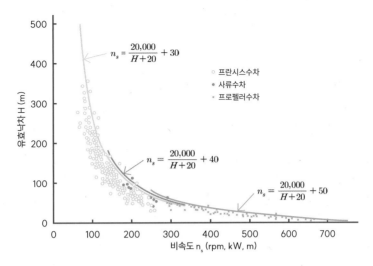

그림 6-8 반동수차 비속도와 한계낙차의 관계
(자료 : 大橋, 1987)

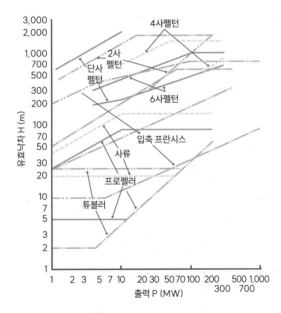

그림 6-9 수차의 형식선정도
(자료 : 日本機械学会編, 1986)

한편, 각 형식별 수차를 비속도 n_s와 낙차 H의 순으로 배열하면 **그림 6-10**과 같다.

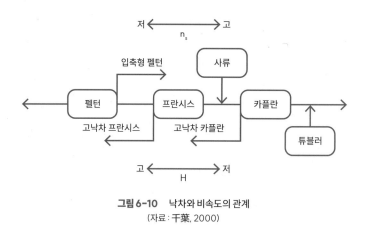

그림 6-10　낙차와 비속도의 관계
(자료 : 千葉, 2000)

그림 6-11은 낙차와 비속도에 따른 적용가능 수차의 선정범위를 나타내고, **그림 6-12**는 각 형식별 수차의 낙차와 유량에 따른 수차 선정범위를 보여준다.

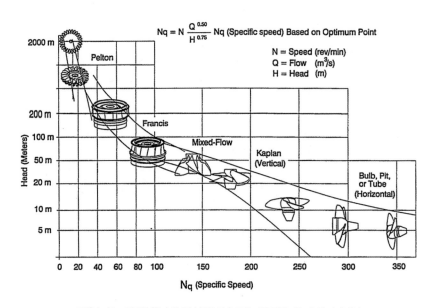

그림 6-11　각 형식별 수차의 낙차와 비속도에 따른 적용가능 수차 선정범위
(자료 : ASME Hydro Power Technical Comitee, 1996)

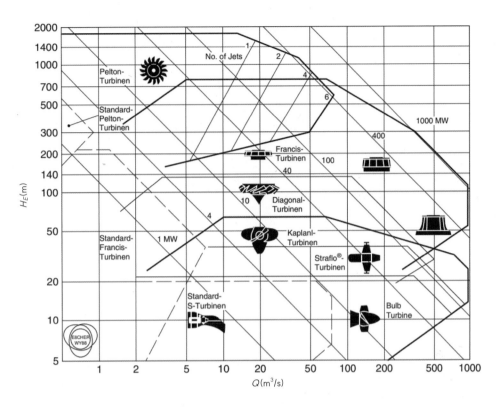

그림 6-12 각 형식별 수차의 낙차와 유량에 따른 수차 선정도
(자료 : Raabe, 1985)

(3) 수차의 구조

① 펠턴수차

펠턴수차는 200~1,800 m의 고낙차 수력발전소에 적용되는 수차로서 대기 중에서 충동작용에 의해 수동력을 러너에 전달하는 것이 특징이다. 이러한 수차를 충동수차라고 하며, 펠턴수차는 현재 실용화된 유일한 충동수차이다.

그림 6-13은 펠턴수차의 작동원리를 설명한다. 도수관에 의해서 수차 입구까지 유입된 물은 ① 케이싱(분기관이라고도 함)을 통과하여, ② 노즐에서 가속되고, 그 분출구로부터 제트가 되어 분출된다. 이 제트는 ③ 러너의 버킷에 부딪혀서 여기에 동력을 전달한 후, 물이 가졌던 운동에너지를 소비하고, ④ 배수실로 배출되어 방수로에 떨어져서 흘러나간다. 러너는

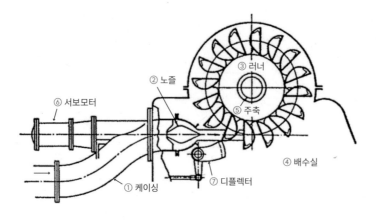

그림 6-13 펠턴수차의 구조와 작동원리

물과 상대운동을 해가면서 그 동력을 흡수해 기계적 동력으로 바꾸어, ⑤ 수차 주축에서 발전기에 전달한다.

　　수차의 부하(수차에 요구되는 출력)가 변함에 따라서 ② 노즐의 개도가 바뀌어 유량이 새로운 부하에 대응하는 값으로 변한다. 또한 낙뢰 등에 의해서 송전선이 절단되거나 하는 경우 부하가 급격히 감소하게 되지만, 그때는 ⑦ 디플렉터를 급히 작동시켜서 일단 제트를 러너로부터 다른 곳으로 돌리고 그 후 천천히 니들(노즐 개도를 바꾸는 밸브)을 닫아서 물을 잠근다. 니들을 급하게 닫으면 수격작용 때문에 도수관 내부에 큰 수압 상승이 일어나서 위험하기 때문이다. 통상의 운전 시 디플렉터는 니들과 연동하고 제트에 근접한 위치에서 대기한다. 니들의 개폐는 ⑥ 서보모터에 의해서 행해진다.

② 프란시스수차

프란시스수차는 40~600 m의 중낙차 수력발전소에 적용되는 수차이고, 수중에서 충동 및 반동 양 작용에 의해 수동력을 러너에 전달하는 것이 특징이다. 이러한 수차를 일반적으로 반동수차라고 하지만, 현재 사용되고 있는 반동수차에는 프란시스수차와 프로펠러수차가 있다. 프란시스수차는 그 형상을 변화시킴으로써 충동 및 반동 양 작용이 차지하는 비율을 대폭 바꾸는 것이 가능하기 때문에 광범위한 비속도 n_s에서 적용할 수 있다.

　　그림 6-14는 프란시스수차의 구조와 작동원리를 보여준다. 도수관에 의해 수차 입구까지 유입된 물은 ① 케이싱을 통하고, ② 가이드베인에서 가속되어, 주축에 직각인 방향으로부터

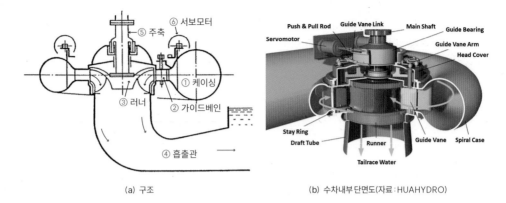

(a) 구조   (b) 수차내부 단면도(자료: HUAHYDRO)

그림 6-14 프란시스수차의 구조와 작동원리

③ 러너에 유입된다. 유입된 물은 러너베인 사이를 충만해서 흐르면서 러너에 수동력을 전달한 후 축방향으로 러너를 나와서, ④ 흡출관을 통해 방수로에 배출된다. 펠턴수차에서는 러너로부터 방수로 수면까지의 낙차는 이용되지 않지만, 반동수차에서는 흡출관에 의해 이 낙차도 유효하게 이용된다. 러너는 내부를 흐르는 물과 상대운동을 해가면서 그 동력을 흡수하고 기계적 동력으로 바꾸어서 ⑤ 수차 주축으로부터 발전기에 전달한다.

수차의 부하가 변하면 그것에 대응해서 가이드베인 개도를 바꿀 수 있고, 유량이 새로운 부하에 대응하는 값으로 바꿀 수 있다. 부하가 급감한 때에는 가이드베인을 신속하게 닫아서 주축 회전속도의 과상승을 방지하지만, 낙차가 150 m 이상으로 높든지, 혹은 도수관이 특히 길어질 경우에는 도수관 내의 수격작용에 의한 압력 상승이 커지기 때문에 제압기(일종의 안전밸브)를 설치하는 것이 일반적이다. 가이드베인의 개폐는 ⑥ 서보모터에 의해서 행해진다.

③ 사류수차

사류수차는 유효낙차, 비속도 등 프란시스수차와 프로펠러수차의 중간값을 취하고, 낙차 40~180 m에 적용된다.

입축 사류수차 구조의 예를 **그림 6-15**에 나타내었다. 고압수는 나선형 케이싱, 가이드베인을 거쳐 러너 축방향으로 흐름방향을 바꾸어 러너에 유입된다. 나선형 케이싱, 스테이베인, 가이드베인의 구조는 프란시스수차의 구조와 거의 유사하다.

러너는 축방향과 45°(고낙차용) 또는 60°(저낙차용)의 각도로 설치되어 있는 러너베인과 이것을 지지하고 있는 러너보스로 이루어져 있고 러너 하류에는 흡출관이 설치되어 있다. 일반적으로 넓은 부하범위에서 높은 효율을 얻기 위해 러너베인의 설치각을 가이드베인 개도에 대응하여 바꿀 수 있는 가동익 구조로 되어 있다. 이러한 형식의 사류수차에는 Diagonal 수차와 데리아 수차(Deriaz turbine)가 있다.

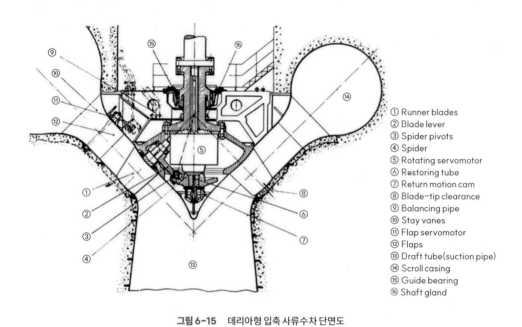

① Runner blades
② Blade lever
③ Spider pivots
④ Spider
⑤ Rotating servomotor
⑥ Restoring tube
⑦ Return motion cam
⑧ Blade-tip clearance
⑨ Balancing pipe
⑩ Stay vanes
⑪ Flap servomotor
⑫ Flaps
⑬ Draft tube(suction pipe)
⑭ Scroll casing
⑮ Guide bearing
⑯ Shaft gland

그림 6-15　데리아형 입축 사류수차 단면도
(자료 : Deriaz, 1959)

④ 프로펠러수차

프로펠러수차는 2~90 m의 저낙차 수력발전소에 적용되는 수차이며, 이론적으로는 고비속도 프란시스수차의 연장으로 볼 수 있는 수차이다. 그래서 구조나 작동원리는 프란시스수차와 많이 비슷하다.

그림 6-16에서 프로펠러수차의 구조와 작동원리를 보여준다. ① 케이싱, ② 가이드베인, ③ 러너, ④ 흡출관, ⑤ 주축, ⑥ 서보모터에 대해서는 프란시스수차에서의 설명과 같다. 단, 러너에 대해서는 물이 반경방향의 유속을 갖지 않는 것, 러너베인 수가 적고 외주에 밴드가 없는 것, 러너베인 각도가 주축 중간에 설치된 서보모터에 의해 변화하는 것이 프란시스수차와 다르다.

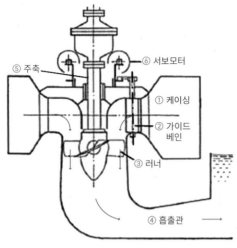

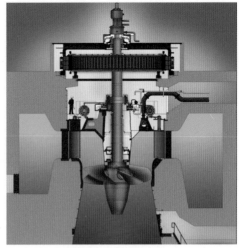

(a) 구조   (b) 수차발전기 단면도(자료: RRHP)

그림 6-16   프로펠러수차의 구조와 작동원리

프로펠러수차에는 이와 같이 러너베인 각도가 변하는 것과 변하지 않는 것 두 가지가 있다. 전자를 가동익 프로펠러수차, 후자를 고정익 프로펠러수차라고 하지만, 경우에 따라서는 전자를 발명자 Kaplan의 이름을 따서 카플란수차, 후자를 프로펠러수차로 구별하기도 한다. 일반적으로는 가동익형이 사용되며, 낙차와 유량이 정규상태(설계점)에서 변하여도 그것에 대응하여 러너베인 각도를 변화시키므로 효율이 거의 변하지 않는 것이 특징이다.

프로펠러수차는 35 m 이하의 저낙차에 주로 적용되지만, 90 m에 가까운 중낙차에 대해서도 설계 개선을 통하여 적용될 수 있다.

부하가 급감할 때는 프란시스수차와 마찬가지로 가이드베인을 급히 닫아서 발전기의 속도 상승을 막고, 러너베인은 그보다 늦게 천천히 닫는다. 단, 90 m 이상의 고낙차에는 거의 적용하지 않으므로 제압기는 갖추지 않는 것이 일반적이다. 평상시의 통상적인 운전에서 가이드베인과 러너베인은 그때의 낙차와 유량에 따라 최적의 효율을 발휘하도록 일정한 관계로 연동된다.

⑤ 중소수력용 수차

종래의 수차에서는 기계의 효율 향상을 위해 대용량화 경향이 있었으나, 최근에는 수력자원의 유용한 활용을 위하여 다양한 종류의 중소수력용 수차도 개발되어 설치되고 있다. 최근에 사용되고 있는 주요한 중소수력용 수차의 적용범위 예를 **그림 6-17**에 제시하였다.

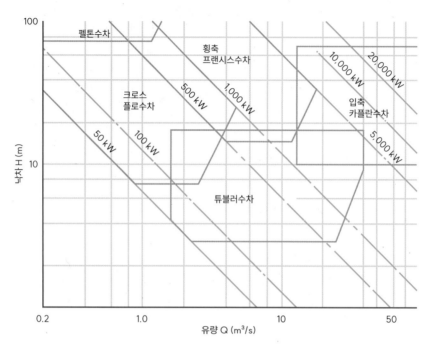

그림 6-17 중소수력용 수차의 적용범위
(자료 : ターボ機械協会編, 2007)

그림 6-18은 횡류수차의 구조 예로 횡류 러너를 채용하고 있으며, 노즐에서 증속된 제트를 러너 외주에서 유입시켜 구동 토크를 발생시키는 충동형의 일종이다. 또한 **그림 6-19**는 저낙차 중소수력용으로 개발된 프로펠러수차 형식의 횡축형 튜블러수차 구조를 보여준다.

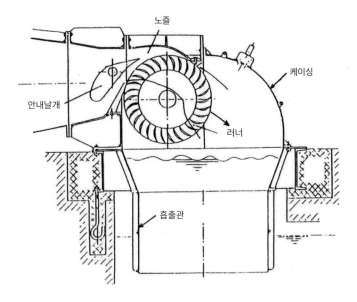

그림 6-18 횡류수차의 구조 예
(자료 : ターボ機械協会編, 2007)

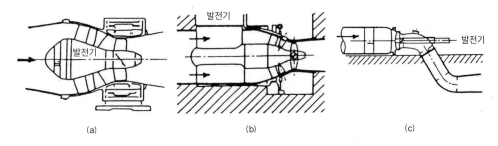

(a)   (b)   (c)

그림 6-19 중소수력용 프로펠러형 수차 구조 예 :
(a) 횡축 발전기 일체형 튜블러수차, (b) 횡축 발전기 별치형 튜블러수차, (c) 횡축 S형 튜블러수차
(자료 : ターボ機械協会編, 2007)

6.3 수차의 성능과 이론

6.3.1 수력에너지와 발전출력

(1) 효율과 발전출력

물은 중력의 영향을 받아 높은 곳에서 낮은 곳을 향해서 흐른다. 그 흐름을 수로로 끌어들여 수차발전기를 회전시켜 전기에너지를 발생시키는 것이 수력발전의 원리이다. 유량 $Q[\mathrm{m^3/s}]$를 낙차 $H[\mathrm{m}]$로 떨어뜨렸을 때 발생되는 수력에너지(수차출력) P는 식 (6-2)와 같다.

$$P = 9.8 \times Q \times H \ [\mathrm{kW}] \tag{6-2}$$

수력발전소에서는 **그림 6-1**에 나타낸 것처럼 적당한 치수의 수압관로로 수차에 물을 끌어들이기 때문에 낙차를 그대로 이용할 수 없다. 따라서 이 손실이 발생하는 것을 고려하여 유효낙차 $H_e[\mathrm{m}]$와 유량 $Q[\mathrm{m^3/s}]$로 산출되는 이론수력 $P_e[\mathrm{kW}]$는 식 (6-3)으로 나타낸다.

$$P_e = 9.8 \times Q \times H_e \ [\mathrm{kW}] \tag{6-3}$$

(2) 효율과 발전소출력

식 (6-3)은 에너지원으로서의 수력이 모두 전기에너지로 변환된 것으로 가정한 것이지만, 실제로는 에너지변환 과정에서도 손실이 생기기 때문에 효율 η는 식 (6-4)로 나타내진다.

$$\eta = [출력]/[입력] = [출력동력]/[입력동력] \tag{6-4}$$

수력발전에서는 수력에너지가 발전기를 돌리는 수차의 축동력으로 변환될 때 손실이 생기고, 축동력을 전력으로 바꾸는 발전기에서도 손실이 생긴다. 수차의 효율을 η_T, 발전기의 효율을 η_G로 나타내면 수력발전소의 발전출력 $P_P[\mathrm{kW}]$는 식 (6-5)로 나타낼 수 있다.

$$P_P = 9.8 \times Q \times H_e \times \eta_T \times \eta_G \ [\mathrm{kW}] \tag{6-5}$$

현재 중소수력용 수력발전기의 수차 효율은 $\eta_T = 0.75 \sim 0.92$, 발전기 효율은 $\eta_G = 0.82 \sim$ 0.95 정도이다.

(3) 발전 사용수량과 설비용량

하천의 유량은 계절에 따라 다르다. 식 (6-5)로 발전출력을 산정하는 경우에는 발전소에서 연간 사용할 수 있는 수량을 유량 Q로 대입한다. 이 계산치를 상시 출력이라고 한다. 발전소의 설비용량은 사용수량의 최대치로 발전하는 최대출력으로 산정한다.

6.3.2 유효낙차와 수차출력

(1) 유효낙차

수력발전소 취수구 수면과 수차발전기 방수구 수면 사이의 고저차를 총낙차(gross head)라고 하고, 총낙차 중에서 손실을 제외하고 수차에 유효하게 이용되는 낙차를 유효낙차(effective head)라고 하며, 수차의 입구와 출구 사이의 전헤드(total head)의 차를 말한다.

그림 6-20의 흡출관이 있는 반동수차 형식의 수차에서 유효낙차는 식 (6-6)으로 구할 수 있다.

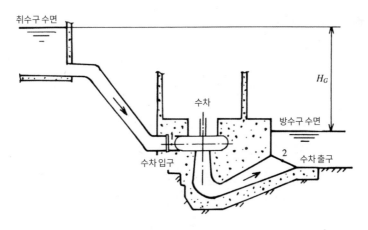

그림 6-20 반동수차의 유효낙차
(자료 : ターボ機械協会編, 2007)

$$H_e = H_G - (H_1 + H_2) \ [\text{m}] \qquad\qquad (6\text{-}6)$$

여기서, H_e : 유효낙차[m]

$\quad\quad H_G$: 총낙차(취수구 수면과 방수구 수면 사이의 고저차)[m]

$\quad\quad H_1$: 취수구 수면과 수차 입구 사이의 손실헤드[m]

$\quad\quad H_2$: 수차 출구와 방수구 수면 사이의 손실헤드[m]

(2) 수차출력

수차의 출력(output power)은 다음 식 (6-7)로 구할 수 있다.

$$P_T = \eta_T \rho g Q H \times 10^{-3} \ [\text{kW}] \qquad\qquad (6\text{-}7)$$

여기서, P_T : 수차출력[kW]

$\quad\quad \eta_T$: 수차효율

$\quad\quad Q$: 유량[m³/s]

$\quad\quad H_e$: 유효낙차[m]

$\quad\quad \rho$: 물의 밀도[kg/m³]

6.3.3 성능곡선

수차의 성능곡선(performance curves)의 표시 예를 **그림 6-21**에서 제시한다. 일정한 유효낙차에서 가이드베인 개도로 운전될 때 토크 T, 출력 P, 수차효율 η가 수차의 회전속도 n에 대하여 **그림 6-21(a)**와 같이 표시된다. 한편, 유량 Q와 회전속도 n에 대하여 안내날개 개도와 수차효율 η가 **그림 6-21(b)**와 같이 표시된다. 또한 이러한 특성 표시가 실물과 모형의 특성 환산에 이용되는 경우 등에서 주어진 낙차에 대하여 성능이 문제가 되는 경우에 n, Q, P 등은 유효낙차 H와 러너지름 D를 이용한 무차원량으로 표시되는 수가 있다.

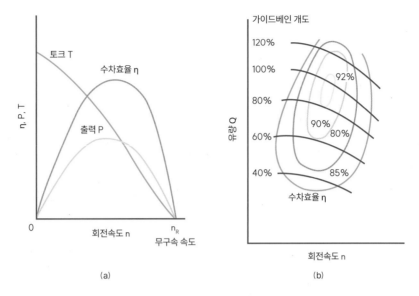

그림 6-21 수차의 성능곡선 예
(자료 : ターボ機械協会編, 2007)

수차축에 걸리는 토크가 증가하면 회전속도는 감소하고, 결국 $n = 0$이 된다. 반대로 토크를 감소시키면 회전속도는 상승하고 수차축에 걸리는 토크가 0이 된 경우는 회전속도가 최대 n_R가 된다. 이와 같은 무부하 운전에서 수차의 회전속도를 무구속 속도(runaway speed)라 한다. 실제로 무구속 속도까지 회전속도가 상승하는 경우는 거의 없지만, 이 경우에도 수차 및 발전기의 회전부분이 강도적으로 충분히 견딜 수 있도록 설계 및 제작될 필요가 있다. 무구속 속도는 기종에 따라 다른데, 정격 운전속도의 3배 가까이 되는 것도 있다.

6.3.4 수차의 이론

수차는 물의 에너지를 기계적 에너지로 변환하는 장치이다. 물의 에너지에는 위치에너지, 압력에너지, 속도에너지가 있고, 수력학에서는 이것을 수주, 즉 물의 높이로 표현하여 각각을 위치수두, 압력수두, 속도수두라 부른다. 그리고 유체역학의 베르누이(Bernoulli) 정리에 따르면 이들 수두의 총합은 항상 일정하다.

수차의 형식은 물의 이용 형태에 따라 속도수두를 이용하는 충동수차, 압력수두와 속도

수두를 이용하는 반동수차, 위치수두를 이용하는 중력식 수차 등이 있다.

(1) 반동수차의 이론

수차 러너가 흐르는 물에서 동력을 얻는 원리는 일반적으로 러너 이론으로 설명할 수 있다. 러너 이론은 **그림 6-22**와 같이 러너의 블레이드 전연(유입측)과 후연(유출측)에서의 속도삼각형으로 설명된다.

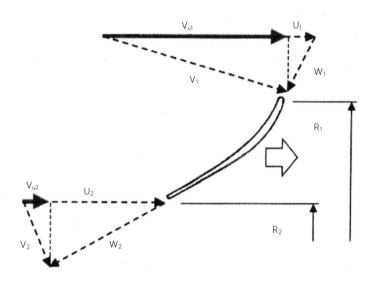

그림 6-22　러너 블레이드 전연 및 후연에서의 속도삼각형
(자료 : 전국소수력이용추진협의회, 2014)

여기서 U_1은 수차 입구에서 러너주속, U_2는 수차 출구에서 러너주속, V_1은 러너 입구에서 절대유속, V_2를 러너 출구에서 절대유속, W_1은 러너 입구에서 상대유속, W_2는 러너 출구에서 상대유속이다.

반경 R_1의 러너 입구에서 $V_{\mu 1}$의 선회유속을 지닌 흐름이 반경 R_2의 러너 출구에서 $V_{\mu 2}$의 선회유속으로 유출할 경우, 러너가 흐름으로부터 얻은 토크 T는 유량을 Q, 물의 밀도를 ρ(온도에 따라 달라지지만 $4°\mathrm{C}$에서 $1,000\ \mathrm{kg/m^3}$)로 하고 각운동량의 변화로부터 식 (6-8)로 표현된다.

$$T = \rho Q(V_{u1}R_1 - V_{u2}R_2) \qquad\qquad (6\text{-}8)$$

여기서, 러너의 각속도를 ω라 하면, ω는 U_1, R_1, U_2, R_2를 이용하여 식 (6-9)처럼 표현되므로, 수차가 흐름에서 받는 동력 P_0는 중력가속도를 g로 하면 식 (6-10)이 된다.

$$\omega = U_1/R_1 = U_2/R_2 \qquad\qquad (6\text{-}9)$$
$$P_0 = T\omega = \rho Q(U_1 V_{u1} - U_2 V_{u2}) \qquad\qquad (6\text{-}10)$$

러너 전연과 후연 사이의 전압(total pressure) 차이, 즉 낙차를 H로 나타내면, 수차가 흐름으로부터 받은 동력 P_0는 식 (6-11)로 표현된다.

$$P_0 = \rho g Q H \qquad\qquad (6\text{-}11)$$

따라서 식 (6-10)과 식 (6-11)에 의해 낙차 H는 식 (6-12)와 같이 나타낼 수 있다.

$$H = (U_1 V_{u1} - U_2 V_{u2})/g \qquad\qquad (6\text{-}12)$$

여기서, $(U_1 V_{u1} - U_2 V_{u2})$는 오일러(Euler)의 식이라고 하며, H는 오일러헤드라 부른다.

횡류수차의 경우, 러너로 유입하는 흐름으로부터 러너 제1단(유입측 러너 블레이드 유로)과 제2단(유출측 러너 블레이드 유로)의 두 곳에서 동력이 발생하고, 속도삼각형은 유입측 러너블레이드 제1단이 **그림 6-23(a)**, 유출측 러너 블레이드 제2단이 **그림 6-23(b)**와 같다. 이 그림에서 유입측의 속도삼각형은 저비속도 유형, 유출측은 고비속도 유형이므로 유입측이 고낙차, 유출측이 저낙차 유형의 러너 블레이드라고 할 수 있다. 여기서 유입측과 유출측에서 유량과 러너 회전속도가 동일하기 때문에 유입측이 유출측보다 높은 낙차를 소비하고, 흐름에서 얻을 수 있는 동력도 커진다. 러너 유입측 제1단과 유출측 제2단에서의 출력비는 7:3 정도이다.

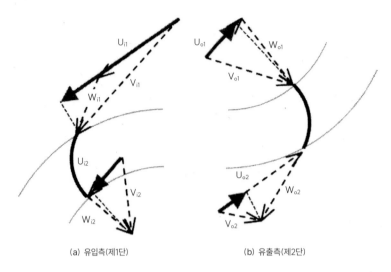

(a) 유입측(제1단) (b) 유출측(제2단)

그림 6-23 횡류수차 러너 블레이드 전연 및 후연에서의 속도삼각형
(자료 : 전국소수력이용추진협의회, 2014)

(2) 충동수차의 이론

제트유속을 V_0, 러너의 피치원상의 주속을 u, 버킷의 유출각도를 β_2라 하면, 러너의 피치원상에 걸린 원주방향의 힘 F는 운동량 변화로부터 식 (6-13)으로 주어진다(**그림 6-24**).

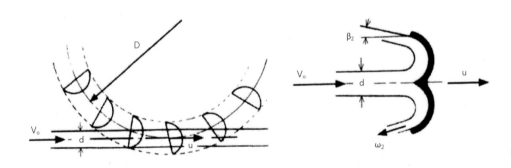

그림 6-24 펠턴수차 러너 버킷 부근의 흐름
(자료 : 전국소수력이용추진협의회, 2014)

$$F = (\rho Q)(V_0 - u)(1 + \cos\beta_2)$$
(6-13)

여기서, 러너의 각속도를 ω, 피치원 반지름을 R이라 하면 주속 u는 식 (6-14)와 같은 관계가 있다.

$$u = R\omega \tag{6-14}$$

수차가 흐름으로부터 받는 동력 P는 식 (6-13)과 (6-14)에 의해 식 (6-15)와 같이 된다.

$$\begin{aligned} P = T\omega &= (u/\omega) \times (\rho Q)(V_0 - u)(1 + \cos\beta_2) \times \omega \\ &= (\rho Q)u(V_0 - u)(1 + \cos\beta_2) \end{aligned} \tag{6-15}$$

식 (6-15)에 의해 이론적으로 $u = V_0/2$라 했을 때 최대 동력을 얻을 수 있게 된다. 또한 충동수차는 노즐 출구에서 유효낙차 H_e의 대부분이 속도수두로 변하기 때문에 제트의 유속은 유효낙차에서 식 (6-16)과 같이 된다.

$$V_0 = (2gH_e)^{1/2} \tag{6-16}$$

제트지름을 d, 노즐지름을 D_n이라 하면 약 $0.68D_n$이 되므로, 충동수차의 유량 Q는 노즐지름 D_n과 유효낙차 H_e로 결정되며, 식 (6-17)과 같은 관계가 있다. 이 식에서 유량은 러너 회전속도의 영향을 받지 않음을 알 수 있다.

$$Q = (2gH_e)^{1/2} \times \pi(0.68D_n)^2/4 \tag{6-17}$$

6.4 수력자원 국내 부존량

6.4.1 수력자원 부존량의 정의

우리나라는 연평균 강수량이 1,245 mm로서 비교적 강수량이 풍부하고, 전 국토의 2/3가 산지로 구성되어 있어 지형적 및 수문학적으로 수력자원 부존량이 많은 편이나 우리나라의 수력개발은 부존자원량에 비하여 개발비중이 저조하였다. 최근 부존자원 활용의 필요성이 증대되고 정부의 전력매입단가의 현실적인 조정, 수차 제작기술의 국산화와 성능 향상을 통한 효율 증대 기술의 확보 등 신·재생에너지개발 촉진 및 지원 정책 등으로 수력잠재량에 대한 개발 여건이 유리하게 조성되고 있다.

수력발전의 이론적 부존량은 우리나라 전체 물이 흐르는 영역의 표면상에 강수된 물이 가지는 총에너지(E_r)를 의미하며, 다음 식 (6-18)과 같이 표현된다.

$$E_r = \int_0^{H_{\max}} gQ(H)dH = \int_0^{H_{\max}} gPA(H)dH \tag{6-18}$$

여기서, $Q(H)$는 표고상의 유량(m^2/s), $H_{\max}$는 지표최고점의 높이(m), P는 지역 내 평균 강수고(m), $A(H)$는 등고상의 면적(m^2), g는 중력가속도(9.8 m/s^2)를 나타낸다. 따라서 국내 수력 부존량은 **표 6-10**과 같이 구분되며, 수계별 수력 부존량을 toe로 환산하면 **표 6-11**과 같이 낙동강, 한강, 금강 순으로 분포되어 있음을 알 수 있다.

표 6-10　수력 부존량의 정의

구분	설명
이론적 부존량	우리나라 전체 유역 표면상에 강수된 물이 가지는 총에너지
지리적 부존량	이론적 부존량에서 국립공원 유역을 제외하고, 유역의 지리적 특성에 따른 유출률을 고려한 부존량
기술적 부존량	지리적 부존량에서 시스템 효율과 가동률을 고려한 부존량
시장 부존량	기술적 부존량에서 4대강 본류 유역, 동서남해안 인근 및 도서유역을 제외한 유역의 부존량

표 6-11　국내의 수계별 수력 부존량　　　　　　　　　　　　　　(단위 : 10^3toe/연)

구분	한강	낙동강	금강	섬진강	영산강	제주도	합계
이론적 부존량	14,262	14,502	6,770	4,034	2,187	1,672	43,427
지리적 부존량	7,796	7,782	3,436	2,074	1,338	272	22,698
기술적 부존량	2,496	2,490	1,099	650	428	87	7,250
시장 부존량	1,554	1,890	587	218	198	40	4,487

자료 : 한국에너지기술연구원(2013)

6.4.2 국내 수계별 시설용량 및 연간발전량 산정

전국의 수계별 단위유효낙차에 따른 시설용량과 연간발전량은 **표 6-12**와 같으며, 표준유역별 연간 예상 발전량을 **그림 6-25**에 나타내었다.

표 6-12 수계별 시설용량 및 연간발전량 산정결과

대권역	연평균 강수량(mm)	연평균 유량(m²/s)	시설용량(kW)	연간 발전량(MWh)
한강	1,305.21	0.02359	92,412.74	323,589
안성천	1,236.35	0.02235	1,109.30	3,887
한강서해	1,343.85	0.02429	338.43	1,186
한강동해	1,312.30	0.02372	875.92	3,069
낙동강	1,364.62	0.02235	85,957.48	297,931
형산강	1,173.70	0.01898	515.31	1,806
태화강	1,405.33	0.02184	326.02	1,142
회야, 수영	1,719.60	0.02672	209.30	733
낙동강동해	1,119.04	0.01739	618.60	2,168
낙동강남해	1,515.86	0.02355	566.57	1,985
금강	1,319.59	0.02050	23,832.73	83,509
삽교천	1,425.06	0.02214	966.80	3,388
금강서해	1,340.70	0.02083	530.06	1,857
만경, 동진	1,360.56	0.02316	1,733.53	6,074
섬진강	1,478.48	0.02579	8,953.94	31,375
섬진강남해	1,639.73	0.02808	875.60	3,068
영산강	1,382.02	0.02498	4,191.08	14,686
탐진강	1,593.80	0.02881	256.80	900
영산강남해	1,460.30	0.02639	316.10	1,108
영산강서해	1,382.61	0.02499	411.05	1,440
제주도	1,219.22	0.00812	161.70	567
총계	29,097.93	0.47857	225,159.06	785,467

자료 : 한국에너지기술연구원(2013)

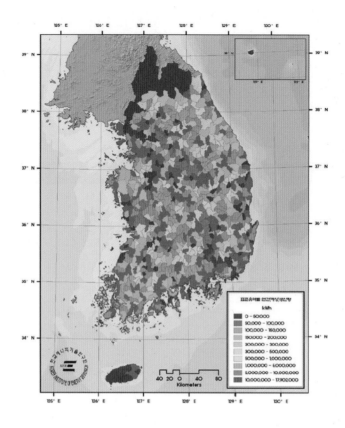

그림 6-25 전국 수계 연간발전량 주제도
(자료 : 한국에너지기술연구원, 2013)

6.5 국내외 기술현황 및 사례

6.5.1 소수력의 세부 기술 분류

다양한 자연 조건에 적용할 수 있는 친환경적인 소수력 에너지의 개발 및 보급 활성화를 위한 핵심기술은 **표 6-13**과 같이 분류할 수 있다.

표 6-13 소수력 기술의 분류

구분	내용
소수력 자원조사 및 활용 기술	소수력 자원조사 기술
	친환경 설계 및 소수력 개발 기술
	기존 시설물을 이용한 소수력 개발 기술
발전설비의 국산화 및 표준화 기술	발전설비의 국산화 기술 개발
	발전설비의 표준화·간소화 기술 개발
	고효율 발전시스템 기술 개발
	가변속 발전기 개발
	스크린 장비 개발
계통보호 및 자동화 기술	계통보호 기술
	자동화 및 무인화 기술
	미래지향적 상태진단 보전기술 및 통합운영기술
수차발전설비 성능평가 기술 및 현대화	성능평가기법 개발
	성능시험센터 구축
	설비보전 및 현대화 기술

자료 : 에너지관리공단 신·재생에너지센터(2008)

6.5.2 국내 기술현황

(1) 수력발전소 현황

수력은 양수, 일반수력, 소수력으로 구분하고, 2014년 발전사업통계에 따르면 양수를 포함한 수력설비 용량은 6,454 MW로 총설비용량의 7.4%를 점유하고, 발전량은 8,483 GWh로 1.65%를 점유하고 있다.

표 6-14 대수력발전소 현황

구분	발전소명(용량 : MW)	설비용량(MW)
K-water (9개소)	소양강(200), 충주(412), 대청(90), 안동(90), 합천(100), 주암(22.5), 임하(50), 남강(14), 용담(22.1)	1,000.6
KHNP (7개소)	화천(108), 춘천(62.28), 의암(48), 청평(140.1), 팔당(120), 섬진강(34.8), 강릉(82)	595.18

자료 : 한국에너지공단(2016)

표 6-15　연료원별 발전설비용량 및 전력거래량

표 6-15　연료원별 발전설비용량 및 전력거래량　　　　　　　　　　　　　　　　　　(발전량 : MW, GWh)

구분	원자력	유연탄	국내탄	LNG	유류	양수	수력	소수력
2013년	18,716 (147,763)	24,254 (185,778)	1,125 (7,777)	5,337 (96,005)	18,504 (9,568)	4,700 (3,214)	1,590 (4,123)	122 (366)
2014년	20,716 (143,548)	24,312 (184,603)	1,125 (8,020)	5,100 (105,177)	20,138 (14,524)	4,700 (3,634)	1,590 (3,348)	148 (513)
2015년	20,716 (132,465)	24,371 (186,987)	1,125 (7,371)	5,040 (119,875)	23,600 (14,757)	4,700 (4,088)	1,596 (3,561)	159 (662)

자료 : 한국에너지공단(2016)

　　일반 대수력은 표 6-14와 같이 총 16개소로 전력거래량은 3,561 GWh로 0.7%를 점유하고 있으며, 설비용량은 1,596 MW로 총설비용량의 1.8%를 점유하고 있다. 연료원별 발전설비용량과 전력거래량은 표 6-15와 같으며 전력시장에서 수력이 차지하는 점유율은 적으나, 전력수요를 조절할 수 있는 중앙급전부하(설비용량 20 MW 이상)로서 계통안정에 기여한다. 수력발전은 전력수요를 조절할 수 있는 중앙급전부하와 전력수요를 조절하지 못하는 비중앙급전부하로 구분하며, 중앙급전 수력발전소는 피크부하를 담당하게 된다.

(2) 소수력발전소 현황

국내 소수력발전소는 표 6-16과 같이 234개소에 설비용량은 187.9 MW이며, 2013년에는 662 GWh의 전력을 생산하였다. 한국수자원공사 78개소, 한국수력원자력 13개소, 한국전력공사 및 발전회사 22개소가 운영 중에 있으며, 기타로는 민간 발전사업자, 한국농어촌공사, 지자체 하수종말처리장 및 정수장 등에서 운영되고 있다.

표 6-16　소수력발전소 현황

구분	설비용량(kW)	점유율(%)
234개소	187,888	100
K-water(78개소)	71,000	37.8
발전회사(22개소)	37,000	20
KHNP(13개소)	11,250	6
기타(121개소)	68,638	36.2

자료 : 한국에너지공단(2016)

(3) 국내 기술개발 배경 및 수력산업 현황

① 기술개발 배경

수력발전 기술개발은 제1차 석유파동 이후 에너지개발의 필요성을 절감한 정부에 의해 추진되어 1974년 「소수력 개발 입지조사」와 1975년 「시범 소계곡 발전소의 연구조사 설계」가 수행되었다. 소수력에 대한 관심은 1978년 제2차 석유파동 이후 더욱 고조되면서 1982년 「소수력발전 개발방안」을 마련하여 민간자본에 의한 소수력 발전소 건설을 장려하고, 이와 병행하여 소수력 개발에 수반되는 기술적인 사항에 관한 연구를 지원하기 시작하였다.

1987년부터 「대체에너지개발촉진법」에 의거하여 정부 주도로 소수력 기술개발에 관한 연구를 지원하여 주로 자원조사, 수차개발, 운용기술 등의 설계기술을 확보하는 실증연구를 추진하는 등 소수력에 대한 기술개발이 진행되어 왔다.

② 수력산업 현황

국내 수력분야의 기술개발은 정부 주도의 연구개발을 통해 발전해 왔다. 소수력에서 대수력 및 양수발전 분야의 연구주제로 그 범위가 확대되고 있다. 또한 최근에는 저낙차 소용량의 소수력에 대한 연구와 대수력의 현대화를 겨냥하여 10 MW급과 50 MW급에 대한 연구개발까지 다양하게 진행되고 있다.

③ 수력개발 향후 전망

수력개발이 가능한 적지는 댐, 수도시설의 관로, 농업용저수지, 하수종말처리장, 양어장, 농업용 보 등 매우 다양하여 지속적인 기술개발을 위해 국가적 차원에서 기술개발 여건 조성 및 재정적 지원강화, 개발지점 주변 지역민의 이해와 협력이 필요하다.

국내 대수력발전소가 준공된 지 30~40년이 경과하여 현대화가 시작되고 있다. 이러한 사업이 진행됨에 따라 국내의 대수력발전기에 대한 사업이 펼쳐질 것으로 보이며, 국가 차원에서도 외국 기업에 대한 의존도를 탈피하기 위하여 기술 및 연구개발을 추진하고 있어 이에 대한 국내 수력기술 또한 발전할 것으로 사료된다. 또한 수력분야에 대한 신·재생에너지설비 KS인증제도가 수립되면 각종 보급사업 및 의무화 사업에 수력발전기의 적용이 확대될 것으로 판단된다. 고낙차 대유량의 수력발전소는 대부분 개발되었기 때문에 비교적 개발 잠재량이 큰 저낙차용 수차발전기 및 유량변동이 심한 조건에서도 발전이 가능한 가변속 수차발전기의 확대가 전망된다.

6.5.3 해외 기술현황

(1) 해외 시장 및 개발 현황

① 시장현황

국외의 경우 2014년에 약 37 GW의 수력발전 신규설비가 추가로 건설되어 전 세계 수력발전 설비용량의 3.6%가 상승하여 1,055 GW에 도달하였으며, 연간발전량은 약 3,900 TWh로 추정된다. 국가별 수력발전소 시설용량/발전량을 살펴보면 중국(260 GW/905 TWh), 브라질(85.7 GW/415 TWh), 미국(79.0 GW/269 TWh), 캐나다(76.1 GW/388 TWh), 러시아(46.7 GW/175 TWh), 인도(43.7 GW/143 TWh) 순이며, 상위 6개국이 전 세계의 약 60%를 차지하고 있다.

세계 수력발전량은 수리학적 상황에 따라 매해 변동이 생기는데 2014년 약 3,900 TWh로 전년 대비 3% 이상 증가했으며, 세계 양수 발전용량은 2014년 말 기준 약 142 GW에 달하는 것으로 집계됐다.

표 6-17은 국가별 수력 시설용량을 나타낸 것이고, **그림 6-26**은 전 세계 지역별 개발량과 잠재량을 보여준다. 아시아 지역에서 수력이 가장 많이 개발되었으며, 잠재량 또한 아시아 지역에서 가장 높게 나타나고 있다.

표 6-17 국가별 수력 시설용량

구분	1위	2위	3위	4위	5위	6위
시설용량 (GW)	중국 (260)	브라질 (85.7)	미국 (79)	캐나다 (76.1)	러시아 (46.7)	인도 (43.7)
발전량 (TWh)	중국 (905)	브라질 (415)	미국 (269)	캐나다 (388)	러시아 (175)	인도 (143)

자료: 한국에너지공단(2016)

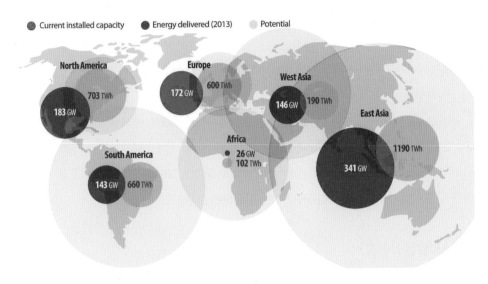

그림 6-26　전 세계 수력 개발량 및 잠재량
(자료 : 한국에너지공단, 2016)

② 개발현황

수력발전 비중이 가장 높은 중국은 시뤄두(Xiluodu) 발전소가 2014년 7월에 상업발전을 시작하여 연말에는 9.2 GW의 발전설비가 추가되어 총시설용량 13.86 GW가 운영되고 있다. 이는 샨샤(Three Gorges) 발전소(중국), 이타이푸(Itaipu) 발전소(브라질)에 이은 세계에서 세 번째로 큰 발전소다. 중국의 수력발전 인프라에 대한 투자는 200억 달러를 초과하고 있으며, 중국 은행과 산업계는 아프리카와 동남아시아를 중심으로 해외 진출을 적극 추진하고 있다.

터키의 경우 증가하는 전력수요에 대처하기 위해 수력개발의 확대를 지속해 오고 있으며, 2012년 약 2 GW 수력설비 개발 이후, 2013년 2.9 GW 설비의 추가 개발을 통해 총설비용량 22.5 GW를 운영하고 있다. 2013년에는 수력발전을 통해 59.2 TWh의 전력을 생산하는 등 수력설비용량 기준으로 볼 때 세계 10위권 국가에 해당된다.

브라질은 30 MW 이하 소규모 발전소 264 MW를 포함하여 1.53~2 GW를 개발하여 최소 85.7 GW를 보유하고 있다. 이 중 지라우(Jirau) 및 산투안토니오(Santo Antonio) 발전소의 경우 대규모 댐식 발전소에서 수로식 발전소로의 브라질 수력개발 트렌드의 변경 과정을 실증하는 곳으로, 민원이 발생할 수 있는 지역의 토지이용을 줄이고 수력개발의 지속성을 높이기 위한 결과로 볼 수 있다.

베트남은 2013년 1.3 GW의 수력설비를 개발하여 총 14.2 GW를 운영 중에 있으며, 최근 급격한 성장추세로 수력자원을 개발해 오고 있으나, 송트란(Song Tranh) 수력발전소가 지진 피해를 입어 기존 댐의 안전성을 평가하는 등 신규 건설 수력발전소의 안정성 평가의 중요성 이 대두되었다.

인도는 25 MW 이상 규모인 0.6 GW를 포함하여 0.8 GW를 설치하였으며, 러시아는 3.2 GW를 설치하였고, 이 중 0.7 GW는 기존 노후발전시설을 현대화한 것이다.

여러 나라에서 수력발전소의 개발이 이루어져 왔으며 2014년도 수력발전용량 증가율이 높은 상위 6개국에 대하여 **그림 6-27**에 나타내었다.

(2) 수력발전소 현황

해외 수력발전설비 시장은 개발 역사가 오래되어 기존에 설치된 발전설비(874 GW)의 성능 개선과 신규 수력개발의 두 가지 형태로 진행되고 있다. 화석연료가 여전히 발전원을 지배하 고 있지만, 60개국 이상이 자국 전력수요의 절반 이상을 수력발전을 통해 충당하고 있으며, 화석연료 가격 상승과 지구온난화에 따른 CO_2 억제 정책으로 수력발전설비의 투자가 급격 히 증가하고 있는 추세이다.

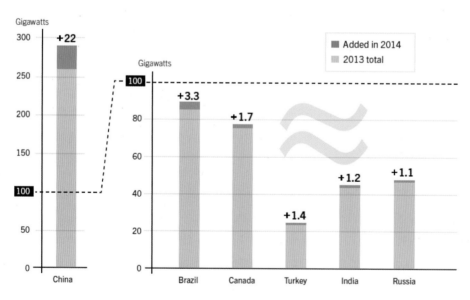

그림 6-27　2014년 수력발전용량 증가율 상위 6개국
(자료 : 한국에너지공단, 2016)

해외 수력발전설비용량 및 수력발전량 현황으로 보면 중국, 브라질, 미국, 캐나다, 일본, 러시아, 인도, 노르웨이 등에서 수력에너지의 이용이 활발하게 개발되어 이용되고 있다. 특히 중국은 급속한 경제개발로 인해 가장 많은 수력에너지를 이용하는 국가로 전 세계 설치용량의 24%를 차지한다(표6-18). 수력발전설비용량 면에서 가장 큰 상위 5개국은 중국, 브라질, 캐나다, 미국, 러시아로 중국은 수력발전 능력이 213,400 MW로 세계 1위이며, 2020년까지 수력발전설비 3,000 MW를 추가 보급시켜 에너지 부족 문제를 해결하고 환경보호에도 기여할 계획이다. 캐나다는 한때 세계에서 수력발전량이 가장 많은 국가였으나, 최근 몇 년 동안 중국, 브라질, 미국에 추월당하여 현재는 4위를 차지하고 있다. 노르웨이의 경우 북유럽 전체 발전설비용량 31,438 MW 대비 수력발전설비용량은 29,973 MW로서 95.3%를 점유하고 있으며, 국가 대부분의 전력공급을 수력발전으로 충당하고 있다.

동남아시아의 경우, 인도, 태국, 베트남 등 신흥 공업국 중심의 전력수요가 공급을 초과하고 있으며, 전력 부족분을 주변국가(미얀마, 라오스 등)로부터의 전력구매를 통해 공급하고 있어 파키스탄 등 상대적으로 수력자원이 풍부한 국가들은 수력개발을 적극적으로 추진 중에 있다.

표6-18 주요국 수력발전설비용량 및 발전량 현황

구분	수력발전설비용량(MW)	수력발전량(TWh)	총설비용량(MW)	총발전량(TWh)	수력발전 비율(%)	수력발전량 비율(%)
미국	78,200	257.0	1,040,000	4,120.0	7.52	6.24
캐나다	75,077	348.1	130,543	588.0	57.51	59.20
핀란드	3,100	12.8	16,372	83.1	18.93	15.40
노르웨이	29,973	117.9	31,438	124.4	95.34	94.77
스웨덴	16,200	65.3	35,701	129.4	45.38	50.46
아이슬란드	1,883	12.3	2,579	17.1	73.01	71.93
영국	1,649	5.7	90,208	346.0	1.83	1.65
프랑스	21,300	68.0	123,500	550.3	17.25	12.36
독일	4,350	19.1	172,400	612.0	2.52	3.12
이탈리아	17,800	45.5	111,000	288.9	16.04	15.75
스페인	18,559	22.9	94,966	275.1	19.54	8.32

(계속)

구분	수력발전설비 용량(MW)	수력발전량 (TWh)	총설비용량 (MW)	총발전량 (TWh)	수력발전 비율 (%)	수력발전량 비율(%)
러시아	46,873	166.5	218,145	1,019.0	21.49	16.34
포르투갈	4,988	16.2	17,920	54.0	27.83	30.00
그리스	3,018	6.0	15,397	52.0	19.60	11.54
루마니아	6,423	19.5	20,630	60.4	31.13	32.28
불가리아	1,434	5.1	11,500	44.8	12.47	11.38
중국	213,400	662.2	962,190	3,759.0	22.18	17.62
일본	48,419	91.7	285,729	1,107.8	16.95	8.28
인도	33,606	114.0	173,626	811.1	19.36	14.05
베트남	5,500	24.0	16,048	97.3	34.27	24.67
필리핀	3,291	6.4	13,459	59.2	24.45	10.81
싱가포르	0	0	9,970	35.9	0.00	0.00
호주	7,860	12.2	49,110	204.0	16.00	5.98
브라질	82,458	403.3	117,134	532.9	70.40	75.68
칠레	5,991	23.9	17,530	62.4	34.18	38.30
아르헨티나	10,045	39.9	33,810	128.9	29.71	30.95

자료 : 한국에너지공단(2016)

(3) 소수력발전소 현황

소수력을 구분하는 기준은 국가별·지역별로 상이하나 대부분 **표 6-19**와 같이 설비용량에 따라 분류하며 다수 국가에서 소수력을 신·재생에너지로 포함하고 있다.

표 6-19   국가별 소수력 구분 기준

기준(MW)	국가	기준(MW)	국가
≤50	캐나다, 중국	≤15	아르헨티나, 그리스
≤30	브라질, 미국, 베트남	≤10	핀란드, 노르웨이, 포르투갈, 스페인, 프랑스, 스위스
2~25	인도		
2.1~20	칠레	≤5	독일

자료 : 한국에너지공단(2016)

표 6-20 해외 소수력발전 보급현황

국가	설비용량(MW)	국가	설비용량(MW)	국가	설비용량(MW)
중국	36,889	오스트리아	1,109	한국	159
미국	6,785	브라질	1,023	터키	175
캐나다	4,449	베트남	622	파키스탄	107
일본	3,503	포르투갈	450	인도네시아	99
인도	3,198	루마니아	387	말레이시아	87
이탈리아	2,735	핀란드	302	아르헨티나	66
프랑스	2,110	체코	297	벨기에	61
스페인	1,926	페루	254	아일랜드	42
노르웨이	1,778	영국	230	룩셈부르크	34
독일	1,732	그리스	195	콩고	26
스웨덴	1,194	스리랑카	194	볼리비아	21

자료 : 한국에너지공단(2016)

세계적으로 소수력 개발을 위한 자원의 타당성 평가기법, 발전소의 최적설계기법, 수차발전시스템의 간소화 및 표준화, 자동제어시스템의 개발 및 최적운용기법 개발 등 국가차원에서 기술개발을 통해 보급을 확대하고 있다. **표 6-20**은 해외 소수력발전 보급현황을 보여주며, 설비용량 기준 중국, 미국, 캐나다, 일본 순으로 소수력발전소가 전 세계적으로 매우 광범위하게 설치되어 있다.

(4) 해외 기술개발 배경 및 수력산업 현황

① 기술개발 배경
수력발전은 다른 신·재생에너지에 비해 개발 역사가 오래되었으며, 가동실적도 많고 축적된 기술력도 높은 편이다. 수력발전은 신·재생에너지원 중에서 에너지변환효율이 가장 높으며, 지속적인 기술개발을 통해 발전효율이 3% 정도 높아질 것으로 전망되고 있다. 주요국의 수차 제작업체 현황은 **표 6-21**과 같다.

표 6-21 국가별 수차 제조업체 현황

국가	제조업체	수차 종류
미국	Allis-Chalmer Co.	Tube, Francis, Propeller Turbines
일본	Fuji	Francis, Tube, Bulb Turbines
중국	CMEC	Francis, Kaplan Turbines
노르웨이	GE Energy	Bulb, Francis, Kaplan, Pelton, Propeller, Mini or Small-Scale Turbines
독일	Voith Hydro	Pelton, Francis, Kaplan
스웨덴	TURAB	Francis, Kaplan & Axial, Bulb & Axial Turbines
오스트리아	GEPPER	Pelton, Francis, Diagonal, Kaplan, Compact Turbines
프랑스	Alstom	Francis, Pelton, S Type & Pit Turbines

자료 : 한국에너지기술연구원(2013)

② 수력산업 현황

산업계는 수력 시설의 유연성, 효율성, 신뢰성을 제고하기 위한 혁신을 계속하여 왔다. 최근 제조사들은 증가하는 양수발전 수요에 대응하여 왔는데, 이는 변동성을 갖는 재생에너지 전력 비중 증가에 따른 전력망 안정화를 위한 주파수 조정용 양수발전설비 도입의 증가가 반영된 것이다. 특히 북미와 유럽에서는 수력의 효율성과 발전량 증대뿐만 아니라 새로운 환경규제 기준에 부합하는 수력발전 시설을 개선하려는 목소리가 높아지고 있다. 혁신의 다른 요인은 낮은 발전단가에 대한 요구이다. 낮은 발전단가는 고효율 설비개발을 달성하는 데 기여하였고, 2014년 중국에 설치된 800 MW 2기의 샹자바(Xiangjiaba) 수력발전소가 그 예이다.

③ 수력개발 향후 전망

수력발전은 총 1,000 GW가 설치되어 전 세계 전력설비의 20%, 발전량의 16%를 차지하는 주요 발전원으로 2035년까지 수력개발은 722 GW 정도 증가가 예상된다. 향후 수력발전사업은 신흥국의 경우 신규 설치, 유럽과 북미는 기존 노후발전소에 대한 현대화를 중심으로 발전될 전망이다. 또한 전 세계적으로 수력시장은 기술적인 측면에서 실현 가능한 수력발전 잠재량 대비 25%만이 개발되었으며, 아프리카, 아시아, 호주·오세아니아, 남미의 개발 잠재량이 풍부한 것으로 조사되고 있다. 앞으로, 세계은행(World Bank)이 대수력 발전프로젝트에 대한 지원의사를 밝히는 등 저개발국의 수력 프로젝트 추진이 가속화될 것으로 예상된다.

1. 소수력발전의 발전방식에 따른 종류 및 기존 대수력발전에 비하여 소수력발전이 가지는 특징에 대해서 설명하시오.

2. 중소수력발전용 수차로 널리 사용되고 있는 튜블러수차(벌브형, 피트형, S형) 및 횡류수차의 형상에 따른 구조적 특징과 성능 특성에 대해서 설명하시오.

3. 반동수차의 이론에서 수차의 유효낙차를 설명하는 오일러헤드에 대해서 설명하시오.

4. 수력발전 프로젝트에서 이용 가능한 유량은 유효낙차 35 m에서 60 m³/s이다. 수차효율 92%와 회전속도 300 rpm을 가정하여 동일한 크기와 비속도 275를 가지는 수차의 최소 대수를 결정하시오.

5. 프란시스수차가 유효낙차 12 m에서 90%의 효율로 800 kW를 발전시킨다. 이 장치에 사용된 흡출관은 직경 2.0 m의 수직 원통형 파이프이다.

(1) 기존의 수직 원통형 흡출관을 출구 직경 2.5 m의 원추형 수직 흡출관으로 대체할 경우 기대할 수 있는 출력 증가는 얼마인가?

(2) 전체 효율의 증가는 얼마인가? 낙차, 회전속도 및 유량은 동일하게 유지되고 새로운 흡출관으로 인한 추가 마찰손실은 없다고 가정한다.

참고문헌

국내문헌

서상호, 김경엽, 김병호, 김유택, 김태권, 노형운, 류인영, 박노현, 박종문, 신창식, 원영수, 이충범, 최영도, 최종운.
(2014). 수차의 이론과 실제. 동명사

에너지관리공단 신·재생에너지센터. (2008). 신·재생에너지 RD&D 전략 2023[소수력]. 북스힐

전국소수력이용추진협의회. (2014). 일본사례로 보는 소수력개발 이해하기. 씨아이알

최영도. (2022). 수차 및 펌프수차 제1권 기본이론. 교문사

최영도. (2022). 수차 및 펌프수차 제2권 응용 및 설계. 교문사

한국에너지공단. (2016). 2016 신·재생에너지 백서. 신·재생에너지센터

한국에너지기술연구원. (2013). 신재생에너지자원지도 및 활용시스템 구축사업, 최종보고서

한국전력공사. (2014). 한국전력통계, 제83호(2013년)

국외문헌

ASME Hydro Power Technical Committee. (1996). The Guide to Hydropower Mechanical Design. HCI
Publication

Deriaz, P. and Warnock, J.G. (1959). Reversible Pump-Turbines for Sir Adam Beck-Niagara Pumping-
Generating Station. Transactions of the ASME Journal of Basic Engineering, Vol. 81, Issue 4, pp. 521-
529

Raabe, J. (1985). Hydro Power: The Design, Use, and Function of Hydromechanical, Hydraulic, and
Electrical Equipment. VDI-Verlag GmbH

大橋 秀雄. (1987). 流体機械(改訂·SI版). 森北出版

ターボ機械協会編. (1989). ターボ機械 入門編. 日本工業出版

ターボ機械協会編. (2007). ハイドロタービン(新改訂版). 日本工業出版

千葉 幸. (2000). 水車. 電気書院

日本機械学会編. (1986). 機械工学便覧. B5 流体機械

인터넷 참고 사이트

전력거래소 전력통계정보시스템(https://epsis.kpx.or.kr/)

한국수력원자력주식회사(https://www.khnp.co.kr)

CNC TVAR(https://www.cnctvar.cz)

HUAHYDRO(http://www.huahydro.com/product/francis-turbine-runner/)

Mechanical Booster(https://www.mechanicalbooster.com)

RRHP(https://www.redrockhydroproject.com/project-overview/)

Unbox Faxtory(https://theunboxfactory.com/kaplan-turbine/)

U.S. Department of Energy(https://www.energy.gov/)

Wikimedia Commons(https://commons.wikimedia.org/)

CHAPTER 7

지열에너지

7.1 개요

7.1.1 지열에너지의 정의와 특성

지열에너지(geothermal energy)는 지하를 구성하는 토양, 암반, 그리고 지하수가 가지고 있는 열에너지를 말한다. 지열의 원천은 지각을 구성하고 있는 암석 내의 방사성 동위원소가 붕괴하면서 발생하는 열과 지구 내부 고온의 핵이 식으면서 방출하는 열이다. 주요한 열원이 되는 방사성 동위원소는 우라늄($235U$, $238U$), 토륨($232Th$), 칼륨($40K$)으로 지각 및 맨틀에서의 열 생산이 전체 열 생산의 약 2/3로 알려져 있다.

지구 중심의 온도는 약 6,000℃로 추정되며, 지하로 내려갈수록 온도는 올라가는데 이러한 정도를 지온증가율(geothermal gradient) 또는 지온경사라 하며, 지열자원의 유용성 여부를 판단하는 근거가 된다. 화산지역이 아닌 경우에 지온증가율은 지하 10 km 깊이까지 약25℃/km 내외이며 우리나라의 경우도 이와 유사하다.

지각이 생성되는 대양 중앙해령(mid-ocean ridge)이나 지각판(plate) 경계면의 화산지대에서는 마그마의 대류로 인해 지표 근처에서도 매우 높은 온도를 보이기 때문에 대부분의 고온 열수 지열발전소가 이곳에 위치하며 화산활동이 빈번히 발생하고 있는 환태평양 화산대 또는 불의 고리(ring of fire)가 대표적인 예이다.

지하로 내려갈수록 온도가 높아지는 특성 때문에 얻어지는 고온의 지열 이외에도 대기와의 온도차 또한 에너지원으로 사용될 수 있다. 지열에너지는 날씨나 기후조건과 관계없이 개발 및 활용이 가능하므로 재생에너지원 중에서 유일하게 기저부하(base load)를 담당하며, 또한 부하 조건에 맞게 출력의 조절이 쉬운 운전특성을 갖는다.

지열에너지는 온도에 따라 중·저온(low to medium temperature, 10~90℃) 지열에너지와 고온(high temperature, 120℃ 이상) 지열에너지로 구분할 수 있다. **그림 7-1**은 잘 알려진 린달 선도(Lindal diagram)로서 지중 온도에 따른 지열 활용기술을 도시한 것이다. 그림에서 보듯이 지열 활용기술은 그 온도 범위만큼이나 다양하다. 여기서 온도는 개략적인 값이며, 따라서 지열을 활용하는 데 지역이나 지중 조건에 따라 얼마간의 편차는 있다.

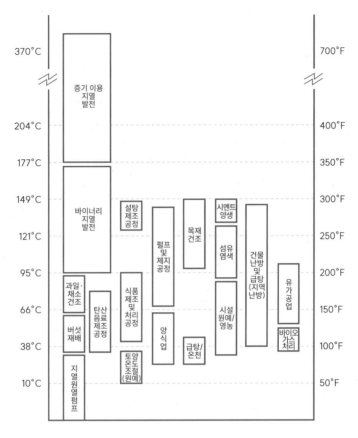

그림 7-1 지중 온도에 따른 지열에너지 활용기술

7.1.2 지열에너지의 활용분야와 분류

지열에너지는 온도에 따라 발전, 지역난방, 온실, 양어, 냉난방 등 매우 다양하게 활용될 수 있으며, 지열에너지의 활용 심도에 따라 **그림 7-2**의 심부지열과 **그림 7-3**의 천부지중열로 분류하기도 한다. 심부지열은 통상 지하 500 m 깊이 이상의 지열수 또는 높은 암반의 열을 활용하며 천부지중열은 통상 지하 300 m 깊이 이내의 연중 일정한 지하 온도와 대기의 온도 차를 활용한다.

일반적으로 지열에너지 기술은 직접이용(direct use)과 간접이용(indirect use) 기술로 구분한다. 이는 인간이 이용할 수 있는 최종 생산물의 관점에서 분류한 것으로, 열(heat)을 생산하면 직접이용이고, 전기(electricity)를 생산하면 간접이용이다. 기준이 다소 모호한 깊이

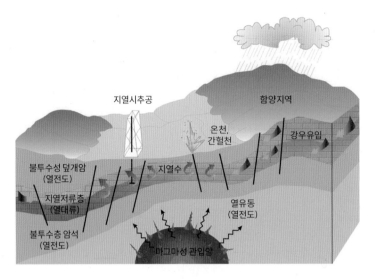

그림 7-2 심부지열수 순환 모식도. 땅속으로 스며든 빗물이 심부 열원에 의해 가열되면 밀도가 낮아져 암반 내 파쇄대를 따라 상승한다.
(자료 : 송윤호, 2016)

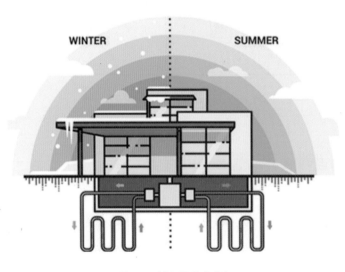

그림 7-3 천부지중열의 개념도
(자료 : Environment Buddy, 2022)

나 온도로 지열에너지를 분류하는 방법보다 명확하기 때문에 현재 전 세계적으로 널리 통용되는 구분법이다.

지열에너지의 직접이용은 가장 오래된 기술로서 온천·건물난방·시설원예 난방·지역난방 등이 대표적이다. 땅에서 중온수(30~150℃)를 추출하여 사용자에게 직접 공급할 수 있으며, 열펌프나 냉동기 같은 에너지 변환기기의 열원으로도 활용할 수 있다. 지열 열펌프 시스템을 제외한 나머지 기술은 중온수가 풍부한 지역에서 가능하기 때문에 지리적 제약이 다소 있다.

직접이용 기술 중 지열 열펌프 시스템(GSHP, Geothermal Source Heat Pump System)이 가장 큰 부분을 차지한다. 이 시스템은 저온(10~30℃)의 지열에너지를 효율적으로 활용하는 지열분야의 대표 기술이라고 할 수 있다. 상대적으로 저온의 에너지를 활용하지만 연중 일정한 온도를 유지하기 때문에 항온성이 우수하며 지리적 제약이 없는 것이 큰 장점이다.

반면 간접이용 기술은 땅에서 추출한 고온수나 증기(120~350℃)로 플랜트를 구동하여 전기를 생산하는 지열발전(geothermal power plant)을 일컫는다. 최종 생산물은 전기이며 화산지대에서 유리하기 때문에 지리적 제약이 매우 크다. 이러한 지리적 제약을 극복하기 위한 연구개발이 지열분야 선진국을 중심으로 진행 중이다(**그림 7-4**).

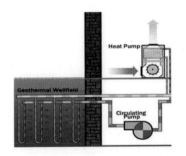

그림 7-4 최종 생산물에 따른 지열에너지 분류

7.2 지열 열펌프 시스템

7.2.1 지열 열펌프 시스템의 특징

지열 열펌프 시스템의 핵심은 열펌프 유닛(heat pump unit)과 지중열교환기(ground heat exchanger)라 할 수 있다. 열펌프 유닛은 통상 열펌프 또는 히트펌프로 불리지만, '시스템'과 구분하기 위해서는 '열펌프 유닛'이 정확한 표현이다. 열펌프 유닛은 물 대 물(water to water) 방식과 물 대 공기(water to air) 방식으로 구분된다. 지중열교환기는 건물에 필요한 냉난방 부하, 가용 면적, 지중 조건 등에 따라 다양한 형식으로 설치될 수 있다. 열펌프 유닛의 작동유체인 냉매의 증발과 응축에 필요한 에너지를 공급하기 위해 지중열교환기를 이용한다는 점이 지열 시스템의 가장 큰 특징이다(**그림 7-5**).

지열 열펌프 시스템은 지중열교환기를 순환하는 열매체(물, 부동액, 지하수 등)를 열펌프의 열원으로 활용하여, 냉방 시에는 건물 내의 열을 지중으로 방출하고 난방과 급탕 시에는 지중의 열을 실내와 온수에 공급한다. 하나의 시스템으로 냉난방과 급탕을 동시에 구현할 수 있으며, 냉방과 난방 모드에서 각각 열침(heat sink)과 열원(heat source)의 역할을 하는 지중 온도는 연중 안정적이기 때문에 높은 효율과 우수한 성능을 갖는다. 최종 생산물이 열이기 때문에 직접이용의 한 방식이지만 통상 별개로 구분한다.

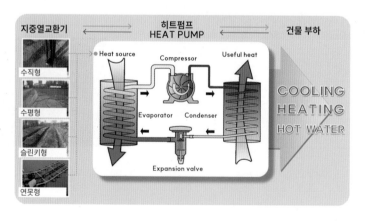

그림 7-5 지열 열펌프 시스템 개략도

미국 환경보호청(EPA, Environment Protection Agency)은 지열 열펌프 시스템이 현존하는 냉난방 기술 중에서 가장 에너지 효율적이고 환경 친화적이며, 비용 효과가 우수한 시스템이라고 밝혔다. 공기열원 열펌프에 비해 44%까지 그리고 에어컨과 전열기에 비해 최대 72%까지 에너지를 절감할 수 있는 것으로 조사되었다. 또한 미국 에너지부(DOE)는 다년간의 연구결과를 바탕으로 지열 열펌프 시스템과 기존 냉난방 설비의 효율을 비교하였다. **그림 7-6**을 보면 전체 시스템 중에서 지열 시스템의 냉난방 효율이 가장 우수한 것을 볼 수 있다.

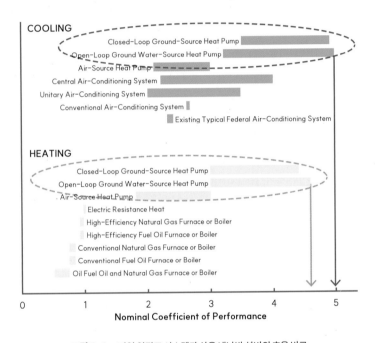

그림 7-6 지열 열펌프 시스템과 상용 냉난방 설비의 효율 비교

지열 열펌프 시스템은 주거용 건물(단독주택, 공동주택, 아파트 등), 중대형 건물(상업용, 공공기관, 학교, 교정시설 등), 산업현장, 시설원예, 도로 융설 등 다양한 분야에 적용할 수 있다. 또한 개별 건물뿐만 아니라 건물군이나 지역단위로도 활용 가능하며, 개·보수 건물에도 유연하게 적용할 수 있다.

7.2.2 지열 열펌프 시스템의 종류

지열 열펌프 시스템은 일반적으로 지중토양열원 열펌프(ground-coupled heat pump), 지하수열원 열펌프(ground water heat pump), 지표수열원 열펌프(surface water heat pump), 복합지열 열펌프(hybrid GSHP) 시스템 등으로 구분된다. 현재 국내외에서 주를 이루고 있는 시스템은 지중토양열원 열펌프 시스템이다.

(1) 지중토양열원 열펌프(GCHP, Ground-Coupled Heat Pump)

지중토양열원 열펌프(이하 GCHP)는 지중열교환기의 형상에 따라 수직형과 수평형으로 구분된다. 수직형 GCHP의 지중열교환기는 토양 속에 수직으로 매설된다. 이 시스템의 지중열교환기는 타 시스템에 비해 매설에 더 작은 부지가 요구된다. 또한 지중열교환기를 냉난방 용량에 따라 다양한 깊이로 매설할 수 있다.

전체 GCHP 중 배관 및 부동액 이송동력이 적게 소요되기 때문에 가장 효율이 높은 시스템이다. 일반적으로 수직형 지중열교환기는 직경 150 mm, 깊이 150~200 m의 보어홀(borehole, 시추공)을 지면에서 천공(drilling)한 후 외경 32~40 A의 폴리에틸렌 또는 폴리부틸렌 파이프를 U자관으로 하여 삽입한다. 지중열교환기가 지면에 수평으로 매설되는 수평형 GCHP의 시공비용은 수직형에 비해 저렴하다. 학교 또는 공공기관 등에서 운동장이나 주차장과 같이 지중열교환기를 설치할 수 있는 부지가 충분할 경우 경제적이다. 반면 지중열교환기 파이프가 지면에서 1.5~3 m의 깊이로 굴착한 트렌치에 매설되기 때문에 효율은 수직형 GCHP보다 낮다. 이는 수평형 지중열교환기 파이프가 매설되는 위치에서 지중 온도 및 지중 열물성치 등은 계절 및 연간 강우량 등의 영향을 받기 때문이다.

슬린키형(slinky type)은 트렌치의 길이를 줄이고 제작 및 시공이 간편한 슬린키 열교환기를 사용한다. 슬린키형 지중열교환기의 설치면적은 타 수평형 시스템보다 상대적으로 적게 소요되는 반면 지중열교환기의 파이프 길이가 길어지는 단점도 있다. 지중열교환기 파이프가 다중관으로 구성되는 경우, 파이프의 연결방식에 따라 직렬흐름 방식과 병렬흐름 방식으로 구분할 수 있다(**그림 7-7**).

수직형 직렬흐름 방식은 직경이 큰 파이프를 사용하기 때문에 파이프 단위길이당 성능이 우수하고 배관길이가 짧아 경제적이다. 반면에 지중열교환기 순환유체가 상대적으로 많이 필요하며, 지중열교환기 파이프 안에서 발생하는 압력손실 때문에 파이프 길이에 제한이 있다. 수직형 병렬흐름 방식의 지중열교환기는 비교적 작은 직경의 파이프를 사용하기 때문에 파이프 구입비용을 줄일 수 있다. 직렬흐름 방식보다 부동액을 적게 사용하며 설치비도 적게 소요되기 때문에 현재 이 방식을 주로 채택한다.

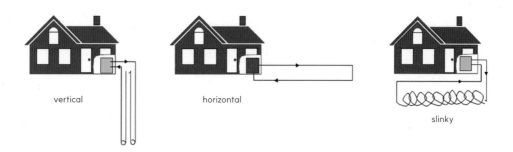

vertical   horizontal   slinky

그림 7-7   지중토양열이용 지중열교환기

(2) 지하수열원 열펌프(GWHP, Ground Water Heat Pump)

지하수열원 열펌프(이하 GWHP)는 양질의 지하수가 풍부할 때 이를 활용하는 시스템이다 (**그림 7-8**). 개방형 GWHP는 전체 GSHP 중에서 가장 효율이 우수하지만 물속의 오염물질 은 배관 및 열교환기에 파울링(fouling) 또는 스케일(scale)을 야기할 수 있다. 이때 스케일

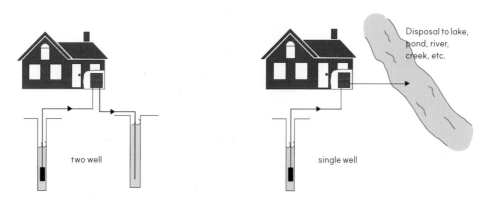

two well   single well

Disposal to lake, pond, river, creek, etc.

그림 7-8   지하수열원 지중열교환기

은 주기적인 세정에 의해 줄일 수 있으나 세척제가 갖고 있는 산 성분이 금속을 부식시켜 열교환기 수명이 단축된다. 따라서 지하수의 수질이 우수하다고 판명되었을 때에만 이 시스템을 적용할 수 있다. 또한 시스템 설계가 적절하지 못하거나 수원이 깊으면 펌프의 소비동력이 증가하게 된다. 주로 중대형의 상업용 및 공공 건물에 적용되는 경우가 많다.

그러나 최근에는 지하수를 외부에 방출하지 않고 지열만 이용하는 방법으로서 단일관정을 이용한 SCW(standing column well) 방식의 지중열교환기가 국내에 많이 보급되고 있는 실정이다. **그림 7-9**와 같은 SCW 지중열교환 시스템은 개방형으로서 하나의 우물에서 지하수를 계속 퍼 올릴 경우 지하수 고갈로 인한 지반침하를 막기 위해 고안된 시스템으로, 심부에서 지하수를 끌어올려 열펌프의 열원 및 열침으로 사용하고 다시 지하관정의 상부로 보내 순환시키면서 지열을 이용하게 된다. 일반적으로 관정 깊이는 약 400 m 내외로 하며, 수직밀폐형 지중열교환기에 비해 설치면적이 작은 곳에서 시행되고, 지하대수층이 잘 발달되어 있는 지역에서 적용하여야만 장기적으로 사용 시 지하수 고갈 문제를 막을 수 있다.

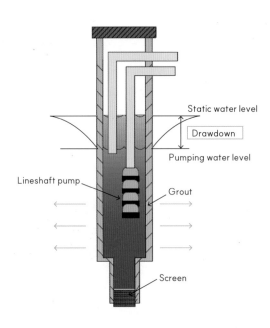

그림 7-9 SCW 지중열교환 시스템

(3) 지표수열원 열펌프(SWHP, Surface Water Heat Pump)

지표수열원 열펌프(이하 SWHP)는 자연 또는 인공 연못 그리고 호수 등을 열원 또는 열침으로 활용한다. 지중열교환기 순환유체는 펌프에 의해 물속에 잠긴 지중열교환기와 열펌프의 열교환기 내를 순환한다. 일반적으로 밀폐형 SWHP는 나선(spiral) 형상의 지중열교환기를 사용한다. SWHP의 지중열교환기는 물속에서 부력에 의해 뜰 수 있기 때문에 설치에 주의해야 한다. 열원이나 열침으로 사용하는 연못 또는 호수의 크기가 작은 경우 외기 변화의 영향을 받아 효율이 다소 감소한다.

(4) 복합지열 열펌프(Hybrid GSHP, Hybrid Ground Source Heat Pump)

GCHP는 지중열교환기 설치를 위한 부지와 설치비용 면에서 제약을 받는다. GCHP를 적용할 건물이 클수록 지중열교환기 설치비용은 더욱 상승하기 때문이다. 이러한 점을 보완하기 위해 제안된 방식이 복합지열 열펌프 시스템이다. 이 시스템은 GCHP와 냉각탑(냉방운전 시) 또는 보일러(난방운전 시) 등을 보조열원으로 병행함으로써 지중열교환기의 길이와 개수 등을 줄일 수 있다. **그림 7-10**은 냉각탑(cooling tower)과 판형열교환기를 수직형 GCHP에 연결한 시스템을 보여준다. 판형열교환기 안에서 부동액과 냉수를 간접 접촉시키는 방식이다. 정해진 수준의 부하까지는 지중열교환기를 이용하고, 설정 수준을 넘어서는 부하에 대해서는 냉각탑을 동시에 가동하게 된다. 난방운전 시 복합지열 열펌프는 상용 난방설비에 주로 사용되는 보일러 또는 태양열 집열판 등을 보조열원으로 사용할 수 있다.

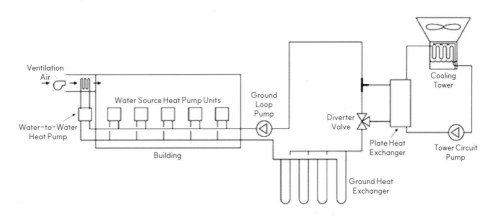

그림 7-10 복합지열 열펌프 시스템

7.2.3 지중 토양 및 암석의 열적 특성

지열 열펌프 시스템의 지중열이용은 주로 300 m 내외의 천부지열을 이용하는 것으로서 동절기에는 지층 또는 지하수가 보유한 지열을 추출하여 주로 난방용으로 이용하고, 하절기에는 실내에서 추출한 열을 지중에 방열하여 냉방용으로 이용한다. 따라서 지중열교환기술을 효율적으로 적용하기 위해서는 무엇보다도 정밀한 지질조사를 통하여 지열을 함유하는 지층 또는 지하수의 제반 특성을 정확히 밝히는 것이 중요하다.

지층 또는 지하수는 계절에 무관하게 연중 거의 일정한 온도(10~15℃)를 나타낸다. 특히 지하수는 물이기 때문에 비열이 매우 높아 지구상의 물질 중 열을 가장 많이 저장·운반할 수 있으며, 그 지역의 지열온도와 평형을 이루면서 막대한 양의 열에너지를 저장하고 있다. 따라서 지하수가 보유하고 있는 열은 열교환을 통해 손쉽게 이용할 수 있다.

지중열교환기술을 효과적으로 사용하기 위해서는 열에너지의 공급원인 지하수나 지층이 거의 일정한 온도를 유지하고 있어야 하는데, 이런 점에서 지하수가 다량 부존하는 지역일수록 지중열교환기술의 적용이 용이하다고 할 수 있다. 물론 지하수가 산출되지 않는 곳에서는 지층에 부존된 천부지열을 이용할 수 있다.

지열유량(q)은 지열이 이동하는 양으로서 암석의 열전도도(thermal conductivity, K)와 온도구배(ΔT)에 의해 결정되는데, 다음과 같은 관계식으로 표현된다.

$$q = -K\Delta T \tag{7-1}$$

여기서 $\Delta T(= \partial T/\partial z)$는 심도(z)에 따른 온도 증가율이다.

열전도도는 동일한 온도 구배하에서 매질을 통하여 열이 쉽게 흐를 수 있는 정도를 나타내는데, 암석의 열전도도는 일반적으로 매우 낮다. 열확산도(thermal diffusivity, α)는 다음 식으로 표현된다.

$$\alpha = K/\rho C_p \tag{7-2}$$

여기서 ρ는 매질의 밀도, C_p는 정압비열이다.

암석의 열확산도 역시 0.5~2.0 × 10⁻⁶ m²/s로 매우 낮다. **표 7-1**에 일부 주요 암석의 일반적인 열전도도 범위를 나타내었다. 암석의 열전도도는 온도와 압력뿐만 아니라 암석에 함유된 주요 광물의 종류와 함량에 의해 일차적으로 좌우되며, 공극률과도 관련된다. 표에서 보듯 우리나라 주요 도시의 기반암으로 산출되는 화강암, 화강섬록암 및 편마암의 열전도도는 평균적으로 2.7~3.1 W/m℃의 범위를 가진다. 특히 특정 방향의 엽리를 가지는 편마암의 경우 엽리에 평행할수록 열전도도는 증가한다. 따라서 편마암과 같이 방향성이 있는 암석이 산출되는 경우 현장 지질조사를 통하여 엽리의 방향을 측정하는 것은 중요하다. 한편, 치밀 세립 입자로 구성된 쇄설성 퇴적암인 셰일은 특히 낮은 열전도도를 나타냄을 알 수 있다.

표 7-1 상온 및 상압하에서 주요 암석의 열전도도

암석 이름	열전도도(W/m℃)	우리나라의 주요 산출 지역
화강암(Granite)	1.9~3.2 (2.7)	우리나라 주요 도시의 주요 기반암
화강섬록암(Granodiorite)	2.6~3.5 (3.0)	우리나라 주요 도시의 주요 기반암
편마암(Gneiss)		우리나라의 주요 기반암
엽리에 평행	2.5~3.7 (3.1)	
엽리에 수직	1.9~3.2 (2.7)	
현무암(Basalt)	1.5~2.2	제주도의 특징적인 암석
반려암(Gabbro)	2.0~2.3 (2.15)	제주도의 특징적인 암석
사암(Sandstone)	2.5~3.2	경상도 일부 지역의 퇴적암
셰일(Shale)	1.3~1.8 (1.4)	경상도 일부 지역의 퇴적암
석회암(Limestone)	2.0~3.0 (2.5)	강원도 일부 지역

* ( ) 안은 평균값을 나타냄.

7.2.4 지열의 측정과 온도 검층

지열 열펌프 시스템이 굴착·설치되는 지층은 지질학적으로 토양, 풍화대, 암석 등이 다양할 수 있으며, 이들의 물리화학적 특성 역시 매우 다양하다. 이러한 특성은 지열 열펌프 시스템의 효율과 관련성이 크므로, 대상 지역의 지질, 함수비 및 지하수의 이동특성 등 제반 특성을 사전에 정확히 조사하고 파악하여야 한다. 이를 위해서는 현장 지질조사, 시추조사 및 지구물리탐사가 수행되어야 한다.

또한 지열 열펌프 시스템의 적용에 있어 토양과 암석의 열전도성(또는 열저항)은 지중으로부터 추출 또는 방열해야 할 열량을 결정해 주는 중요한 요인이다. 따라서 해당 지역의 지층 유형과 함께 지중열교환기의 설계에서 매우 중요한 설계변수가 되며, 특히 열교환 루프를 설치하기 위한 시추굴착공의 규격, 형태, 이격거리 등을 결정하는 중요한 변수이다. 지층의 열적 특성은 전통적인 지질조사뿐만 아니라 현장 열응답시험을 통하여 정확한 값을 관측하여 얻을 수 있다.

지중에서 단위면적당 발산되는 지열의 양, 즉 지열발산량은 열전도도와 지온구배의 곱으로 표현된다. 그러므로 지표면에서 지열의 발산량은 지표면 바로 아래에서의 지온구배와 암석의 열전도도를 측정하여 계산할 수 있다. 육상에서 지온구배의 측정은 일반적으로 시추공 내에서 지온 측정 기구를 내리면서 실시한다. 이때 시추공이 완성된 이후에는 시추공 안의 열적 평형이 이루어지도록 반드시 시추공을 착정하는 데 소요되었던 시간의 몇 배를 기다렸다가 측정하여야 한다. 한편, 정밀한 측정을 위해서는 시추공 내에서의 지하수 흐름에 대한 영향과 시추공 주변 지형의 영향 등에 대한 보정이 필요하다. 한편, 암석의 열전도도는 시추공에서 획득한 불교란상태의 시추 코어를 이용해서 실험실에서 측정하며, 때에 따라서는 현지에서 시추공 내에 가열 코일을 넣고 그 반응을 관찰 측정하여 얻을 수도 있다.

한편, 시추공 내에서 실시한 온도 검층 자료는 지표 온도 변화의 영향을 받기 때문에 이에 대한 보정이 반드시 필요하다. 시추공 내에서 온도를 측정하는 방법으로는 검층기기 주변 물의 절대온도를 측정하는 방법, 평형상태에서 지열의 구배를 측정하는 방법, 지층에 열을 가해 준 후 온도의 일시적 변화를 측정하는 방법 등이 있다. 온도 측정기기로는 온도가 변함에 따라 전기저항의 크기가 달라지는 브리지(bridge)형 온도계, 즉 저항온도계(thermistor)가 일반적으로 사용된다.

7.2.5 지중열교환기 설계 및 시공기술

지열 열펌프 시스템의 구성요소 중 지중열교환기는 전체 시스템의 성능과 초기 설치비를 결정한다. 지중열교환기의 성능은 열교환기 파이프 내를 순환하는 유체와 파이프 주변 매질 간의 열전달과 밀접한 관련이 있어서 보어홀의 열저항(순환유체, 지중열교환기 파이프, 그라우트의 열저항 등)과 지반의 열전도 등이 매우 중요한 변수로 작용한다.

지중열교환기 설계 시 조건 및 설계과정은 다음과 같다.

- **설계 고려조건**
  - 열펌프를 통해 흐르는 유체의 유량
  - 지중열교환기 내 순환유체의 종류
  - 지중열교환기로부터 예상되는 유체의 최저 온도

- **지중열교환기의 설계과정**
  - 지중열교환기의 레이아웃 선택
    - 수직형 : 직렬 또는 병렬흐름
    - 수평형 : 직렬 또는 병렬흐름
  - 순환유체의 최저 유속점검 : 유체의 최저 유속은 각 유체의 종류에 따라 변화함
  - 순환유체 내부의 공기 제거를 위한 설계 : 지중열교환기 내부에 공기가 갇히지 않도록 설계 시 유념해야 함
  - 지중열교환기 길이 설정
    - 매설되는 파이프 위치 설정
    - 지중의 온도 결정
    - 지반의 최고온도 및 최저온도 결정
    - 열펌프로 들어가는 순환유체의 최고온도 및 최저온도 결정
    - 지반과 루프의 온도차 계산
    - 열유동에 대한 관로의 저항값 계산
    - 열유동에 대한 토양의 저항값 계산
    - 난방 및 냉방 운전비율 계산
    - 지중열교환기의 길이 계산

지중열교환기를 **그림 7-11**과 같이 설치한 후 시공에서 가장 중요한 것은 **그림 7-12**와 같은 보어홀의 그라우팅이다. 그라우팅 작업은 지중열교환기를 시추공에 매설한 후 시추공과 파이프 사이의 빈 공간을 되메우는 것이다. 이 작업은 지중열교환기와 암반 사이의 공간을 메워 지중과의 열전달을 촉진하고, 시추공 내 지표수의 침투 및 지하수 오염을 방지한다.

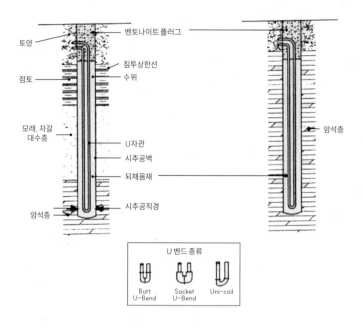

그림 7-11 지중열교환기 설치

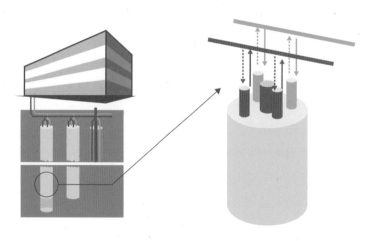

그림 7-12 지중열교환기의 그라우팅 구성 및 외형도

그라우트 재료가 갖추어야 할 조건은 높은 열전도율과 낮은 점도이며, 교반 시 일정 부피의 팽윤현상이 일어나야 한다. 그라우트의 재료는 일반적으로 시멘트류와 벤토나이트류의

두 가지 종류를 사용한다. 시멘트류의 그라우트 재료는 수화열의 발생과 교반 후 수축현상이 발생하기 때문에 지중열교환기의 그라우트 재료로는 적합하지 않다. 벤토나이트류의 그라우트 재료는 수화열이 발생하지 않으며, 비교적 점도가 낮고, 교반 후 팽윤현상이 일어나 지중열교환기의 공극을 완벽히 채울 수 있는 장점을 가지고 있다. 일반적으로 지중열교환기 시공 시 사용되는 그라우트 재료의 특성을 **표 7-2**에 나타내었다.

표 7-2 그라우트 재료의 특성

종류	장점	단점
시멘트류	• 혼합 및 이송이 용이 • 적당한 투과성 • 단단한 그라우트 • 물성치는 첨가물을 넣어 쉽게 바꿀 수 있음	• 수화열에 의해 토양 물성이 변경. 양생 시간 필요 • 밀도가 높음 • 수축 가능성으로 인해 튜브와 밀착되지 않을 수 있음
벤토나이트류	• 수화작용에 의한 열발생이 없음 • 짧은 공정시간 • 낮은 밀도 • 수축이 없음 • 적당한 투과성	• 내부지층에 수분이 적을 경우 크랙 발생 소지 있음 • 염기나 유기산의 영향을 받음 • 오염된 물에서는 원하는 결과를 얻기 힘듦 • 각 제품의 지시사항이 상이

지중열교환기의 시공 순서는 다음과 같다.

● **천공작업**
  ○ Air Rotary Drilling 방식 : 회전 드릴 비트(bit) 내부로 압축공기와 물을 불어내어 파쇄된 암반가루를 지상으로 분출
  ○ 천공 직경 : 150~250 mm
  ○ 천공 깊이 : 100~300 mm

● **지중열교환기 설치 전 누수 테스트**
  ○ 지중열교환기 파이프의 손상 여부 점검
  ○ 10 kgf/cm² 압력(공압/수압)으로 1시간 이상 가압하여 압력 변화 확인

- **지중열교환기 설치**
  - 보어홀에 U자관 삽입

- **그라우팅**
  - 지중열교환기와 지반 사이의 공간을 채워 열전달 촉진
  - 시추공 내 지표수의 침투 및 지하수 오염 방지
  - 지중열교환기를 고정시키는 역할
  - 그라우트의 주입은 바닥에서부터 시작

- **지중열교환기 설치 후 누수 테스트**
  - 보어홀에 지중열교환기 설치 시 파이프 손상 여부 재점검
  - 10 kgf/cm^2 압력(공압/수압)으로 1시간 이상 가압하여 압력 변화 확인

- **트렌치 작업**
  - 지중열교환기 파이프 연결
  - 지면을 1.5~2.0 m 깊이로 터파기한 후 지중에 연결

7.2.6 현장열응답시험

현장열응답시험(thermal response test)은 지반의 현지 열전도도를 측정하기 위해 적용되며 그 원리는 일정한 열량을 지중열교환기로부터 추출하거나 지중열교환기에 주입하는 동안에 지중열교환기를 순환하는 순환매체의 온도 변화를 측정하는 것이다. 측정된 온도값은 측정 시간에 대하여 지중열교환기 입출구의 온도변화곡선으로 나타난다. 일반적으로 열을 주입하는 측정방식과 열을 추출하는 측정방식은 지하 암반의 열전도도에 대해서 같은 결과를 나타낸다고 보고되었다. 열응답시험의 온도 데이터는 라인소스 이론(line source theory)을 적용함으로써 쉽게 평가할 수 있다(**그림 7-13**).

일반적으로 균질 매질(homogeneous medium) 속의 직선 열원으로부터 이 매질로 열이 전달될 때, 반경방향으로의 임의 지점에서의 온도는 다음의 식 (7-3)과 같이 표현된다.

$$\frac{1}{r}\frac{\partial}{\partial r}\left(r\frac{\partial T}{\partial r}\right) = \frac{1}{\alpha}\frac{\partial T}{\partial t} \qquad (7\text{-}3)$$

여기서 초기온도가 균일한 균질 고체매질로 직선열원에 의해 전달되는 열량이 Q일 때 식 (7-3)의 해는 다음과 같은 형태로 표현된다.

$$\Delta T(r,t) = \frac{Q}{4\pi k L}\int_{x_0}^{\infty}\frac{e^{-u}}{u}du \qquad (7\text{-}4)$$

그러나 직선열원 주위의 열전달 매체는 그라우트와 토양(또는 암석) 등으로 구성된 이질 매질(heterogeneous medium)이다. 따라서 직선열원 주위의 보어홀과 토양 사이의 열저항 등을 고려하면 식 (7-4)는 다음과 같이 표현된다.

$$\Delta T(r,t) = \frac{Q}{4\pi k_s L}\int_{x_0}^{\infty}\frac{e^{-u}}{u}du + \frac{QR_b}{L} \qquad (7\text{-}5)$$

식 (7-5)에서 지수적분 항을 다음과 같이 근사식으로 표현할 수 있다.

$$\int_{x_0}^{\infty}\frac{e^{-u}}{u}du \approx -\gamma - \ln x_0 \ + Ax_0 - Bx_0^2 + Cx_0^3 - Dx_0^4 + Ex_0^5 \qquad (7\text{-}6)$$

여기서 A, B, C, D, E의 값은 각각 0.99999193, 0.24991055, 0.05519968, 0.00976004, 0.00107857이며, γ는 0.577의 값을 갖는다.

열응답시험 수행시간을 충분히 길게 하여 파이프나 그라우트의 열저항을 무시할 수 있게 되면 라인소스 모델을 다음과 같이 더욱 단순화할 수 있다고 Mogensen은 제안하였다.

$$\int_{x_0}^{\infty}\frac{e^{-u}}{u}du \approx \ln\frac{1}{x_0} - \gamma \quad \text{for} \ \ \frac{\alpha_s t}{r_b^2} \geq 5 \qquad (7\text{-}7)$$

$$\Delta T(r,t) = \frac{Q}{4\pi k_s L}\left[\ln t - \gamma\right] \qquad (7\text{-}8)$$

식 (7-8)로 표현되는 단순 라인소스 해석은 식 자체가 1차 선형식이기 때문에 열전도도를 계산하는 데 쉽게 적용될 수 있다.

일반적으로 지중 루프 열교환기는 지면에서 수직으로 천공된 보어홀 안으로 U자관 파이프를 삽입한 후 보어홀과 지중열교환기 파이프 사이의 빈 공간을 그라우팅 재료로 완전히 채움으로써 시공된다. 이 지중 루프 열교환기의 성능은 열교환기 순환수와 열교환기 주위 복합매질(뒤채움재/토양 혼합층) 사이에서 이루어지는 열전달과 밀접한 관련이 있다. 여기서 열전달에 영향을 미치는 요인 중 설계자가 선택할 수 있는 사항은 그라우팅 재료의 열전도도이기 때문에 이는 매우 중요한 변수라고 할 수 있다.

현재 주로 사용되는 순수 시멘트 그라우트(시멘트 + 물)와 순수 벤토나이트 그라우트(벤토나이트 + 물)의 열전도도는 보어홀 주변의 토양 또는 암반의 열전도도와 비교했을 때 상대적으로 낮다. 또한 벤토나이트 그라우트를 적용할 경우 투과성, 접착력 그리고 그라우트가 함유하고 있는 수분 유출로 인한 열전도계수 감소 등의 사항을 고려해야 하며, 규사(silica sand)와 같은 고체 재료를 첨가함으로써 열전도계수를 향상시킬 수 있다.

현장열응답시험에서 발생할 수 있는 오차를 줄이기 위한 다양한 방법이 제안되었으며, 일반적으로 다음 사항을 준수해야 한다.

1. 지중열교환기 파이프를 통한 열전달량은 시스템 적용 건물의 예상 최대 부하와 비슷한 값으로 하여 12~48시간을 유지하여야 한다.
2. 보어홀 내(파이프 및 그라우트)의 열저항을 최소화한 상태에서 측정된 온도 상승이 지중의 열물성에 의해 영향을 받도록 한다.

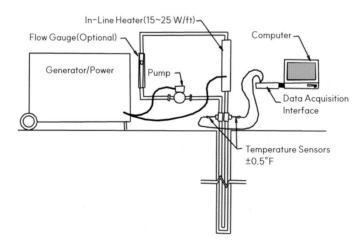

그림 7-13　현장열응답시험 개략도

3. 시험 보어홀의 깊이는 실제 지중열교환기 매설 깊이와 동일하게 한다.

4. 지중열교환기 파이프 매설 후 24시간이 경과한 후에 시험을 시작하며, 시멘트 그라우트 인 경우 72시간이 지난 후에 시험을 시작한다.

5. 시험 보어홀 천공 시 대량의 진흙이나 공기가 사용되었거나 혹은 열전도율이 매우 낮은 그라우트를 사용했을 경우 36~48시간의 시험시간을 고려한다.

7.2.7 지열 열펌프 시스템의 냉난방 사이클

냉방 사이클로 작동하는 지열 열펌프의 개략도를 **그림 7-14(a)**에 나타내었다. 고온·고압의 냉매는 과열증기 상태로 압축기를 나와 4방 밸브를 거쳐 응축기로 들어간다. 응축기에서 고온의 증기냉매는 상대적으로 온도가 낮은 부동액과 열교환을 한다. 이 과정에서 부동액의 온도는 상승하며, 증기냉매는 기상(vapor phase)에서 액상(liquid phase)으로 상변화(응축)를 하게 된다. 응축기를 나온 고온의 액상냉매는 팽창밸브를 지나면서 저온·저압의 상태가 된다. 저온·저압상태의 액상냉매는 증발기로 들어가 실내공기와 열교환을 한다. 이 열교환 과정에서 액상냉매는 증발기로 유입되는 실내공기를 차갑게 만들면서 증기로 상변화(증발)를 하게 된다. 증발기를 나온 저온·저압의 액상냉매는 4방 밸브를 지나 압축기로 들어가 압축과정을 겪으면서 다시 고온·고압의 증기냉매가 된다.

전형적인 지열 열펌프에서 부동액의 응축기 입구온도는 약 15℃이고 출구온도는 냉매로부터 열을 받아 약 5℃ 정도 상승한다. 온도가 상승한 부동액은 지중열교환기 파이프 내를 순환하면서 약 12℃의 토양과 열교환을 하여 설정 입구온도가 된다.

그림 7-14(b)는 지열 열펌프의 난방 사이클을 개략적으로 나타낸 것으로서 압축기를 나온 고온·고압의 증기냉매는 4방 밸브를 거쳐 응축기로 들어간다. 응축기에서 고온의 증기냉매는 상대적으로 온도가 낮은 실내순환공기(물-공기 방식) 또는 물(물-물 방식)과 열교환을 수행한다. 이 과정에서 증기냉매는 액상으로 상변화를 하고 실내순환공기 또는 물은 냉매가 갖고 있던 열을 받아 온도가 상승한다. 온도가 상승한 공기 또는 물은 분배장치를 통해 난방을 하거나 온수를 공급하게 된다. 응축기를 통과하면서 액상으로 상이 변한 냉매는 팽창밸브를 지나면서 온도와 압력이 감소하여 증발기로 들어간다. 증발기로 유입된 액상냉매는 지중열교환기를 순환하는 부동액으로부터 에너지를 받아 다시 증발하고 4방 밸브를 지나 압축기

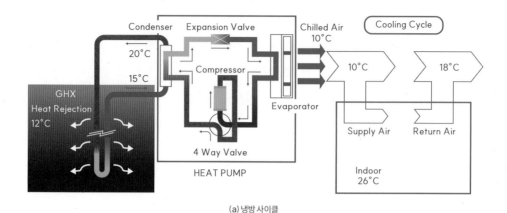

(a) 냉방 사이클

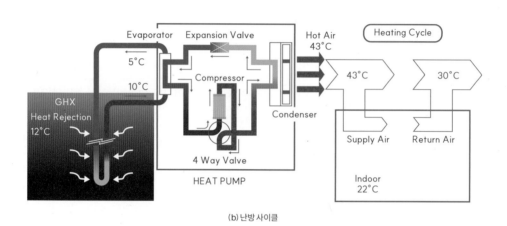

(b) 난방 사이클

그림 7-14 지열 열펌프 시스템 냉난방 사이클

로 들어간다. 압축기는 저온·저압의 액상냉매를 압축하여 처음 상태로 만든다. 지중열교환기의 부동액은 증발기에서 냉매를 증발시키고 자신은 약 5℃ 정도 온도가 감소한다. 이때 부동액의 증발기 입구온도는 대략 10℃이다. 온도가 강하된 부동액은 지중열교환기 내를 순환하면서 약 12℃의 토양과 열교환을 하여 설정 입구온도가 된다. 실내측 분배장치는 기존의 냉난방설비와 차이가 없다. 즉, 공기조화기의 팬코일유닛(FCU, Fan Coil Unit) 등과 조합하여 사용할 수 있다.

열펌프 시스템은 성능계수(COP, Coefficient of Performance)라는 지표를 사용한다. 열을 고온에서부터 저온으로 전달하기 위해 투입된 일에 비해 얼마만큼의 열을 고온부에서 획득하였는지에 대한 것으로 적은 일을 들여서 많은 열을 획득하였다면 성능계수가 높은 것이다.

$$COP_C = \frac{Cooling\ effect}{Work\ input}\ =\ \frac{Q_C}{W} \qquad\qquad \text{(7-9)}$$

$$COP_H = \frac{Heating\ effect}{Work\ input}\ =\ \frac{Q_H}{W} \qquad\qquad \text{(7-10)}$$

7.3 지열발전

7.3.1 개요

지열발전(geothermal power)은 통상 지하 2 km 깊이 이상에 부존하는 180℃ 이상의 고온 지열 저류층(지열수 또는 증기가 부존하는 층)에 시추공을 굴착하여 생산한 증기로 발전기 터빈을 돌려 전기를 생산하는 방식이다. 지열 저류층이 존재하기 위해서는 3대 조건으로 일컫는 열원, 저류구조, 유체(지열수)의 조건을 갖추어야 하며, 주로 환태평양조산대에 집중되어 부존하고 있기 때문에 지열자원 부존의 지역적 편차가 심하다.

1904년 이탈리아 투스카니(Tuscany) 지방의 라르데렐로(Larderello)에서 지열증기를 이용해 전구 5개를 밝힌 것이 시초이며, 1913년에 이 지역에서 상업적 발전을 시작하였다. 세계에서 가장 큰 지열발전 지대는 미국 캘리포니아주 더 가이저스 지열발전소(The Geysers Geothermal Field)로서 총 13개의 발전소에서 총발전용량 630 MW(순 전력 기준)의 지열발전이 이루어지고 있다(Calpine, 2023).

7.3.2 지열발전의 종류

지열발전은 고온 열수자원의 부존 방식에 따라 건증기(dry steam), 플래시(flash), 바이너리(binary) 발전 방식으로 분류된다(**그림 7-15**).

건증기 방식은 저류층의 온도가 충분히 높아 지열수가 저류층에 증기로 존재하고 지상으로 이동함에 따라 온도가 하강하더라도 지상에서 증기상태로 존재하는 경우에 사용하는 방식이다. 파이프 내에는 증기만 존재하기 때문에 별도의 물과 증기를 분리시키는 분리기가 필요 없다. 따라서 증기가 바로 터빈으로 유입되어 터빈을 회전시켜 전기를 생산한다. 지열발전 방식 중 가장 효율이 높은 방식이지만 건증기 방식으로 발전이 가능한 우수한 지열 저류층이 많지 않아 쉽게 선택할 수 없다는 것이 단점이다. 생산정을 통해 고압의 증기가 분출하여 이를 곧바로 터빈에 보내어 발전을 하게 되며 단위 생산정당 출력이 상대적으로 높다.

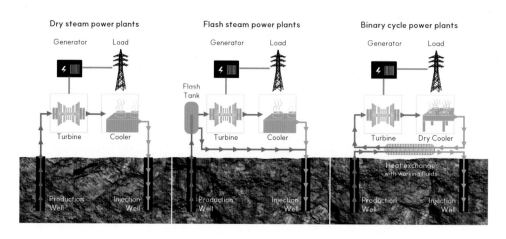

그림 7-15 정류별 지열발전 플랜트 모식도
(자료 : US DOE, 2019)

플래시 방식은 지열 저류층에 열수 또는 열수와 증기가 혼합되어 있을 때 적용하는 방식이다. 생산정을 따라 지표로 올라올 때 압력 강하에 의해 증기로 변한 부분만 터빈에 보내어 발전하며, 증기와 열수를 분리하는 단계에 따라 1단, 2단, 3단 플래시 방식으로 구분한다.

바이너리 방식은 저류층 온도가 낮은 경우 플래시 압력이 충분하지 않기 때문에 끓는점이 낮은 작동유체(통상적으로 냉매)에 열을 전달해서 작동유체의 증기압을 이용해 발전하는 방식이다. 작동유체를 냉각(응축)하는 데 별도의 에너지가 필요하며 냉각수의 온도에 따라 낮은 온도의 열수를 이용한 발전도 가능하다.

7.3.3 심부지열발전을 위한 탐사

심부지열에너지는 지열자원을 찾고 개발하는 과정이 통상적인 자원개발 과정과 많이 유사하다. 통상 지열조사는 넓은 지역에 대한 광역조사로 시작해서 선별된 지역에 대한 상세조사가 이루어지고, 상세조사를 통해 시추후보지가 선정되면 시추조사가 이루어진다.

광역조사는 우리나라 전반 혹은 광역적인 범위에 대해 지질도, 지온경사, 지열류량 등의 분포자료로부터 열원과 기반암의 분포 등을 조사한다. 지질도를 이용한 광역지질조사가 필수적이며, 기존 시추공 자료를 분석하여 지온경사, 지열류량, 열생산율 분포를 알아낸다. 항공중력 및 항공자력 탐사를 통해 광역 중력도와 자력도를 획득하면, 이를 분석하여 기반암 분포, 화강암지역 및 퇴적분지 등의 광역구조를 알아낸다. 이를 위해 한국지질자원연구원 등에서 제공하는 광역지질도, 지체구조도, 중력이상도, 자력이상도, 지열류량 분포도, 지온경사 분포도 등의 조사자료를 광역조사에 활용할 수 있다.

광역조사로부터 특정 지역이 선정되면, 그 지역에 대해 상세지질조사와 물리탐사가 이루어진다. 상세조사를 통해 특정 지역에서 유망한 저류구조를 발견하면 그 지역에 대해 시험시추가 이루어진다.

(1) 광역조사

광역조사는 대상 지역 및 그 주변에 대해 기존에 수행된 지질조사와 물리탐사 그리고 지화학탐사 등 선행 조사자료를 종합 분석하는 것부터 시작한다. 먼저 광역지질도 및 지형도를 분석하고, 국내 화산 및 온천 분포도를 분석한다. 우리나라의 경우 활화산이나 활발한 지각변형에 기인한 고온성 지열자원이 부존하지 않으므로 비화산성, 저온의 지열자원 부존 특성을 가진다. 일부 제4기 화산활동이 보고된 제주도와 울릉도의 화산섬과 백두산 등에서 고온성 지열자원의 존재 가능성이 있으나 추가적인 조사가 필요하다.

광역조사의 범위는 지열 개발의 심도 및 목적에 따라 달라질 수 있으나, 빗물이 모여 동일한 수계를 형성하는 집수영역을 포함하는 것이 일반적이며, 읍, 면 단위 또는 그보다 넓은 영역이 될 수 있다.

(2) 상세조사

상세조사는 선정된 유망한 지역에 대한 좀 더 자세한 조사를 일컫는다. 상세조사는 주로 지상에서 탐사가 이루어지며, 측정 간격이 광역탐사 단계보다 더욱 조밀해진다. 상세조사의 목적은 보다 자세한 조사를 통해 지열자원의 확보를 파악하고 이후 진행될 조사시추 및 시험시추의 위치를 선정하는 것이다. 이를 위해 주로 물리탐사 기술이 활용되는데 상세 중력·자력 탐사를 통해 중력 및 자력 기반과 자력선구조를 해석하여 지하 저류층에서의 균열, 파쇄대, 지하수 분포 등을 파악한다.

심부 파쇄대 혹은 지열저류층의 깊이와 범위 등을 파악하기 위해서는 주로 탄성파탐사와 자기지전류(MT, magnetotellurics) 탐사가 활용된다. 탄성파탐사의 경우 층의 경계 및 지하 심부 구조에 대한 상세한 영상을 보여주며, 석유가스 자원탐사와 같은 심부탐사에 주로 이용되므로 유용한 탐사법이라고 할 수 있다. 그러나 우리나라와 같이 산이 많고 인구가 밀집된 지역의 경우 현장자료 취득이 쉽지 않아 활용에 제약이 따르며, 다른 탐사법에 비해 비용이 많이 든다는 단점이 있다. 따라서 심부지열탐사에서는 전자탐사 중에서 자연송신원을 이용하여 심부에 대한 결과를 제시하는 자기지전류 탐사가 주로 이용된다.

(3) 시추조사

상세조사 결과 지하의 지질구조와 목표가 되는 지열저류층이 해석되면 이를 확인하고 개발 가능량을 산정하기 위한 특정 위치를 선정하여 시추조사가 이루어진다. 시추조사에 의해 깊이별 암석의 구성, 파쇄대/단층의 존재, 조사시추공에서의 물리검층에 의한 각 층의 물성, 그리고 필요한 경우 코어링을 통해 코어를 회수하여 지층 구성 암석의 물리적·역학적 성질과 화학조성을 분석한다. 또한 조사시추공을 이용한 양수시험을 통해 지열수의 온도, 지열저류층의 규모, 개발가능량 등을 해석하며, 최종적으로 조사시추공은 주입정이나 저류층의 모니터링용으로 활용된다.

7.3.4 비전통 지열에너지

심부지열에너지는 지온경사가 상대적으로 우수한 환태평양조산대 부근 지역에서만 개발이 활발하며 보통의 지온경사를 갖는 지역에서는 적용이 매우 제한적이다. 비전통 지열에너지 (unconventional geothermal energy)는 지열에너지를 보다 보편적으로 개발하기 위하여 통상적인 방식 이외에 새로운 기술이 적용된 지열에너지 방식을 일컫는다. 가장 대표적인 방

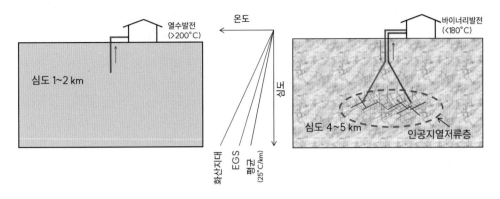

그림 7-16 전통적인 지열에너지(왼쪽)와 EGS 지열에너지(오른쪽) 개발의 차이점

식이 인공저류층 지열시스템(EGS, Enhanced Geothermal Systems)으로 지온경사에 따른 지역의 편재성을 극복하기 위해 보다 심부에서 개발을 하되 이에 따른 투수율 감소를 보완하기 위해서 수리자극(hydraulic stimulation)을 실시하여 투수율을 높이는 것이 필수적인 방식이다(**그림 7-16**). 또한 상대적으로 낮은 온도의 지열수를 생산하기 때문에 바이너리 지열발전을 시행하는 것이 일반적이다.

인공저류층 지열시스템은 미국 로스앨러모스국립연구소(Los Alamos National Laboratory) 주도로 1970년대 초에 화강암 지대인 펜턴 힐(Fenton Hill)에서 현지 실험을 실시하면서 처음으로 시작되었다. 두 단계로 나뉘어 진행된 연구를 통해 지하 심부의 결정질 암반의 두 개의 보어홀 사이에서 인공저류층을 형성시키고, 60 kW급의 전기를 생산함으로써 EGS 개념을 통해 지열발전의 가능성을 확인하였다(MIT, 2006). 펜턴 힐에서 진행된 프로젝트에서 보어홀은 심부 약 4 km 내외까지 시추되었으며, 이후 일본의 히지오리와 오가치 지역, 영국의 로즈마노웨즈(Rosemanowes)와 프랑스의 술츠(Soultz) 지역에서도 인공저류층 지열시스템의 현지실험이 진행되었으며, 2003년부터는 호주의 쿠퍼 베이슨(Cooper Basin) 지역에서 대규모 실증사업이 진행된 바 있다.

일련의 실증실험을 통해 수압파쇄에 의한 인장파괴가 주된 인공저류층 형성의 메커니즘일 것이란 애초의 예상과 달리 균열면에서의 전단파괴가 주된 메커니즘인 것으로 파악되었다. 전단파괴란 암반 내 균열의 미끄러짐 현상을 일컫는 것으로 암반 내의 균열면이 거칠기 때문에 미끄러짐 발생 시 간극(균열의 틈)이 증가하게 되고 따라서 균열암반 내로 동일 수압이 작용할 때 유동량이 커져서 인공적인 저류층이 형성되는 것이다. **그림 7-17**은 저류층에서 수리자극을 실시하였을 때의 투수율 증가를 도식적으로 보여준다. 그림에서 보듯, 수리자극에 의한 인공저류층 형성은 현지 응력상태와 균열 방향에 크게 좌우되며 균열의 크기, 다수의 균열이 존재할 때의 상호작용, 균열 근처 응력집중도의 변화, 전단변형 시의 수리전도도 변화특성 등 신뢰성 있는 예측을 위해 고려해야 할 요소가 많다.

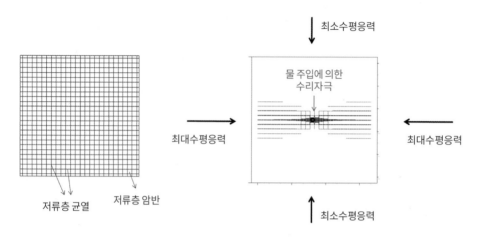

그림 7-17 수리자극에 따른 투수율 증가의 예
(자료 : 민기복, 2011)

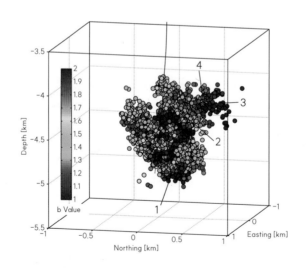

그림 7-18 바젤 프로젝트에서 계측된 미소지진 발생의 예
(자료 : Zang 외, 2014)

수리자극에 의한 투수율 향상은 EGS 기술의 핵심내용으로 지표와 지중에 설치한 계측 장치를 통해 측정된 미소지진(microseismicity)을 통해 관측할 수 있으며 이 관측을 통해 투수율이 향상된 지역을 확인할 수 있다. **그림 7-18**은 스위스 바젤(Basel) 지역의 심도 약 5 km에서 시행된 수리자극에서 발생한 미소지진을 표시하고 있다. 미소지진은 암반균열의 미끄러짐이 발생했을 때 관측되는 것이므로 이와 같은 관측을 통해 인공저류층이 형성된 지역의 크기를 산정할 수 있고, 이를 바탕으로 보다 큰 규모의 지진 발생 가능성을 파악할 수 있다는 점에서 미소지진의 관측 및 관리는 EGS 기술의 핵심기술로 간주된다.

7.4 지열에너지 국내 잠재량

7.4.1 천부지열

(1) 이론적 잠재량
천부지열의 이론적 잠재량은 열펌프를 이용하여 지하 300 m 지층 내에서 획득할 수 있는 냉난방용 채열량(H)의 연간 총열에너지로 정의된다. 천부지열에너지 잠재량은 지하 150 m 깊이의 수직밀폐형 지중열교환기를 대상으로 36 m² 기준 면적에서 생산되는 채열량으로 산출한다. 냉난방기간은 각각 6개월간 12시간 이용을 기준으로 정하였으며, 지열설비용량은 보어홀당 10.5 kW(3RT)를 가정하였다. 난방 제한 온도는 5℃ 이상 운전, 냉방 제한 온도는 25℃ 이하 운전 조건을 적용하였다.

천부지열에너지의 잠재량 산정 결과는 150 m 격자별 지온평균이 17.66℃이고, 열전도도는 2.64 W/(m·K), 깊이당 평균 난방 채열량은 59.17 W/m, 냉방 채열량은 40.45 W/m로 나타났다. 해당 수치를 이용하여 연산한 이론적 잠재량의 설비용량과 연간발전환산량은 22,236 GW, 55,796 TWh/year이다.

(2) 기술적 잠재량
기술적 잠재량은 지리적 영향요인과 기술적 영향요인을 부과하여 산정하는데, 지리적 배제요인은 하천, 습지, 경사도 20° 이상, 산지 1,000 m 이상 등 현시점에서 설비설치가 불가능하거나 매우 어려운 요인을 말한다. 기술적 제약조건은 냉난방용 채열량 생산에 적용되고 있는 국내 냉난방 시간을 고려하였는데, 국내에서의 난방시간은 734 hr/year, 냉방시간은 450 hr/year으로 한국에너지공단에서 제시된 기준을 적용하였다. 입지 제약이 있는 대상지를 제외하고 기술적 제약요인을 반영하면 기술적 잠재량의 설비용량 및 연간발전환산량은 1,256 GW, 932 TWh/year이다.

(3) 시장 잠재량

시장 잠재량은 지난 2008년부터 시행된 보급활성화 정책에 따라 공공기관의 의무화 설치를 고려하여 별도의 경제적 지원 없이 모든 건물에서의 잠재량이 산정되었다. 시장 잠재량에 대한 설비용량 및 연간발전환산량은 각각 334 GW, 29 TWh/year이다.

7.4.2 심부지열

(1) 이론적 잠재량

심부지열의 잠재량 계산은 획득가능한 에너지의 양을 추산한다는 의미에서 중요한 반면 지속가능한 생산에 대한 시각에 따라 여러 가지 방식으로 접근할 수 있다. 여기에서는 지열발전을 중심으로 잠재량 계산법을 살펴본다.

가장 널리 쓰이는 방법은 지하암반이 가지고 있는 모든 열에너지를 체적법(volume method)을 이용하여 합산하고 지열발전의 가동 기간을 30년으로 산정하여 이론적 잠재량을 계산하는 것이다. 이 방법으로 이론적 잠재량을 계산하면 다음과 같다(Beardmore 외, 2010).

$$H = \rho \times C_p \times V_c \times (T_x - T_r) \times 10^{-18}$$
$$T_r = T_0 + 80 \tag{7-11}$$

여기서 H는 각 심도별 저장되어 있는 열에너지(EJ), ρ는 암반의 밀도(kg/m^3), V_c는 암반의 부피(m^3), T_x는 암반의 온도, T_r은 발전 가능한 표준온도(reference temperature)로 최저 발전가능온도를 80℃로 산정한 것이고, 뒤 10^{-18}은 열에너지 단위를 고려하여 포함되었다.

지열발전의 가동연한을 30년으로 설정할 경우 발전가능한 이론적 잠재량은 다음 식으로 계산된다.

$$P = H \times 10^{12} \times \eta_{th} / 9.46 \times 10^8$$

$$\eta_{th} = 0.00052 \times T_x + 0.032 \tag{7-12}$$

여기서 P는 지열발전의 이론적 잠재량(MW), η_{th}는 발전 효율(Tester 외, 2006)로 온도가 160℃일 때 0.1152로 계산된다. 9.46 × 10⁸은 30년을 초 단위로 나타낸 것이다.

이러한 방법을 이용하여 우리나라의 이론적 잠재량을 추정하기 위해 활용한 온도 분포가 **그림 7-19**에 표시되어 있다. 이 해석에서 입력 자료로 암석 밀도, 비열 및 열전도도 1,516개, 열생산율 180개, 지열류량 352개, 지표면 온도 54개 자료를 사용하여 우리나라 내륙을 34,742개의 1′×1′ 크기 격자로 나누어 3~10 km 깊이 범위에 걸쳐 1 km 깊이 구간별로 온도 분포를 계산하고 이로부터 열에너지 부존량을 계산하였다(송윤호 외, 2011). 이에 따르면 우리나라 지하 3~10 km 범위의 이론적 잠재량은 6,975 GW로 계산되었고, 이는 우리나라 발전용량이 100 GW 상회인 것을 고려하면 매우 큰 양임을 알 수 있다.

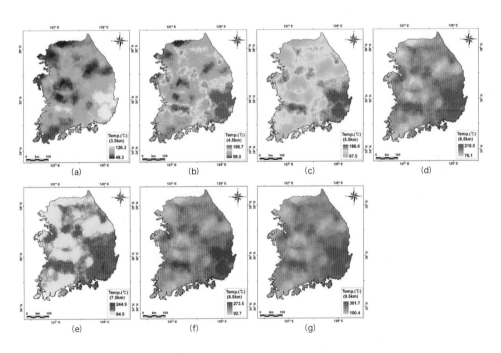

그림 7-19 지열 잠재량 산정에 이용된 우리나라 지하암반의 심도별 온도분포.
(a) 3~4 km, (b) 4~5 km, (c) 5~6 km, (d) 6~7 km, (e) 7~8 km, (f) 8~9 km, (g) 1~10 km.
(자료 : 송윤호 외, 2011)

(2) 기술적 잠재량

기술적 잠재량은 이론적 잠재량에서 지형 및 지리적·인문사회적 입지조건을 고려하고 회수율 등의 기술적 제약을 적용하여 부적합 부분을 제외시키는 과정을 거쳐서 평가되는데, 다음의 과정을 따른다(송윤호 외, 2011; Beardsmore 외, 2010).

○ 대도시, 산악 및 수계, 생태보호지구 등 환경적으로 접근 불가능 지역을 제외함으로써 각 격자에 가중치 R_{av} 부여

○ 현재 10 km 깊이까지의 시추 및 저류층 생성은 기술적으로 매우 어려운 문제이므로 6.5 km 깊이까지를 한계로 설정

○ 수리자극에 의해 발생하는 파쇄대의 특성을 알지 못하는 경우에 결정질 암반에서 평균 R = 0.14 사용

○ 지열수 온도가 10℃ 이상 내려갈 경우 바이너리 발전의 효과적 작동이 불가능함을 가정하여 고려

이와 같은 고려를 반영할 경우 기술적 잠재량은 다음 식으로 표현된다.

$$P_T = P \times R_{av} \times R \times R_{TD}$$
$$R_{TD} = 10/(T_x - T_r)$$

$(7\text{-}13)$

여기서 P_T는 기술적 잠재량, R_{av}는 접근 가능지역을 고려한 계수, R_{TD}는 온도강하(Thermal Drawdown)를 고려한 계수이다.

이러한 기술적 잠재량을 우리나라에 적용하기 위해 심도 3~6.5 km만을 고려하고, 개발행위가 가능한 지역만을 고려하고, 또한 암반으로부터의 열회수율(0.14)과 발전시설의 온도특성까지 포함해서 산출할 수 있다. 온도강하요소 10℃를 고려할 경우 총 기술적 잠재량은 19.6 GW로 나타난 바 있다(송윤호 외, 2011).

이러한 기술적 잠재량 산정방식은 느린 속도로 진행되는 열유속의 진행특성을 고려하지 못했기 때문에 이를 고려한 잠재량을 주장하는 경우도 있다(MacKay, 2009). 만약 우리나라의 평균 열유량을 50 mW/m²으로 가정하고 우리나라의 국토 면적을 고려하면 이에 따른 이론적 잠재량이나 기술적 잠재량도 계산할 수 있다(민기복, 2014).

7.5 지열에너지의 장단점

7.5.1 지열에너지의 장점

지열에너지의 장점은 다음과 같다.

첫째, 지열에너지는 광산 등을 통한 원료 채취과정과 운반과정을 거치지 않으며 연료를 연소시키지 않고 뜨거운 물과 증기를 바로 이용하므로 이산화탄소 배출량이 석탄 등에 비해 월등히 적다. **그림 7-20**은 다양한 에너지원별 전주기 활동을 고려하여 kWh당 이산화탄소 배출량을 나타낸 것이다. 그림에서 볼 수 있듯이 지열발전의 이산화탄소 배출량은 석탄, 천연가스 등 전통에너지원에 비해 월등히 적다.

둘째, 지열에너지는 우리나라에서도 생산 가능한 국산 에너지로 난방, 발전 등을 위해 수입하고 있는 에너지원을 대체할 수 있어 에너지 안보에 기여한다. 석유 및 가스, 석탄, 우라늄 등 우리나라의 총 에너지 수입은 2017년 기준 약 1,090억 달러(약 135조 원)로 우리나라 총

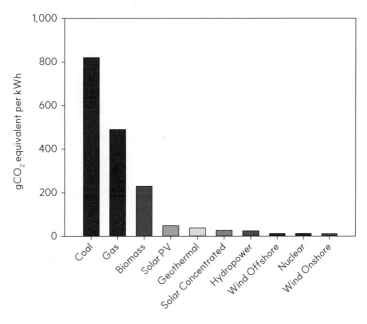

그림 7-20 발전원별 kWh당 전주기 이산화탄소 배출량
(자료 : Suraci et al., 2022)

수입 대비 23%를 차지한다. 또한 에너지 사용량의 94%를 수입에 의존하고 있어 우리나라는 에너지 안보가 가장 취약한 나라 중 하나로 간주되고 있다(에너지경제연구원, 2018).

셋째, 24시간 지속적으로 공급이 가능한 기저부하 에너지로 여타 신·재생에너지와 차별화된다. 태양광과 풍력 등의 신·재생에너지는 주요한 에너지원임에는 틀림없으나 바람의 세기, 일조량 등이 일중, 연중 큰 변화를 보이는 점이 단점이다. 하지만 지열에너지는 지상의 기후변화, 일중 변화 등과 무관하게 땅속의 열원을 일정하게 활용할 수 있어서 보다 안정적인 에너지 공급을 할 수 있는 기저부하 에너지원이다. 지열발전의 경우 가동률은 통상 70~90% 내외로 태양광이나 풍력 등 여타 신·재생에너지보다 동일한 설치용량에 비해 3~4배의 높은 전력생산 효과를 거둘 수 있다(**그림 7-21**).

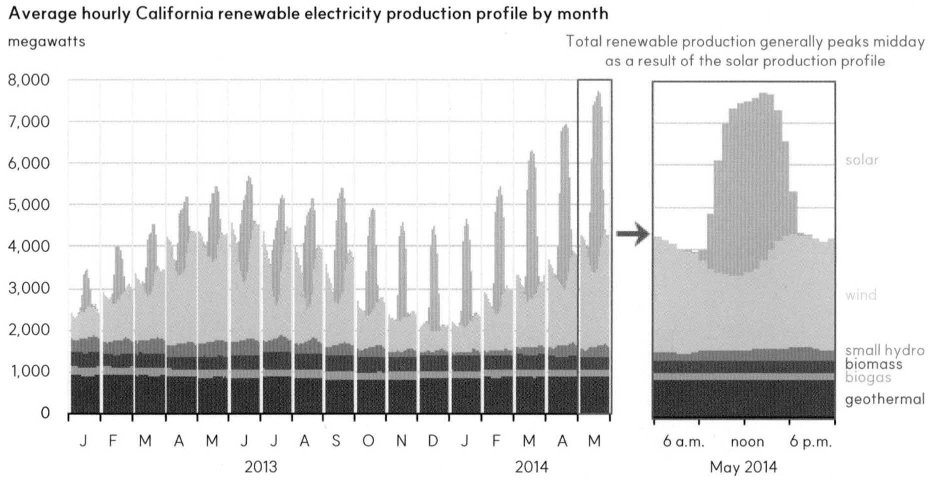

그림 7-21　미국 캘리포니아에서의 신·재생에너지원별 일중 전력생산 현황
(자료 : US EIA, 2014)

넷째, 핵심공정이 지하암반에서의 유체순환이므로, 지상의 토지 이용을 최소화하여 석탄, 태양광 등에 비해 지상 토지의 사용 면적이 월등히 적다. **표 7-3**은 다양한 에너지원별 토지 이용 현황을 나타낸 것으로 지열발전의 토지 이용은 태양광 등에 비해 5~10%로 적어 지상 환경에 미치는 영향이 제한적이다. **그림 7-22**는 미국 네바다주의 설비용량 26 MW의 Galena 3 바이너리 플랜트의 전경으로 제한된 토지가 활용되고 있음을 보여준다.

표 7-3 에너지원별 MW당 및 GWh당 토지 이용 현황

에너지원	토지 이용 (m^2/MW)	토지 이용 (m^2/GWh)
110 MW급 지열발전소(플래시, 시추공 제외)	1,260	160
20 MW급 지열발전소(바이너리, 시추공 제외)	1,415	170
49 MW급 지열발전소(FC–RC플랜트, 시추공 제외)	2,290	290
56 MW급 지열발전소(플래시, 시추공 포함)	7,460	900
2,268 MW급 석탄발전소	40,000	5,700
670 MW급 원자력발전(광산 제외)	10,000	1,200
47 MW급 태양열발전(Mojave Desert, 미국)	28,000	3,200
10 MW급 태양광발전소(Southwester, 미국)	66,000	7,500

자료 : Tester et al., 2006

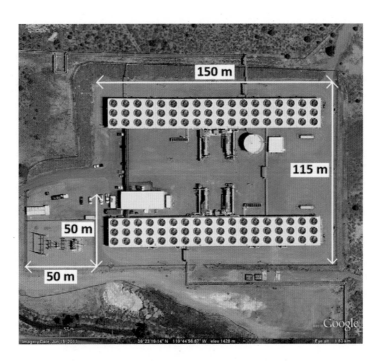

그림 7-22 미국 네바다 26 MW Galena 3 바이너리 플랜트의 전경
(자료 : DiPippo, 2016)

다섯째, 열을 직접 이용하는 방식의 경우 열효율이 높으며 발전과 결합하여 이용할 수 있다. 실제로 지열의 직접이용은 지열에너지 중 성장속도가 가장 빠른 분야로 지열히트펌프, 직접 열 이용, 터널 등 지하구조물을 이용한 지열 이용, 발전과 연계한 직접이용 등 다양한 분야의 응용이 이루어지고 있다.

7.5.2 지열에너지의 단점

지열에너지의 여러 장점에도 불구하고, 지열에너지는 사람이 접근할 수 없는 수백 미터에서 수 킬로미터 지하심부의 열을 이용하는 기술이기에 극복해야 할 점도 많다(민기복, 2016).

첫째, 고비용의 탐사 및 시추를 수행했으나 지열발전이 타당하지 않은 암반이 존재할 가능성이 있다. 예를 들어 호주 쿠퍼베이슨의 경우 2003년부터 2015년까지 심부 4 km 내외의 시추공을 6개 시추하는 등 심부지열에너지 개발을 위해 많은 노력을 하였으나 결과적으로 충분한 양의 지열수를 확보하지 못하여 상업적 성공으로 이어지지 못한 사례가 있다. 이러한 사례는 심부지열에너지를 고려하는 사업자에게 큰 위험요인이 될 수 있다(**그림 7-23**).

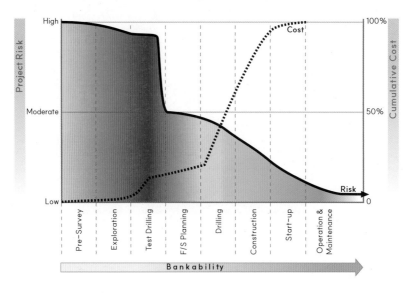

그림 7-23 지열개발의 단계별 리스크 및 비용 소요 모식도
(자료 : ESMAP, 2012)

둘째, 지열자원의 존재를 확인해야 하므로 부지 선정 작업이 오래 걸린다. EGS 기술을 사용할 때, 심부 시추에 5 km당 통상 100억 원 이상의 큰 비용이 발생하여 전체 지열발전 사업 비용 중 50% 이상을 차지한다.

셋째, 지열자원 중 심부지열에너지의 경우 환태평양조산대에 개발이 집중되어 있어 신·재생에너지로서 편재성이 상대적으로 높다. 따라서 모든 국가에서 지열발전을 신·재생에너지의 포트폴리오로 고려하기에는 보다 엄밀한 조사 분석이 필요한 형편이다.

넷째, 지열수의 생산 및 주입, 지열저류층의 투수율을 증가시키기 위한 수리자극 공정 시행 시 지진이 유발될 수 있다. 통상 이러한 공정 중 발생하는 지진의 크기는 규모 2.0 이내로 작아 미세지진 혹은 미소지진으로 불리나 이보다 큰 규모의 지진이 발생하여 주변에 피해를 준 사례가 다수 있다. 유발지진(induced seismicity)은 수리자극이 지진 발생의 직접적인 원인이 되었는지 혹은 지진 발생의 계기가 되었는지에 따라 유발지진과 촉발지진(triggered seismicity)으로 불리기도 하는데 흔히 유발지진이라고 통칭한다. 이러한 유발지진은 해당 지역의 지진 위험도, 지열수 생산, 주입 및 수리자극 공정의 적합성 등에 따라 다양한 양상으로 발생할 수 있으며 이에 대한 면밀한 검토가 필요하다. 독일 란다우, 스위스 바젤, 한국의 포항 등 다양한 지역에서 지열발전과 관련된 유발지진이 보고된 바 있다(Haring et al., 2008; Lee et al., 2019). **그림 7-24**는 유체 주입에 따른 유발지진의 발생 모식도이다.

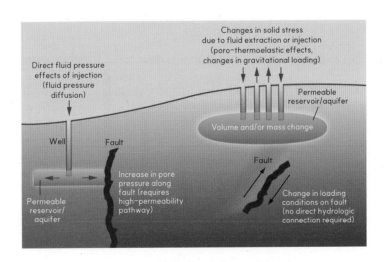

그림 7-24 유체의 주입에 따른 유발지진 발생 모식도
(자료 : Ellsworth, 2013)

7.6 국내외 보급 및 기술 현황

7.6.1 지열에너지 보급현황

(1) 지열 직접이용 분야

지열 직접이용 설비량은 총 107,727 MW(2020년 기준)이며 이용량으로는 연간 1,020,887 TJ/year로 5년 전에 비해 72% 증가하였다(**그림 7-25**). 직접이용원별로는 지열히트펌프의 증가가 큰 비중을 차지한다. 지열 직접이용이 이루어지는 국가는 2020년 현재 총 88개국이며 중국의 설치용량이 40,610 MW로 월등히 높으며, 미국, 스웨덴, 독일, 터키 등이 그 뒤를 따르고 있다. 우리나라의 경우 14위로 나타났다.

그림 7-26에 나타낸 분야별 설비용량 및 에너지 이용량에서 알 수 있듯이 지열원 히트펌프(GSHP)가 설비용량과 에너지이용량 면에서 지열 직접이용의 대표 분야임을 알 수 있다. 온천수를 직접 이용하는 온천과 수영장(bathing and swimming), 지역난방(space heating) 등도 지열의 직접이용이 활발한 분야이며, 그 외 분야는 상대적으로 중요성이 떨어지나 몇몇 나라에서는 온실재배, 농산물 건조나 양어/양식을 위해 지열에너지가 활용되고 있다.

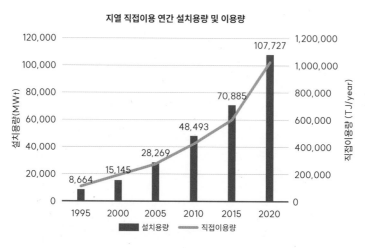

그림 7-25   전 세계 지열 직접이용 증가추이
(자료 : 민기복, 2022; Lund and Toth, 2020)

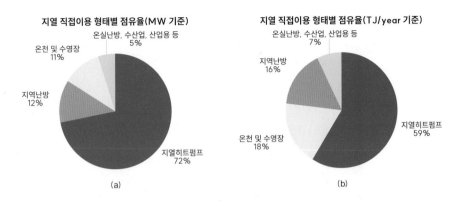

지열 직접이용 형태별 점유율(MW 기준)

지열 직접이용 형태별 점유율(TJ/year 기준)

(a)

(b)

그림 7-26 (a) 지열 직접이용 설비와 (b) 이용량 분포(2020년 4월 현재)
(자료 : 민기복, 2022; Lund and Toth, 2020)

(2) 지열발전 분야

전 세계 지열발전 설치용량은 15,950 GW(2020년 기준)이고 발전량은 95,098 GWh이다. **그림 7-27**은 5년 단위의 전 세계 지열발전 설비량 및 발전량 증가추이를 보여준다. 발전설비량은 5년간 3.7 GW(30%)가 증가하였고, 연평균 740 MW의 증가율을 보이고 있다. 벨기에, 칠레, 크로아티아, 온두라스, 헝가리 등 5개국이 2015년에 비해 새롭게 지열발전 국가로 등재되었다(Huttrer, 2020).

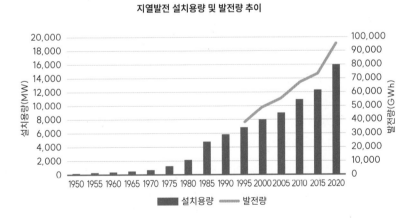

지열발전 설치용량 및 발전량 추이

그림 7-27 전 세계 지열발전 설비 용량 및 발전량 증가추이(2020년 4월 현재)
(자료 : 민기복, 2022; Huttrer, 2020)

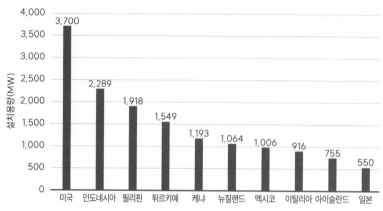

그림 7-28 지열발전 설비 보급 상위 10개국 현황(2020년 4월 현재)
(자료 : 민기복, 2022; Huttrer, 2020)

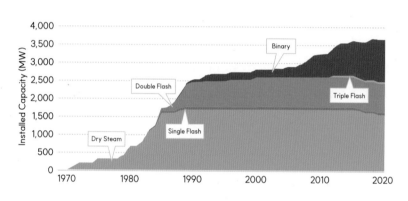

그림 7-29 연도별 발전 방식에 따른 설비량 분포 추이
(자료 : NREL, 2021)

그림 7-28은 지열발전 상위 국가의 분포를 나타낸다. 미국이 3.7 GW로 1위이며, 인도네시아가 2.289 GW로 2위, 필리핀이 1.918 GW로 지열발전 설치용량이 세 번째로 큰 나라이다. 지열발전의 상위 국가는 대부분 환태평양조산대 부근에 위치한 국가들이다. 하지만 독일(설치량 43 MW), 중국(35 MW), 프랑스(17 MW) 등 화산지대라고 할 수 없는 나라들에서도 적지 않은 양의 지열발전이 이루어지고 있음을 알 수 있다.

발전 방식별 설비량과 발전량을 살펴보면 1단 플래시(5,079 MW), 2단 플래시(2,544 MW),

3단 플래시(182 MW) 등의 플래시 방식 지열발전소가 62%를 차지하며, 다음으로 건증기 (2,863 MW), 바이너리 발전(1,790 MW) 순이다. 발전 방식은 기술의 차이가 아닌 지열자원, 그중 특히 지열 저류층의 온도에 좌우된다(Bertani, 2016). 바이너리 발전은 전체 보급량의 14%를 차지하며 계속적으로 중·저온 지열수를 이용한 발전이 중요해질 것으로 보인다(**그림 7-29**).

(3) 우리나라 지열에너지 보급현황

현재까지 우리나라에는 지열발전이 상용화되지 않았으며 지열히트펌프를 중심으로 한 직접 이용 분야에서 보급이 이루어지고 있다. 우리나라는 지열원 히트펌프가 주요 직접이용 분야 로서 설비용량 면에서 전체의 97% 이상을 차지하고 있으며, 이용량 면에서는 83% 정도이다. 우리나라의 지열히트펌프 시공량은 2019년 현재 설치용량 기준 약 1,400 MW를 상회한다. **그림 7-30**은 우리나라 지열히트펌프의 연간 설치용량 변화를 나타낸 것으로 매년 100 MW 급 이상이 추가 설치되는 등 꾸준한 성장을 이루고 있음을 알 수 있다.

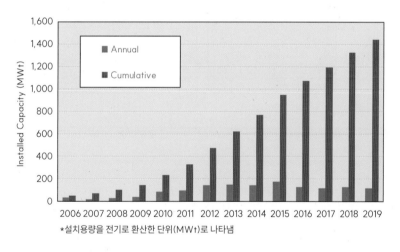

*설치용량을 전기로 환산한 단위(MWt)로 나타냄

그림 7-30 우리나라 지열히트펌프 설치용량 변화 추이
(자료 : Song and Lee, 2020)

1. 지열에너지의 장단점에 대하여 논하시오.

2. 심도 1 km의 암반이 사암, 셰일, 화강암으로 구성되어 있다. 지표의 온도는 15℃, 하부로부터의 지열유량을 70 W/m²이라 가정할 때 암반의 온도분포를 표기하시오. 여기서 사암, 셰일, 화강암의 열전도도는 각각 2.7 W/mK, 1.7 W/mK, 3.5 W/mK이다. 암반층에 열원은 없다고 가정한다. 동일한 계산을 셰일층이 없고 사암과 화강암만으로 이루졌다고 가정하여 실시하고, 얻어진 두 결과에 대해 토의하시오.

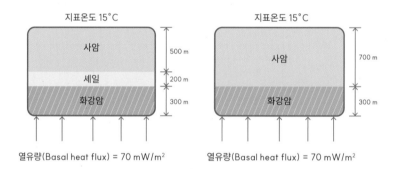

3. 심도 1~5 km 사이에 존재하는 우리나라 심부지열에너지의 이론적 잠재량을 계산하시오. 이 계산에 필요한 암석의 물리적 성질이나 지온경사 등은 문헌 등을 통해 확보한다.

4. 지열 열펌프의 수직밀폐형 지중열교환기 구조에 대해 서술하시오.

5. 지열 열펌프 시스템의 구성도와 P-h 선도를 그리고 성능계수를 나타내시오.

6. 지열 열펌프 시스템의 장단점을 기술하시오.

참고문헌

국내문헌

민기복. (2011). 비화산지대 지열발전을 위한 EGS 기술의 현황과 전망. 설비저널, 제40권, 9월호, 29-34

민기복. (2022). 지열에너지(제9절). 신재생에너지 백서. 한국에너지관리공단

송윤호. (2016), 지열에너지(제9절). 신재생에너지 백서, 한국에너지관리공단

송윤호, 백승균, 김형찬, 이태종. (2011). 우리나라 EGS 지열발전의 이론적 및 기술적 잠재량 평가. 자원환경지질, 제
44권, 제6호, 513-523

에너지경제연구원. (2018). 에너지통계연보

장기창. (2014), 지열에너지(제9절). 신재생에너지 백서, 한국에너지관리공단

장기창. (2006). 부하추종형 고효율 지열히트펌프 시스템 개발(부록, GSHP의 지중열교환기 설계 및 시공기술 개발).
산업자원부

국외문헌

Beardsmore, G. R., Rybach, L. (2010). A protocol for estimating and mapping global EGS potential,
Calpine, https://geysers.com/The-Geysers/Geysers-By-The-Numbers (방문일 : 2023년 9월 25일)

DiPippo R. (2016). Geothermal Power Plants: Principles, Applications, Case Studies and Environmental
Impact, 4th Ed., Elsevier

Ellsworth, W. L. (2013). Injection-Induced Earthquakes, Science, 341(6142):1225942. DOI:10.1126/
science.1225942

Energy Sector Management Assistance Program(ESMAP). (2012). Geothermal handbook: Planning and
finacing power generation, Technical Report 002/12, The World Bank, http://www.esmap.org. (방문일:
2022년 7월 20일)

Huttrer G.W. (2020). Geothermal Power Generation in the World 2015-2020 Update Report, Proceedings
World Geothermal Congress 2020, Rejkjavik, Iceland, Paper No.01017

Lund, J.W., and Toth A.N. (2020). Direct utilization of geothermal energy 2020 Worldwide review,
Proceedings World Geothermal Congress 2020, Rejkjavik, Iceland, Paper No.01018

MacKay DJC. (2009). Sustainable energy without the hot air, UITEGS potential. GRC Transactions 34:
301-312

Min K.B. (2014). Review on the potential and renewability of geothermal energy, Asia-Pacific Forum on

Renewable Energy, AFORE2014, Paper No.: O-GE-007

National Renewable Energy Laboratory. (2021). 2021 U.S. Geothermal Power Production and District Heating Market Report, NREL/TP-5700-78291

Suraci, S.V., Amat, S., Hippolyte, L., Malechaux, A., Fabiani, D., Le Gall, C., Juan, O., Dupuy, N. (2022). Ageing evaluation of cable insulations subjected to radiation ageing: Application of principal component analyses to Fourier Transform Infra-Red and dielectric spectroscopy. High Voltage 7:1-14

Tester, J.W., Anderson, B.J., Batchelor, A.S., Blackwell, D.D., DiPippo, R., Drake, E.M., Garnish, J., Livesay, B., Moore, M.C., Nichols, K., Petty, S., Toksöz, M.N., Veatch, Jr., R.W. (2006). The Future of Geothermal Energy - Impact of Enhanced Geothermal Systems (EGS) on the United States in the 21st Century

US Department of Energy. (2019). GeoVision: Harnessing the Heat Beneath Our Feet, DOE/EE-1306, https://www.energy.gov/eere/geothermal/geovision

Zang, A., Oye, V., Jousset, P., Deichmann, N., Gritto, R., McGarr, A., Majer, E., Bruhn, D. (2014). Analysis of induced seismicity in geothermal reservoirs - An overview. Geothermics 52: 6-21

인터넷 참고 사이트

Environment Buddy(https://www.environmentbuddy.com/energy/geothermal-energy/how-do-geothermal-heat-pumps-work/)

Geothermal Education Office(http://geothermaleducation.org/)

US Energy Information Administration, 2014(https://www.eia.gov/todayinenergy/detail.php?id=16851)

CHAPTER 8

폐자원

8.1 개요

현행 「폐기물관리법」에서는 폐기물을 "사람의 생활이나 사업활동에 필요하지 아니하게 된 물질"로 정의하고, "쓰레기, 연소재, 오니, 폐유, 폐산, 폐알카리, 동물의 사체 등"을 예시하고 있다(환경부, 2023). 폐기물은 크게 생활폐기물과 사업장폐기물로 구분되며, 기존에는 매립 또는 단순 소각 등의 방법을 통하여 처리해야 할 대상으로 인식되어 왔으나, 근래에는 매립지 포화 문제 및 기존 석유자원 대체 필요성 등으로 인하여 물질 또는 에너지 등으로 재활용하는 것이 점차 중요해지고 있다.

폐기물을 에너지로 활용하는 데는 소각 시 발생하는 폐열을 이용하거나 적절한 방법을 통하여 폐기물을 고체상, 액체상, 또는 기체상으로 변환하고 이를 기존 화석연료의 대체연료로 사용하는 방법이 있다. 폐기물에너지는 2018년 기준 국내 신·재생에너지 전체 생산량의 50.9%(발전량으로는 46.2%)를 차지하고 있는 중요한 에너지원이나(한국에너지공단, 2019), 국내 정책적으로는 2018년 산업통상자원부에서 개정한 신·재생에너지 공급의무화제도 및 연료 혼합의무화제도 관리의 운영지침에서 재생에너지의 인정 범위가 축소됨에 따라 폐플라스틱 등 화석연료 기반의 폐기물로부터 생산되는 에너지는 비재생에너지로 분류되었다.

8.2 기술 분야

8.2.1 소각열 회수

폐자원을 에너지로 활용하는 가장 간단한 방법은 폐기물을 수거한 상태 그대로 소각하여 그 폐열로 보일러를 가동하는 것으로, 가장 대표적인 사례는 대도시에 설치되는 대형생활폐기물 소각로에서 감량화를 목적으로 소각하는 과정에서 발생하는 폐열을 에너지로 활용하는 방법이다. 생활폐기물 외에도 사업장에서 발생하는 폐기물 소각폐열 또한 많이 사용되고 있다. 소각폐열 회수를 위해서는 소각로 인근에 열사용 시설이 있어야 하고, 오염물질 배출 방지를 위한 환경설비가 필수적이다.

8.2.2 폐기물고형연료

폐기물 고체연료화 기술은 소각과 함께 널리 사용되고 있는 방법이다. 폐기물고형연료(SRF, Solid Refuse Fuel)는 폐기물 중 폐합성수지, 폐지, 폐목재 등 가연성 물질을 선별하여 파쇄, 건조 등의 처리과정을 거쳐 연료화시킨 고체연료로서, 과거에는 RDF(Refuse Derived Fuel), TDF(Tire Derived Fuel), RPF(Refuse Plastic Fuel), WCF(Wood Chip Fuel)로 분류하였으나 2013년부터 환경부의 「자원의 절약과 재활용촉진에 관한 법률」(약칭 : 자원재활용법) 개정을 통하여 RDF, TDF, RPF는 SRF로 통합하고, WCF는 Bio-SRF로 별도 구분하게 되었다. SRF는 성형 여부에 따라 성형 SRF와 비성형 SRF로 구분할 수 있다(**그림 8-1**).

(a) 성형 SRF   (b) 비성형 SRF   (c) Bio-SRF

그림 8-1 SRF의 종류

8.2.3 열분해 액화

열분해 액화기술은 탄화수소로 이루어진 고분자화합물의 폐기물을 무산소 분위기에서 열을 가하여 분해시켜 2차 오염물질을 최소화하며, 에너지를 회수하는 기술로 약 400~500℃에서 폐기물을 가스상의 탄화수소화합물로 이루어진 합성가스로 분해한 후 응축기를 통하여 액상의 연료유를 생성하는 기술을 말한다. 다른 폐기물에너지화 기술과는 달리 비록 현 단계에서 열분해 액화기술을 적용할 수 있는 폐기물은 열가소성 폐플라스틱, 폐타이어 및 폐비닐 등 석유화학제품관련 폐기물에 한정되어 있으나, 폐기물로부터 저장성이나 연료의 효율성 등에서 효용가치가 높은 액상의 에너지를 회수할 수 있다는 장점을 가지고 있다(**그림 8-2**).

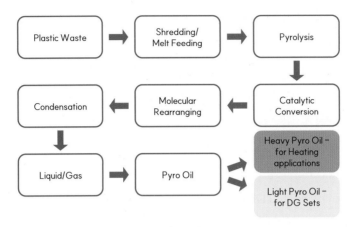

그림 8-2　폐기물 열분해 액화기술의 개요

8.2.4　폐기물 가스화

폐기물 가스화 기술은 기존 소각처리와는 달리 고온의 환원 조건(부분산화 조건)에서 공급된 폐기물을 가스화 반응을 통하여 일산화탄소와 수소가 주성분인 합성가스를 생산하여 이를 활용하는 기술로, 가연성 성분을 모두 연소시키는 소각기술과는 크게 차별화된다(**그림 8-3**).

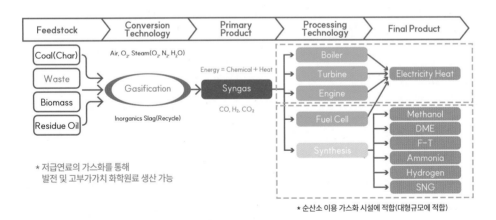

그림 8-3　폐기물 가스화 기술을 이용한 고효율 발전 및 고부가가치 합성가스 이용 기술
(자료 : 폐기물에너지 기술개발 전략로드맵, 한국에너지기술평가원, 2012 수정)

이러한 폐기물의 가스화 기술은 부분산화 조건에서 가연성 성분의 상당 부분이 열분해된다는 측면에서 열분해 액화기술과 함께 열분해 기술로 분류되기도 하나, 일부 부분산화에 의하여 탄소성분이 일산화탄소로 전환되는 점과, 보다 고온에서 열분해됨에 따라 비점이 낮은 합성가스가 생성되어 열분해 액화기술의 경우와는 달리 냉각과정을 거쳐 액상의 연료로 회수할 수 없다는 점에서 명확한 차이가 있다.

8.3 주요 이론

8.3.1 폐기물의 성분 및 연소계산

폐기물은 가연성분 이외에 불연성분인 수분과 회분을 포함하고 있으며, 공업분석을 통하여 이러한 성분의 무게비율을 구할 수 있다. 가연성분은 다시 휘발분과 고정탄소로 구분될 수 있는데, 휘발분이 많은 물질은 가열될 경우 많은 양의 가연성가스를 발생시키므로 착화가 용이하다. 또한 가연성분의 원소분석을 통하여 C, H, O, N, S, Cl 등의 원소 구성비를 알 수 있다. 연소는 가연물질과 산소와의 급격한 화학반응이므로, 연소반응물(가연물, 산소)과 생성물 사이의 물질량 상호관계에 의하여 연소계산이 이루어진다. 가연물질을 이론적으로 완전히 연소시키는 데 필요한 최소산소량을 이론산소량(O_o)이라 하며, 가연성원소인 탄소(C), 수소(H), 황(S)과 산소와의 화학반응식을 수립하여 연소에 필요한 산소량, 공기량 및 배기가스량을 계산할 수 있다. 다음 식은 가연성원소 1 kg에 대한 이론산소량을 중량과 부피로 계산하는 방법을 보여준다(이봉훈, 1993).

$$C + O_2 \rightarrow CO_2, \quad O_o\left(\frac{kg(O_2)}{kg(C)}\right) = \frac{32\,kg}{12\,kg}C, \quad O_o\left(\frac{Nm^3(O_2)}{kg(C)}\right) = \frac{22.4\,Nm^3}{12\,kg}C \tag{8-1}$$

$$H_2 + 0.5O_2 \rightarrow H_2O, \quad O_o\left(\frac{kg(O_2)}{kg(H)}\right) = \frac{16\,kg}{2\,kg}H, \quad O_o\left(\frac{Nm^3(O_2)}{kg(H)}\right) = \frac{11.2\,Nm^3}{2\,kg}H \tag{8-2}$$

$$S + O_2 \rightarrow SO_2, \quad O_o\left(\frac{kg(O_2)}{kg(S)}\right) = \frac{32\,kg}{32\,kg}S, \quad O_o\left(\frac{Nm^3(O_2)}{kg(S)}\right) = \frac{22.4\,Nm^3}{32\,kg}S \tag{8-3}$$

어떠한 연료의 원소분석 결과를 통하여 이론산소량을 구할 수 있으며, 연료 중 산소가 포함되어 있을 경우 다음과 같이 이론산소량 계산에서 빼고 계산한다.

$$O_o\left(\frac{kg(O_2)}{kg(fuel)}\right) = \frac{32\,kg}{12\,kg}C + \frac{16\,kg}{2\,kg}H + \frac{32\,kg}{32\,kg}S - \frac{32\,kg}{32\,kg}O = 2.667C + 8H + S - O \quad \text{(8-4)}$$

$$O_o\left(\frac{Nm^3(O_2)}{kg(fuel)}\right) = \frac{22.4\,Nm^3}{12\,kg}C + \frac{11.2\,Nm^3}{2\,kg}H + \frac{22.4\,Nm^3}{32\,kg}S - \frac{22.4\,Nm^3}{32\,kg}O$$
$$= 1.867C + 5.6H + 0.7S - 0.7O \quad \text{(8-5)}$$

공기 조성 중 산소와 질소의 부피비는 대략 21:79, 무게비는 23:77이므로, 이론산소량으로부터 이론공기량(A_o) 및 배기가스량을 계산할 수 있다.

폐기물의 실제 연소과정에서는 가연성분과 산소가 순간적으로 완전히 접촉하는 것이 불가능하기 때문에 이론공기량만으로는 완전히 연소시킬 수 없다. 따라서 이론공기량보다 많은 여분의 공기를 공급하는 것이 필요하며, 이론공기량에 대한 실제공기량(A)의 비율을 과잉공기율(λ)이라 하며 다음과 같이 나타낼 수 있다.

$$A = \lambda A_o \quad \text{(8-6)}$$

과잉공기율은 연료의 성상 및 연소로 특성에 따라 대략 1.1~2.5 정도의 값을 가진다.

8.3.2 폐기물 소각시설의 공정기술

소각시설의 공정은 반입공급설비, 연소설비, 열회수 및 발전설비, 공기공급(통풍)설비, 연소가스 처리설비, 소각재 처리설비, 폐수 처리설비, 유틸리티설비, 전기 및 제어설비 등으로 구성되어 있다(이승무, 2000; Nissen, 1994; Kinghoffer and Castaldi, 2013).

그림 8-4는 도시폐기물 소각시설을 보여준다.

(1) 폐기물 반입공급설비
반입공급설비는 폐기물 계량기, 반출입문, 투입문, 저장 피트(pit), 크레인, 대형폐기물 파쇄기

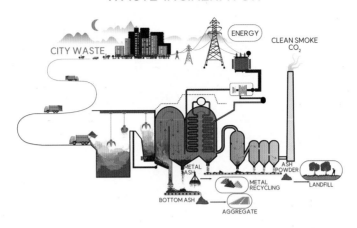

WASTE INCINERATOR

그림 8-4   도시폐기물 소각시설

등으로 구성되며, 폐기물의 계량관리와 악취 확산을 위한 구조로 설계된다.

(2) 연소설비

연소설비는 폐기물 투입구, 공급장치, 소각로, 연소보조장치 등으로 구성되며, 반입공급설비로부터 공급받은 폐기물을 소각하는 핵심 설비이다. 소각로는 폐기물 투입 및 운전방식, 소각로 형식 및 구조에 따라 여러 가지로 분류된다(이봉훈, 1993; 오세천, 2014).

① 폐기물 투입 및 운전방식에 따른 분류

- **회분식 소각로** : 가장 간단한 구조의 설비로서, 폐기물은 수작업을 통하여 간헐적으로 투입되며 연소 후 연소잔재 또한 수동으로 제거된다. 연소작업에 인력이 필수적이므로 중·대형 소각로에는 적합하지 않고 소형이 대부분이다. 소각로 내부의 폐기물 이송을 기계화하여 연소효율을 향상시킨 기계화 회분식 소각로도 사용될 수 있다.
- **연속식 소각로** : 폐기물 투입, 연소장치, 연소잔재 처리 모두 자동운전이 가능하여 최소인원으로도 24시간 연속운전이 가능한 설비이다. 그러나 완전히 자동화할 경우 건설비나 유지관리비가 상승하므로 설비의 일부만 수동으로 운전하도록 한 준연속식 소각로도 사용된다.

② 소각로 형식 및 구조에 따른 분류

- **화격자 소각로** : 소각로 내에 설치된 구조물인 화격자(grate) 위에 폐기물을 올려놓고 소각하는 방식으로, 고정화격자 또는 가동화격자가 사용된다. 고정화격자는 회분식 소형소각로에서 주로 사용되며, 가동화격자는 연소잔재를 자동으로 제거할 수 있어 대형 소각로에서 사용된다. 연소에 필요한 공기는 보통 화격자의 아래쪽에서 공급되어 위쪽으로 통과하는 상향연소 유동방식을 이용한다. 휘발분이 많고 열분해되기 쉬운 폐기물 소각에서는 하향연소 방식이 이용되는데 이 경우 상향연소에 비하여 소각률이 절반 정도로 감소한다.

- **유동층방식 소각로** : 연소로에 모래 등의 입자층을 충전하고, 하부에서 공기를 일정 속도 이상의 범위에서 주입하면 입자층이 유동하는 현상이 발생한다. 입자층은 다공형의 공기분산판 위에 위치하고 있으며, 공기분산판을 통하여 공기가 유입되면 입자층은 끓는 액체와 같은 움직임을 보이게 되는데 이를 유동화현상(fluidization)이라고 한다. 폐기물이 유동매체 내부에서 항상 유동상태이기 때문에 유동매체와의 접촉빈도가 높고 열전달계수가 커서 다른 방식에 비하여 연소효율이 우수하다.

- **로타리 킬른(rotary kiln) 소각로** : 수평방향에서 약간 경사진 원통형 로체를 천천히 회전시키고, 상부에서 공급된 폐기물을 하부로 이송하면서 연소시키는 방식이다. 킬른의 상단 또는 하단에 버너가 고정되고, 상단 설치의 경우 연소가스 방향은 폐기물 이송방향과 같고 하단 설치의 경우는 반대 방향이다. 고체, 액체, 슬러지 등 다양한 형태의 폐기물 소각이 가능하고 로의 회전속도에 의하여 체류시간을 적절하게 조절할 수 있는 장점이 있으나, 뭉치거나 얽히기 쉬운 물질의 경우 표면만이 회화되어 균일한 소각이 어려운 단점이 있다.

- **다단로식 소각로** : 수직방향의 다단으로 구성된 로의 상부에서 폐기물을 공급하고, 회전축과 교반팔에 의하여 하단으로 이송하면서 건조 및 연소가 이루어진다. 체류시간이 길기 때문에 수분이 많고 발열량이 낮은 폐기물의 소각에 적합하며, 다단으로 구성되어 있어 연소효율이 높은 장점이 있다. 그러나 긴 체류시간으로 인하여 온도반응이 느리고, 보조연료 조절이 어려우며, 내부에 구동부가 있어 유지관리가 어려운 단점이 있다.

- **분무 연소식 소각로** : 액상 폐기물을 소각로 내에 스프레이 형태로 분사하여 기화한 후 연소시키는 방식이다. 폐기물의 물성에 따라 가압 분무, 회전식 분무, 이류체 분무 방식 등이 있으며, 액적의 입경이 작을수록 연소가 잘 이루어진다.

(3) 열회수 및 발전설비

소각 시 발생하는 열을 이용하여 증기 또는 온수를 생산하고, 스팀터빈으로부터 발전을 하거나 지역난방에 온수를 공급한다.

(4) 통풍설비

소각에 필요한 연소공기를 필요한 조건에 맞추어 소각로에 불어 넣거나, 소각로에서 발생한 배출가스를 연돌을 통하여 배출하는 데 필요한 설비이다.

(5) 연소가스 처리설비

폐기물 소각 시 발생하는 오염물질은 크게 입자상 물질과 가스상 물질로 분류된다. 입자상 물질은 주로 분진이며, 가스상 물질은 HCl, SO_x, NO_x, H_2S, 다이옥신 등이 있다. 각각의 오염물질에 대한 처리방식은 다음과 같다.

① 입자상 물질의 처리방식

중력 집진, 관성력 집진, 원심력 집진, 세정 집진, 전기 집진, 여과 집진 방식 등이 있다.

- **중력 집진** : 배기가스 유로에서 용적이 큰 시설물을 설치하여 유속을 낮추고 중력에 의하여 분진을 침강시켜 분리하는 방식으로, 50 μm 이상의 분진에 대해 어느 정도 효과가 있다.
- **관성력 집진** : 배기가스 유로에 충돌판을 설치하여, 가스는 급격히 방향이 전환되는 반면 분진은 관성에 의하여 충돌판에 부딪히게 되어 가스와 분리되는 방식이다. 중력 집진과 마찬가지로 구조는 간단하지만 작은 입자의 분리는 불가능하고 효율이 낮기 때문에 다른 집진장치의 전처리 개념으로 사용된다.
- **원심력 집진** : 사이클론의 측면에서 배기가스가 고속으로 유입되면 원심력에 의하여 입자와 가스가 분리되고 입자는 하부에 포집되는 방식으로, 다단으로 설치하여 포집효율을 높일 수 있다.
- **세정 집진** : 액적, 액막 등에 배기가스 내의 입자를 부착시키고 응집을 촉진하여 입자를 분리하는 방식으로, 사용하는 액체는 주로 물이지만 특수한 경우 계면활성제를 혼합하기도 한다.
- **전기 집진** : 전기집진기(EP, Electrostatic Precipetator)는 직류 고전압을 집진극(+)과 방전

극(-) 사이에 인가하고, 이 사이에서 발생하는 코로나(corona) 방전에 의해서 하전된 입자를 집진극에 부착시켜 제거하는 방식이다.

- **여과 집진** : 배기가스를 여과재(filter media)에 통과시켜 입자를 여과하는 방식으로, 일반적으로 긴 자루 형태를 하고 있어 백 필터(bag filter)로 알려져 있다. 여과집진기 내에 다수의 백 필터를 설치하고 하단에서 유입된 배기가스를 백 필터에서 여과하여 상단으로 배출시킨다.

② 가스상 물질의 처리방식

산성가스(HCl, SO_x), 질소산화물(NO_x), 다이옥신 등 가스상 물질의 종류에 따라 다양한 방식의 처리기술이 적용된다.

- **산성가스(HCl, SO_x)**
  - 건식 알칼리 흡수법 : 배기가스에 CaO 등의 알칼리 분말을 분사하여 HCl, SO_x를 흡착시키고, 중화반응에 의하여 생성된 고체상의 입자(염)를 후단의 집진장치에서 포집하는 방법이다. 중화반응은 다음과 같은 식으로 표현된다.

$$2HCl + CaO \rightarrow CaCl_2 + H_2O \qquad\qquad (8\text{-}7)$$
$$SO_2 + CaO \rightarrow CaSO_3 \qquad\qquad (8\text{-}8)$$

  - 반건식 알칼리 흡수법 : 배기가스에 알칼리 용액을 분사시켜 기체-액체 접촉반응에 의하여 고체상의 염으로 중화되고 이를 후단의 집진장치에서 포집하는 방법이다. 중화반응은 다음과 같은 식으로 표현된다.

$$2HCl + Ca(OH)_2 \rightarrow CaCl_2 + 2H_2O \qquad\qquad (8\text{-}9)$$
$$SO_2 + Ca(OH)_2 \rightarrow CaSO_3 + H_2O \qquad\qquad (8\text{-}10)$$

  - 습식 알칼리 세정법 : 액체에 의해서 형성된 액적, 액막 등을 이용하여 입자와 산성가스를 동시에 제거할 수 있는 방법이다. 흡수액으로는 NaOH 수용액을 사용하며, 중화반응은 다음과 같은 식으로 표현된다.

$$HCl + NaOH \rightarrow NaCl + H_2O \qquad \text{(8-11)}$$

$$SO_2 + 2NaOH \rightarrow Na_2SO_3 + H_2O \qquad \text{(8-12)}$$

반응 생성액은 별도의 폐수처리가 필요하기 때문에 이에 따른 건설비 및 운전비가 증가한다.

- **질소산화물(NO_x)**
  - 무촉매 환원법(SNCR, Selective Non-Catalytic Reduction) : 연소실 내에 암모니아나 우레아 용액을 분사하여 NO_x를 환원시켜 N_2와 H_2O로 전환하는 방법으로, 각각에 대한 반응식은 다음과 같다.

$$4NO + 4NH_4OH + O_2 \rightarrow 4N_2 + 10H_2O \qquad \text{(8-13)}$$

$$4NO + 2CO(NH_2)_2 + O_2 \rightarrow 4N_2 + 2CO_2 + 4H_2O \qquad \text{(8-14)}$$

환원제는 연소실의 고온영역에 분사되며, NO_x 제거를 위한 최적온도는 850~1,000℃로 알려져 있다. 암모니아를 과다하게 사용하면 미반응 암모니아가 배기가스 내의 HCl과 반응하여 백연의 원인이 되는 염화암모늄(NH_4Cl)을 생성하므로 주의가 필요하다.
  - 선택적 촉매 환원법(SCR, Selective Catalytic Reduction) : 암모니아 등의 환원제를 배기가스가 통과하는 촉매반응기에 공급하고 NO_x를 선택적으로 환원시키는 방법이다. 최적온도는 250~300℃ 정도이며, 환원반응을 촉진하는 촉매를 사용하기 때문에 제거효율이 높은 장점이 있으나 촉매 활성이 저하되면 교체가 필요하므로 유지비가 상승한다.
- **다이옥신** : 다이옥신은 벤젠 고리에 염소를 포함하고 있는 화합물로서, 염소의 위치에 따라 여러 종류의 이성질체가 존재할 수 있으며 맹독성 물질이다. 다이옥신은 소각 시 생성되기도 하지만 냉각시설 및 대기오염방지시설 등에서 재합성되는 경우도 있다. 단일공정으로는 제거되지 않으며 복합적인 처리시설을 통해 제거가 이루어진다(이영준, 2019).
  - 전기집진설비(EP) : 전기집진설비는 200~300℃의 내부온도로 운전되어 다이옥신이 재합성되기 쉬운 조건에 해당한다. 이를 방지하기 위하여 장치의 운전온도를 200℃ 이하로 유지하고, 장치 전단에서 활성탄을 분무함으로써 재합성되기 전 유입농도를 제어하는 방법을 사용한다.

○ 선택적 촉매 환원법(SCR)/집진장치 : SCR 장치의 다이옥신 제거 메커니즘은 아직 완전히 밝혀지지 않았지만 국내외 다양한 소각시설에서 제거 사례가 보고되고 있다. 일반적으로 소각시설에서 발생하는 다이옥신류는 먼지에 흡착되고 나머지는 가스 상태로 배출되기 때문에 먼지 제거를 위한 전기집진기 또는 여과집진기에서 일부를 제거하고 가스상으로 배출되는 다이옥신류는 SCR 설비를 통해 제거할 수 있다.

○ 반건식세정탑/여과집진장치 : 최근 보고되는 연구결과에 의하면 반건식세정탑/여과집진장치의 다이옥신 제거효율이 약 99%로 나타남에 따라 먼지를 제거하기 위해서 여과집진장치를 선택하는 것이 선호되고 있다. 여과집진장치는 전기집진장치에 비해 배출가스의 온도제어가 용이하고, 비산재에 의한 다이옥신 흡착을 기대할 수 있어 제거효과를 높일 수 있는 것으로 알려져 있다.

(6) 소각재 배출 및 처리설비

폐기물이 소각로에서 연소된 후 일부는 재가 되어 남게 된다. 이러한 소각잔사를 바닥재라고 하며, 작은 입자들은 연소가스와 함께 비산되어 집진설비 등에 포집되는데 이러한 재를 비산재라고 한다. 발생된 재는 포집하여 냉각한 후 필요한 절차를 거쳐 외부로 배출시킨다.

(7) 악취제어설비

폐기물의 반입, 저장 및 처리과정에서 발생하는 악취를 제거하고 외부누출을 방지하는 시설이다.

(8) 폐수처리설비

소각시설에서 배출되는 배출수는 폐기물저장조에서 발생하는 침출수, 세정탑의 세정배출수 등이 있으며 자체 처리 또는 주변의 폐수처리장과 연계하여 처리한다.

(9) 유틸리티설비

소각공정에 필요한 용수, 압축공기, 연료, 화공약품 등을 저장·공급하는 설비이다.

(10) 전기 및 제어설비
소각설비의 각 기기에 전기를 공급하고 시스템의 상태를 감시하며 최적 운전제어를 하는 설비이다.

8.3.3 폐기물고형연료 제조 및 이용 기술

(1) 폐기물고형연료 제조기술
SRF 제조공정은 폐기물의 건조 필요성 및 성형 여부에 따라 달라지는데, 함수율이 낮은 폐플라스틱이나 폐목재 등은 건조공정이 필요하지 않고 수분이 높은 생활폐기물은 건조가 필요하다. 성형 SRF 제조공정은 크게 파쇄, 선별, 건조, 성형공정으로 구성되는데(**그림 8-5**), 품질 향상을 위해서 단위공정을 2중 또는 3중으로 반복하거나 그 순서를 바꾸기도 한다. 또한 음식폐기물이 포함되었을 경우에는 건조과정에서 발생하는 악취와 분진을 제거하는 공정도 필요하다.

① 파쇄공정
파쇄기의 유형은 크게 충격식 파쇄기와 전단식 파쇄기로 구분된다. 충격식 파쇄기는 회전 해머의 충격에 의하여 파쇄하는 해머밀이 주로 사용되며, 전단식 파쇄기는 왕복 또는 회전하는 칼날에 의하여 폐기물을 절단하게 되는데, 플라스틱류 및 종이류 등이 많이 포함된 일반적인 도시폐기물의 경우 회전식 전단 파쇄기가 주로 사용된다.

② 선별공정
파쇄된 폐기물은 크기 및 물질특성의 차이에 따라 적절한 선별과정을 거친다. 크기에 따라 선별하는 장치로는 진동스크린, 트롬멜스크린, 디스크스크린 등이 있으며, 물질특성에 따라 선별하는 장치로는 풍력선별기, 발리스틱선별기, 자력선별기, 비철금속선별기 등이 있다. 풍력선별기와 발리스틱선별기는 물질의 밀도 차이를 이용하여 불연물을 선별하는 장치이고, 자력선별기와 비철금속선별기는 금속류를 분리하는 장치이다.

- **입도선별기**: 폐기물 선별에서 가장 일반적으로 사용되는 입도선별기는 트롬멜스크린으로,

타공망으로 구성된 원통형 드럼이 기울어져 설치된다. 드럼이 회전하면서 상단으로 투입된 폐기물 중 입도가 작은 토사 등의 불연물은 스크린을 통해서 아래쪽으로 제거되고, 입도가 큰 플라스틱류, 종이류 등은 계속 이동해서 트롬멜 끝에서 배출된다.

디스크스크린은 다수의 회전 원판 및 회전축으로 구성된 스크린 위로 폐기물을 이동시키면서 선별하는 장치로, 파쇄된 폐기물 중 유리조각 같은 작은 불연물 제거에 주로 사용된다. 진동스크린은 평판형 스크린을 진동시키는 선별장치로, 체 막힘 현상이 자주 발생하기 때문에 보조적으로 사용하는 것이 바람직하다(환경부, 2009).

- **풍력선별기** : 공기를 매체로 하여 물질의 밀도차를 이용한 분리방식으로, 위쪽에서 폐기물을 투입하고 아래쪽에서 공기를 주입하면 저밀도 물질은 공기의 흐름에 따라 위로 이동하고 금속류 등의 고밀도 물질은 아래로 분리된다. 공기와 함께 이동한 저밀도 물질은 사이클론 등의 분리기에서 별도 수집된다.

- **발리스틱선별기** : 횡방향으로 설치된 다수의 패들(paddle)이 편심회전운동을 하는 선별기이며, 상부에 폐기물을 투입하면 가벼운 물질은 위로 이동하고 무거운 물질은 하부로 낙하하여 분리된다.

- **자력선별기** : 벨트 또는 회전식 드럼 외부에 폐기물을 투입하여 자력에 의해 금속류를 분리하는 것으로, 벨트식과 드럼식으로 구분할 수 있다.

- **비철금속선별기** : 일반적으로 와류식 선별기(eddy current separator)가 사용된다. 시간에 따라 변화하는 자기장이 폐기물에 가해지면 알루미늄 등의 도체에 반대 극성의 자기장이 발생하고, 그로 인해 발생된 자력이 자기장 밖으로 전도체를 밀어내어 도체를 분리시키는 원리이다.

③ 건조공정

건조 방식은 크게 직접건조 방식과 간접건조 방식으로 구분할 수 있는데, 직접건조는 건조기 내에 열풍을 주입하여 폐기물과 직접 접촉하여 건조하는 방식이고, 간접건조는 열전달매체를 배관 또는 드럼에 통과시키면서 폐기물과의 직접 접촉 없이 건조하는 방식이다.

④ 성형공정

성형기의 원리는 일반적으로 폐기물에 압력을 가하면서 다공성의 출구로 밀어내는 방식이며, extruder, ring-dies, flat-dies, wheel-dies 방식 등이 있다.

그림 8-5는 고형연료 제조 단위장치를 보여준다.

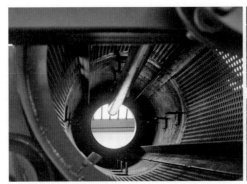

(a) 트롬멜스크린

(b) 밀폐순환식 풍력선별기

(c) Ring-dies 성형기

(d) 회전식 직접건조기

그림 8-5   고형연료 제조 단위장치
(자료 : 한국폐자원에너지기술협의회 교육심포지엄; 최연석, 2015)

(2) 폐기물고형연료 이용기술

SRF는 시멘트 소성로, 발전시설, 지역난방, 산업용 보일러 등에서 연료로 사용되고 있는데 (한국환경공단, 2023), 기존의 석탄연료와 혼소하거나 SRF 단독으로 사용되기도 한다.

현재 환경부의 「자원의 절약과 재활용촉진에 관한 법률」 시행규칙에서 정하고 있는 SRF 와 Bio-SRF의 품질기준은 **표 8-1**, **표 8-2**와 같다.

표 8-1 SRF 품질기준

구분		단위	성형		비성형	
모양 및 크기		mm	직경	50 이하	가로	50 이하
			길이	100 이하	세로	50 이하
발열량		kcal/kg	수입 고형연료제품 : 3,650 이상 제조 고형연료제품 : 3,500 이상			
수분 함유량		wt.%	15 이하		25 이하	
금속 성분	수은(Hg)	mg/kg	1.0 이하			
	카드뮴(Cd)		5.0 이하			
	납(Pb)		150 이하			
	비소(As)		13.0 이하			
회분 함유량		wt.%	20 이하			
염소 함유량			2.0 이하			
황분 함유량 (폐타이어만으로 제조한 경우)			2.0 이하(0.6 이하)			

1. 발열량은 저위발열량으로 환산한 기준을 적용한다.
2. 금속성분, 회분 함유량, 염소 함유량 및 황분 함유량은 건조된 상태를 기준으로 한다.
3. 성형제품은 펠릿으로 제조한 것을 말하며, 사용자가 주문서 또는 계약서 등으로 요청한 경우에는 길이를 100 mm 초과하여 제조할 수 도 있다.
4. 비성형제품으로서 고형연료제품 사용시설에 직접 사용하기 위해 같은 부지에서 제조하는 경우에는 체 구멍의 크기가 가로 120 mm, 세로 120 mm 이하(체 구멍이 원형인 경우 면적이 14,400 mm² 이하)인 체에 통과시켰을 때 무게 기준으로 제품의 95% 이상이 통과 할 수 있는 것으로 제조할 수 있다.

표 8-2 Bio-SRF 품질기준

구분		단위	성형		비성형	
모양 및 크기		mm	직경	50 이하	가로	120 이하
			길이	100 이하	세로	120 이하
발열량		kcal/kg	수입 고형연료제품 : 3,150 이상 제조 고형연료제품 : 3,000 이상			
수분 함유량		wt.%	10 이하		25 이하	
금속 성분	수은(Hg)	mg/kg	0.6 이하			
	카드뮴(Cd)		5.0 이하			
	납(Pb)		100 이하			
	비소(As)		5.0 이하			
	크로뮴(Cr)		70.0 이하			
회분 함유량		wt.%	15 이하			
염소 함유량			0.5 이하			
황분 함유량			0.6 이하			
바이오매스			95 이상			

1. 발열량은 저위발열량으로 환산한 기준을 적용한다.
2. 금속성분, 회분 함유량, 염소 함유량 및 황분 함유량은 건조된 상태를 기준으로 한다.
3. 성형제품은 펠릿으로 제조한 것을 말한다.
4. 바이오매스 함유량은 고형연료제품의 함유 성분 중에서 수분과 회분을 제외한 나머지 성분 중 바이오매스의 비율을 말한다.

8.3.4 폐기물 열분해 액화기술

(1) 열분해 원리

열분해 기술은 가연성 폐기물을 처리하여 2차 오염물질의 발생을 최소화하면서 에너지를 회수하는 기술의 하나로서 폐기물을 무산소 분위기하에서 고온으로 가열하는 조작으로 소각이 연소반응에 의하여 각종 유기물을 산화분해시켜 최종적으로 CO_2와 H_2O 그리고 회분의 생성물을 발생시키는 반면에, 열분해는 고분자화합물을 산소가 없는 상태에서 환원분해시켜 각종 유기화합물을 저분자화함으로써 연료로 재사용이 가능한 재생유 생산을 가능하게 한다. 무산소 상태에서 폐플라스틱에 열을 가하면 환원성 분위기에서 기체 및 액체로 분해되어 증발하고 분해되지 않은 물질은 잔사로 존재한다. 이러한 생성물의 수율은 원료의 화학구조와 열분해 조건에 의존한다. 열분해의 온도가 높을수록 고분자화합물이 더욱더 저분자로 분해되며 온도가 낮을수록 생성되는 물질의 탄소고리(carbon chain)는 길어진다. 일반적으로 상온 및 상압에서 각종 탄화수소화합물의 탄소수가 12개(C12) 이상이면 왁스상 또는 고상이며, 탄소수가 6~12개(C6~12)이면 액상 그리고 탄소수가 6개(C6) 이하이면 기상으로 되는 등 열분해온도에 따른 탄소고리의 분해정도에 따라 생성되는 연료의 상이 변화하게 된다. 탄소수가 길게 잘려서 액상의 기름이 생성되는 400~550℃에서의 반응을 열분해 액화공정이라 한다.

① 열분해 기술의 장점 및 단점
연소공정과 비교하여 열분해공정의 최대 장점은 무산소 분위기에서 물질을 분해시켜 공기의 공급 및 배출이 적다는 것이다. 또한 환원성 분위기이므로 산화물 형태인 대기오염물질의 생성이 적으며 다음과 같은 장점이 있다.

○ 배기가스량이 적다.
○ 황분, 중금속분이 회분 중에 고정되는 비율이 높다.
○ SO_x, NO_x, HCl, 중금속 등을 포함하는 유해가스 발생량이 적다.
○ 환원성 분위기를 유지할 수 있어서 Cr^{+3}가 Cr^{+6}로 변화하지 않는다.
○ 보조연료가 필요 없다.

표 8-3 소각 및 열분해의 장단점 비교

비교항목	소각	열분해
운전온도	850℃ 이상	500℃ 전후
장치 형태	개방형 구조	밀폐형 구조
에너지 회수방법	폐열에 의한 지역난방 및 발전	재생유 및 가스상의 연료
장치의 주요 사항	완전연소, 대기오염방지시설	분해율 최대화
2차오염	다이옥신, 중금속 등의 대기오염	중금속 등의 잔류물
에너지 공급방법	원료의 자체 발열량 및 보조연료	계속적인 분해열량의 외부공급
유지관리	비교적 용이	환원성 분위기 유지를 위한 기술적 노하우 필요
분해방법	산소공급에 의한 산화반응	무산소의 환원반응

이러한 장점과 함께 열분해공정은 환원성 분위기의 유지를 위한 공정상의 적지 않은 단점이 있고, 또한 연소의 경우에는 자체 산화열이 발생되어 온도를 고온의 분위기로 유지시켜 줄 수 있으나, 열분해는 외부에서 계속적인 열원을 공급해야 하므로 열분해공정을 설계하는 데 있어서는 에너지 효율 등을 감안하여 세심한 설계가 필요하다. **표 8-3**에 열분해와 소각의 장단점이 나와 있다.

② 열분해에 영향을 미치는 운전인자

열분해공정은 열공급속도, 열분해온도, 체류시간, 원료의 조성, 반응기 내 원료와 기체의 접촉방법 및 산소의 주입 유무 등에 따라 생성물의 조성 및 발생량이 달라진다. 즉, 열분해 반응에서는 열공급속도(열분해 온도)가 커짐에 따라 열분해가스의 생성량은 증가하며 액상 생성물 및 잔류물 생성량은 감소하고 열분해가스 중 CO, H_2, CH_4 등의 생성률은 열공급속도(열분해온도)가 커짐에 따라 증가한다. 이와 같이 열분해를 통한 연료의 성질을 결정짓는 요소로는 다음과 같은 운전온도 및 가열속도(일정 온도까지 올리는 데 걸리는 시간)와 폐기물의 성질 등이 가장 많은 영향을 미친다.

- **운전온도** : 일반적으로 운전온도가 낮은 경우에는 액상의 연료성분 비율이 증가하고 운전온도가 상승함에 따라 가스상 연료성분의 생성비율이 증가한다.
- **가열속도** : 실험실 연구에서는 운전온도와 마찬가지로 가열속도 또한 증가할수록 액상의 연료성분이 증가하는 것으로 알려져 있으나, 일반적으로 플랜트 규모의 열분해공정의 경우에는 일정한 운전온도에서의 장기간 운전을 시행하므로 가열속도에 따른 영향은 크지 않다.
- **수분함량** : 열분해과정에 영향을 주는 다른 요소로는 원료에 함유된 수분을 들 수 있으며 수분함량이 많을수록 운전온도까지 온도를 올리는 데 소요시간이 길며 예열을 통하여 원료를 건조시키는 경우에는 소요비용이 증대된다고 볼 수 있다.
- **원료의 크기** : 가열시간은 원료 크기의 자승에 근사적으로 비례하므로 투입원료의 형태가 열전달 효율에 영향을 미친다.

(2) 열분해공정

① 가열방식

열분해공정에서 가장 중요한 설계인자는 소각에 비교하여 열원을 어떻게 공급하느냐이다. 소각은 자체 발생열에 의하여 온도를 올리는 것이 가능하나 열분해의 경우에는 산소를 공급하지 않는 조건에서 무산소의 열풍 및 간접으로 열원을 공급해야 되기 때문에 가열방식에 많은 노하우가 필요하다. 가열방식은 다음과 같이 분류된다.

- **무산소 열풍으로 로 내에 송입하는 방법** : 사용하는 연료를 별개의 연소로를 이용하여 이론 연소 공기량 이하의 공기로 연소시켜 얻어지는 무산소 상태의 열풍을 로 내에 송입한다.
- **직화가열식** : 열분해로 주위에 재킷을 설치하여 재킷 내에서 각종 버너 등의 열 공급수단을 매입하거나 혹은 열선을 열분해로 주위에 깔아 전기에 의하여 열을 공급한다.

② 열분해 장치의 종류

열분해 장치의 내부구조는 기밀성유지 여부에 따라 차이가 있으며 고정상(fixed), 유동상(fluidized bed), 부유상(suspension) 등의 장치로 나뉜다.

고정상 열분해 장치는 상부로부터 분쇄되었거나 파쇄되지 않은 원료가 주입되어 건조된 후 열분해되어 잔류물은 하부로 배출된다. 유동상 열분해 장치는 고정상과 부유 상태의 열분해 장치의 중간단계로 반응속도가 빠르기 때문에 원료의 수분함량 변화에도 큰 문제 없이 운전되는 장점을 가졌으나, 열손실이 크며 운전이 까다로운 것이 단점으로 알려져 있다. 부유상 열분해 장치는 가장 최근에 개발된 것으로 어떠한 종류의 원료도 열분해시키는 장점을 가지고 있으나, 투입되는 원료의 크기가 작아야 하며 또한 유입량을 증가시키지 못하는 단점이 있다.

③ 열분해 액화공정의 단위기술

열분해 액화기술은 열분해 유화공정의 단위공정을 대상으로 다음과 같이 기술적으로 분류할 수 있다(**표 8-4**).

○ PVC함유 여부에 따른 탈염소 전처리 기술

○ 열분해 액화반응기 설계 기술

○ 액화공정의 장기간 운전을 위한 반응기의 코킹 방지 기술

○ 열분해 생성유의 정제 기술

○ 원료의 투입 및 전처리 기술

표 8-4는 열분해 유화공정 단위기술의 분류를 보여준다.

표 8-4 열분해 유화공정 단위기술의 분류

기술 분류	기술 범위	비고
PVC 처리 기술	• 가열 압출기술 • 탈염소 또는 탈염화수소 기술 • 염산 회수기술 • 염산 중화기술	공정의 안전성 및 생성유의 품질 저하를 방지하기 위하여 PVC의 열분해과정에서 발생되는 염소 및 염화수소를 처리하는 기술
반응기 설계 기술	• 연속 교반형 반응기술 • 관현 반응기술 • 유동상 반응기술 • 킬른형 반응기술	회분식 공정, 반회분식 공정, 연속식 공정 등 반응 형태에 따른 최적의 반응기를 설계하는 기술
코킹 방지 기술	• 첨가제 이용기술 • 반응기 재질 확보기술 • 온도 제어기술	유화공정의 장기간 운전성 확보를 위하여 열분해 과정에서 장치에 형성되는 코킹을 방지하는 기술
열분해 촉매 기술	• 기상 촉매 반응기술 • 액상 촉매 반응기술 • 촉매 접촉 분해 반응기술	폐기물의 분해효율 및 생성유의 고급화를 위해 촉매를 활용하는 기술
생성유 정제 기술	• 화학적 정제기술 • 물리적 정체기술	생성유의 일정한 품질을 유지시킬 수 있는 생성유를 정제하는 기술
원료의 투입 및 전처리 기술	• 파쇄 및 분쇄기술 • 선별기술 • 건조기술 • 조립 또는 감용조립기술	폐기물에 함유된 이물질의 제거와 반응기의 효율 향상을 위하여 폐기물의 부피를 감소시키는 기술

자료 : 신·재생에너지 RD&D 전략 2030, 산업자원부, 2007

8.3.5 폐기물 가스화 기술

(1) 가스화 원리

폐기물의 가스화공정은 기본적으로 건조과정과 세 가지의 열화학반응을 수반한다. 즉, 가스

화 반응기로 주입된 폐기물은 열전달 매체에 의하여 승온과정에서 건조과정을 거친다. 수분의 증발과 계속된 승온으로 인하여 일정 온도에 도달하면 폐기물 성분 중 휘발성 탄화수소 화합물은 열분해반응을 통하여 가스상의 열분해 생성물이 발생된다. 이때 일부 촤(char)와 타르(tar) 성분도 함께 생성된다. 이렇게 열분해된 생성물은 온도가 점차 상승함에 따라 비응축 가스성분으로 더욱 분해되어 가스화가 되며, 희박한 상태로 주입된 산화제에 의하여 CO 성분이 생성된다. 이때 외부로부터의 스팀공급이나 원료 자체 내의 수분성분이 존재하는 경우 보다 다양한 가스화 반응이 수반된다. 또한 대부분의 가스화 반응기의 경우 가스화에 필요한 열원 조달을 위하여 일부 연소반응을 유도하여 발생되는 연소열을 이용하게 된다. 따라서 산화제의 주입 조절을 통해 열분해 반응, 가스화 반응, 연소 반응을 적절히 조절함으로써 폐기물의 열분해 가스화 반응을 수행한다.

폐기물 가스화 반응의 경우 기본적으로 석탄 가스화 반응에 기초하여 응용·발전해 왔다. 가스화의 기본 반응은 탄소의 수증기, 수소 및 이산화탄소와의 반응과 같은 기-고 반응과 일산화탄소와 수증기의 반응(water gas shift reaction)과 같은 균일 가스 반응으로 구성될 수 있다.

폐기물의 가스화 과정에서 일어나는 주요 반응을 살펴보면 다음과 같다.

① 수증기에 의한 가스화 반응

촤의 가스화 반응은 다른 반응에 비해 매우 느리며 따라서 전체 가스화 반응의 율속단계로 작용한다. 석탄은 수증기와 직접 반응하지 않고, 석탄으로부터 생성된 촤와 반응한다. 이것은 탄화수소의 스팀개질 반응과 비슷하며, 탄소질 물질인 촤는 수증기와 고온에서 수성가스 반응을 한다. 촤 및 코크스는 화학식으로 표시하기가 곤란하지만, 보통 carbon 또는 C로 표시한다. 이 반응은 흡열 반응이며 따라서 반응평형론적으로 고온에서 반응속도가 크며, 1,000℃ 이상에서 다음과 같이 반응한다.

$$C + H_2O = CO + H_2 \; ; \; \triangle H = 31.4 \text{ kcal/mol} \tag{8-15}$$

② CO_2에 의한 가스화 반응

촤와 CO_2의 반응은 발생로에서 일어나는 중요한 반응으로 아래와 같이 표시된다. 온도가 높을수록 그리고 압력이 낮을수록 반응이 더 많이 진행된다.

$$C + C_2O = 2CO \; ; \; \triangle H = 38.2 \text{ kcal/mol} \tag{8-16}$$

③ 수소에 의한 가스화 반응

탄소와 수소의 반응은 대단히 복잡해서 그 현상을 규명하기가 매우 어려워 대부분 가스화 반응의 열역학적 고찰을 위해서는 단지 화학량론적으로 탄소원자 1개와 수소분자 2개가 결합하여 메탄가스를 생성한다고 가정한다. 또한 석탄 또는 촤(char)는 석유에 비해 탄소성분이 많으므로 메탄가스 생성을 위해서는 상당량의 수소가스 공급이 필요하다. 이 경우 촤(char) 및 석탄 표면의 탄소와 수소가 반응하게 되는데 표면의 탄소는 다음 반응식에 따라 메탄가스로 된다.

$$C + 2H_2 \; \rightarrow \; CH_4 \tag{8-17}$$

이 반응은 발열 반응이고 분자수가 감소하는 반응이므로 저온·고압에서 전환율이 높다.

④ 수성가스 반응(Water Gas Shift Reaction)

수증기와 일산화탄소의 반응은 다음 식으로 표시된다.

$$CO + H_2O \; \rightarrow \; CO_2 + H_2 \; ; \; \triangle H = -9.8 \text{ kcal/mol} \tag{8-18}$$

또한 수성가스 반응 시 회분 내의 철성분에 의한 촉매작용으로 인하여 수성가스 반응 속도는 빨라지게 된다.

(2) 가스화 공정

폐기물 가스화 기술은 기존 소각방식과는 달리 공급된 폐기물 내의 탄소 및 수소성분이 고온의 부분산화 조건에서 반응이 진행되며, 가스화 반응에서 생산된 합성가스는 일산화탄소와 수소가스가 주성분이다. 또한 폐기물 가스화 기술은 산화제로서 주로 산소를 이용하며, 공기를 사용하여 가스화하는 경우도 있으나 산화제로 산소를 사용하면 합성가스 중 질소성분을 최소화하여 합성가스의 일산화탄소 및 수소 농도를 높일 수 있다(**그림 8-6**).

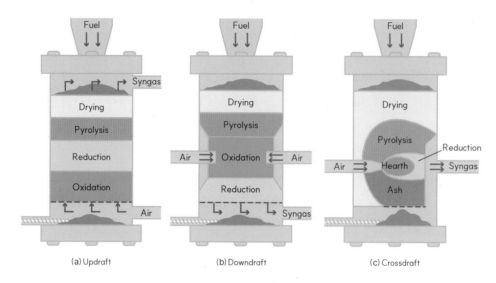

그림 8-6 고정층 폐기물 가스화 반응기 유형

① 가스화 장치의 종류

가스화 기술은 기본적으로 석탄 가스화 기술을 응용·개발하여 이루어져 왔다. 석탄 가스화 반응기는 크게 고정상(fixed bed or moving bed)식, 유동상(fluid bed or fluidized bed)식, 부유상(entrained bed)식으로 구분된다. 고정상식 가스화 반응기의 경우 원료의 특성에 크게 영향을 받지 않고 운전이 가능한 장점 때문에 대부분의 폐기물을 대상으로 하는 가스화 공정에 적용되고 있다. 대표적인 고정층 가스화 반응기 유형을 **그림 8-6**에 나타내었다.

그러나 고정층 가스화 반응기의 경우 가스화 반응의 효율은 다소 떨어지는 단점이 있다. 이러한 고정상식 가스화 반응기는 다시 원료와 산화제의 주입방향에 따라 co-current식과 counter current식으로 구분된다. 또한 생산된 합성가스의 유동방향에 따라 updraft, downdraft, crossdraft로 구분되기도 한다.

고정상식 가스화 반응기의 가스화 반응효율을 높이기 위하여 유동상식 가스화 반응기가 개발되어 활용되고 있으나, 유동층 형성을 유지하는 데 원료의 균질성 등과 같은 원료특성의 영향을 받으며, 단순유동상식과 순환유동상식으로 구분되나 순환유동상식의 활용이 점차 늘고 있다.

부유상식 가스화 반응기는 유동상식 가스화 반응기보다 미세한 입자의 원료를 사용하여 원료가 부유된 상태에서 가스화 반응이 진행된다. 따라서 가스화 반응의 효율은 가장 높으나 원료특성에 매우 민감할 수 있으며, 이와 같은 특징 때문에 미분탄을 대상으로 하는 석탄 가스화 반응기에는 활용되고 있으나 폐기물을 대상으로 하는 가스화 반응기로는 거의 활용되지 않는다.

② 가스화 기술의 단위기술

- **가스화 반응기술** : 폐기물 가스화 기술은 근본적으로 폐기물 내에 함유되어 있는 가연성 성분의 열분해 반응을 수반하게 되며, 따라서 열분해 유화기술과 유사한 측면이 있다. 그러나 열분해 유화기술과의 차이점은 열분해 유화기술의 경우 600℃ 이하의 낮은 온도에서 열분해하여 생성되는 물질로서 오일, 비응축성가스, 촤(char) 성분 등이 생성되며 이러한 생성물 중 촤(char)를 제외하고 vapor의 형태로 발생되는 열분해 생성물을 다시 냉각 응축하여 액상의 연료를 회수하는 데 기술의 주안점이 있다는 점이다. 반면에 가스화 기술은 열분해 유화기술보다 높은 750~1,200℃ 범위의 고온에서 부분산화에 의하여 대부분 일산화탄소나 수소 등과 같은 비응축성 가스성분을 생산한다.
- **합성가스 정제기술** : 폐기물 가스화 시 폐기물에 함유된 오염물질이 합성가스 중에 포함되어 있으므로 다양한 방식으로 합성가스를 이용하기 위해서는 합성가스 이용기술에 맞게 정제를 해야 한다. 폐기물 가스화에서 발생되는 주요 오염물질로는 HCl, H_2S, COS, NH_4, 분진 및 폐기물에 함유된 미량중금속, 그 외 미량오염물질이 있다. 폐기물 합성가스는 발전, 기상연료화, 액상연료화(DME, 메탄올 등으로 전환) 등으로 이용하게 되며, 이러한 합성가스의 이용을 위해서는 각각의 이용기술에 적합하도록 가스화기에서 생성된 합성가스 중에 함유된 오염물질을 정제시키는 기술이 필요하다.
- **복합발전기술** : 폐기물 합성가스를 이용한 발전기술은 합성가스를 연소시켜 발전하기 위하여 합성가스 연소보일러를 이용하는 스팀 발전, 스팀생산과 발전을 동시에 하는 열병합발전, 합성가스를 직접 이용한 가스엔진 발전, 가스터빈 발전, 보다 고효율 기술인 연료전지 발전기술 등이 있다.
- **합성가스 이용기술** : 합성가스 이용기술에는 합성가스를 이용한 다양한 발전시스템이 해당되지만, 이 합성가스 이용기술은 합성가스를 이용한 복합발전기술을 제외한 이용기술을 의미한다. 다양한 시료의 가스화를 통하여 얻어진 합성가스는 CO, H_2가 주성분으로서 적절한 공정을 거쳐 합성하면 다양한 원료물질의 제조가 가능하다.

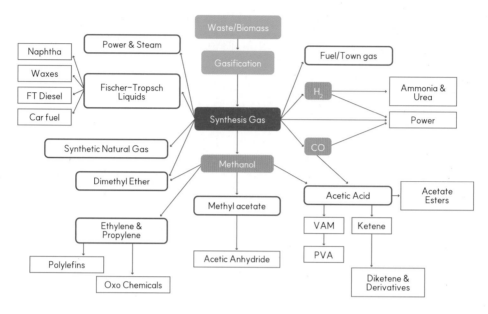

그림 8-7 합성가스로부터 생산 가능한 원료물질
(자료 : 신·재생에너지 RD&D 전략 2030, 산업자원부, 2007 수정)

그림 8-7은 합성가스로부터 생산 가능한 원료물질을 보여준다.

8.4 국내 부존량

8.4.1 폐기물 발생현황

국내 폐기물 발생량 변화추이를 살펴보면 생활계폐기물 발생량은 종량제를 시행하기 전인 1994년에 1.3 kg/일·인이었으나, 시행 이후 감소하여 2021년 1.18 kg/일·인으로 감소하였으며 OECD 국가의 평균 발생량('16년 기준, 1.19 kg/일·인)보다 약간 낮은 수준을 유지하고 있다. 이는 종량제 시행, 재활용품 및 음식물류폐기물 분리배출정책에 기인하는 것으로 보인다. 반면, 국내 산업의 성장에 따라 사업장폐기물은 지속적으로 증가하는 경향을 보이고 있다(환경부, 2023). 2021년 기준 우리나라 총 폐기물 발생량은 19,738만 톤/연으로, 종류별로는 사업장배출시설계폐기물 43.0%, 건설폐기물 42.5%, 생활폐기물 8.5%, 사업장지정폐기물 3.0%, 사업장비배출시설계폐기물 3.0% 순으로 나타난다(환경부, 2022; **표 8-5**).

표 8-5 연도별 폐기물 종류별 발생 추이 (단위 : 만 톤/연)

구분		2016	2017	2018	2019	2020	2021
총계		15,663	15,678	16,283	18,149	19,546	19,738
생활계폐기물		1,963	1,952	2,045	2,116	2,254	2,270
	생활폐기물	1,659	1,643	1,706	1,676	1,730	1,675
	사업장비배출시설계	303	310	339	440	524	594
사업장배출시설계폐기물		5,918	6,018	6,122	7,396	8,087	8,490
건설폐기물		7,280	7,164	7,554	8,070	8,644	8,381
지정폐기물		503	544	562	568	561	598

자료 : 2021 전국 폐기물 발생 및 처리현황(환경부, 2022)

8.4.2 폐기물 처리현황

2021년 기준으로 우리나라에서 발생한 전체 폐기물의 5.3%가 매립, 5.0%가 소각, 86.9%가 재활용, 2.8%가 기타 방법으로 처리되었다. 재활용 및 폐자원에너지화 정책에 힘입어 재활용 비율은 증가하고 소각과 매립은 전반적으로 감소하는 추세를 보이고 있다(**표 8-6**).

표 8-6 폐기물의 연도별 처리방법의 변화 (단위 : 만 톤/연)

구분	2016		2017		2018		2019		2020		2021	
	발생량	%	발생량	%	발생량	%	발생량	%	발생량	%	발생량	%
총계	15,663	100.0	15,678	100.0	16,283	100.0	18,149	100.0	19,546	100.0	19,738	100.0
매립	1,385	8.8	1,297	8.3	1,265	7.8	1,114	6.1	1,002	5.1	1,046	5.3
소각	965	6.2	960	6.1	964	5.9	948	5.2	1,015	5.2	979	5.0
재활용	13,279	84.8	13,383	85.4	14,025	86.1	15,708	86.5	17,076	87.4	17,161	86.9
기타	34	0.2	39	0.2	30	0.2	379	2.1	453	2.3	552	2.8

자료 : 2021 전국 폐기물 발생 및 처리현황(환경부, 2022)

8.5 국내외 기술현황 및 사례

8.5.1 소각열 회수

(1) 국내 기술개발 현황 및 사례

국내에서는 1986년 통합적 폐기물 관리의 개념을 도입한 「폐기물관리법」이 시행되면서 소각로의 도입이 확대되기 시작하였다. 당시 보급된 스토커식 소각로는 주로 폐기물 감량화를 목적으로 하였기 때문에 에너지를 회수하기 위한 소각폐열 활용률은 매우 낮았다. 국내 기술은 소각 처리량 50 kg/hr 이하의 회분식 고정화격자 소각로를 제작하는 수준이었는데, 회분식 소형소각로는 심각한 환경문제를 발생시켰고 결국 대부분 폐기처분되었다. 100톤/일 이상 규모의 연속식 대형소각로는 전부 일본이나 유럽에서 도입한 스토커식이었는데, 소각로 보급이 본격화됨에 따라 정부는 기술국산화를 추진하였고, 그 결과 2000년대 초반부터 수백 kg/hr 규모의 가스화연소식 중형소각로와 50톤/일 스토커식 소각로 등이 국산기술로 상용화되었다. 민간기업에서는 기포유동층방식 소각로를 개발하여 슬러지 및 사업장폐기물 처리 분야에서 상업화하였다. 2000년대 후반 신·재생에너지 발전차액보전제도가 시행됨에 따라서 중·소도시에 설치된 수십 톤/일 규모의 중형소각로에서도 수 MW급 증기터빈을 설치하여 폐열발전을 하는 사례가 나타났다(최연석, 2012).

2021 전국 폐기물 발생 및 처리현황에 따르면, 국내 폐기물 소각시설은 총 404개이며 공공처리시설이 183개소로 가장 많고, 자가처리시설 102개소, 중간처분업체 119개소로 나타났다. 전체 시설용량은 37,903톤/일, 연간 소각량은 8,451,106톤이다(환경부, 2022; 표 8-7).

표 8-7 국내 소각시설 현황

구분*	시설수(개소)	시설용량(톤/일)	'21년 소각량(톤/연)
총계	404	37,903	8,451,106
공공처리시설	183	18,868	4,728,060
자가처리시설	102	7,875	684,115
중간처분업체	119	11,160	3,038,931

*시설수, 시설용량의 경우 생활/사업장일반/건설폐기물 및 사업장지정/의료폐기물 처리업체 간 중복 허용.
자료 : 2021 전국 폐기물 발생 및 처리현황(환경부, 2022)

환경부 보도자료(2022년)에 따르면, 2022년 생활폐기물 공공 소각시설 중 폐기물처분부담금 감면 시설 34곳의 소각과정에서 연간 총 760만 7천 Gcal의 에너지를 회수하였고, 그중 약 73.5%인 558만 9천 Gcal가 증기, 온수, 전기 등을 만들 때 쓰이는 에너지로 재이용된 것으로 나타났다. 최종 공급된 에너지 558만 9천 Gcal 중 52%는 증기를 생산하여 주민편의시설 난방에 사용되었으며, 42.4%는 인근에 공급하는 온수, 5.6%는 전기를 생산하는 데 사용되었다.

한국자원순환에너지공제조합 자료에 따르면, 민간 소각전문업체 57개사를 대상으로 조사한 결과 2021년 소각열에너지 생산량은 642만 3천 Gcal이고 그중 82%인 528만 4천 Gcal가 이용된 것으로 나타났다. 소각열에너지의 외부판매량은 398만 7천 Gcal이고, 그중 73%는 인근업체에 판매되었고, 11%는 지역난방 공급, 10%는 열병합발전소, 6%는 전력으로 판매되었다. 자체이용은 사업장 내 열수요시설에서 이용하는 것이며, 주로 온수난방, 폐수처리, 오니건조 등에 사용되었다.

(2) 국외 기술개발 현황 및 사례

미국은 1980년대 후반부터 DOE 지원자금으로 폐기물 소각기술에 관한 활발한 연구가 시작되었고, 세계 최대규모의 폐기물에너지 생산시스템이 개발되었다. 1,000톤/일 이상의 대량 폐기물을 한곳에 집하시켜 전처리한 후 발열량이 높은 폐기물 연료를 생산하고, 그 현장에서 바로 보일러의 연료로 이용하여 양질의 스팀과 전력을 생산함으로써 경제성을 높였다.

유럽은 소각로 기술에 관한 높은 수준의 원천기술을 보유하고 있다. 소각에 의하여 회수된 에너지의 이용방식은 지역별로 차이가 있는데, 스웨덴, 노르웨이, 덴마크 등의 북유럽 국가들은 열병합발전을 하면서 지역난방으로 열을 공급하고 있는 반면 남부유럽 국가들은 주로 발전에만 사용하고 있다(김석준, 2009).

일본은 유럽의 소각로 기술을 도입하여 국산화를 시작한 후 현재는 세계적으로 가장 경쟁력 높은 기술력을 보유하고 있다. 생활폐기물의 90% 정도를 1만여 개가 넘는 소각로에서 소각처리하고 있으며, 대형소각로의 소각폐열은 대부분 재활용되고 있다. 폐기물 처리시설이 거의 포화되어 신규 소각로 시장은 거의 없고 노후한 소각로를 교체하는 정도이다. 교체 또는 신규로 건설되는 소각로는 고온부식 대책을 갖춘 과열증기관을 채택하여 발전효율 15% 이상이 가능한 화격자식 소각로이거나, 1,000℃ 이상의 고온용융처리기술을 적용하여 다이옥신 배출을 줄인 가스화용융식 소각로가 대부분이다.

8.5.2 폐기물고형연료

(1) 국내 기술개발 현황 및 사례

2006년에 최초로 생활폐기물을 이용한 SRF 제조플랜트가 국내기술로 개발되어 원주시에 건설되었고, 이후 다양한 기술의 생활 및 사업장 폐기물 SRF 플랜트가 개발되거나 도입되었다. **그림 8-8**은 원주 SRF 제조시설의 공정 구성을 나타낸다.

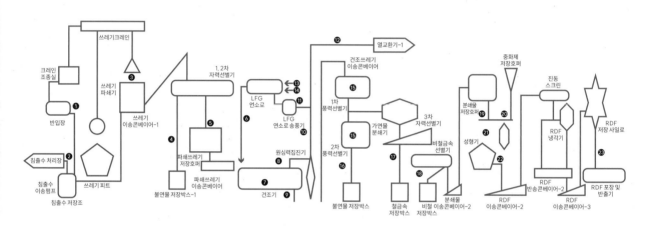

그림 8-8　원주 SRF 제조플랜트 공정
(자료 : 최연석, 2015)

SRF 이용기술은 석탄화력 열병합발전소에서 SRF를 혼소하는 기술, 순환유동층 방식의 SRF 전용 보일러 등이 개발되었다(최연석, 2012). 석탄/SRF 혼소의 경우 부산패션칼라산업협동조합의 19 MW급 석탄화력발전소에서 10% 혼소하는 기술을 개발하여 상업화하였다. SRF전용 발전소는 2015년에 국내기술로 개발된 한국중부발전 원주사업소가 최초로서, 10 MW 규모의 외부순환유동층 방식 발전소이다. 원주시와 인근에서 생산되는 SRF를 구입하여 사용하고 있으며, SRF 사용량은 하루 약 200톤이다. 이후 스토커식, 내부순환유동층식 등 다양한 기술의 SRF시설이 개발되거나 도입되었고, 열병합발전 및 증기생산 전용 보일러 생산시설 등에서 여러 가지 형태로 사용되고 있다(**표 8-8**, **표 8-9**).

2022년 기준 국내 전체 고형연료제품 제조시설은 282개소이며, 지자체 등이 운영하는 공

표 8-8 국내 SRF 제조시설 현황 　　　　　　　　　　　　　　　　　　　　　　　　　(단위 : 개소)

공공						민간						총계
SRF			Bio-SRF			SRF			Bio-SRF			
성형	비성형	소계	성형	비성형	소계	성형	비성형	소계	성형	비성형	소계	
13	10	23	-	2	2	51	102	153	2	102	104	282

자료 : 2022년 고형연료제품 제조·사용·수입 실적현황(한국환경공단, 2023)

표 8-9 국내 SRF 제조량 현황 　　　　　　　　　　　　　　　　　　　　　　　　　(단위 : 톤)

공공			민간				총계
SRF		Bio-SRF	SRF		Bio-SRF		
성형	비성형	비성형	성형	비성형	성형	비성형	
30,302	490,626	-	281,300	887,237	33,502	2,530,308	4,253,275

자료 : 2022년 고형연료제품 제조·사용·수입 실적현황(한국환경공단, 2023)

공처리시설이 25개소, 민간에서 운영하는 시설이 257개소이다(한국환경공단, 2023). 전체 고형연료제품 제조량은 약 425만 톤으로, 공공시설에서는 생활폐기물을 사용하여 약 52만 톤을 생산하였으며, 민간시설에서는 폐목재를 이용한 Bio-SRF 및 폐합성수지, 폐타이어 등을 활용한 SRF를 포함하여 약 373만 톤을 제조하였다.

　국내 고형연료제품 사용시설의 경우 총 144개소이며, 지자체 등이 운영하는 공공시설이 6개소, 민간 운영시설이 138개소이다. 2022년 고형연료제품 사용량은 약 455만 톤이며, 이중 공공시설에서 약 45만 톤, 민간시설에서 약 410만 톤을 사용하였다. SRF 전체 사용량 중 Bio-SRF 사용비율은 약 63%로 대부분 민간시설 발전사에서 RPS제도(신·재생에너지 의무할당제)에 따른 REC(신·재생에너지 공급인증서) 의무이행 등의 요인으로 파악된다(**표 8-10**, **표 8-11**).

표 8-10 국내 SRF 사용시설 현황 　　　　　　　　　　　　　　　　　　　　　　　　　(단위 : 개소)

공공				민간									총계
SRF			SRF & Bio	SRF				Bio-SRF				SRF & Bio	
성형	비성형	소계		성형	비성형	혼용	소계	성형	비성형	혼용	소계		
-	5	5	1	13	21	28	62	24	35	4	63	13	144

자료 : 2022년 고형연료제품 제조·사용·수입 실적현황(한국환경공단, 2023)

표 8-11 국내 SRF 사용량 현황 (단위 : 톤)

공공			민간						총계
SRF			SRF			Bio-SRF			
성형	비성형	소계	성형	비성형	소계	성형	비성형	소계	
-	448,489	448,489	315,430	900,959	1,216,389	40,914	2,848,869	2,889,783	4,554,661

자료 : 2022년 고형연료제품 제조·사용·수입 실적현황(한국환경공단, 2023)

(2) 국외 기술개발 현황 및 사례

미국의 SRF 시설은 소각로에 포함되어 있는 경우가 많은데, 그 이유는 처리공장에 폐기물이 반입되면 파쇄와 이물질 선별 등의 간단한 전처리 과정을 거쳐 미성형 SRF로 만든 후 같은 공장 내에 위치한 소각로에서 연소시키기 때문이다.

유럽에서는 석탄화력발전소에서 보조연료로 5~10% 정도의 비율로 혼소하거나 시멘트 제조공장에서 소성용 연료로 사용되는 경우가 많으며 전용소각발전 보일러도 있다. 특히 EU 공동체 차원에서 유기성폐기물의 매립을 최소화하고 가연성폐기물의 에너지를 최대한으로 이용하기 위하여 1999년에 폐기물매립법(The Derective on the Landfill of Waste)을 제정하였고, 그에 따라서 폐기물 중의 유기물은 생물학적 처리에 의해서 퇴비를 만들고 가연성분은 SRF로 제조하는 방식의 복합 플랜트인 MBT(Mechanical Biological Treatment)가 증가하고 있으며 이 시설에서 비성형 SRF가 많이 생산되고 있다.

일본은 1990년대 중반 중·소도시의 중소형소각로에서 배출되는 다이옥신이 사회적으로 심각한 문제가 됨에 따라 중소형소각로를 SRF 시설로 대체하고, 생산된 SRF를 대형발전소에 일괄적으로 모아서 사용하는 광역화처리 개념을 정립하였으며, 이후 SRF 제조 및 사용시설이 급속히 증가하였다. SRF 제조는 음식물을 분리하지 않은 상태로 건조 후 성형하는 방식이 대부분이며 SRF 발전소는 순환유동층식, 용광로식, 스토커-킬른 혼합식 등이 상용화되어 있다(최연석, 2012). ISO(국제표준기구)는 2015년에 SRF 관련 기술의 국제표준을 제정하기 위해서 TC300위원회를 구성하였고 현재도 위원회를 운영하고 있으며, 우리나라도 정회원국으로 참여하고 있다.

8.5.3 열분해 액화기술

(1) 국내 기술개발 현황 및 사례

국내 폐기물 열분해 액화분야의 기술개발은 1990년 이후 정부 및 산업체를 중심으로 소규모 연구개발이 진행된 후 2000년부터 정부의 기술개발 지원하에 본격적으로 파일럿 및 실증 플랜트 규모의 기술개발 사업이 진행되었다. **표 8-12**는 2000년도 이후 정부의 지원하에 진행된 대표적인 열분해 액화기술의 개발현황을 보여준다.

표 8-12 국내 열분해 액화기술 개발현황

업체명	기술 내용
㈜리엔텍	폐플라스틱류로부터 대체연료유 생산을 위한 상용화기술 개발
한국기계연구원	농촌 폐비닐의 열분해 유화를 위한 전처리 기술 및 공정설계기술 개발
㈜삼신기계	혼합폐플라스틱으로부터 대체연료유 생산기술에 대한 실증연구
한국에너지기술연구원	고분자폐기물 열분해오일의 고급화기술 개발
㈜기경IE&C	디스크 이동식 폐타이어 열분해 실증공정 개발
동명RPF㈜	저급 폐플라스틱의 킬른형 열분해 설비를 이용한 고급정제유 생산 실증기술 개발
경윤하이드로	6,000톤/연 규모 이상의 종말품 혼합폐플라스틱 열분해화공정 개발
㈜대경에스코	폐플라스틱 열분해유의 촉매화학적 업그레이딩을 통한 나프타 대체원료 생산기술 개발

① 회전로식 열분해 유화공정

회전로식으로 운전되고 있는 국내 폐플라스틱 열분해 유화공정의 공정도 사례는 **그림 8-9**와 같다. 회전로식 열분해 유화공정의 장점은 EPR대상의 종말품을 대상으로 한다는 점으로, 회분식 공정이기는 하나 이에 따라 연속식 공정에 비하여 운전성이 매우 양호한 것으로 알려져 있다. 원료투입부터 열분해유 분리공정까지의 흐름을 보면 종말품 형태의 필름류 폐플라스틱을 수동식으로 일차 압축하여 회전로식 열분해 반응기에 주입한 후 회분식으로 열분해시킨다. 이후 열분해 반응기에서 분해된 가연성 가스는 2차 가열기를 거치는 동안 고분자량의 왁스성분이 응축되어 왁스분리장치에서 분리되고, 보다 저분자량의 열분해가스는 경질유/중질유 분리장치로 유입되어 상부에서는 가스상으로 경질유가 회수되고 하부에서는 액상으로 중질유가 회수된다. 경질유/중질유 분리장치의 상부에서 회수된 경질유의 가스성분은 응축기로 주입되어 액상으로 회수되며 이때 응축되지 않은 비응축성 가스는 저장조를 거친 후 킬른 열분해 반응기의 보조연료로 사용된다. 또한 중질유/경질유 분리장치의 하부에서 액상으로 회수되는 중질유는 저장조를 거친 후 회전로식 반응기의 열분해를 위한 주 연료로 사용된다(**그림 8-9**).

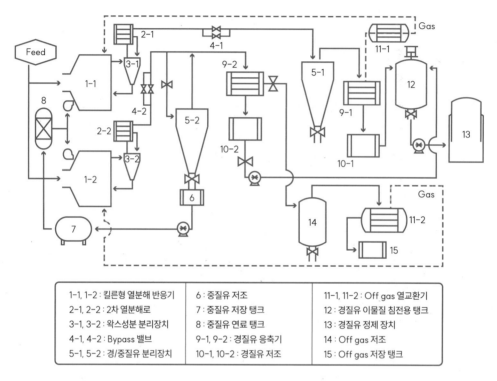

1-1, 1-2 : 킬른형 열분해 반응기	6 : 중질유 저조	11-1, 11-2 : Off gas 열교환기
2-1, 2-2 : 2차 열분해로	7 : 중질유 저장 탱크	12 : 경질유 이물질 침전용 탱크
3-1, 3-2 : 왁스성분 분리장치	8 : 중질유 연료 탱크	13 : 경질유 정제 장치
4-1, 4-2 : Bypass 밸브	9-1, 9-2 : 경질유 응축기	14 : Off gas 저조
5-1, 5-2 : 경/중질유 분리장치	10-1, 10-2 : 경질유 저조	15 : Off gas 저장 탱크

그림 8-9 회전로식 폐플라스틱 열분해 유화 공정도 사례

② CSTR식 열분해 유화공정

그림 8-10은 연속교반 반응기식의 열분해 유화공정의 사례를 보여주며, 전처리된 폐플라스틱을 대상으로 운전 가능한 공정이다. 현재는 원료 수급 및 경제성 문제로 가동 중단된 상태이다. 폐플라스틱은 주입장치를 통하여 용융조(melting bath)로 주입되며 주입된 폐플라스틱은 분해조로의 이송을 원활히 할 수 있도록 함과 동시에 분해조에서의 에너지 부하를 감소시키기 위하여 분해조를 거친 폐열을 이용하여 용융조에서 적정 온도까지 가열된 후 용융된

다. 용융된 폐플라스틱은 이송장치에 의하여 분해조로 투입되며 투입된 용융플라스틱은 코킹 형성을 최소화할 수 있도록 순환 및 교반과정을 거쳐 분해온도로 상승된 후 분해되고, 분해된 가스는 응축기를 통하여 재생유로 회수된다.

그림 8-10 CSTR식 폐플라스틱 열분해 유화공정 사례

(2) 국외 기술개발 현황 및 사례

국외의 폐플라스틱 유화공정의 운전사례로 가장 많이 언급되고 있는 공정은 일본 삿포로시의 플라스틱 리사이클링 플랜트이다. 이 열분해 유화공정은 열분해 반응기로 회전로식을 채택하고 있으나 국내와는 달리 연속식으로 운전되고 있다.

일본 삿포로 공정의 연간 처리용량은 14,800톤으로 보고되며, 혼합폐플라스틱으로부터 염소성분을 제거하기 위한 탈염소공정이 적용되고 있는 것으로 알려져 있다. 전처리시설에서 생산된 폐플라스틱 펠릿을 전기가열식으로 350℃까지 가열하여 용융시킨 후 PVC에 함유된 염소성분에서 HCl가스를 제거하고, 이렇게 제거된 HCl가스는 수분을 통해 흡수시켜 처리하는 것으로 나타나 있다(**그림 8-11**). 또한 PET 열분해에서 생성되며, 부식 문제를 유발할 수 있는 benzoic acid(C_6H_5OOH)를 제거하기 위하여 폐플라스틱을 펠릿화하는 과정에서 수산화칼슘($Ca(OH)_2$)을 첨가하는 것을 확인할 수 있다. 수산화칼슘은 benzoic acid 생성 억제뿐만 아니라 염소성분 제거에도 효과가 있는 것으로 알려져 있다.

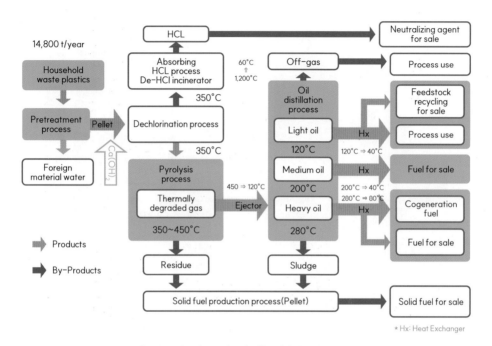

그림 8-11 일본 삿포로 열분해 유화공정의 각 단위공정 흐름도

8.5.4 폐기물 가스화 기술

(1) 국내 기술개발 현황 및 사례

국내 폐기물 가스화 기술개발은 2000년 이후부터 본격적인 연구가 시작되어 가스화 그리고 합성가스 정제 및 이용 기술에 대하여 파일럿(pilot) 규모의 연구가 주로 진행되고 있으며, 일부 실증형 또는 준상용급의 플랜트까지 개발된 사례는 있으나 현재 국내 자체 개발된 기술로 상용화 운전이 진행 중인 시설은 없는 것으로 조사되고 있다. 특히 폐기물의 가스화를 위한 산화제로 순 산소를 사용하는 가스화 기술에 대하여 에틴시스템이 24톤/일급의 규모로 환경부의 지원을 받아 개발한 사례가 있으나, 에너지회수의 목적보다는 병원성 폐기물을 안

전하게 처리하기 위한 목적으로 개발되었으며, 현재는 경영상의 문제로 운전이 중단된 상태로 알려져 있다. 국내 폐기물의 가스화 기술개발은 폐기물, 바이오매스, RDF, RPF 등 저급연료를 활용한 가스화를 중심으로 진행되었으며, 합성가스 정제기술은 파일럿 규모로, 합성가스 활용기술에서는 합성가스 조성 제어기술이 일부 진행된 것으로 알려져 있다. 국내 폐기물 가스화 관련 대표적인 기술개발 현황은 **표 8-13**과 같다.

표 8-13 국내 폐기물 가스화 기술개발 현황

연구기관	연구 내용

고등기술연구원	• 사업장폐기물 대상 화학원료 전환을 위한 고품질 폐기물 가스화 합성가스 생산기술 개발(주관기관 : 삼성비피화학)
	  - 100톤/일급 이상 폐기물 가스화, 합성가스 정제 및 생산 설계기술 개발
	• 폐기물 합성가스를 이용한 수성전환반응기술과 메탄올 전환기술 개발
	  - 0.5 TOE/일급
	• 복합폐기물 가스화 기술을 이용한 고부가가치 화합물 제조를 위한 폐기물 자원화 네트워크 구축(삼성비피화학, 신흥유업, 삼성에버랜드)
	  - 100~200톤/일 복합폐기물 가스화를 통합 고품질 합성가스 생산시스템 구축을 통한 고부가가치 화학원료 생산시스템의 기술적, 환경적, 경제성 타당성 분석
	• 고발열량폐기물 및 슬러지 혼합가스화 및 H_2/CO 생산비 제어기술 개발
	• 3~5톤/일급 고정층 폐기물 가스화 용융시스템 개발(생활폐기물, 사업장폐기물, RDF, RPF, 자동차파쇄폐기물 등)
	• 50톤/일급 적용용 핵심장치 개발 및 성능 실증
	• 액상 폐기물 처리를 위한 5톤/일급 가연성 폐기물 가스화용융 플랜트 개발[국가지정연구실(NRL) 사업]
	• 난분해성 액상폐기물 처리시스템 개발 참여(환경부 차세대 핵심환경기술개발사업)
	• 5톤/일급 하수슬러지 용융시스템 개발(특허, 환경신기술지정)

한국환경공단	• 중·소규모 생활폐기물 가스화 발전 플랜트 개발(가스화 30톤/일급, 800 kW발전) (환경부)
효성에바라 엔지니어링	• 10톤/일급 하수슬러지 유동층 가스화 시스템 개발(환경부)
코오롱건설	• 5톤/일급 생활폐기물 로타리킬른 가스화 시스템 개발(환경부)
한국에너지기술연구원	• 2002년 50 kg/일급 이산화탄소를 이용한 DME 생산 파일럿 플랜트 건설 • 2002년 가연성 폐기물의 가스화에 의한 합성가스 제조 및 원료물질 회수를 위한 5톤/일급 파일럿 플랜트 건설 • 1995년부터 0.5톤/일급 석탄 가스화용융로 개발 진행
창광실업 (구, 에틴시스템㈜)	• 24톤/일급 규모의 고칼로리 유해폐기물의 열분해 용융 자원화설비 실증플랜트 개발(환경부 차세대 핵심환경기술개발 사업)

(계속)

연구기관	연구 내용
(주)GS플라텍	•10톤/일급 생활폐기물 공기이용 플라스마 가스화 용융시스템 개발(민간독자 개발) •30 kg/h 용량의 폐기물 플라스마 열분해 가스화에 의한 수성가스전환과 PSA를 통한 CO_2 분리 수소 제조 기술 개발(지식경제부 신·재생에너지기술개발 사업) •5톤/일급 폐기물 플라스마 가스화, 수소 생산 및 연료전지(50 kW) 발전
(주)대우건설	•열분해 용융시설의 배출가스 및 잔유물 활용기술 개발(환경부 차세대 핵심환경기술개발) •5톤/일급 Thermoselect 방식 가스화 용융시스템 국산화 기술 개발
(주)유성	•3톤/일급 난분해성 액상폐기물 가스화 용융시스템 개발
삼호환경기술	•8톤/일급 비성형 고형연료 공기사용 가스화 가스엔진 발전 기술개발

자료 : 철스크랩 폐기물의 열분해 가스화 사업 타당성 조사연구, 한국철강협회, 2018

(2) 국외 기술개발 현황 및 사례

폐기물 가스화를 위한 국외 기술개발의 경우 국내와 비교하여 실증 및 상용화 기술을 중심으로 한 개발사례가 다수 있으며, 국외 폐기물 가스화 관련 대표적인 기술개발 현황은 다음 **표 8-14**와 같다.

표 8-14 국외 폐기물 가스화 기술개발 현황

국가		연구 내용
일본		•JFE는 1997년 TS 기술과 제휴하여 전 세계 10여 곳에 폐기물가스화 설비를 건설, 가동 중. 치바현 제철소공장 내에 150톤/일 2기 가스화 용융 플랜트를 건설, 가동 중. 현재는 9~11기의 상용급 폐기물 가스화 플랜트가 상업운전 중 •폐기물 가스화 합성가스 생산을 통해 300 kW급 연료전지 발전 실증플랜트 가동 중 •EBARA와 UEDE는 200톤/일급 폐기물 가스화 시스템과 합성가스를 이용한 연료회수 플랜트 상업운전 중
캐나다		•가스화 기술은 주로 MSW, 바이오폐기물, 폐타이어에 적용되고, 멕시코도 폐타이어 가스화 설비를 도입한 경험이 있음 •Enerkem에서는 300톤/일급 폐기물/폐바이오매스 가스화 합성가스 생산 및 에탄올, 메탄올 생산플랜트 상업운전 중
미국		•폐기물로부터 발생한 합성가스의 자원화 사례는 국내와 마찬가지로 부족한 실정. 합성가스 혼합된 상태에서 연료화함 •BELTRAN, PRME 등 가스화 시설 보급업체에서 폐기물을 이용한 합성가스 생산을 통해 가스엔진 발전 및 스팀발전을 튀르키예, 이탈리아 등에 보급하여 상업운전 중
유럽	독일	•30톤/일급 고정층 폐기물 가스화기를 상용화하여 100,000 Nm^3/h의 합성가스 공급능력 확보 •독일 Lurgi사가 SVZ Schwarze Pumpe에 50 MW 가스화시설을 건설 운영 중 •20톤/일급 건조하수슬러지 가스화를 통한 합성가스 엔진 열병합발전 플랜트 건설 중

(계속)

국가		연구 내용
유럽	네덜란드	• 1940년대 후반부터 가스화에 대한 연구를 시작하여 1999년 이탈리아에 500 MW급 플랜트를 건설하는 등 세계적으로 100여 개의 상용화 플랜트를 건설 • 최근에는 유해폐기물이나 슬러지, 폐플라스틱 등을 가스화하여 생성되는 합성가스를 이용하여 메탄올 혹은 수소 등을 제조하는 공정 개발
	이탈리아	• Grave-in-Cianti에서 1992년부터 가스화 플랜트 운전 중
	핀란드	• Lahti에서 산업폐기물 가스화 플랜트 50 MW급을 1998년부터 운전 중
	프랑스	• CHO Power에서 150톤/일급 폐기물/폐바이오매스 가스화 가스엔진 발전플랜트 운전 중

자료 : 철스크랩 폐기물의 열분해 가스화 사업 타당성 조사연구, 한국철강협회, 2018

1. 어떠한 폐기물의 공업분석 결과 수분이 25%, 회분이 15%로 측정되었고 나머지 성분에 관한 원소분석 결과 무게비율이 다음과 같이 나타났다. 이 폐기물 1 kg을 소각하려고 할 때 필요한 이론공기량(Nm^3)을 구하시오.

C	H	O	N	S	Cl	합계
50.6	6.5	39.7	1.9	0.5	0.8	100

2. 생활폐기물을 이용한 SRF 제조공정 중 건조공정의 열효율을 산정하려고 한다. 폐기물 처리량은 1 ton/hr이고, 건조기에 사용되는 연료는 LNG이다. 다음 데이터를 이용하여 건조공정의 열효율을 계산하시오.

운전데이터	보조데이터
• 건조 전 함수율 : 52% • 건조 후 함수율 : 10% • 폐기물 투입온도 : 25℃ • LNG 사용량 : 67 Nm^3/hr	• LNG 발열량 : 9,530 kcal/Nm^3 • 물의 비열 : 1 kcal/kg • 물의 증발잠열 : 539 kcal/kg

3. 폐기물이 탄소와 회분으로만 구성되어 있다고 가정하자. 산소와 수증기를 가스화제로 하여 가스화했을 때 0℃ 기준으로 몰분율이 H_2 = 0.4, CO_2 = 0.3, CO = 0.25, CH_4 = 0.04, N_2 = 0.01 인 합성가스가 발생하였다. 이때 폐기물을 가스화하는 경우 고위발열량 기준으로 몇 %의 에너지를 잃게 되는가? 단, 탄소와 합성가스 생성물의 고위발열량은 각각 32.76 MJ/kg과 9.846 MJ/m^3이며, 각 가스 성분의 밀도는 다음과 같다.

물질	밀도(kg/m^3)
H_2	0.089
CO_2	1.966
CO	1.251
CH_4	0.717
N_2	1.251

참고문헌

국내문헌

김석준. (2009). 폐기물 소각시설 에너지 회수 실태 조사 및 모니터링시스템 구축방안 연구. 국회예산정책처 연구용역 보고서

산업자원부. (2007). 신·재생에너지 RD&D 전략 2030

오세천. (2014). 폐기물에너지. 공주대학교출판부. pp. 173-182

오세천. (2020). 2020 신·재생에너지 백서. 한국에너지공단 신·재생에너지센터. pp. 679-706

이봉훈 역. (1993). 폐기물소각로 계획과 설계. pp. 25-62

이승무 외. (2000). 생활폐기물 소각로에 대한 현황조사 및 DATA BASE화 조사연구. 한국소각기술협의회. pp. 265-283

이영준 외. (2019). 환경영향평가를 통한 소규모 소각시설 환경개선방안에 관한 연구. 한국환경정책·평가연구원 연구 보고서. pp. 42-43

최연석. (2012). 2012 신·재생에너지 백서. 한국에너지공단 신·재생에너지센터. pp. 464-485

최연석. (2015). 폐자원에너지화 핵심기술과 최근 사업동향. 한국폐자원에너지기술협의회 교육 심포지엄

한국에너지공단. (2018). 2018 신·재생에너지 백서

한국에너지공단. (2019). 2018년 신·재생에너지 보급통계

한국에너지기술평가원. (2012). 폐기물에너지 기술개발 전략로드맵

한국자원순환에너지공제조합. (2022). 「민간 소각전문시설」 소각열에너지 생산·이용 실태 조사보고서

한국철강협회. (2018). 철스크랩 폐기물의 열분해 가스화 사업 타당성 조사연구

한국환경공단. (2023). 2022년 고형연료제품 제조·사용·수입 실적현황

환경처. (1991). 폐기물소각로 설계 및 오염물질 처리기술. pp. 10-22, 91-148

환경부. (2009). 생활폐기물 자원화를 위한 처리시설 설치지침. pp. 22-26

환경부. (2022). 2021년 전국 폐기물 발생 및 처리 현황

환경부. (2022). 우리가 버리는 폐기물, 에너지로 돌아온다. 환경부 보도자료

환경부. (2023). 2022 환경백서. pp. 133-137

국외문헌

Klinghoffer, N.B., Castaldi, M.J. (2013). Waste to energy conversion technology. Woodhead Publishing Limited. Cambridge. pp. 76–85

Niessen, W.R. (1994). Combustion and inceneration processes: applications in environmental engineering. Marcel Dekker Inc., New York. pp. 293–361

인터넷 참고 사이트

http://plasticpyrolysisplant.net/plastic-pyrolysis-plant.php
http://www.bios-bioenergy.at/typo3temp/pics/ba45bb47eb.jpg

CHAPTER 9

수소에너지

9.1 개요

9.1.1 필요성

1971년 전 세계 온실가스 배출량 14 GT(gigaton)이 2010년에는 30 GT으로 약 2배 이상 증가했다. 이러한 추세가 지속된다면 2050년경에는 온실가스 배출량이 55 GT에 달해, 지구 평균기온이 약 6℃ 정도 상승할 것으로 IEA(International Energy Agency)에서는 전망한다. 또한 유엔 산하 IPCC(Inter-governmental Panel on Climate Change)에서는 금세기 말의 기온이 20세기 말(1986~2005년)에 비해 최대 4.8℃ 오르고 해수면은 63 cm 상승할 것으로 예측하고 있다. 기후온난화가 가속화되자 2015년 12월에 열린 파리 21차 유엔기후변화협약 당사국총회(COP21)에서는 195개 당사국이 산업화 이전 수준 대비 지구 평균온도가 2℃ 이상 상승하지 않도록 하는 것을 넘어, 1.5℃까지 억제하자는 협의에 이르게 되었다. 또한 모든 당사국에게 2050년까지 탄소 사용을 줄일 계획을 작성해 「2050년 장기저탄소 발전전략」을 2020년까지 제출하도록 요청했다. 그로 인해 많은 국가들이 2050 탄소중립 선언을 하게 되었다. 탄소중립을 달성하기 위한 핵심 수단으로 수소경제정책이 집중적으로 논의되었다. 우리나라의 경우는 「수소경제 육성 및 수소 안전관리에 관한 법률」(약칭 : 수소법)과 같이 정부의 제도적 기반을 구축하고, 2050년 탄소중립 실현을 위한 청정수소인증제와 청정수소발전의무화제도(CHPS) 도입으로 탄소중립에 대한 의지를 표명하였다. 또한 2050 탄소중립을 위한 5대 기본방향에서도 재생에너지와 연계된 그린수소의 활용 확대, 에너지 효율 향상을 위한 수소 연료전지 도입, 철강산업 등에서 수소 적용에 의한 탈탄소화와 폐플라스틱 등 순환자원으로부터 수소 생산 등 수소에너지가 탄소중립의 중심에 자리하고 있다.

이처럼 많은 나라들이 탄소중립을 위해 탄소에너지에서 수소에너지로의 전환에 힘쓰는데, 수소는 우주를 이루는 원소의 90%를 차지하며, 물의 2/3 또한 수소 원자로 구성되어 있다. 다시 말해, 다른 자원에 비해 풍부하다. 수소에너지에 주목하는 데에는 또 다른 이유가 있다. 바로 수소가 지속가능한 에너지인 동시에 유해물질을 발생시키지 않으면서도 높은 효율을 낸다는 점이다. 수소에너지는 물을 분해하여 생산하고 연료전지를 통해 이를 이용한 후 다시 물로 순환하는 탄소중립의 무공해 경제를 이루는 지속가능한 에너지이다. 온실가스에 더해 미세먼지와 같은 유해물질을 발생시키지 않으면서 화석연료 대비 효율이 높다는 특징을 지닌다는 점에서 수소에너지가 각광을 받고 있는 것이다.

수소에너지를 주목하고 있는 세계 흐름을 보면, 세계수소위원회는 2050년에 이르러 수소가 최종 에너지 소비량의 18%를 차지하고 승용차 4억 대와 상용차 2천만 대가 수소에너지를 활용할 것으로 전망하고 있다. 이는 세계 자동차 시장의 약 20%를 차지하는 수치이다. 그에 따라 시장 규모는 2.5조 달러(약 2,940조 원)에 이르게 되고, 일자리 또한 약 3천만 개에 달하는 결과를 낳을 것이라 예측하고 있다. 하지만 더 중요한 점은 수소의 활용이 세계적으로 늘어나면서 연간 CO_2 감축 목표의 20%를 달성할 수 있다는 점이다. 즉, 수소가 기후변화 대응에도 핵심적 역할을 한다는 점에서 세계적으로 수소에너지를 주목하고 있다.

우리나라의 경우 수소연료전기차, 연료전지발전 등과 같이 수소활용 부문에서 경쟁력을 확보한 반면, 수소 생산, 저장·운송 분야에서 충전소와 같은 인프라는 주요국 대비 부족하다. 2023년 1월 기준 우리나라 수소전기차는 약 29,000대, 미국은 약 8,000대, 일본은 약 17,000대로 우리나라가 다른 국가에 비해 많은 수소 차량을 확보하고 있으나, 수소 충전소는 우리나라 약 200개소, 미국 약 120개소, 일본 약 160개소로 우리나라가 차량 대비 충전소가 적음을 알 수 있다. 수소를 에너지원으로 보급 활성화하기 위해 수소활용 영역과 인프라 확보의 불균형을 해소하여 모든 산업과 시장이 수소 생산-저장·운송-활용의 가치사슬을 이루어 나갈 때 비로소 새로운 에너지 패러다임으로 접어들 수 있을 것이다.

9.1.2 특징과 분류

수소(H_2)는 우주에서 발견할 수 있는 가장 가볍고 가장 보편적인 원소이다. 보편적인 수소는 '영구 원료'라고 표현해도 무방할 정도로 고갈 우려가 없다. 수소연료에는 탄소(C) 원자가 들어 있지 않기 때문에 이산화탄소도 방출되지 않으며, 수소는 물, 화석연료, 살아 있는 모든 생명체 등 지구 어디에나 존재한다. 그러나 석탄, 석유, 천연가스와 달리 따로 자유롭게 떠다니는 것은 아니며 일종의 에너지 운반체로서 전기처럼 만들어내야 하는 제2의 에너지 형태다. 수소는 우주에 존재하는 가장 단순한 원소로서 하나의 양성자와 하나의 전자로 이루어져 있으며, 단위무게당 함유하고 있는 에너지는 120.7 kJ/g으로 다른 원료에 비하여 높다.

수소는 무색, 무취, 무미, 무독성 기체로 2원자 분자이다. 수소가 냉각되어 액상이 되면 부피가 기상에서의 부피의 1/700로 줄어든다. 이러한 이유에서 수소는 낮은 무게와 높은 에너지 함량을 원료로 요구하는 로켓이나 우주선의 추진연료로 사용되고 있다. 만약 수력, 태양 및 풍력과 같은 재생에너지를 이용하여 수소를 제조할 수 있게 되면, 수소는 재생연료로도 사용될 수 있을 것이다. 이처럼 수소는 현재의 화석연료나 원자력 등이 따를 수 없는 장점을 갖고 있기 때문에, 수소에너지는 미래의 궁극적인 대체에너지원 또는 에너지 매체(carrier)로 꼽히고 있다. 또한 수소는 공기 중에서 연소 시 극소량의 질소가 생성되는 것을 제외하고는 공해물질이 전혀 배출되지 않으며, 직접연소를 위한 연료나 연료전지 등의 연료로 사용이 간편하다. 그 밖에도 수소는 지구상에 무한히 존재하는 물을 원료로 하여 제조할 수 있으며 가스나 액체로 쉽게 저장·수송할 수 있다는 장점이 있다. 대부분의 에너지는 탄소(C)와 수소(H) 원자로 구성되어 있는데, 고체연료인 목재 성분의 C/H 중량비율이 ~50, 석탄은 10~30, 오일은 5~10, 천연가스는 1~3, 수소 0으로 탄소함량이 낮아지므로 이산화탄소 배출도 적다.

수소에너지가 편리하고 환경친화적이라고 하더라도 안전한 에너지가 아니면 사용하기를 꺼릴 것이다. 특히 수소폭탄을 떠올리며 위험하다고 느끼는데 우리가 사용하고자 하는 수소는 분자량이 2인 수소($_1H^1$)이며, 동위원소인 중수소($_1H^2$)와 삼중수소($_1H^3$)가 바로 수소폭탄에 사용되는 수소이다. 이 외에도 가스 안전성을 나타내는 수치로 공기 중에 가스 누출 시 불이 붙을 수 있는 농도를 나타내는 연소범위라는 수치가 있다. 연소범위가 LPG 1.8~9.5%, 천연가스 5~15%에 비해 수소는 4~75%로 넓어서 위험하다고 할 수 있지만, 수소의 분자량은 공기(M = 29)보다 작아 쉽게 날아가는 반면에 다른 가스들은 공기보다 무거워서 바닥으로 가라앉기 때문에 불꽃에 노출되면 화재가 발생할 위험이 높아진다. 이러한 연소특성을 고려하고 종합적으로 평가하여 상대적 위험도를 **표 9-1**에 정리하였다. 이 결과를 보면, 가정의 도시가스에 비해 위험성이 가장 낮다고 평가되고 있다.

표 9-1 연료별 상대적 위험도

구분	가솔린	LPG	도시가스	수소
자연발화온도	4	3	2	1
연료 독성	4	3	2	1
불꽃온도	4	2	1	3
연소온도	1	2	3	4
상대적 위험도	1.44	1.22	1.03	1

자료 : 미국화학공학회와 한국산업안전공단

표 9-2 수소에너지의 전주기 기술

Source	H₂ 생산	H₂ 전환	H₂ 저장 및 운송	H₂ 활용

• 태양광
• 풍력
• 수력
• 원자력
• 천연가스
• 석탄
• 바이오가스
	• 알칼리 수전해
	• AEM 수전해
	• PEM 수전해
	• SOEC 수전해
	• 수증기 개질 + CCS
	• ATR + CCS
	• 메탄 열분해
	• 열화학수소
		• 액화수소
		• 압축수소
		• 암모니아
		• LOHC
			• 파이프라인
			• 트레일러
			• 선박
			• 기체, 액화수소
			  충전소
				• 수송 분야(승용차, 버스, 트
				  럭, 선박, 열차)
				• 발전(연료전지, 가스터빈)
				• 제철
				• 보일러
				• 비료
				• 석유화학

AEM(Anion Exchange Membrane), PEM(Proton Exchange Membrane), SOEC(Solid Oxide Electrolysis Cell), CCS(Carbon Capture Storage), ATR(Auto Thermal Reforming), LOHC(Liquid Organic Hydrogen Carrier)

수소에너지는 풍부하고, 친환경적이고, 지속가능한 에너지이지만, 수소 생산-저장-운송-활용의 가치사슬이 이루어질 때 수소에너지의 활용성이 높아질 것이다(표 9-2).

석유화학산업이나 제철산업에서 발생하는 부생수소는 백색수소(white hydrogen)라 부르며, 가장 저렴하지만 공급량에 한계가 있다. 갈탄을 가스화하여 생산되는 수소를 갈색수소 (brown hydrogen)라 하며, 생산단가는 낮지만 수소 생산과정에서 이산화탄소 및 오염물질의 배출이 대량으로 발생한다. 천연가스를 개질하여 생산하는 회색수소(grey hydrogen)는 기술의 성숙도가 높아 저가의 수소를 대량으로 생산할 수 있지만 수소 1 kg당 약 11 kg의 이산화탄소가 배출된다. 회색수소에서 발생한 이산화탄소를 포집저장 처리한 수소를 청색수소(blue hydrogen)라 한다. 이산화탄소 포집저장으로 인해 수소 생산단가는 상승하게 되며, 포집저장된 이산화탄소의 저장장소 해결이 어려운 문제이다. 기존 전력망에서 공급받은 전력으로 물을 전기분해하여 생산한 수소를 황색수소(yellow hydrogen)라 하며, 수소 생산과정에서는 이산화탄소 배출이 없지만 전력 생산과정에서 이산화탄소가 발생된다. 탄화수소가 플라스마에 의해 분해되어 탄소와 수소를 얻은 수소를 청록수소(turquoise hydrogen)라 한다. 녹색수소(green hydrogen)는 태양광이나 풍력으로 생산된 전력을 이용하여 물을 전기분해하여 생산한 수소이다. 재생에너지의 간헐성과 높은 전력비용으로 생산단가가 높으며, 대량생산도 용이하지 않다. 원자력발전으로 생산한 전력을 이용하여 물을 전기분해하여 생산한 수소를 자색, 핑크, 적색수소라고 부른다. 청정수소(clean hydrogen)는 탄소 배출 없이 생산된 수소를 통칭하는 용어로 청색수소, 청록수소, 녹색수소, 자색수소 등이 해당된다.

수소는 무엇으로부터, 어떻게, 어디서 제조되는가가 중요한 관점이 된다. 수소는 물, 화석연료, 액체연료, 바이오매스, 폐기물 등과 같이 각종 연료로부터 만들어질 수 있고, 실용단계에서부터 기초연구단계까지 다양한 제조공정이 개발되고 있다. 수소 제조법은 원료, 공정, 제조 장소 등 여러 관점에서 분류 가능하지만, 크게는 수소 제조공장에서의 중앙집중생산, 수소 이용장소에서의 현장(on-site) 설치(분산형)로 생산되는 수소로 구별할 수 있다. 수소 제조방법의 분류를 **표 9-3**에 나타내었다. 원료 또는 이용 에너지원으로 화석연료와 비화석연료를 사용하는 방법으로 구별할 수 있다. 기술 축적이나 실용화 정도에 크게 차이가 있고, 에너지 및 환경 문제의 해결을 고려할 경우 이 두 가지 방법으로 나누는 것이 적당하기 때문이다. 여러 가지 수소 제조방법 중 현재 실용화되어 있는 것은 화석연료 개질 및 물의 전기분해이다.

표 9-3 수소 제조방법의 분류

구분	가솔린	원료	에너지원
화석연료 이용	수증기 개질	탄화수소(천연가스 등)	열
	부분산화	탄화수소(천연가스 등)	열
	자열 개질	탄화수소(천연가스 등)	열
	플라스마	탄화수소(천연가스 등)	전력
	가스화	석탄	열
	전기분해	물	전력(화력)
비화석연료 이용	전기분해	물	전력, 재생에너지
	열화학 분해	물, 바이오매스	원자력, 태양열, 열
	생물학적 분해	바이오매스	열, 미생물 등
	광화학적 분해	물	태양광

화석연료를 이용하지 않는 방법은 이산화탄소 배출이나 화석연료의 소비가 없으므로 에너지 및 환경 문제에서 큰 이점이 있다. 수소 제조공정에는 화석연료를 이용하거나 화석연료에 의해 만들어진 전력이나 열을 에너지원으로 이용하는 경우, 수소 제조원과 CCS 장치 설치 여부에 따라 **표 9-4**에서 보듯이 발생되는 이산화탄소의 양도 많이 달라진다.

표 9-4 수소 생산방법에 따른 온난화가스 예상 발생량

Production method	Greenhous gas emission equivalent estimates(gCO₂/kWh of hydrogen)
SMR with carbon capture storage(CCS)	23 to 150
Coal gasification with CCS	50 to 180
Electrolysis with low-carbon electricity	24 to 178
Biomass gasification with CCS	-371*
Comparison natural gas for heating	230 to 318(methane)

*One study provides an estimate of hydrogen production from biomass gasification using CCS of -371gCO₂equ/kWh. Biomass gasification routes to hydrogen(without CCS) emit up to 504 gCO₂/kWh

9.2 기술 특징과 작동원리

9.2.1 부생수소(By-product Hydrogen)

부생수소는 석유화학공정이나 제철공정에서 화학반응에 의해 부수적으로 생산되는 수소를 말한다. 주 생산품 외 부산물 형태로 생산되는 것이기 때문에 수소 생산 시 추가 설비비용 등이 거의 들지 않으므로 경제성이 높다는 장점이 있으나, 부산물로 발생하는 것이기 때문에 생산량에 한계가 있다.

(1) 제철소 공장의 부생수소
제철소 부생가스는 코크스로에서 발생하는 COG(Coke Oven Gas), 제선과정에서 발생하는 BFG(Blast Furnace Gas), 제강공정에서 발생하는 LDG(Lintz Donawhitz Gas)와 FOG(Finex, Off Gas)가 있으며, 각각의 조성은 **표 9-5**와 같다. COG는 코크스로에서 석탄을 건류하여 코크스를 제조할 때 발생하는 가스로, 주성분은 약 56%의 수소와 약 30%의 메탄이다. BFG 가스는 고로에서 코크스를 환원제로 하여 철광석을 환원할 때 부생되는 약 4% 수소를 포함한 가스이다. 가스에 포함된 CO와 물의 전환 반응으로 수소를 회수할 수 있다. LDG 가스는 고로에서 제조된 선철을 전기로에서 강으로 제련할 때 선철 내의 탄소가 들어온 순산소와 반응하여 생성되는 약 2% 수소를 포함한 가스로, 주성분은 CO로 물과의 전환 반응을 통해 수소를 회수한다.

표 9-5 제철소 부생가스의 조성

구분	H₂	O₂	N₂	CO	CO₂	CH₄	C₂H₄	C₂H₆	C₃H₄	합계(%)
COG	56.2	0.1	2.3	6.3	2.5	29.3	2.5	0.8	0.1	100
BFG	3.9	0	52.2	22.5	21.4	-	-	-	-	100
LDG	1.1	0.1	13.9	70.9	14.1	-	-	-	-	100
FOG	13	-	25.1	34.4	26.4	1.1	-	-	-	100

(2) NaOH 생산 시 부생수소(C-A process, Chlor-Alkali process)

식염전해공정은 고농도의 염수(brine, NaCl solution)를 전기분해하여 염소(Cl_2), 수소(H_2) 그리고 가성소다(NaOH)를 생산하는 공정을 말한다. 가성소다 제조반응 중 양극에서 염소 가스, 음극에서 가성소다가 생성됨과 동시에 수소가 발생한다. 식염전해반응은 식 (9-1)과 같다.

$$2NaCl + 2H_2O \rightarrow 2NaOH + Cl_2 + H_2 \tag{9-1}$$

식염전해기술에 의해 발생되는 수소가스의 농도는 원리적으로 부산물이나 불순물을 함 유하지 않기 때문에 순도가 높고, 다른 부생수소가스와 같은 분리·농축 등의 과정이 필 요 없다. 염수 전기분해공정은 염소와 가성소다의 산업적 활용성이 매우 높기 때문에 1800 년대부터 개발되어 널리 적용되고 있으며, 크게 격막법(diaphragm cell process), 수은법 (mercury cell process), 멤브레인법(membrane cell process)으로 분류된다.

그림 9-1은 멤브레인법을 적용한 C-A 공정을 보여준다. 양극에서 염소이온이 산화되면서 염소가스가 생산되며[식 (9-2)], 음극에서는 환원반응에 의해 수소가스와 가성소다가 생성된 다[식 (9-3)].

$$\text{Anode reaction} \qquad 2Cl^- \rightarrow Cl_2 + 2e^- \tag{9-2}$$

$$\text{Cathode reaction} \qquad 2H_2O + 2Na^+ + 2e^- \rightarrow 2NaOH + H_2 \tag{9-3}$$

$$\text{Overall reaction} \qquad 2NaCl + 2H_2O \rightarrow 2NaOH + Cl_2 + H_2 \tag{9-4}$$

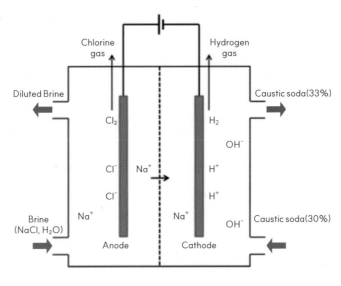

그림 9-1 C-A 공정의 개략도

음극에서 가성소다 용액은 순환되기 때문에 별도의 농축공정 없이도 33%까지 용액의 농도를 높일 수 있다.

(3) 석유화학공정에서의 부생수소

탄소의 수가 4~9개로 구성된 나프타의 탄화수소 성분을 고온에서 분해하여 제품인 에틸렌, 프로필렌, 수소를 생산하고, 부산물로 메탄, 아세틸렌 등이 생산된다. 순도가 90~96%인 수소는 PSA(Pressure Swing Adsorption) 분리공정을 통과해 나프타 분해공정으로부터 99.99%의 부생수소로 생산된다. 또한 프로필렌 생산이 주목적이며, 프로판 탈수소공정의 반응식 (9-5)와 같이 프로필렌을 생산함과 동시에 수소가 부생적으로 생산되는 공정이다.

$$C_3H_8(\text{프로판}) \leftrightarrow C_3H_6(\text{프로필렌}) + H_2(\text{수소}) \qquad (9\text{-}5)$$

(4) 초산제조공정에서의 부생수소

메탄올과 CO가 촉매와 함께 카르보닐화 반응을 거치면 초산이 생성되는데, 초산공정의 원료인 CO를 생산하기 위해 납사를 개질할 때 생성되는 부생수소를 분리한다.

$$\text{납사(오일)} + O_2 \rightarrow CO + H_2 \qquad\qquad \textbf{(9-6)}$$

$$CH_3OH + CO \rightarrow CH_3COOH \qquad\qquad \textbf{(9-7)}$$

9.2.2 화석연료 수소(Fossil Fuel Hydrogen)

수소의 대부분은 화석연료인 천연가스와 납사 등의 화석연료로부터 개질(reforming)하여 제조된다. 개질하는 방법으로 수증기 개질법(SR, Steam Reforming)과 부분산화법(POX, Partial Oxidation), 수증기 개질법과 부분산화법을 혼합한 자열 개질법(ATR, Auto-Thermal Reforming)을 이용하여 수소가 생산된다. 수증기 개질법이 가장 경제적이고 가장 많이 이용되는 기술이다. 특히 천연가스(메탄)를 원료로 하여 제조하는 기술을 수증기 메탄 개질법(SMR, Steam Methane Reforming)이라 부른다. 대부분의 화석연료에는 일정량의 황이 포함되어 있는데, 이를 제거하려면 탈황공정이 필요하다. 수증기 개질, 부분산화, 자열 개질로부터 수소 제조 시에 많은 양의 일산화탄소가 생성된다. 따라서 후속 단계에서 하나 이상의 가스수성전환(WGS, Water-Gas Shift) 반응 및 선택적 산화(PrOx, Preferential Oxidation) 반응을 통해 CO를 이산화탄소(CO_2)로 변환한다.

(1) 수증기 개질반응(SR, Steam Reforming)

수증기 개질은 가장 널리 보급됨과 동시에 수소 생산을 위한 가장 저렴한 공정 중 하나이다. 이 공정의 장점은 높은 효율과 낮은 운영 및 생산비용에 있다. 가장 많이 사용되는 원료인 천연가스로 수소 제조 시 반응식 (9-8), (9-9)와 같은 개질반응이 이루어지며, 이산화탄소의 개질은 반응식 (9-10)과 같고, 경질 탄화수소, 메탄올 및 일산화탄소의 개질은 반응식 (9-11)~(9-14)와 같이 이루어진다.

$$CH_4 + H_2O \rightarrow CO + 3H_2,\ \Delta H = +206\ kJ/mol \qquad\qquad \textbf{(9-8)}$$

$$CO + H_2O \rightarrow CO_2 + H_2,\ \Delta H = -41\ kJ/mol \qquad\qquad \textbf{(9-9)}$$

$$CH_4 + CO_2 \rightarrow 2CO + 2H_2,\ \Delta H = 247\ kJ/mol \qquad\qquad \textbf{(9-10)}$$

$$C_mH_n + mH_2O(g) \rightarrow mCO + (m + 0.5n)H_2,\ \Delta H = +1{,}175\ kJ/mol \qquad\qquad \textbf{(9-11)}$$

$$C_mH_n + 2mH_2O(g) \rightarrow mCO_2 + (2m + 0.5n)H_2 \qquad\qquad \textbf{(9-12)}$$

$$CO + H_2O(g) \rightarrow CO_2 + H_2 \qquad\qquad \text{(9-13)}$$

$$CH_3OH + H_2O(g) \rightarrow CO_2 + 3H_2 \qquad\qquad \text{(9-14)}$$

전 공정은 **그림 9-2**와 같이 두 단계로 이루어지며, 1단계에서 탄화수소 원료는 수증기와 혼합되어 관형 촉매반응기에 공급된다. 이 단계에서 합성가스(H_2/CO)가 생성되며, CO_2의 함량이 낮고, 반응 온도는 원료(가열가스)의 일부를 공기와의 연소로 높인다. 2단계에서 냉각된 생성가스는 CO 촉매 변환기로 공급되며, 여기서 일산화탄소는 수증기를 통해 대부분 이산화탄소로 전환된다. 수증기 개질 촉매공정에 사용된 촉매의 비활성화를 피하기 위해서는 황 함유 화합물이 없는 원료가 요구된다. 촉매는 비귀금속(니켈 등)과 VIII족 원소의 귀금속(백금 또는 로듐)의 두 가지 유형이 사용되지만, 대부분은 산업적으로 더 저렴한 니켈 촉매가 사용된다. 수증기 개질공정의 중요한 요소는 공급 원료물질의 H/C 비율인데, 이 비율이 높을수록 이산화탄소 배출이 더 적다. 산업적 규모의 메탄 공정의 SR에 의한 수소 생산의 열효율은 약 70~85%이다.

개질공정은 상당한 농도의 일산화탄소 5 vol% 이상(ca. 10 vol%)을 포함하는 가스 혼합물을 종종 생성한다. 수소의 양을 증가시키기 위해 생성가스는 수성가스전환(WGS) 반응기를 통과하여 일산화탄소 함량을 감소시키는 동시에 수소함량을 증가시킨다. 합성가스의 CO 함량 감소는 각각 고온전환(HTS, High Temperture Shift) 반응 및 저온전환(LTS, Low Temperature Shift) 반응 공정으로 알려진 2단계 공정에서 달성한다. Fe_3O_4/Cr_2O_3 촉매를 사용하여 310~450℃ 범위에서 수행되는 1단계에서 CO 농도는 10 vol%에서 3 vol%로 감소하고, 180~250℃ 범위에서 수행되는 2단계에서 CO 함량은 Cu/ZnO/Al_2O_3 촉매를 사용하여 500 ppm의 낮은 수준으로 추가로 감소된다. 생성가스의 일산화탄소 함량을 더 줄이기 위해 우선산화(PrOx, preferential oxidation of CO) 반응기 또는 일산화탄소 선택적 메탄화 반응기가 사용된다. 동시에 H_2는 필요한 수소 순도(약 98~99%)를 보장할 수 있는 압력 스윙흡착(PSA, Pressure Swing Adsorption) 극저온 증류 및 막 기술과 같은 대체 접근방식으로 정제된다.

가장 유리한 가스정화 방법은 고효율(99.99% 이상) 및 유연성을 위한 PSA 공정 분리이다 (**그림 9-2**).

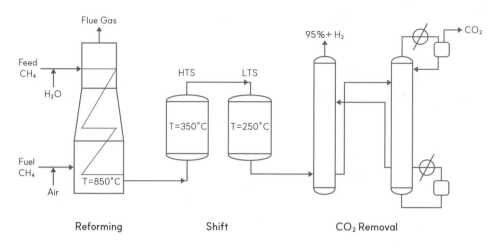

그림 9-2 수소 생산을 위한 수증기 개질반응의 공정 흐름도

그림 9-3은 개질기 내부 모습과 플랜트를 보여준다.

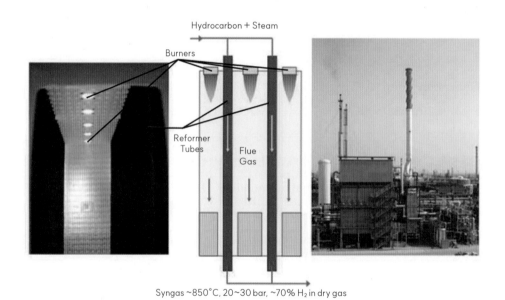

그림 9-3 개질기의 내부 모습과 플랜트

(2) 부분산화법(POX, Partial OXidation)

앞서 언급한 수증기 개질법은 강한 흡열반응으로 인해 외부 열의 공급이 요구되어 버너가 필요하며, 반응 후 CO_2, NO_x, SO_x의 연소 배출물이 발생한다. 이에 비해 부분산화공정의 반응기는 **그림 9-4**와 같으며, 반응기에 필요한 양론비 이하의 산소를 반응물과 동시에 공급함으로써 수소가스를 얻는 공정이며, 발열반응이 일어난다. 이와 같은 부분산화반응기 내에서 일어나는 반응은 아래와 같다.

$$CH_4 + 1/2O_2 \rightarrow CO + 2H_2 \quad \Delta H = -9 \text{ kcal/mol (부분산화)} \tag{9-15}$$

$$CH_4 + 2O_2 \rightarrow CO_2 + 2H_2O \quad \Delta H = -191 \text{ kcal/mol (연소반응)} \tag{9-16}$$

이 기술의 장점은 공정의 초기 시동 및 부하 응답특성이 가장 우수하다는 것이며, 반면에 단점은 타 공정에 비하여 상대적으로 수소 생산효율(30~40%)이 낮다는 것이다.

메탄 부분산화 촉매는 니켈, 코발트 또는 철과 귀금속 촉매와 금속 카바이드 전환 촉매의 세 종류가 있다. 니켈은 합성가스 생산에 매우 활성이 크나 탄소 형성에도 촉매 역할을 한다. 알루미나에 지지된 니켈 촉매는 973K 이상에서 메탄을 거의 완전히 전환시켜 CO 선택도가 95%에 달하나 당량(즉, $O_2/CH_4 > 0.5$)보다 더 많은 산소를 투입하지 않고는 안정된 운전이

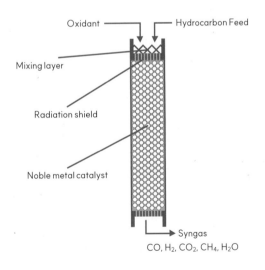

그림 9-4 부분산화반응기의 구조

어렵다. 촉매층에서 (i) $NiAl_2O_4$와 (ii) Ni/Al_2O_3층은 메탄을 완전히 연소시켜 CO_2와 H_2O를 형성하는 데 활성이 강하고, (iii) 니켈 금속 분말은 메탄을 CO_2와 H_2O로 개질하여 합성가스화하는 데 활성이 강하다. 메탄 부분산화용 니켈 촉매의 안정성을 향상시키기 위하여 활성이 큰 Co나 Fe, 또는 Ru, Pt와 Pd 같은 귀금속을 첨가하여 탄소의 축적을 감소시키기도 한다(**그림 9-4**).

(3) 자열 개질법(ATR, Auto Thermal Reforming)

1950년대 후반에 Haldor Topsoe에서 개발한 반응이며, 앞서 언급한 수증기 개질과 부분산화반응을 조합한 기술로 수증기 개질의 흡열반응에 필요한 열을 부분산화의 발열반응으로부터 자체 공급하기 때문에 자열 개질반응이라 부른다. 이 반응은 초기 시동의 신속성 및 부하변동에 대한 응답특성이 우수하며 수소 생산효율이 약 40~50% 정도다. 자열 개질반응의 주요 반응은 식 (9-17)~(9-19)와 같다.

$$CH_4 + 3/2O_2 \rightarrow CO + 2H_2O \quad \Delta H = -519 \text{ kJ/mol} \tag{9-17}$$

$$CH_4 + H_2O \rightleftarrows CO + 3H_2 \quad \Delta H = 206 \text{ kJ/mol} \tag{9-18}$$

$$CO + H_2O \rightleftarrows CO_2 + H_2 \quad \Delta H = -41 \text{ kJ/mol} \tag{9-19}$$

자열 개질반응은 촉매 부분산화과정에서 수증기가 추가되어 수증기 개질(흡열) 및 부분산화(발열)반응의 조합이다. ATR은 외부 열이 필요하지 않고 메탄의 SR보다 간단하고 저렴하다는 장점이 있다(**표 9-6**). 주요 목표는 낮은 일산화탄소 함량의 높은 수소 수율이며, 수증기 개질을 위해 최대 수소 효율과 낮은 일산화탄소 함량이 가능하다.

표 9-6 반응물의 표준엔탈피(298 K, 1 atm)

Method	Enthalpy(kJ/mol)	
	Methane	Iso-octane
Partial oxidation	-36.1	-675.8
Steam reforming	205.7	1,258.8
Dry CO_2 reforming	246.9	1,596.3

그림 9-5는 POX, ATR과 SR 반응의 운전조건을 나타낸다.

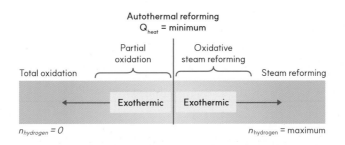

그림 9-5   POX, ATR과 SR 반응의 운전조건

천연가스, 수증기 그리고 산소가 혼합된 상태로 버너에서 약 1,200℃ 온도로 부분 연소되어 흡열반응에 필요한 열을 제공하며 반응압력은 약 20~70기압 정도다. 주로 사용되는 촉매는 **표 9-7**과 같이 공정에 따라 다소 차이가 있다. SMR 공정에 비해 ATR의 또 다른 중요한 이점으로서, POX 단독보다 더 많은 양의 수소를 생성하면서 장치 운전의 응답시간이 매우 빠르다. 메탄 개질의 경우 열효율은 POX(약 60~75%)와 비슷하고 수증기 개질보다 약간 낮다(**표 9-8, 그림 9-6**).

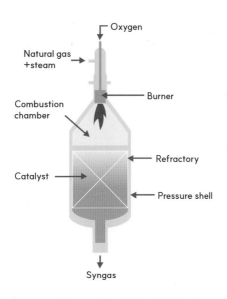

그림 9-6   자열 반응기 모형의 예

표 9-7 공정에 따른 촉매 비교

공정	촉매
Johnson-Matthey Hot Spot reactor	Pt-CrO$_x$/refractory support
Engelhard	Pt-Pd/alumina on monolith(POX, Partial Oxidation) + Pt-Rh/packed bed(SMR, Steam Methane Reforming)
LCA(ICI process)	noble metal on monolith(POX) + Ni/refractory alumina(SMR)
UHDE process	Ni-cat + thermal POX

표 9-8 개질방식에 따른 장단점 비교

기술	장점	단점
수증기 개질	• 산업적으로 가장 많이 활용 • 산소가 필요 없음 • 공정온도가 낮음 • H$_2$/CO 비율이 가장 좋음	• emission이 높음
자열 개질	• POX보다 공정온도가 낮음 • 메탄 슬립이 낮음	• 제한적인 산업적 활용 • 공기나 산소가 필요
부분산화	• 탈황 요구조건 감소 • 촉매가 필요 없음 • 메탄 슬립이 낮음	• H$_2$/CO 비율이 낮음 • 공정온도가 매우 높음 • Soot 형성

(4) 직접분해법(direct cracking)

직접열분해기술은 열분해법(고온열분해와 촉매열분해)과 플라스마 분해법으로 대별할 수 있으며, 탄화수소(천연가스 등)의 직접열분해에 의해 이산화탄소 발생 없이 수소를 제조하고, 부산물로서 고순도의 카본블랙을 얻는 기술이다. 반응식은 아래와 같다.

$$CH_4 + 75.3 \text{ kJ/kmol} \rightarrow 2H_2 + C \qquad (9\text{-}20)$$

열분해반응의 열원으로 천연가스 등 반응 생성물의 일부를 사용할 수 있으며, 메탄을 사용하는 경우 약 10% 메탄이 반응에 필요한 에너지를 공급할 수 있다. 부산물로 얻어진 카본블랙은 다양한 분야에서 유용한 자원으로 활용된다.

플라스마 개질의 경우 **그림 9-7**과 같이 개질반응에 사용되는 에너지와 자유라디칼은 전기 또는 열로 생성되는 플라스마 토치에서 공급된다. 연료와 함께 물이나 증기가 주입되면 전자와 함께 H·, OH·, O·라디칼이 생성되어 환원반응과 산화반응이 모두 일어나는 조건을 만든다. 플라스마트론이라고 하는 플라스마 장치는 전기를 사용하여 매우 높은 온도(약 2,000℃ 이상)를 생성할 수 있다. 수소가 풍부한 가스 스트림은 변환효율이 100%에 가까운 다양한 탄화수소 연료로부터 플라스마 개질기에서 효율적으로 생성될 수 있다. 플라스마 조건은 촉매 없이 열역학적으로 유리한 화학반응을 가속화하거나 흡열 개질공정이 발생하는 데 필요한 에너지를 제공하는 데 사용될 수 있다. 플라스마 개질기는 소형화와 낮은 무게(높은 전력 밀도로 인한), 높은 변환효율, 최소 비용(단순한 금속 또는 탄소 전극 및 간단한 전원 공급장치), 빠른 응답시간(1초 미만), 중질 탄화수소(원유) 및 고유황 디젤인 탄화수소를 포함한 광범위한 연료로 작동한다. 플라스마 개질의 유일한 단점은 전기 의존도와 고압 작동의 어려움이다. 고압은 달성 가능하지만 감소된 아크 이동도로 인해 전극 침식을 증가시켜 전극 수명을 감소시킨다.

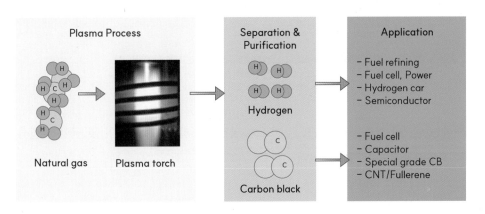

그림 9-7 플라스마에 의한 메탄의 직접분해

(5) 석탄 가스화(coal gasification)

석탄 가스화 기술의 대표적인 공정인 IGCC(Integrated Gasification Combine Cycle) 공정이 **그림 9-8**에 나와 있다. 그림에서 보듯이 완전연소에 필요한 산소량보다 부족한 산소를 공급하여 일산화탄소, 수소 등으로 이루어진 합성가스를 생산하고, 하류 공정에서 다양한 목적(수소 생산, 발전 등)으로 활용하는 핵심 기술이다. 석탄 가스화 공정에 의한 수소 생산은 낮은 수소 대 탄소 비율로 수소가 생성되고 많은 불순물(황, 질소 및 광물)이 배출된다. 가스화 공정은 석탄과 같은 유기 부분과 산소, 증기, 공기, 이산화탄소와 같은 가스와 고온에서

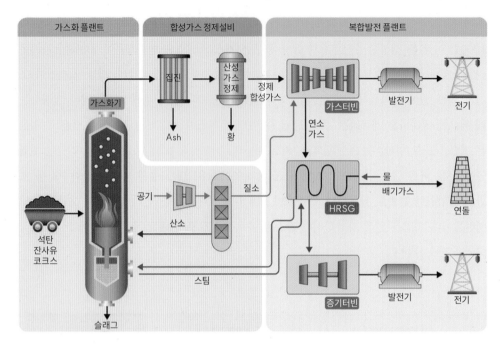

그림 9-8 석탄가스화에 의한 가스복합발전(IGCC) 개략도
(자료 : 한국서부발전 보도자료)

일어나는 일련의 열화학적 반응으로, 가스화 공정에서 일어나는 불균일 및 균일 반응식이
각각 **표 9-9**와 **표 9-10**에 나타냈다.

표 9-9 가스화기에서 일어나는 Heterogeneous Reactions

Reactions	Reaction description	Standard enthalpy of reaction(kJ/mol)
$C + CO_2 \leftrightarrows 2CO$	Reverse boudouard	172.4
$C + 2H_2 \leftrightarrows CH_4$	Methane formation	−74.9
$2CO + O_2 \leftrightarrows 2CO$	Oxidation of CO	−221
$2C + O_2 \leftrightarrows 2CO$	Coke gasification	−393.6

표 9-10 가스화기에서 일어나는 Homogeneous Reactions

Reactions	Reaction description	Standard enthalpy of reaction(kJ/mol)
$2CO + O_2 \leftrightarrows 2CO_2$	Oxidation of CO	−566
$2H_2 + O_2 \leftrightarrows 2H_2O$	Oxidation of H_2	−483.6
$CO + 2H_2O \leftrightarrows CO_2 + H_2$	WGS	−41
$CO + 3H_2 \leftrightarrows CH_4 + H_2O$	Methanation/Hydrogenation	−206
$CH_4 + 2O_2 \leftrightarrows 2CO_2 + 2H_2O$	Combustion	−802.6

9.2.3 바이오매스로부터 수소

다양한 방식으로 바이오매스로부터 수소(biomass hydrogen)를 생산한다. 바이오매스의 열화학적 가스화는 바이오매스를 일산화탄소, CO_2, 수소 및 메탄의 혼합물로 전환하는 석탄 가스화와 매우 유사한 공정이다. 바이오매스의 혐기성 소화는 기술적으로 가장 성숙한 공정이지만 하수 슬러지, 농업, 식품 가공 및 가정 쓰레기, 일부 에너지 작물만 처리할 수 있다. 바이오매스의 발효는 일부 식물의 셀룰로오스 부분을 처리할 수 있다. 바이오매스 가스화 공정의 기본 반응은 **표 9-11**에 나열되어 있다. 바이오매스 공정의 수소 생산 수율은 바이오매스 특성의 영향을 받고, 조성은 온도, 가열 속도, 수분함량, 입자 크기와 같은 여러 공정변수의 영향을 받는다.

표 9-11 바이오매스 가스화 반응

Reaction mode	Reactions
Pyrolysis	• $C_6H_{10}O_5 \rightarrow 5CO + 5H_2 + C$ • $C_6H_{10}O_5 \rightarrow 5CO + 5H_2 + CH_4$
Partial oxidation	• $C_6H_{10}O_5 + 1/2O_2 \rightarrow 5CO + 5H_2$ • $C_6H_{10}O_5 + O_2 \rightarrow 5CO + 5H_2 + CO_2$ • $C_6H_{10}O_5 + 2O_2 \rightarrow 3CO + 5H_2 + CH_4 + 3CO_2$
Steam reforming	• $C_6H_{10}O_5 + H_2O \rightarrow 6CO + 6H_2$ • $C_6H_{10}O_5 + 3H_2O \rightarrow 4CO + 2CO_2 + 8H_2$ • $C_6H_{10}O_5 + 7H_2O \rightarrow 6CO_2 + 12H_2$

(1) 바이오매스의 가스화(biomass gasification)

바이오매스는 동물 폐기물, 도시 고형 폐기물, 작물 잔류물, 짧은 회전 목본 작물, 농업 폐기물, 톱밥, 수생식물, 짧은 회전 초본 종(예 : 스위치그래스), 폐지, 옥수수와 같은 다양한 출처에서 사용할 수 있다. 공급 원료물질을 수소, 메탄, 고급 탄화수소, 일산화탄소, 이산화탄소, 질소의 혼합물로 부분산화시키는 것을 기반으로 하며, 바이오매스에 포함된 수분도 기화되어야 하기 때문에 열효율이 낮다. 가스화 공정에서 증기 및 산소를 추가하면 H_2/CO 비율이 2/1인 합성가스가 생성되며, 고급 탄화수소(합성 가솔린 및 디젤) 또는 수소 생산을 위한 WGS 반응기가 필요하다. 과열 증기(약 900℃)는 높은 수소 수율을 달성하기 위해 건조 바이오매스를 개질하는 데 사용된다. 그러나 가스화 공정은 800~1,000℃ 범위에서 작동되는 제품 가스에 상당한 양의 타르(고급 방향족 탄화수소의 복잡한 혼합물)를 제공한다. 일반적으로 가스화 반응기는 대규모로 건설되며, 지속적으로 공급되기 위해서는 막대한 양의 물질이 필요하다. 저위 발열량을 기준으로 하여 35~50% 정도의 효율을 달성한다.

(2) 바이오매스의 열분해(biomass pyrolysis)

또 다른 수소 생산 방법은 열분해 또는 복사 분해이다. 원료 유기물질은 500~900℃ 범위에서 0.1~0.5 MPa의 압력으로 가열 및 기화된다. 이 과정은 산소와 공기가 없는 상태에서 이루어지므로 다이옥신 생성을 거의 배제할 수 있다. 물이나 공기가 존재하지 않기 때문에 탄소 산화물(예 : CO 또는 CO_2)이 형성되지 않아 2차 반응기(WGS, PrO_x 등)가 필요 없다. 결과적으로 이 프로세스는 상당한 배출량 감소를 제공한다. 그러나 공기나 물이 있는 경우(재료가 건조되지 않은 경우) 상당한 CO_x 배출이 있다. 이 프로세스의 장점은 연료 유연성, 상대적 단순성 및 소형화, 깨끗한 탄소 부산물 및 CO_x 배출 감소이다. 일반적으로 다음 반응식 (9-20)으로 설명할 수 있다.

$$C_nH_m + Heat \rightarrow nC + 0.5\ mH_2 \qquad \text{(9-21)}$$

열분해공정은 온도 범위에 따라 저온(최대 500℃), 중온(500~800℃) 및 고온(800℃ 이상)으로 나뉜다. 빠른 열분해는 유기물질을 에너지 함량이 더 높은 제품으로 변환하는 최신 공정 중 하나이다. 빠른 열분해의 생성물은 고체, 액체, 기체 상태로 나온다. CO 및 CO_2 배출량을 낮출 수 있고 쉽게 격리되는 상당한 양의 고체 탄소를 회수하는 방식으로 운영될 수 있기 때문에 열분해는 미래에 중요한 역할을 할 수 있다.

(3) 바이오매스로부터 혐기 및 광합성 발효(biomass anaerobic and fermentation)

바이오 수소 연구는 지속가능한 개발과 폐기물 최소화에 대한 관심으로 지난 몇 년 동안 증가했다. 이것은 수소가스 연료를 생산하는 또 다른 바이오매스 방법이다. 반응식 (9-21)과 (9-22)에서 보듯이 수소를 생산할 수 있는 세균 중에는 빛이 없는 혐기발효 조건에서 유기물을 이용하여 배양액 중에 각종 유기산, 유기용매를 축적하고, 동시에 수소와 이산화탄소를 발생시키는 것이 있다. 클로스트리듐(Clostridium)은 가장 잘 알려진 혐기발효 수소 생성 세균이다.

$$C_6H_{12}O_6 + 6H_2O \rightarrow 2CH_3COOH \ (acetic\ acid) + 4H_2 + 2CO_2 \qquad \textbf{(9-22)}$$

$$C_6H_{12}O_6 \rightarrow 2CH_3(CH_2)COOH \ (butyric\ acid) + 2H_2 + 2CO_2 \qquad \textbf{(9-23)}$$

위의 경우 포도당(glucose) 1분자는 혐기 미생물이 갖는 자체 내 발효 메커니즘에 의해 2분자의 초산(acetic acid)과 동시에 4분자의 수소를 생산한다. 생성되는 수소량은 어떠한 유기산이 생성되는가에 따라 차이가 있지만, 낙산(butyric acid)이 생성될 경우는 2분자의 수소가 발생한다. 이와 같은 수소 생성량은 포도당 1분자로부터 최대 생성되는 12분자 수소 중 4분자만이 생성되므로 약 33% 전환에 불과하지만, 동시에 발생하는 유기산, 즉 초산이나 낙산 등은 광합성 세균에 의한 발효로 식 (9-23)과 같이 수소 생산을 유도할 수 있다. 즉,

$$2CH_3COOH \ (acetic\ acid) + 4H_2O \rightarrow 4CO_2 + 8H_2 \qquad \textbf{(9-24)}$$

광합성 세균은 시토크롬(cytochrome) 색소 복합체로 구성된 반응계(reaction centor)가 있어서 색소가 빛에너지를 흡수하면 반응계의 전위차가 형성되어 사이클릭 전자전달계를 생성하며, 이때 ATP(Adenosine Triphosphate)라는 고에너지 화합물을 합성한다. 한편 기질로부터 공급된 전자는 페레독신(ferredoxin)에 전달되고, 이 환원력과 ATP를 이용하여 니트로게나아제 효소는 양성자(H^+)를 수소(H_2)로 환원한다. 광합성 세균은 대사적인 다양성을 갖고 있어 산소가 있든 없든 생장할 수 있고, 광합성작용으로 수소를 생산할 수 있다. 이러한 다양성 때문에 기질의 이용효율에 차이는 있지만 단당류, 이당류 및 각종 유기산을 모

두 배양 기질로 사용할 수 있어서 실질적으로 수소 생산을 쉽게 유도할 수 있다.

광합성 세균 중 대표적으로 이용되는 홍색 비유황 세균(purple non-sulfer bacteria)은 이론적으로 초산, 젖산(lactic acid) 또는 낙산으로부터 각각 4, 6, 7분자의 수소가 생성된다. 포도당 1분자로부터 혐기 세균과 광합성 세균을 적용할 때 최대 12분자의 수소가 발생하지만 실질적으로는 미생물 배양조건, 즉 pH 변화, 빛 이용효율, 온도 등에 의해 최대 8~9분자가 발생한다. 유기물질이 다량 함유되어 있는 식품계 공장폐수나 하천 슬러지, 농수산 시장 폐기물은 이와 같은 혐기 및 광합성 세균을 이용하여 수소를 생산할 때 **표 9-12**와 같은 반응이 일어나며, 바이오매스로서 에너지 생산과 환경 처리를 동시에 할 수 있다는 이점이 있다(**그림 9-9**).

표 9-12　바이오매스로부터 수소 생산방법

Method	Chemistry
Photo-fermentation	(light) Organic acid + H_2O → $4\sim7H_2$ + CO_2
Dark-fermentation	(dark) $C_6H_{12}O_6$ + $6H_2O$ → $4H_2$ + CO_2 + organic acid

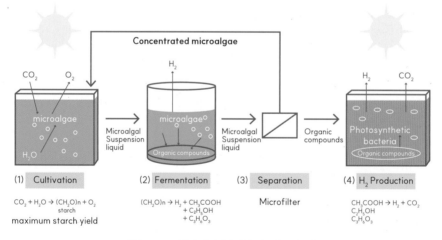

그림 9-9　광발효와 암발효의 하이브리드 시스템

9.2.4 수전해 및 열화학 수소

(1) 수전해 수소의 기술동향

수전해(물의 전기분해, water electrolysis)에 의해 수소와 산소를 제조하는 기술은 이미 1890년부터 상업적으로 사용되기 시작하였다. 수전해는 기본적으로 물과 접촉하는 두 전극에 직류 전류를 통과시켜 각 전극(수소극, 산소극)에서 수소와 산소를 제조하는 방법이며, 두 전극 사이에는 특정 이온을 잘 통과시키는 전해질이 존재한다. 이렇게 전해질과 수소극 및 산소극으로 구성된 수전해 셀(cell)을 여러 개 적층하여 수전해 스택(stack)이 제조되며, 물과 전력 등을 공급하는 부대장치(BOP, Balance of Plant)를 결합하여 수전해 시스템이 완성된다.

수전해 기술은 사용되는 전해질의 종류에 따라 구분된다. 전해질이 알칼리 수용액이면 '알칼리 수전해', 프로톤 전도성막(PEM, Proton Exchange Membrane)이면 'PEM 수전해', 음이온 전도성막(AEM, Anion Exchange Membrane)이면 'AEM 수전해', 고체산화물이면 'SOEC(Solid Oxide Electrolysis Cell) 수전해'라고 부른다. PEM 수전해 및 AEM 수전해에 사용되는 전해질은 고분자막(polymer electrolyte membrane)으로서, AEM이 수전해에 사용되기 전까지 PEM 수전해는 '고분자전해질 수전해'를 의미하였다. 알칼리 수전해, PEM 수전해 및 AEM 수전해는 80℃ 이하에서 액체의 물을 전기분해하는 '저온 수전해' 방식이며, SOEC 수전해는 600℃ 이상에서 수증기를 전기분해하는 '고온 수전해' 방식이다. 저온 수전해에서는 물을 분해하기 위해 전력을 100% 사용하지만, SOEC 수전해에서는 수증기 분해에 필요한 에너지를 열과 전력으로 공급할 수 있으며, 고온의 폐열을 이용할 수 있는 경우 수전해 전력을 많이 낮출 수 있다.

표 9-13~표 9-15에 수전해 기술의 특징과 주요 업체의 개발현황을 나열했으며, **그림 9-10**에 수전해 기술의 성숙도를 제시하였다. 표와 그림에서 알 수 있는 바와 같이 알칼리 수전해는 현재 기술성숙도가 가장 높은 방식으로 이미 상업화 및 대규모 그린수소 생산을 위해 널리 활용되고 있으며, PEM 수전해는 상용화된 최신 기술로 실증 및 상용화 단계에 진입했다고 볼 수 있다. 반면에 AEM 수전해와 SOEC 수전해 기술은 개발단계로 제조와 상업화에 참여하는 회사가 많지 않아 기술성숙도가 상대적으로 낮은 것으로 평가된다.

표 9-13 물의 전기분해법과 특징

구분	알칼라인 수전해 (AWE) 산소극 : $4OH^- \rightarrow$ $2H_2O + O_2 + 4e^-$ 수소극 : $4H_2O + 4e^- \rightarrow$ $2H_2 + 4OH^-$	양이온교환막 수전해(PEMWE) 산소극 : $2H_2O \rightarrow$ $4H^+ + O_2 + 4e^-$ 수소극 : $4H^+ + 4e^- \rightarrow$ $2H_2$	음이온교환막 수전해(AEMWE) 산소극 : $4OH^- \rightarrow$ $2H_2O + O_2 + 4e^-$ 수소극 : $4H_2O + 4e^- \rightarrow$ $4OH^- + 2H_2$	고체산화물 수전해 (SOEC) 산소극 : $2O^{2-} \rightarrow$ $O_2 + 4e^-$ 수소극 : $2H_2O + 4e^- \rightarrow$ $2H_2 + 2O^{2-}$
작동 온도(℃)	60~90	50~80	35~50	700~900
작동 전류밀도 (mA/cm²)	250~450	2,000~3,000	>450	1,000~2,000
스택 효율 (%, LHV)	63~71	60~68	>82	100
시스템 효율 (%, LHV)	51~60	46~60	>67.5	>80
시스템 용량	~20 MW (단일 10 MW) (~8,000 kg_H_2/day)	~30 MW (단일 3 MW) (~13,000 kg_H_2/day)	1 MW(단일 2.4 kW) (410 kg_H_2/day)	– (50 kg_H_2/day)
초기 설치 비용 (€/kW)	800~1,500	1,400~2,100	500~600	2,800~5,600
수소 생산 압력 (bar)	7~30	20~50(350)	35	1~15
내구성(kh)	55~120	60~100	–35	8~20
장점	•비귀금속 촉매 •기술 성숙도↑	•고순도 수소 (dry cathode) •높은 에너지 밀도 •고압 충전	•고전류밀도 운전 •비귀금속 촉매 소재 •저가, 고순도, 고압 수소 •높은 공간 효율성 (모듈형)	•높은 에너지 효율 •비귀금속 촉매 소재 •높은 내부식성(고체 전해질) •유지 및 보수 용이 (전해액 보충 ×)
단점	•수소와 산소 혼입의 위험 •저순도 수소 및 낮은 에너지 밀도 •부식환경, 수소 정제 필요	•비싼 귀금속 촉매 •비싼 Ti-biolar 필요 •높은 스택 및 시스템 가격	•촉매/전극의 활성/ 내구성↓ •멤브레인 전도도 및 내구성↓	•높은 운전 온도 •상용화 기술 개발 필요 •낮은 시스템 내구성

자료 : 가스신문, http://www.gasnews.com/news/articleView.html?idxno=111399

표 9-14 알칼리 수전해 주요 업체별 기술현황

주요 업체명	국가	장치효율 및 규모		비고
		스택	통합시스템	
Nel Hydrogen	노르웨이	80% (2.2 MW)	17 MW	• 수소충전소 현대차 협업 • 1 GW 규모 양산설비 구축 중
McPhy	프랑스	78.6% (2.0 MW)	20 MW	• ~'30 EU 67 GW사업 참여 (Hydeal프로젝트-다국적)
Thyssenkrupp	독일	82% (5 MW)	20 MW	• 그린암모니아 20 MW 설비 운영 (사우디아라비아) • CA전해조 사업 영위(600 MW/연)
Asahi Kasei	일본	82% (10 MW)	35 MW('24)	• '20년 PV연계(후쿠시마) • 10 MW 설비 운영(FH2R) • CA전해조 사업 영위
Sunfire	독일	75.3% (10 MW)	64% (10 MW)	• '21년 IHT수전해 업체 인수(가압) • 고온형 주력 개발 업체
수소에너젠	한국	73% (1 MW)	1 MW	• 소형 수소발생기 판매업체 • 1 MW급 수전해 설비 기술 확보
KIER	한국	84% (0.1 MW)	0.25 MW('23)	• 기술 이전 • 상용화 협력 연구

자료 : 한국화학공학회 NICE지, https://www.cheric.org/PDF/NICE/NI40/NI40-3-0254.pdf

표 9-15 고분자전해질 수전해 주요 업체별 기술현황

주요 업체명	국가	장치효율 및 규모		비고
		스택	통합시스템	
Siemens Energy	독일	0.73 MW	52.2 kWh/kg (17.5 MW)	• 베를린에 GW 수소 생산 설비 건설 중 • H2Future 6.0 MW실증(12스택) • '23년 완공 후 수소 가스터빈에 사용
Cummins (Hydrogenics)	미국	2.5 MW	56.5 kWh/kg (20 MW)	• Cummins 및 Air Liquide가 지분(81%:19%) 인수 • 20 MW PEM 설비 구축
Plug Power	미국	49.9 kWh/kg (2.5 MW)	10 MW	• SKE&S와 인천에 조인트 벤처(HALO hydrogen) 설립 • 2.0/GW 스케일 양산 준비 중(로체스터, 미국)
ITM Power	영국	2.5 MW	55.6 kWh/kg (10 MW)	• 100 MW급 개발을 위해 Linde와 전략적 제휴 • '23. 24 MW암모니아 프로젝트(Linde, Leuna, DE) • '22. 1.0 GW → '24. 5.0 GW 양산
Nel Hydrogen	노르웨이	55.6 kWh/kg (1.25 MW)	20 MW	• '19. Proton Onsite(미국) 인수
엘켐텍	한국	47.9 kWh/kg (1 MW)	1 MW	• 산업부 과제로 개발 중
Enapter(AEM)	이탈리아	0.0025 MW	53.3 kWh/kg (modular)	• 2.5 kW 모듈 적층 • '23. 월 1만 대 양산 목표 €9,000/unit → €2,500/unit (양산)

자료 : 한국화학공학회 NICE지, https://www.cheric.org/PDF/NICE/NI40/NI40-3-0254.pdf

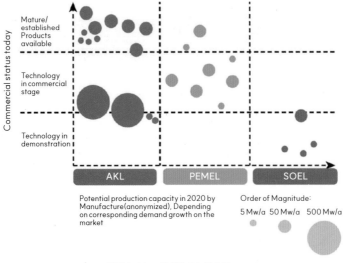

그림 9-10 수전해 기술 성숙도
(자료 : IEA, 2019)

수전해 설비의 성능은 일반적으로 단위 수소 생산에 요구되는 전력으로 나타낸다. 즉, 1 kg 또는 1 Nm³ 수소 생산에 필요한 전력(kWh)이 수전해 설비 성능의 척도이다. 열역학적으로 수전해에 필요한 최소 에너지는 수소 1 kg 생산을 기준으로 물 분해의 경우 39.4 kWh(수소의 고위발열량 HHV), 수증기 분해의 경우 33.3 kWh(수소의 저위발열량 LHV)이다. 따라서 수전해 설비의 효율은 이 최소 에너지를 수전해 설비에 공급되는 전력으로 나눈 값이다. 현재 저온 수전해의 기술 수준은 MW급 대형 수전해 스택의 경우 수소 1 kg 생산에 약 49 kWh의 전력이 필요한 수준이며, 효율로 나타내면 HHV 기준 80%, LHV 기준 68% 정도이다. 수전해 시스템 전체로는 에너지가 더 많이 요구되어 1 kg 수소 생산에 약 55 kWh 정도의 전력이 소모된다. 고온 수전해의 경우에는 앞에서 언급한 바와 같이 수증기 분해에 필요한 에너지를 열과 전력으로 공급할 수 있어 전력 소모를 크게 줄일 수 있으나 상용화를 위해서는 기술개발이 더 필요한 상황이다.

수전해에 의한 그린수소의 제조는 재생에너지의 저장 및 이송 면에서 매우 중요하다. 잉여 재생에너지를 수소 형태로 저장하여 추후 사용하거나, 해외의 풍부한 재생에너지를 수소 형태로 변환하여 국내로 이송할 때 일차적으로 재생에너지로부터 수소를 생산하는 수전해 과정이 필수적으로 요구된다. 전통적인 수전해 방식은 일정한 전력을 공급받으면서 안정된 상태에서 수전해 설비를 운전하지만, 재생에너지는 출력 변동성이 심하여 이에 대응하는 수전해 기술개발이 진행되고 있다.

(2) 수전해 기술

① 알칼리 수전해법

수전해 방법은 **그림 9-11**과 같이 물과 접촉하는 두 전극에 직류 전류를 통과시켜 각 전극에서 수소와 산소를 제조하는 방법이다. 순수한 물은 전기가 거의 통하지 않아 전기분해를 수행할 수 없으므로 전기가 잘 통하는 전해질 수용액을 사용한다. 알칼리 수전해법에서는 알칼리 수용액(25~30 wt.% KOH)을 전해질로 사용하여 물을 분해한다. 이러한 물 전기분해 장치는 그림에서와 같이 전자가 발생하면서 산소를 생성하는 anode(산소극), 전자를 소모하면서 수소를 생성하는 cathode(수소극), OH^- 이온을 전달하는 알칼리 수용액 전해질, 그리고 격막(diaphragm)으로 구성되는데, 격막은 전해질 수용액은 통과시키고, 생성된 수소와 산소의 혼합은 방지하는 역할을 한다. 전극에서 일어나는 전기화학반응은 아래와 같다.

$$\text{anode} \qquad 2\ OH^- \rightarrow 1/2\ O_2 + H_2O + 2\ e^- \qquad\qquad \text{(9-25)}$$

$$\text{cathode} \qquad 2\ H_2O + 2\ e^- \rightarrow H_2 + 2\ OH^- \qquad\qquad \text{(9-26)}$$

$$\text{전체 반응} \qquad H_2O \rightarrow H_2 + 1/2\ O_2 \qquad\qquad\qquad\quad \text{(9-27)}$$

Cathode에서는 물로부터 수소와 OH^- 이온이 생성되고, OH^- 이온은 전해질 내에서 격막을 통과하여 anode에서 OH^- 이온의 반응에 의하여 물과 산소가 생성된다. 따라서 연속적인 전기분해 반응이 진행될 경우 cathode 부분에 물이 계속 공급되어야 한다. 실제로는 전기분해가 연속적으로 진행될 때 열이 발생되는 경우가 일반적이므로 전기분해 장치를 냉각시키고 전해질을 안정화하기 위하여 공급되는 물과 함께 전해질 수용액을 순환시킨다.

그림 9-11과 같이 수전해 반응은 전해질 수용액 내에 설치된 격막의 양쪽 전극 표면에서 일어나는데 전극과 격막 사이의 거리가 멀면 발생되는 수소 또는 산소 기포가 전류 통로를 방해하여 셀 내부저항이 증가하고, 이에 따라 수전해에 소요되는 전력이 증가한다. 따라서 대부분의 알칼리 수전해 셀에는 격막에 전극을 바로 설치하는 소위 'zero-gap' 형태를 사용한다. 이 경우 전극은 비교적 큰 기공을 가지도록 제작되어 전극 표면에서 생성되는 기포를 빠른 속도로 전극 외부로 이동시키며, 격막은 미세기공을 가지고 있어 전해질을 지지하는 동시에 전극에서 발생한 기포가 다른 전극 쪽으로 이동하는 것을 방지한다. 전극이 미세기공을 많이 가지고 있으면 발생되는 기체가 미세기공에 갇혀 빠져나오지 못해서 반응물이 계속

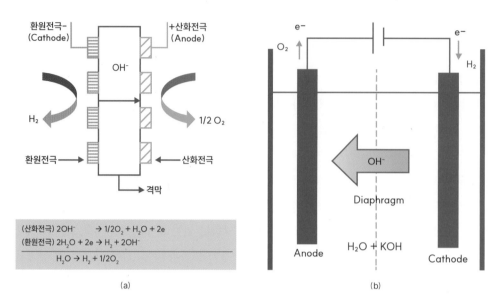

그림 9-11 알칼리 수전해 개념도

공급되지 않으므로 전극 과전압이 증가하게 된다. 압력을 증가시켜 전기분해를 수행한다면 발생되는 수소 또는 산소의 기포 크기가 줄어들어 같은 기공 특성을 가진 전극이라면 가압 운전을 수행할 때 전극 과전압이 감소한다. 전극 재료로는 강알칼리 환경에서 내식성이 강하고 전극 반응 활성이 높은 Ni(니켈), Fe(철), Co(코발트) 등의 전이금속 기반 소재가 사용된다. 격막 재료로는 이전에는 전해질을 잘 적시는 석면이 많이 사용되었으나, 환경 문제로 현재는 다공성 고분자 및 세라믹 막이 사용되고 있다.

② PEM 및 AEM 수전해법

PEM 수전해법은 전해질로 프로톤(H^+ 이온) 도전체인 고분자막을 이용하는 방법으로, 수전해 과정에서 전기화학반응은 아래와 같다.

$$\text{anode} \qquad H_2O \rightarrow 1/2\,O_2 + 2\,H^+ + 2\,e^- \qquad\qquad \textbf{(9-28)}$$

$$\text{cathode} \qquad 2\,H^+ + 2\,e^- \rightarrow H_2 \qquad\qquad\qquad\quad \textbf{(9-29)}$$

$$\text{전체 반응} \qquad H_2O \rightarrow H_2 + 1/2\,O_2 \qquad\qquad\qquad \textbf{(9-30)}$$

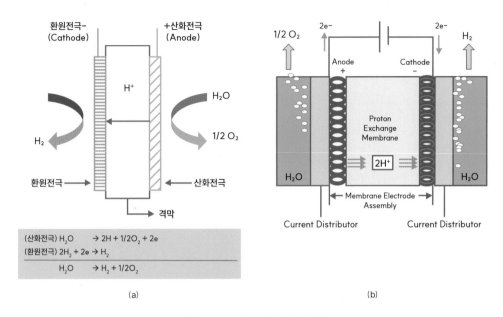

(산화전극) $H_2O \rightarrow 2H + 1/2O_2 + 2e$
(환원전극) $2H_2 + 2e \rightarrow H_2$
$H_2O \rightarrow H_2 + 1/2O_2$

(a)

(b)

그림 9-12　고분자 전해질 막 수전해법

　PEM 수전해에서는 **그림 9-12**와 같이 물이 공급되는 anode에서 전기화학반응에 의하여 산소 및 H^+ 이온이 생성되며, H^+ 이온은 전해질막을 통하여 cathode 측으로 이동하여 cathode에서 수소가 생성된다. PEM 수전해에서는 불소계 이온교환막을 전해질로 사용하며, DuPont사의 Nafion 막이 잘 알려져 있다. 전극은 anode의 경우 안정화된 RuO_2, IrO_2 촉매를 주로 사용하고, cathode에는 Pt, Pt/Pd 등을 사용한다. PEM 수전해는 알칼리 수전해에 비해 전류밀도나 효율이 높고, 장치의 소형화가 가능하다는 이점이 있지만, 전해질막이나 전극 촉매의 가격이 높다는 단점이 있어 경제성 향상을 위한 연구개발이 진행되고 있다.

　한편 최근 개발이 진행되는 AEM 수전해의 경우 기본 구조는 PEM 수전해와 동일하나, 전해질로 H^+ 이온 대신 OH^- 이온을 진달하는 고분자막을 사용한다. 전극 반응은 알칼리 수전해와 동일하며, 알칼리 분위기에서 전극 반응이 일어나 비싼 귀금속 촉매를 전극물질로 사용하지 않아도 되며, 알칼리 수전해에서는 격막을 통해 수소와 산소가 혼합될 가능성이 있으나, AEM 고분자막을 사용함으로써 수소, 산소의 혼합이 방지된다는 이점이 있다. 따라서 PEM 수전해와 알칼리 수전해의 장점을 모두 가진 AEM 수전해에 대한 관심이 최근 크게 증가하고 있으며, 전해질 막의 내구성 향상과 스택 및 시스템의 대형화 관련 연구개발이 진행되고 있다.

③ SOEC 수전해법

고온에서 수증기를 전기분해하는 SOEC 수전해에서는 전해질로 산소이온($O^=$) 전도성 고체 산화물 막을 주로 사용한다. **그림 9-13**과 같이 cathode에서 수증기가 분해되어 수소와 $O^=$ 이온이 발생되고, 생성된 $O^=$ 이온은 전해질을 통하여 anode로 전달되어 전기화학반응에 의해 산소가 생성된다. 따라서 전체 반응은 수증기가 수소와 산소로 분해되는 반응이며 생성된 수소와 산소는 전해질막에 의해 격리된다. $O^=$ 이온 전도성 고체산화물로는 지르코니아계 세라믹 물질이 잘 알려져 있으며, $O^=$ 이온 전도성이 600℃ 이상의 고온에서 나타나므로 고온 수증기 전기분해 방법으로 불린다. 전기화학반응은 아래와 같다.

$$\text{anode} \qquad O^= \rightarrow 1/2\ O_2 + 2\ e^- \tag{9-31}$$

$$\text{cathode} \qquad H_2O + 2\ e^- \rightarrow H_2 + O^= \tag{9-32}$$

$$\text{전체 반응} \qquad H_2O \rightarrow H_2 + 1/2\ O_2 \tag{9-33}$$

전해질로서 YSZ(yttria-stabilized zirconia)계 세라믹 물질을 주로 사용하고, anode로는 perovskite 구조를 가지는 세라믹 물질을, cathode로는 니켈과 YSZ와의 cermet을 많이 사용한다. 최근에는 H^+ 이온 전도성 고체산화물 막도 개발되고 있으며, 이 경우 PEM 수전해와 같은 전극 반응이 일어난다.

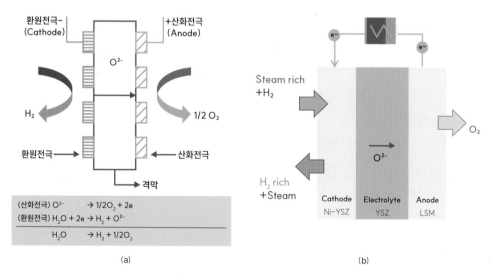

그림 9-13 고온 수증기 전해법

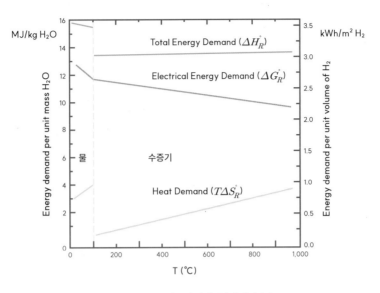

그림 9-14 물과 스팀 전기분해의 에너지양

연료전지가 수소와 공기 중 산소를 소비하면서 물과 전기를 생산하는 발전 반응에 기초한다면, 수전해 반응은 이와는 반대로 물 주입 후 전기에너지를 인가하여 전기화학적인 분해반응(H_2O + energy → H_2O + $1/2O_2$)에 의해 물이 수소와 산소로 분리되는 공정을 기반으로한다. 고온 수전해는 700~850℃ 정도의 과열 수증기를 전기분해하여 기존 60~85℃에서 작동하는 저온 수전해 공정에 비하여 20~30% 정도의 전기에너지를 절감할 수 있다는 장점이있다. 이는 **그림 9-14**의 물 분해과정에서 소요되는 에너지를 표시한 열역학적 그래프에서 확인할 수 있는 바와 같이, 물의 끓는점인 100℃를 기준으로 수전해 에너지 소모량(ΔH_R^o)이 급격히 낮아지고, 이후 수전해 온도가 증가함에 따라 필요한 전기에너지(ΔG_R^o) 소모량이 낮아지기 때문이다.

전기에너지를 소모하여 제조하는 수소는 궁극적으로 수소 또는 전기의 형태로 재사용될것이기 때문에 가역전환효율(round trip efficiency)이 높아야 하고 이를 위해서는 수전해의전기에너지 소모량이 매우 낮아야 한다. 따라서 경제성 확보를 위하여 전기분해에 소요되는전기에너지를 태양광 또는 풍력 등 재생에너지 이외에 원자력발전으로부터 얻는 방안 등이고려되고 있고, 다양한 수소 제조기술과의 경쟁구도에서 전기분해에 필요한 전기에너지 소모량을 최소화할 수 있는 고온형 수전해기술이 대량 수소 제조를 위한 미래 기술로서 가장 적합한 것으로 평가되고 있다.

(3) 물의 열화학 분해법

물을 열로 직접 분해하기 위해서는 4,000K 이상의 고온이 필요하다. 이 온도영역에서는 구조재료, 에너지수지 면에서 공정의 설계와 구성이 비현실적이다. 이 온도 이하에서는 물을 분해하여 수소와 산소를 생산하는 공정의 하나로 흡열과 발열의 화학반응으로 구성된 화학 사이클이 제안되었다. 이 공정은 '열화학적 수소(thermo-chemical hydrogen) 제조법'이라 부르며, 이산화탄소 등 지구 환경 오염물질의 배출이 거의 없는 태양광 집열기의 고온 열이나 원자로의 핵 열에너지를 열원으로 이용한다. 열화학적 물 분해공정은 열분해 물 분해 공정과 화학반응을 결합하여 물 분해 온도를 900℃까지 낮추는 것이다. 열화학적 물 분해를 사용한 수소 생산은 다양한 화학반응과 관련되어 있다. 물 분해 주기를 검토하기 위해 구리-염소, 아연-산화아연, 니켈-망간 페라이트, 황-요오드 공정과 같은 다양한 열화학 사이클이 연구되었다.

① 원자력 고온 열 이용 열화학 분해법

원자력 고온 열을 활용한 수소 생산 방법으로는 **표 9-16**에 나타낸 것처럼 원전의 고온열을 이용한 고온 수전해(HTE, High Temperature Electrolysis), 원전의 초고온 열을 이용한 열화학적 수소 생산 등이 있다.

표 9-16 원전 고온열에 의한 수소 생산기술

구분	수소 생산기술	적합한 원자로형
원전에서 생산된 고온열(700~850℃)을 이용한 고온 수전해	SOEC	경수로, 선진원자로 (초고온가스로, 소듐냉각고속로, 용융염원자로)
고온열(850℃ 이상)을 이용한 IS 열화학공정	IS 열화학공정	초고온가스로

1,000℃ 이하의 온도영역에서 물을 분해하여 수소와 산소를 생산하는 열화학 사이클에 이용하는 열원으로는 수소의 대량 제조가 가능한 원자로, 특히 고온가스로의 열을 이용하는 것이 고려되고 있다. 대표적인 열화학 사이클로 요오드-황(IS) 공정을 들 수 있다. 이 공정은 미국 General Atomic사에 의해 고안된 공정으로 크게 3개의 요소 반응으로 구성되어 있고, 원료인 물과 반응시키는 요오드(I) 및 황(S)으로부터 생기는 화합물을 공정 내부에서 순환 사용함으로써 외부에 유해물질을 배출하지 않는 기술이다.

$$H_2SO_4(aq) \xrightarrow{300 \sim 500°C} H_2O(g) + SO_3 \tag{9-34}$$

$$SO_3(g) \xrightarrow{800 \sim 900°C} SO_2(g) + 0.5O_2 \tag{9-35}$$

$$SO_2(g) + I_2(g) + 2H_2O(l) \xrightarrow{} 2HI(g) + H_2SO_4(aq) \tag{9-36}$$

$$2HI(g) \xrightarrow{425 \sim 450°C} H_2(g) + I_2(g) \tag{9-37}$$

열분해라고도 하는 열화학적 물 분해에서는 열만 사용하여 물을 수소와 산소로 분해한다. 이러한 프로세스를 사용하여 50%에 가까운 전체 효율을 달성할 수 있다. 이 공정은 폭발성을 피하기 위해 H_2와 O_2를 효과적으로 분리하는 기술이 필요하다. 이를 위해 ZrO_2 및 기타 고온 재료 기반 반투막을 사용하거나 팔라듐 멤브레인이 수소 분리에 사용된다.

② 광화학 및 광전기화학적 수소

광전기분해는 **그림 9-15**와 같이 물의 전기분해를 구동하기 위해 광전기화학(PEC) 집광 시스템을 사용하며, 반도체 광전극이 태양복사에 노출된 수성 전해질에 잠기면 수소와 산소의 생성 반응에 충분한 전기에너지를 생성한다. 수소를 생성할 때 전자는 전해질로 방출되는 반면, 산소를 생성하려면 자유전자가 필요하다. 반응은 반도체 재료의 유형과 태양 강도에 따라 달라지며, 이는 10~30 mA/cm²의 전류밀도를 생성하고, 이러한 전류밀도에서 전기분해에 필요한 전압은 약 1.35 V이다. 광전극은 광전지(반도체), 촉매 및 보호층으로 구성된다. 반도체 물질의 광흡수는 광전극의 성능에 정비례하며, 광대역을 가진 반도체는 물을 분해하는 데 필요한 잠재력을 제공한다. 보호층은 수성 전해질 내부에서 반도체가 부식되는 것을 방지하는 광전극의 또 다른 중요한 구성요소이며, 최대 태양에너지를 제공할 수 있고 광기전 반도체 층에 도달할 수 있도록 매우 투명해야 한다.

광전해는 햇빛을 이용하여 물을 직접 수소와 산소로 분해하는 것이다. 광전해 시스템은 광전지 시스템과 동일하며 두 기술 모두 반도체 재료를 사용한다. 광전지에서는 p형과 n형 반도체 재료가 사용된다. 전자와 정공의 반대 방향으로의 강제이동으로 인해 전류가 생성된다. 광전해과정에서 전류를 생성하는 대신 물이 수소와 산소로 분해된다. 광전해 반응은 다음과 같다.

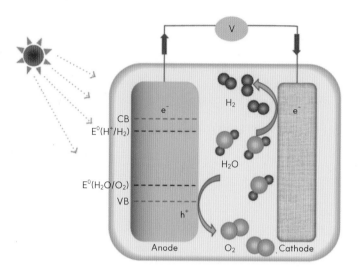

그림 9-15　n형 반도체 TiO₂ 광양극을 기반으로 한 광전기화학적 물 분해 전지
(자료 : http://doi.org/10.1155/2016/4073142)

$$H_2O + h\nu \rightarrow H(g) + 1/2O_2(g) \tag{9-38}$$

WO₃, Fe₂O₃, TiO₂와 같은 다양한 광전극 재료가 박막으로서 광전해 방법에 사용된다. 광전해 시스템의 성능은 주로 광전극과 반도체로 활용된 재료에 따라 달라진다.

광화학적 수소 제조는 반도체 광촉매에 의해 태양광에너지를 흡수하여 화학반응을 일으켜 물 분해로부터 수소를 생산하는 방법이다. 순수한 물은 solar radiation을 흡수하지 않기 때문에 태양광을 흡수할 수 있는 물질이 필요하다. 광전극은 태양에너지를 흡수함과 동시에 물 분자를 산소와 수소로 직접 분해하는 데 필요한 전압을 생성하는 반도체 소자이다. 대부분의 반도체 물질은 빛을 흡수하여 활성화된 전자를 생성할 수 있고, 흡수된 태양에너지를 가진 전자는 물을 분해하여 수소를 생산할 수 있다. 물을 분해하여 수소를 생산하기 위해서는 물 분해 산화, 환원 전위를 포함하는 띠 간격 에너지(band gap energy)를 가지는 반도체 물질을 광촉매로 사용한다. 1972년 혼다와 후지시마에 의해 이산화티탄(TiO₂)과 백금 전극으로 구성된 전기화학 셀에 의한 물의 광화학적 분해 효과가 보고된 이후 광촉매에 대한 연구는 비약적으로 발전을 계속하고 있다. **그림 9-16**에 광촉매에 의한 물 분해 메커니즘을 나타냈다.

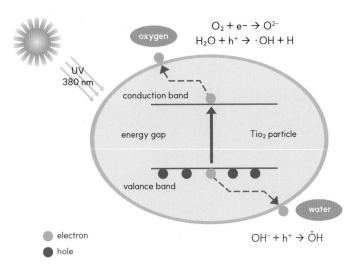

O₂ + e- → O²⁻
H₂O + h⁺ → ·OH + H

$$O_2 + e^- \rightarrow O^{2-}$$
$$H_2O + h^+ \rightarrow \cdot OH + H$$

$$OH^- + h^+ \rightarrow \dot{O}H$$

그림 9-16　광촉매에 의한 물 분해 메커니즘
(자료 : 퓨리테크)

　광촉매의 소재인 이산화티탄은 반도체 물질로서 자신이 보유하고 있는 띠 간격 에너지보다 높은 에너지의 빛을 흡수하면 공유띠(valence band)의 전자가 전도띠(conduction band)에 광 여기되어 전도띠에는 자유전자(+전자), 공유띠에는 정공(hole)이라는 전자쌍이 생긴다. 반도체의 경우에는 전자에 의해 가득 채워진 가장 높은 에너지띠인 공유띠와 전자가 점유하지 않아 비어 있는 전도띠 사이에 전자가 점유할 수 없는 금지된 에너지띠 간격(band gap, Eg)이 존재한다. 반도체는 띠 간격 이상의 에너지를 갖는 광자(hV ≥ Eg)를 흡수하여 공유띠에서 전도띠로 전자 여기를 일으키고 이때 공유띠에는 정공이, 전도띠에는 전자가 생성된다. 반도체에 흡수된 띠 간격 이상의 광 에너지는 전자와 정공을 생성하는데 이를 외부회로에 연결하여 전력을 얻는 것이 태양전지이며, 이 전자와 정공의 화학전위에너지를 이용하여 계면에서 환원과 산화반응을 일으켜 빛에너지를 화학에너지로 전환하는 것이 광촉매이다. 따라서 태양전지 전력을 생성시켜 물을 전기분해하여 수소를 얻는 것과 비교하여, 광촉매에서는 태양에너지를 직접 물 분해에 응용하여 수소를 얻기 때문에 이론적으로 더 높은 효율을 얻을 수 있다.

9.3 국내외 시장 및 기술 동향

현재 수소에너지는 화학제품과 정유산업에서 90% 이상이 사용되어 왔으며, 자체 소비하거나 소규모 생산으로 인해 비교적 수소 생산비용이 높아서 고부가가치 산업이나 수소의 필수 불가결한 산업에만 국한해서 활용되었다(표 9-17).

표 9-17 용도별 수소산업의 현재

Industry & Market share	Key applications	Supply system
General industrial(1%)	•Semiconductor •Propellant fuel •Glass production •Hydrogenation of fats •Cooling of electrical generators	•Small on-site •Tube trailers •Cylinders •Liquid H_2
Metal working(6%)	•Iron reduction •Blanketing gas	•Cylinders •Tube trailers
Refining(30%)	•Hydrocracking •Hydrotreating	•Pipeline •Large on-site
Chemical(63%)	•Ammonia(53%) •Methanol(8%) •Polymers/Resins(2%)	•Pipeline •Large on-site

국내 수소는 2018년을 기준으로 다양한 방법으로 171만 톤이 생산되어 이 중 75%는 정유공장에 사용되었으며, 납사분해와 천연가스 개질로 생산된 수소 24만 톤이 판매되었다.

현재 세계 시장에서 수소는 정밀화학 원료, 금속열처리, 반도체, 유리, 식품과 음료 등에 약 7,000만 톤이 사용되고 있으며, 대부분 석유 산업과 암모니아 산업에 사용되고 있는 것으로 나타났다. 이러한 수소의 75%는 천연가스에서, 23%는 석탄에서 생산되어 활용되고 있는 것으로 나타났다(그림 9-17).

현재 수소에너지로서 활용될 핵심기술로 꼽히는 연료전지는 전자, 자동차 등 다양한 산업에 혁신적 변화를 초래할 수 있는 기술로서 석유 중심의 에너지 체제를 수소에너지 중심, 내연기관 자동차를 연료전지 전자기기의 하나로, 중앙집중적 전력 생산을 누구나 전력을 생산하는 분산형 구조로 탈바꿈할 수 있는 획기적인 통합기술로 평가되기 때문이다. 연료전지는

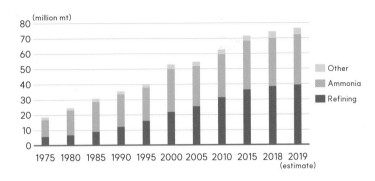

그림 9-17 현재 세계 수소의 생산 및 활용(1975~2019년)

수소와 공기 중의 산소를 결합시켜 전기를 생산하는 전지로 물의 전기분해 역반응으로 연료를 계속해서 공급해 주면 무한히 발전 가능하다는 점에서 일종의 발전기이며, 연료로 사용되는 수소는 가스 등을 개질(改質)하여 얻거나 물을 전기분해하여 얻는다.

연료전지의 특징은 첫째, 환경친화적이다. 연료전지는 기계장치를 사용하지 않고 발전하기 때문에 소음이 거의 없으며, 수소와 산소가 반응해 전기를 생성하기 때문에 질소산화물(NO_x), 황산화물(SO_x) 등 공해물질을 거의 배출하지 않는다. 둘째, 연료전지는 효율이 높아 에너지 절감효과가 크다. 연료전지의 발전효율은 현재 30~50%로 내연기관보다 우수하며, 온수로 회수되는 열량까지 고려하면 효율은 80%까지 높아질 수 있다. 셋째, 다양한 용도와 분야에 응용되는 융·복합적인 시스템이다. 휴대용에서 발전용까지 다양한 응용이 가능하며, 연료전지 셀의 개수를 늘리면 출력을 높일 수 있어 연료전지 형태에 따라 수 W에서 수십 MW의 전력 생산이 가능하며, 휴대기기용, 주택용, 자동차용, 항공기용, 우주선용 등 현재 석유, 가스, 전력 등 에너지를 사용하는 거의 모든 분야에 응용이 가능하다(표 9-18).

특히 친환경 자동차의 하나인 수소연료전지차는 전 세계적으로 37,400대가 보급되었으며, 한국(12,342대, 2021. 4. 28. 현재), 미국(10,068대), 중국(7,227대), 일본(5,185대), 독일(738대) 순으로 한국이 보급대수의 33%를 차지하며 세계 1위이다(표 9-19). 수소연료전지차의 충전소 보급을 2020년 310기, 2040년 1,200기 이상으로 확충하여 차량 보급속도를 향상시키고 있다. 그렇지만 여러 대의 차가 동시에 충전되는 다차장(승용, 버스, 상용) 충전, 동시충전, 고속충전 기술이 구현되어야 할 것이다. 사업적 측면에서는 외곽지역에 다양한 차종이 동시충전할 수 있는 수소충전소를 구축하여 부지와 경제성이 확보되어야 할 것이다. 세계적으로 수소전기차 시장은 급속히 증가할 것으로 전망하고 있다. 세계 수소연료전지차의 보급대수는

표 9-18 용도별 수소산업의 미래

수소전기차용 연료전지/시스템(100 kW급)	지게차용 연료전지/시스템(5 kW급)	무인항공기용 연료전지/시스템(1 kW급)
•수소전기차(2 모듈) •수소 전기버스 •수소 발전차 •수소 튜브트레일러 •건물용 보조전원 •분산발전 •수소 전동차 •운송선 보조전원	•수소 지게차(class III) •수소 지게차(class I) •가정용, 건물용 •이륜차(1~5 모듈) •개인이동수단 •골프 카트(2~4 모듈) •보조전원 •전동카트	•드론 •3~5 kg급 무인항공기 •10 kg급 무인항공기(2~3 모듈) •수중 무인잠수정 •군용 로봇 •전동 휠체어 •전동 자전거 •우주 산업

2019년 24,047대에서 2025년 약 140만 대, 2030년 약 800만 대로 10년 사이 약 300~400 배 증가할 것으로 예상하고 있다(**표 9-19**).

또한 수소에너지 시장은 2020년 7,000만 톤, 2030년 약 10,000만 톤, 2040년 20,000 만 톤, 2050년 약 54,000만 톤으로 2020년에 비해 7~8배 증가할 것으로 전망하고 있다(**표 9-20**). 향후 수소에너지는 연료전지용으로 많은 시장잠재력을 지니고 있고 발전용, 건물·가 정용, 자동차용, 이동·휴대용 전원으로 폭넓게 사용될 것으로 전망된다. 이 외 산업용으로 철광 산업의 코크스 활용을 통해 수소환원 제철공정으로 대체되고, 온실가스 유발 냉매대체 등으로 확대될 것이다.

표 9-19 세계 수소연료전지차 시장의 현황 및 전망

구분	2019년	2022년	2025년	2030년
글로벌	24,047	494,579	1,386,448	8,050,000
국내	5,820	67,000	186,448	850,000
유럽	1,992	295,797	800,000	4,200,000
미국	8,098	43,076	150,000	1,2000,000
중국	4,327	12,559	50,000	1,000,000
일본	3,810	76,146	200,000	800,000

표 9-20　세계 수소에너지 시장 현황 및 전망 (단위 : EJ≒700만 톤 또는 10^{18} J)

Market area	2015	2020	2030	2040	2050
Existing feedstock uses	8	10	10	10	10
New feedstock					9
Building heat and power					11
Industrial energy	0	0	4	18	16
Transportation					22
Power generation & buffering					9

　탄소중립시대에 수소에너지의 초기 시장은 새로운 운송과 공급 인프라가 필요하지 않은 기존 화석에너지에서 수소로 전환, 즉 정유 산업, 발전플랜트, 천연가스와의 브랜딩 시장에서 형성될 것이다. 저탄소 수소에너지의 비율은 2020년 10%에서 2030년 70%로 증가할 것으로 예측된다. 2030년에 생산되는 저탄소 수소에너지의 절반이 전기분해에서 생산되고, 나머지는 CCUS 장치를 설치한 석탄과 천연가스 장치로부터 생산된다.

　2050년에 생산된 530 Mt의 수소 중 약 25%는 산업시설(정유소 포함)에서 생산되고, 나머지는 판매를 위한 수소이다. 2050년에 사용된 저탄소 수소의 거의 30%는 암모니아와 합성 액체 및 가스를 포함하는 수소 기반 연료의 형태를 취한다. 수소 생산 증가분은 2050년 총생산량의 60%를 차지하는 전해조에서 비롯된다. 전해조는 그리드 전기, 우수한 재생 가능 자원이 있는 지역의 전용 재생에너지 및 원자력과 같은 기타 저탄소 원천으로 구동된다.

　그림 9-18과 같이 다양한 수소 생산 원료와 방법으로 수소 생산의 로드맵이 이루어질 때 수소에너지의 보급 활성화가 이루어질 것이다. 더불어 수소 활용 영역과 인프라 확보의 불균형을 해소하여 수소 생산-저장·운송-활용의 가치사슬로 연계하여 나아갈 때 비로소 새로운 에너지의 패러다임을 형성할 수 있을 것이다. 또한 석탄, 석유, 천연가스와 달리 따로 자유롭게 떠다니는 것이 아닌 일종의 에너지 운반체로서 전기처럼 만들어내는 제2의 에너지 형태로 자리매김할 것이다.

　다양한 수소 생산 및 공급 기술이 개발 단계와 기술 준비 상태에 걸쳐 포트폴리오를 형성하고 있다(**그림 9-19**). 현재 몇몇 수소 생산기술이 상용화되거나 상용화에 근접한 단계에 와 있다. 천연가스 및 바이오가스 개질, 수전해 등이 포함된다. 특히 태양광 수전해와 같은 재생에너지 생산경로는 상용기술로 도입되기 전에 더 많은 연구, 개발 및 시범 도입을 필요로 한

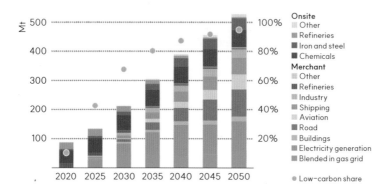

그림 9-18 전 세계 수소와 수소 기반 연료 수요량(암모니아와 합성연료 포함)
(자료 : IEA, 2021)

다. 수소 생산 및 공급 기술은 다양한 개발단계와 기술 준비 상태를 포함하고 있다. 그림에서
보듯이 수소연료를 중앙시설에서 생산하여 소매 연료공급소로 운송할 수도 있으며, 연료공급
소에서 직접 생산하는 분산형 시설에서 생산하여 사용할 수도 있다. 차량에 공급되기 전에
수소는 차량 내 저장을 위해 고압으로 압축된다.

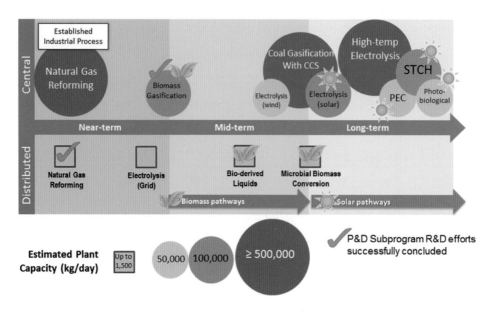

그림 9-19 중·장기적인 측면에서의 수소 생산 경로
(자료 : U.S. Department of Energy)

1. 습한 H_2 1,000 m^3가 25℃, 750 mmHg에서 물로 포화되어 있다. 표준상태에서의 건(dry) H_2의 부피는 얼마인가? (단, 25℃에서 물의 증기압은 23.8 mmHg이다.)

2. 5 g의 수소가스(H_2)를 25 L의 용량을 지닌 가스 봄베에 충진시켰다. 수소가스를 충진시킨 후 봄베의 게이지압을 확인하니 1.5 kgf/cm^2이다. 이때 봄베 온도는 몇 ℃인가? (단, 수소기체는 이상기체에 적용된다고 가정한다.)

3. 125℃에서 다음 반응의 반응열을 구하시오.

$$\frac{1}{2}N_2(g) + \frac{3}{2}H_2(g) \rightarrow NH_3(g) \, \Delta H_f^o = -11\frac{kcal}{mol}$$

이때 물질의 평균비열은 N_2 6.9 cal/mol.℃, H_2 6.5 cal/mol.℃, NH_3 8.5 cal/mol.℃이다.

4. $N_2 + 3H_2 \leftrightarrow 2NH_3$의 반응에서 생성물과 반응물의 농도가 더 이상 변하지 않는 상태가 되면 평형에 도달하였다고 한다. 반응물로 질소 140 kg과 수소 32 kg을 반응기에 넣어 반응시켰다 (이때 조건은 50℃, 100기압이다). 평형상태의 반응기에 20 kmol의 기체가 존재할 때 다음을 구하시오.

(1) 한정반응물과 과잉반응물

(2) 과잉반응물의 %

(3) 평형상태에서 각 성분의 몰수

(4) 수소의 전환율

(5) 반응완결도

5. 일산화탄소와 수소의 혼합물(합성가스라고 한다) 중 H_2/CO 비는 물-기체 이동반응 또는 수성 가스 전환 반응 $CO(g) + H_2O(g) \rightleftharpoons CO_2(g) + H_2(g)$에 따라 증가한다. 이 반응의 평형 상수는 800K에서 $Kc = 4.24$이다. 800K에서 초기에 반응물만 존재하고, CO와 H_2O가 각각 0.20 M 있다. 평형에서 CO_2, H_2, CO, H_2O의 농도를 계산하시오.

참고문헌

국내문헌

삼성증권. (2020). ESG시대, 에너지 대전환 – 수소: 이들이 진짜다. 11

수소에너지사업단, 한국수소및신에너지학회, 한국에너지기술연구원. (2005). 알기 쉬운 수소에너지

에너지경제연구원. (2020). 신재생에너지의 현재와 미래. H2KOREA 세미나자료

이동욱, 이지현, 이정현, 곽노상, 이수진, 심재구. (2017). 염수 전기분해와 연계한 이산화탄소의 전환 공정 연구. 한국
　　화학공학회, Vol. 55, No. 1, pp. 86-92

한국산업연구원. (2020). 한국 수소산업의 생태계 분석을 통한 발전전략 및 과제

한국서부발전. (2016). 보도자료 2016. 8. 19.

한국에너지기술연구원. (2020). 수소경제와 한국의 수소기술. 세미나자료

국외문헌

Fujisima, A., Honda, K. (1972). Nature, Vol 37, p. 238

White, D. (2018). This week in Hydrogen. Ammonia Energy

Fatih. (2021). Net Zero by 2050 – a Roadmap for the Global Energy Sector. IEA, p. 75

Hydrogen Council, Mckinsey & Company. (2021). Hydrogen Insights

IEA. (2019). The Future of Hydrogen–Seizing today's opportunity

McDonald, J., Moore, A. (2020). Global hydrogen demand expected to drop in 2020 due to pandemic :
　　Platts Analytics. S&P Global Commodity Insights

Joo. (2011). Hydrogen Production Technology. Korean Chem. Eng. Res., Vol. 49, No. 6, pp. 688-696

Lauf, J. (2020). Hydrogen as Fuel: Production and Costs. NATO Energy Security Centre of Excellence

E.–S. Mostafa, Kambara, S., Hayakawa, Y. (2019). Hydrogen production technologies overview. J.of power
　　and energy engineering, Vol. 7 No.1, pp. 107-154

Sapountzi, F.M., Gracia, J.M., Weststrate, C.J.(Kees–Jan), Fredriksson, H.O.A., Niemantsverdriet,
　　J.W.(Hans). (2017). Electrocatalysts for the generation of hydrogen, oxygen and synthesis gas. Progress
　　in Energy and Combustion Science 58:1-35

인터넷 참고 사이트

http://energy.gov/eere/fuelcells

http://www.gasnews.com/news/articleView.html?idxno=111399

https://doi.org/10.1155/2016/4073142

https://www.cheric.org/PDF/NICE/NI40/NI40-3-0254.pdf

10.1 개요 및 개념

10.1.1 개요

연료전지는 수소경제사회를 달성하기 위한 핵심적인 기술로 수송용 추진시스템, 가정·건물용 열병합 발전시스템, 대형 분산 발전시스템으로 활용이 가능하다.

고효율의 연료전지를 활용하면 에너지의 낭비를 줄이고 에너지의 해외의존도를 낮춰 에너지 안보를 실현할 수 있으며 CO_2와 유해물질의 배출이 없는 수소를 사용하므로 지구 환경에 미치는 영향을 줄일 수 있다. 또한 연료전지 분야를 에너지 신산업으로 육성할 경우 국내 산업 진흥에 필요한 신성장 동력이 될 수 있다(**그림 10-1**).

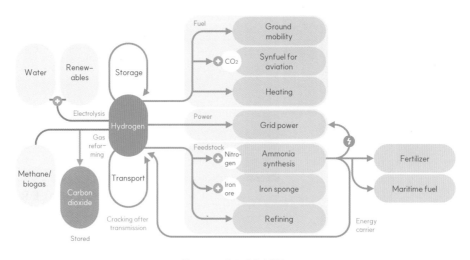

그림 10-1 수소에너지 활용
(자료 : Hydrogen Council, 2021, Hydrogen for Net Zero)

연료전지는 배터리, 수전해와 같은 전기화학시스템 기술로 전기화학 분야에서 난도
가 매우 높은 기술이다. 19세기 초 영국의 물리화학자인 윌리엄 그로브(William Grove,
1811~1896)에 의해 개발되고 오랜 시간이 지난 후 1960년대 NASA의 유인 우주선인 제미니
5호에 주변장치 전원공급용으로 사용되었고, 1990년대부터 미국, 일본, 캐나다 기업들의 기
술혁신을 통해 상용화에 성공하였다. 이후 지속적인 연구개발을 통해 미국, 일본, 한국, 유럽
을 중심으로 연료전지 시장이 확대되고 있다. 국내에서는 수송용 및 가정·건물용 연료전지
를 집중 개발하여 기술 수준이 선진국 수준에 도달하였다.

10.1.2 개념 및 작동원리

(1) 개념

연료전지는 물 전기분해의 역반응으로 수소와 산소로부터 전기를 생산하는 전기화학적 발
전장치이다. 부생물로 물과 열이 발생된다. 수전해 장치는 물에 직류 전기를 인가하여 수소와
산소를 제조하는 장치이다(**그림 10-2**).

$$H_2 + \frac{1}{2}O_2 \rightarrow H_2O + \text{전기, 열} \tag{10-1}$$

(2) 작동원리

연료전지의 기본 구성은 연료극-전해질-공기극으로 접합되어 있는 셀(cell)이며, 다수의 단위
셀을 적층하여 스택을 구성함으로써 원하는 전압과 전류를 얻을 수 있다. 일반적으로 연료전
지 단위 셀에서 전기를 발생시키기 위하여 연료인 수소가스를 연료극(anode) 쪽으로 공급하
면, 수소는 연료극 촉매층에서 수소이온(H^+)과 전자(e^-)로 산화되며, 공기극(cathode)에서는
공급된 산소와 전해질을 통해 이동한 수소이온과 외부 도선을 통해 이동한 전자가 결합하여
물을 생성시키는 산소 환원반응이 일어난다. 이 과정에서 전자의 외부 흐름이 전류를 형성하
여 전기를 발생시킨다.

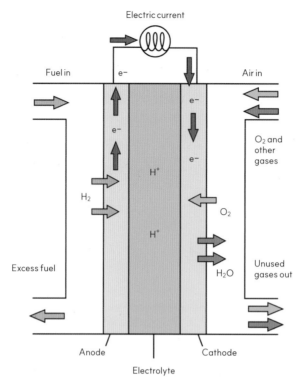

Electric current

Fuel in   e⁻   Air in

그림 10-2 연료전지의 기본 구성
(자료 : 위키피디아)

연료극(Anode 반응) $H_2 \rightarrow 2H^+ + 2e^-$ **(10-2a)**

공기극(Cathode 반응) $\dfrac{1}{2}O_2 + 2H^+ + 2e^- \rightarrow H_2O$ **(10-2b)**

전체 반응 $H_2 + \dfrac{1}{2}O_2 \rightarrow H_2O$ **(10-2c)**

10.2 기술 특징, 종류, 주요 구성품

10.2.1 기술 특징

- **고효율 발전기**: 종래의 발전 방식은 연료로부터 전기를 얻기까지의 과정에서 열 및 운동에너지를 포함하고 있어서 여러 곳에서 에너지 손실이 발생한다. 연료전지의 발전효율은, 운전장치 사용 전력 또는 열 손실 등을 감안하더라도 35~60% 이상이며, 열병합발전까지 고려하면 전체 시스템 효율은 80% 이상이다. 디젤 엔진, 가솔린 엔진, 가스터빈의 경우 출력 규모가 클수록 발전효율이 높아지는 경향이 있으나 연료전지의 경우 출력 크기에 상관없이 일정하게 높은 효율을 얻는 것도 큰 이점이라고 할 수 있다.

- **환경친화적 발전기**: 연료전지는 기본적으로 수소와 산소를 전기화학적으로 반응시켜 전기를 발생시키는 발전장치이기 때문에 화력발전이나 디젤발전기에서와 같이 연소과정이 없으며, 발생하는 것은 전기와 물, 그리고 열뿐이다. 현재는 천연가스, 석탄 등의 화석연료로부터 수소를 얻고 있으나 궁극적으로 풍력, 태양광 등의 재생에너지를 사용하여 물을 전기분해하여 수소를 얻게 되면 연료전지는 이산화탄소와 질소산화물(NO_x), 황산화물(SO_x) 배출이 전혀 없는 무공해 에너지 시스템으로 자리매김할 것이다. 천연가스를 사용하는 연료전지와 기존 화력발전소와 비교하여도 NO_x, SO_x 배출이 거의 없으며 소음이 절반 수준이어서 친환경 발전기임을 알 수 있다.

- **확장성**: 연료전지는 모듈 형태로 제작이 가능하기 때문에 발전 규모 조절이 용이하고, 설치장소의 제약이 적다는 것도 최근 부각되는 연료전지의 장점이다. 일반적으로 연료전지는 규모에 따른 에너지 변환효율의 변화가 크지 않다. 다시 말해, 소형에서도 높은 에너지 변환효율을 기대할 수 있다. 이 때문에 연료전지는 수 W급에서 수십 MW급까지 다양한 용도로 사용하는 것이 가능하다. 또한 연료전지는 소음, 유해가스 배출을 획기적으로 낮출 수 있어 도심 어디에든 설치할 수 있다.

그림 10-3은 연료전지, 석탄화력, LNG복합화력발전소 효율 및 환경성 비교를 보여준다.

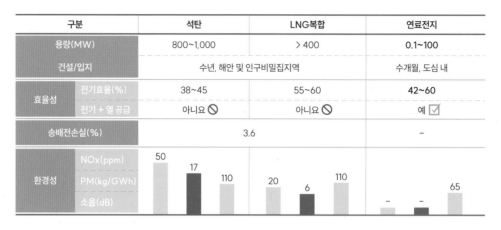

구분		석탄	LNG복합	연료전지
용량(MW)		800~1,000	> 400	0.1~100
건설/입지		수년, 해안 및 인구밀집지역		수개월, 도심 내
효율성	전기효율(%)	38~45	55~60	42~60
	전기＋열 공급	아니요 🚫	아니요 🚫	예 ☑
송배전손실(%)		3.6		–
환경성	NOx(ppm)	50	20	–
	PM(kg/GWh)	17	6	–
	소음(dB)	110	110	65

그림 10-3 연료전지, 석탄화력, LNG복합화력발전소 효율 및 환경성 비교
(자료 : 한국에너지공단, 2021, 2020 신·재생에너지백서)

10.2.2 종류

연료전지는 전해질의 종류에 따라 고분자 연료전지(PEMFC), 인산형 연료전지(PAFC), 용융 탄산염 연료전지(MCFC), 고체산화물 연료전지(SOFC), 알칼리 연료전지(AFC)로 구분된다. 이는 다시 작동온도에 따라 고온형과 저온형으로 구분된다. 650℃ 이상에서 작동하는 고온 형 연료전지인 MCFC, SOFC는 반응성이 우수하기 때문에 전극촉매로 니켈을 비롯한 일반 비귀금속계 촉매를 사용할 수 있고 높은 발전효율이 장점이다. 그러나 기동 및 정지시간이 길며 열충격에 취약한 단점이 있어 장기운전에 적합한 발전소, 산업단지, 대형건물에 사용되 고 있다.

상온의 200℃ 이하에서 구동되는 저온형 연료전지인 PAFC와 PEMFC, AFC는 시동시 간이 짧고 부하변동성이 뛰어난 장점이 있으나, 고가인 백금 촉매의 사용이 필요한 점과 비 교적 낮은 효율이 단점이다. 기동/정지가 잦고 시동이 빠른 수송용 전원, 이동전원, 백업전원, 가정·건물용 열병합발전 시스템으로 사용된다. 연료전지의 종류에 따른 특성을 **표 10-1**에 나타내었다. 연료전지는 수 W급 휴대용 전원에서부터 수십 MW급 분산발전까지 다양한 분 야에 적용이 가능하다(**표 10-2, 그림 10-4**).

표 10-1 연료전지의 종류

종류/특징 구분	고온형 연료전지		저온형 연료전지		
	용융탄산염 연료전지 (MCFC)	고체산화물 연료전지 (SOFC)	인산염 연료전지 (PAFC)	알칼리 연료전지 (AFC)	고분자 연료전지 (PEMFC)
작동온도	550~700℃	500~1,000℃	150~250℃	0~230℃	50~100℃
주 촉매	니켈/니켈산화물	페로브스카이트/ 서멧(cermet)*	백금	니켈/은	백금
전해질	Li/K 용융탄산염	YSZ GDC	H_3PO_4	KOH	이온교환막
전해질 상태	액상 (Matrix에 고정)	고상 (세라믹)	액상 (Matrix에 고정)	액상 (Matrix에 고정)	고상 (고분자)
전하전달 이온	CO_3^{2-}	O^{2-}	H^+	OH^-	H^+
가능한 연료	H_2, CO (천연, 석탄가스)	H_2, CO (천연, 석탄가스)	H_2, CO (메탄올, 천연가스)	H_2	H_2 (메탄올, 천연가스)
외부 연료 개질기의 필요성	×	×	○	○	○
출력 밀도 (mW/cm^2)	100~300	250~350	150~300	150~400	300~1,200
스택 크기(kW)	300~3,000	1~2,000	100~400	10~100	1~100
효율 (%LHV)	45~55	40~60	40~45	60~70	40~60
주 용도	발전용	가정·건물용 발전용	발전용 건물용	우주용	수송용 가정·건물용

*cermet : a composite material consisting of ceramic (cer) and metallic (met) materials
자료 : 한국에너지공단, 2021, 2020 신·재생에너지백서

표 10-2 연료전지 종류별 응용제품

제품 종류		용량	연료전지			
			PAFC	MCFC	SOFC	PEMFC
고정형	발전용	수십 kW~수십 MW	●	●	●	●
	가정·건물용	수 kW~수십 kW	○	○	●	●
수송용	차량용	수 kW~수백 kW	○	○	○	●
	선박용	수백 kW~수십 MW	○	▲	▲	●

● : 적용, ▲ : 일부 고려, ○ : 적용가능성 희박

자료 : 한국에너지공단, 2021, 2020 신·재생에너지백서

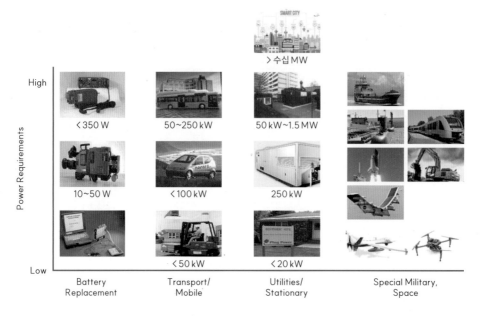

그림 10-4 연료전지 응용분야
(자료 : 한국에너지공단, 2021, 2020 신·재생에너지백서)

10.2.3 주요 구성품

연료전지 시스템의 주요 구성품은 M-BOP, Stack, E-BOP이다. M-BOP(Mechanical Balance of Plant)는 연료공급기로서 LNG/바이오가스 등으로부터 생성된 수소와 공기 중의 산소를 스택(stack)에 공급하는 역할을 하며, M-BOP는 필터, 탈황기, 가습기, 내부 개질기 등으로 구성되고, 스택은 연료극-전해질-공기극으로 구성되며 수소와 산소의 전기화학반응으로 전기, 열, 물을 발생시키는 핵심 구성품이다. 스택은 연료전지발전에서 가솔린발전의 엔진과 같은 핵심 구성품으로 다수의 단위전지(cell 또는 MEA)를 직렬로 적층하여 구성되며, 발생되는 전류는 셀 면적에 비례하고 전압은 셀의 적층 수에 비례하는 특징을 가지고 있다. MEA(Membrane Electrode Assembly)는 전해질막과 양극 및 음극으로 구성된 단위셀을 의미하고 E-BOP(Electrical Balance of Plant)는 전력 변환기로서 스택에서 발생된 직류 전기를 적절하게 변환하여 수요처에 전기를 공급하는 역할을 하는 구성품을 의미한다.

그림 10-5와 **그림 10-6**은 도시가스를 연료로 사용하는 가정용 연료전지 발전시스템과

개질기(Fuel Processing Unit)의 개략적인 구성도를 각각 나타내고 있다(Seo et al., 2021). 가정용 연료전지발전 시스템의 구성기기는 Air blower(❶), Humidifier(❷), Anode(❸), Cathode(❹), HTX in FCS(❺, Heat Exchanger in Fuel Cell Stack), FCS(❻), HTX for DI(Deionized) water(❼), Pump1(❽), Pump2(❾), Coolant water tank(❿), DI water tank(⓫), HTX for coolant(⓬)이다. 또한 가정용 연료전지발전 시스템 구성도에 나타난 개질기는 Burner(⓭), Reformer(⓮), WGSHT(⓯, Water Gas Shift High Temperature), WGSLT(⓰, Water Gas Shift Low Temperature), PROX(⓱, Partial Oxidation)로 구성된다(**그림 10-5, 그림 10-6**).

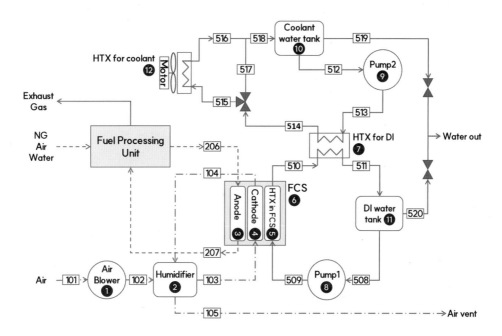

그림 10-5　가정용 연료전지 시스템 구성
(자료 : Seo, S.H. 외, 2017)

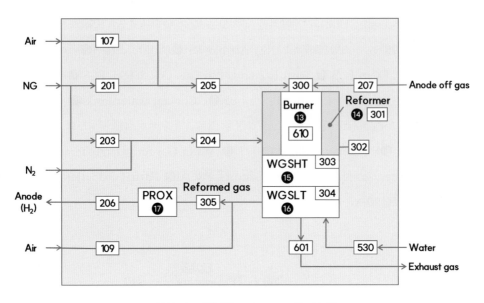

그림 10-6 개질기(Fuel Processing Unit) 구성

표 10-3은 입력정보(측정 데이터, 온도, 압력, 유량 등)를 이용하여 계산한 물성값을 나타낸다. 버너로 유입되는 도시가스 유량(201)은 0.0050 kmol/h이고 개질기로 유입되는 도시가스 유량(203)은 0.0105 kmol/h임을 알 수 있다.

그림 10-7은 데이터센터에 적용되는 고온연료전지 시스템과 흡수식 냉동기 연계 구성을 나타내고 있다. 한전으로부터 수전되는 전기를 이용하여 전기냉동기와 냉각탑을 구동하여 냉열을 공급하는 기존 구조에서, 수소를 연료로 사용하는 고온 PEMFC와 흡수식 냉동기가 연계되는 삼중열병합시스템을 추가한 시스템 구성도이다. 데이터센터의 전기 및 냉방 부하는 기존에는 한전으로부터 수전되는 전기와 전기냉방기에서 생산되는 냉열이 담당하였으나, 삼중열병합시스템이 새롭게 도입되면서 전기 및 열 부하를 분담하게 된다. 즉, 고온 PEMFC 시스템으로부터 전기와 열이 생산되어 이 중 전기는 데이터센터의 전기부하로 사용되며, 열은 흡수식 냉동기의 열원으로 사용된다. 전기냉방기와 흡수식 냉동기에서 생산되는 약 7℃의 냉수는 공기순환을 통해 데이터센터 실내를 냉각하는 데 사용된다. 냉각탑은 흡수식 냉동기와 수랭식 전기냉방기에 사용되는 냉각수의 냉각에 사용된다.

표 10-3 (819.78 W) 측정 데이터(온도, 압력, 유량)를 이용한 물성값(엔탈피, 엔트로피, 열엑서지, 기계엑서지)

States	$\dot{n}$ (kmol/h)	T (K)	P (kPa)	$\dot{H}$ (kJ/h)	$\dot{S}$ (kJ/h/K)	$\dot{E}_x^T$ (kJ/h)	$\dot{E}_x^P$ (kJ/h)
101	0.0905	299.16	100.805	2.67	0.50	−0.08	−1.15
102	0.0905	303.84	112.715	15.02	0.46	0.06	23.90
103	0.0905	324.55	105.665	70.07	0.73	−11.21	9.41
104	0.0853	332.91	102.485	86.94	0.73	4.24	2.41
105	0.0833	310.87	101.295	30.91	0.51	13.93	−0.06
107	0.0637	299.16	109.115	0.00	0.00	0.00	0.00
109	0.0024	299.16	110.235	0.00	0.00	0.00	0.00
201	0.0050	299.14	131.125	0.00	0.00	0.00	0.00
203	0.0105	299.14	145.505	0.00	0.00	0.00	0.00
205	0.0687	299.14	131.125	2.03	0.52	−195.52	43.91
206	0.0545	299.14	105.985	1.71	0.58	−178.20	6.08
207	0.0336	329.69	102.145	35.10	0.49	−112.82	0.67
298	0.0521	299.14	145.505	1.78	0.26	−121.89	46.72
300	0.0687	309.18	102.145	22.62	0.58	−152.58	1.37
301	0.0521	947.04	130.000	1163.46	2.56	367.57	32.17
302	0.0521	498.39	125.000	0.00	0.00	−27.11	27.11
303	0.0521	470.78	120.000	292.14	1.29	−113.41	21.84
304	0.0521	458.79	115.000	271.95	1.23	−111.80	16.34
305	0.0545	451.63	115.000	272.65	1.31	−133.57	17.11
508	5.1715	325.60	99.305	20456.42	68.48	463.79	−0.19
509	5.1715	325.61	150.025	20464.36	68.49	464.10	4.55
510	5.1715	333.12	124.825	23389.08	77.38	741.37	2.20
511	5.1715	326.15	102.200	20670.93	69.14	482.02	0.08
512	2.3716	300.29	101.045	4862.12	16.96	1.36	−0.01
513	2.3716	300.39	115.605	4880.55	17.02	1.49	0.61
514	2.3716	331.07	106.375	10359.07	34.38	302.54	0.22
515	2.3716	331.07	105.000	10359.02	34.38	302.54	0.16
516	2.3716	302.00	101.800	5167.45	17.97	4.40	0.02
518	2.3716	301.90	100.865	5149.56	17.91	4.18	−0.02
610	0.0687	947.23	115.000	1453.96	2.98	542.90	21.56

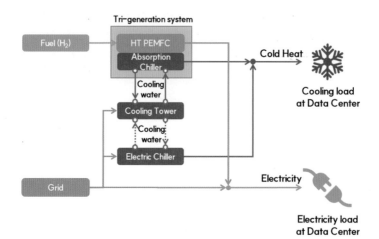

그림 10-7 고온연료전지 시스템과 흡수식 냉동기 연계 구성
(자료 : Ahn, J.D. 외, 2022)

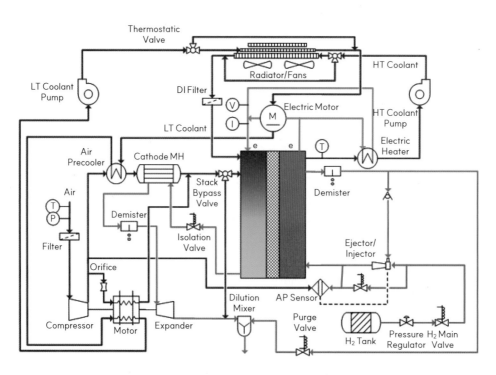

그림 10-8 80 kW$_e$ Light-Duty vehicle 수송용 연료전지 시스템 구성
(자료 : Argonne National Laboratory, 2018)

그림 10-8은 Light-Duty vehicle 수송용 연료전지 시스템 구성도를 나타낸다. Light-Duty vehicle 수송용 연료전지 시스템의 사양은 Gross Power 88.5 kW$_e$, Power Density 1,183 mW/cm^2, Total Pt Loading 0.025 mgPt/cm^2 total area, System Voltage 250 V(cell voltage 0.6571 V), 380 cells, Coolant inlet/Exit Temp. 85℃/95℃이고, BOP 사양은 Humidifier Membrane Area 0.68 m^2, Pre-cooler Heat Duty 6.3 kW$_e$, CEM Motor and Motor Controller Heat Duty 3.1 kW, Main Radiator Heat Duty 87.3 kW, Compressor shaft power 10.4 kW, Expander shaft power out 4.5 kW, Net motor and motor controller 7.4 kW$_e$, Coolant pump 0.6 kW$_e$, H$_2$ circulation pump 0.3 kW, Radiator fan 0.345 kW$_e$이다.

그림 10-9는 Medium-Duty vehicle 수송용 연료전지 시스템 구성도를 나타낸다. Medium-Duty vehicle 수송용 연료전지 시스템의 사양은 Gross Power 217 kW$_e$, Power Density 1,097 mW/cm^2, Total Pt Loading 0.35 mgPt/cm^2 total area, System Voltage 500 V(cell voltage 0.675 V), 370 cells per Stack, 2×85 kW stacks, Stack Temp. 85℃ (Coolant Exit Temp. Peak Temp. during 6% grade), $\dot{Q}/\triangle T$ = 3.1 kW$_{th}$/℃(at T_{amb} = 25℃) 이다.

그림 10-10은 Heavy-Duty vehicle 수송용 연료전지 시스템 구성도를 나타낸다. Heavy-Duty vehicle 수송용 연료전지 시스템의 사양은 Gross Power 346 kW$_e$, Power Density 1,050 mW/cm^2, Total Pt Loading 0.4 mgPt/cm^2 total area, System Voltage 400 V(cell voltage 0.70 V), Stack Temp. 88℃(Coolant Exit Temp. Peak Temp. during 6% grade), $\dot{Q}/\triangle T$ = 4.3 kW$_{th}$/℃(at T_{amb} = 25℃), System Cost는 US\$84/kW$_{net}$이다.

그림 10-11은 수송용 연료전지 표준 시스템의 개략적인 구성을 나타낸다. 수송용 표준시스템은 총 15개의 구성기기로 이루어진, 수소를 사용하는 PEMFC 시스템을 의미한다.

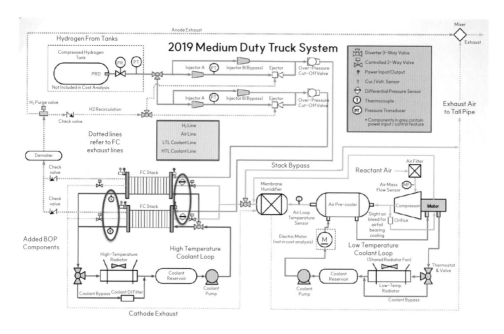

그림 10-9   170 kWₑ Medium-Duty vehicle 수송용 연료전지 시스템 구성
(자료 : DOE, 2019)

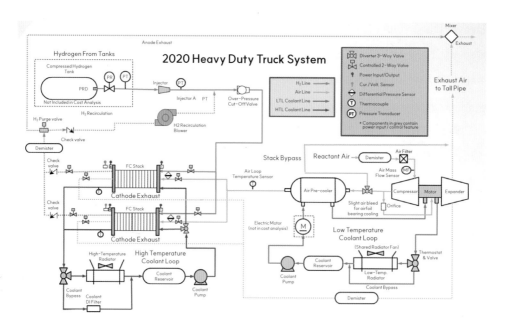

그림 10-10   275 kWₑ Heavy-Duty vehicle 수송용 연료전지 시스템 구성
(자료 : DOE, 2020)

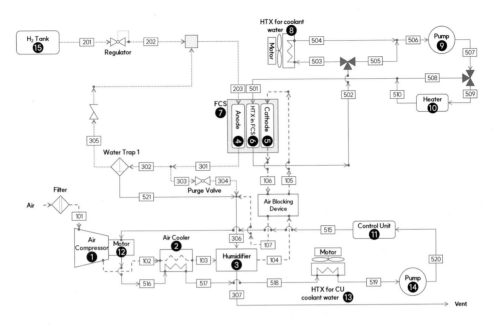

그림 10-11 수송용 연료전지 표준 시스템 구성
(자료 : 한국에너지기술연구원, 한양대학교, 한국자동차연구원, (주)블루이코노미전략연구원, 2022)

그림 10-11에서 303과 304 사이에 위치한 Purge Valve 작동 구현을 위한 변수로 α, β를 정의하고, β가 1인 경우는 Purge Valve가 작동하지 않음을 의미하고, 1보다 작은 경우는 Purge Valve가 작동함을 의미한다. α는 수소탱크 공급 몰유량($\dot{n}_{202}$) 대비 Anode 입구 몰유량($\dot{n}_{203}$)의 배수($\dot{n}_{203} = \alpha \times \dot{n}_{203}$)이고, β는 Anode 출구 몰유량($\dot{n}_{301}$) 대비 Water Trap 1 출구 몰유량($\dot{n}_{305}$)의 배수($\dot{n}_{305} = \beta \times \dot{n}_{301}$)를 의미한다. Stoichiometric H_2 몰유량($\dot{n}_{H_2, stoic}$)은 다음 식과 같이 정의된다.

$$\dot{n}_{H_2, stoic} = I \times \frac{N_{cells}}{2 \times F} \tag{10-3}$$

여기서 I는 정격전류, N_{cells}는 단전지 수, F는 Faraday 상수(2680148 Ah/kmol)를 각각 의미한다.

Anode에 공급되는 몰유량($\dot{n}_{203}$)은 수소탱크로부터 공급되는 몰유량($\dot{n}_{202}$)과 재순환되는 몰유량($\dot{n}_{305}$)의 합과 같으며 $\dot{n}_{H_2, stoic}$, α, β를 이용하여 표현된다.

$$\dot{n}_{203} = \dot{n}_{202} + \dot{n}_{305} \tag{10-4}$$

$$\alpha \times \dot{n}_{202} = \dot{n}_{202} + \beta \times \dot{n}_{301} = \dot{n}_{202} + \beta \times (\alpha \times \dot{n}_{202} - \dot{n}_{H_2, stoic}) \tag{10-5}$$

$$\beta = \frac{(\alpha - 1)\dot{n}_{202}}{\alpha \times \dot{n}_{202} - \dot{n}_{H_2, stoic}} \tag{10-6}$$

표 10-4는 입력정보(측정 데이터, 온도, 압력, 유량 등)를 이용하여 계산한 물성값을 보여준다. 수소탱크로부터 공급되는 수소유량(201)은 3.1455 kmol/hr이고 공기유량(101)은 11.8367 kmol/hr이며, Purge되는 수소유량(303)은 0.5388 kmol/hr임을 알 수 있다(조건 : α = 1.05, β = 0.7, RW1 = $\dot{n}_{503}/\dot{n}_{502}$ 0.6, RW2 = $\dot{n}_{509}/\dot{n}_{507}$ 0.4, 단전지 수 500개).

표 10-4 (100 kW) 측정 데이터(온도, 압력, 유량)를 이용한 물성값(엔탈피, 엔트로피, 열엑서지, 기계엑서지)

States	$\dot{n}$ (kmol/h)	T (K)	P (kPa)	$\dot{H}$ (kJ/h)	$\dot{S}$ (kJ/h/K)	$\dot{E}_x^T$ (kJ/h)	$\dot{E}_x^P$ (kJ/h)
101	11.8367	101.28	23.23	-0.17	0.02	-0.02	-1.15
102	11.8367	202.56	94.10	6.66	0.02	6.30	23.90
103	11.8367	192.56	3.30	-2.08	-0.01	5.30	9.41
104	11.8367	182.56	8.30	-1.60	0.00	4.83	2.41
105	11.8367	172.56	8.30	-1.60	0.00	4.37	-0.06
106	10.5308	106.00	63.00	3.25	0.02	1.59	0.00
201	3.1455	201.67	27.58	0.07	0.00	0.00	0.00
202	3.1455	191.67	27.58	0.07	0.00	0.00	0.00
203	3.3028	152.54	13.26	-0.31	0.00	0.01	0.00
301	0.6910	151.67	62.00	0.21	0.00	0.01	43.91
302	0.1573	146.67	62.00	0.05	0.00	0.00	6.08
303	0.5338	146.67	62.00	0.16	0.00	0.01	0.67
304	0.5338	101.30	57.00	0.14	0.00	0.01	46.72
305	0.1573	96.30	57.00	0.04	0.00	0.00	1.37
306	11.0646	106.00	63.00	3.41	0.03	-4.91	32.17
307	11.0646	101.00	60.00	3.14	0.03	-4.94	27.11

(계속)

States	$\dot{n}$ (kmol/h)	T (K)	P (kPa)	$\dot{H}$ (kJ/h)	$\dot{S}$ (kJ/h/K)	$\dot{E}_x^T$ (kJ/h)	$\dot{E}_x^P$ (kJ/h)
501	428.2098	210.11	61.01	472.73	1.58	10.93	21.84
502	428.2098	123.61	62.00	556.17	1.83	19.06	16.34
503	256.9259	119.61	62.00	333.70	1.10	11.43	17.11
504	256.9259	109.61	57.00	306.79	1.02	8.63	−0.19
505	171.2839	121.61	62.00	222.47	0.73	7.62	4.55
506	428.2098	112.61	59.00	529.25	1.75	16.17	2.20
507	428.2098	212.61	59.01	529.52	1.75	16.40	0.08
508	256.9259	212.61	59.01	317.71	1.05	9.84	−0.01
509	171.2839	212.61	59.01	211.81	0.70	6.56	0.61
510	171.2839	207.61	64.01	229.74	0.76	8.51	0.22
515	82.3480	140.00	53.16	91.72	0.31	2.17	0.16
516	82.3480	130.00	58.16	100.34	0.33	2.97	0.02
517	82.3480	117.00	63.16	108.95	0.36	3.89	−0.02
518	82.3480	107.00	63.06	108.78	0.36	3.86	21.56
519	82.3480	102.00	53.16	91.71	0.31	2.16	–
520	82.3480	152.00	53.17	91.74	0.31	2.18	–

10.3 주요 이론

연료전지발전 시스템의 주요 구성기기인 연료전지 스택과 연료처리장치의 열 및 물질 수지 계산 과정을 소개하고자 한다. 이를 위해서는 연료전지 스택의 종류, 설계기준 운전온도, 발전출력 등의 정보를 가지고 스택 DC 출력($P_{STACK,DC}$), BOP 소비동력(P_{BOP}), 스택의 전류(I_{STACK})와 전압(V_{STACK}), 셀 적층수(N_{cell}), 이론 수소유량($\dot{VF}_{H_2,theo}$), 이론 전압(V_{theo})과 Gibbs 자유에너지($\triangle G_{H_2}$), 수소유량($\dot{VF}_{H_2}$), 스택 반응열($\dot{Q}_{STACK}$), 연료유량($\dot{VF}_{fuel}$), 수증기유량($\dot{VF}_{H_2O}$)에 대한 계산이 필요하다.

10.3.1 연료전지 스택(Fuel Cell Stack)

(1) 스택의 DC 출력($P_{STACK,DC}$)

연료전지 시스템의 BOP 소비동력(P_{BOP})은 스택의 DC 출력($P_{STACK,DC}$)과 BOP 소비동력 비율(R_{BOP})을 이용하여 다음과 같이 나타낼 수 있다.

$$P_{BOP} = P_{STACK,DC} R_{BOP} \qquad \text{(10-7)}$$

여기서 P_{BOP}는 BOP 소비동력(kW), $P_{STACK,DC}$는 스택의 DC 출력(kW)을 의미한다.

시스템 발전출력(P_{GEN})은 스택의 DC 출력 중에서 BOP 소비동력을 제외한 출력에 전력 변환기(PCS, Power Conversion System) 효율을 곱하여 다음 식과 같이 계산할 수 있다.

$$P_{GEN} = (P_{STACK,DC} - P_{BOP}) \, \eta_{PCS} \qquad \text{(10-8)}$$

여기서 $P_{STACK,DC}$는 스택의 DC 출력(kW), P_{BOP}는 BOP 소비동력(kW), η_{PCS}는 전력변환기 효율(%)을 의미한다.

식 (10-3)을 식 (10-4)에 대입하여 정리하면 스택의 DC 출력($P_{STACK,DC}$)은 다음과 같이 정리된다.

$$P_{STACK,DC} = \frac{P_{GEN}/\eta_{PCS}}{1 - R_{BOP}} \qquad \text{(10-9)}$$

(2) 스택의 전류(I_{STACK})

스택의 전류는 셀의 유효전극면적($A_{effective}$)과 전류밀도(i)를 이용하여 다음 식으로 계산할 수 있다.

$$I_{STACK} = A_{effective} \, i \left\{ \frac{A}{1,000mA} \right\} \qquad \text{(10-10)}$$

여기서 I_{STACK}은 스택의 전류(A), $A_{effective}$는 유효전극면적(cm^2), i는 전류밀도(mA/cm^2)를 의미한다.

(3) 스택의 전압(V_{STACK})

스택의 전압은 스택의 DC 출력($P_{STACK,DC}$)과 스택의 전류를 이용하여 다음 식과 같이 나타낼 수 있다.

$$V_{STACK} = \frac{P_{STACK,DC}}{I_{STACK}} \left(\frac{1{,}000\text{V}}{\text{kW}} \right) \tag{10-11}$$

여기서 V_{STACK}은 스택의 전압(V), $P_{STACK,DC}$는 스택의 출력(kW), I_{STACK}은 스택의 전류(A)를 의미한다.

(4) 셀 적층수(N_{cell})

셀 적층수(N_{cell})는 셀의 운전전압(V_{oper})과 스택의 전압(V_{STACK})을 이용하여 다음 식과 같이 계산된다(단, 셀 적층수는 소수 첫째자리에서 올림하여 사용).

$$N_{cell} = \frac{V_{STACK}}{V_{oper}} \tag{10-12}$$

여기서 V_{STACK}은 스택의 전압(V), V_{OPER}는 셀의 운전전압(V)을 의미한다.

(5) 이론 수소유량($\dot{VF}_{H_{2,theo}}$)

연료전지 스택에서 전기화학반응에 소요되는 이론 수소유량($\dot{VF}_{H_{2,theo}}$)은 다음 식을 이용하여 계산될 수 있다.

$$\dot{VF}_{H_{2,theo}} = \frac{I_{STACK}\,N_{cell}}{2F} = \frac{I_{STACK}\,N_{cell}}{53{,}602.96}\,[\text{kmol/h}] = \frac{I_{STACK}\,N_{cell}}{2{,}391.5}\,[\text{Nm}^3/\text{h}] \tag{10-13}$$

여기서 I_{STACK}은 스택의 전류(A), N_{cell}은 셀 적층수, F는 Faraday 상수(=26,801.48 A·h/kmol = $26{,}801.48\dfrac{\text{A·h}}{\text{kmol}}\dfrac{\text{kmol}}{22.414\,\text{Nm}^3}$ = 1,195.75 A·h/Nm³)를 의미한다.

(6) 이론 전압(V_{theo})과 Gibbs 자유에너지($\triangle G_{H_2}$)

수소가 가진 화학에너지 중에서 전기로 변환할 수 있는 Gibbs 자유에너지로부터 다음 식을 이용하여 계산할 수 있다.

$$V_{theo} = -\frac{\Delta G_{H_2}}{2F} = -\frac{\Delta G_{H_2}}{2 \times 96,485/4.1868} = -\frac{\Delta G_{H_2}[\text{cal/mol}]}{2 \times 96,485[\text{C/mol}]/4.186[\text{cal/J}]} \quad \textbf{(10-14)}$$

$$= -\frac{\Delta G_{H_2}}{2 \times 96,485[\text{C/mol}]/4.1868[\text{cal/J}]} = -\frac{\Delta G_{H_2}}{46,090} \text{ [V]}$$

여기서 $\triangle G_{H_2}$는 수소의 Gibbbs 자유에너지(kcal/kmol, cal/mol), F는 Faraday 상수 (96,485 C/mol)를 의미한다.

위 식에서 Gibbbs 자유에너지($\triangle G$)의 정의와 수소에 대한 Gibbs 자유에너지($\triangle G_{H_2}$)는 운전온도의 함수로 다음 식으로 각각 나타낼 수 있다.

$$G = U + PV - TS = H - TS \quad \textbf{(10-15)}$$

여기서 U는 내부에너지, P는 압력, H는 엔탈피, S는 엔트로피를 각각 나타낸다.

$$\begin{aligned}\triangle G_{H_2} = {}& -57,093.6 - 4.928\,T + 2.2945\,T \times \ln(T) + 4.4925 \times 10^{-4}\,T^2 \\ & -4.032 \times 10^{-7}\,T^3 + 6.7288 \times 10^{-11}\,T^4 \end{aligned} \quad \textbf{(10-16)}$$

여기서 ΔG_{H_2}는 수소의 Gibbs 자유에너지(kcal/kmol), T는 운전온도(K)를 의미한다.

(7) 수소유량($\dot{VF}_{H_2}$)

스택에 공급되는 수소유량($\dot{VF}_{H_2}$)은 이용률(U_{H_2})을 이용하여 다음 식과 같이 나타낼 수 있다. 연료 이용률은 전기화학반응에 필요한 이론 수소유량 대 실제 수소유량의 비율을 의미한다.

$$\dot{VF}_{H_2} = \frac{\dot{VF}_{H_{2,theo}}}{U_{H_2}} \quad \textbf{(10-17)}$$

여기서 $\dot{VF}_{H_{2,theo}}$는 이론 수소유량(Nm³/h), U_{fuel}은 연료 이용률(%)을 의미한다.

(8) 스택 반응열($\dot{Q}_{STACK}$)

수소가 가진 화학에너지 중에서 전기로 변환할 수 있는 Gibbs 자유에너지를 제외한 에너지는 모두 열로 전환되며 스택 반응열($\dot{Q}_{STACK}$)은 다음 식과 같이 나타낼 수 있다.

$$\dot{Q}_{STACK} = VF_{H_{2,theo}} \times (-\Delta H_{H_2} + \Delta G_{H_2} \times V_{oper}/V_{theo}) \times \frac{kmol}{22.414 \ Nm^3} \quad \textbf{(10-18)}$$

여기서 $\dot{Q}_{STACK}$ 은 스택 반응열(kcal/h), $VF_{H_{2,theo}}$ 은 이론 수소유량(Nm^3/h), ΔH_{H_2} 는 수소의 반응열(kcal/kmol), ΔG_{H_2} 는 수소의 Gibbs 자유에너지(kcal/kmol), V_{oper} 는 셀의 운전전압(V), V_{theo} 는 이론 전압(V)을 의미한다.

위 식에서 수소의 반응열(ΔH_{H_2})은 온도만의 함수로 다음 식과 같이 계산할 수 있다.

$$\triangle H_{H_2} = -57,093.6 - 2.2945 \ T - 4.4925 \times 10^{-4} T^2 + 8.064 \times 10^{-7} T^3$$
$$- 2.01863 \times 10^{-10} T^4 \quad \textbf{(10-19)}$$

여기서 ΔH_{H_2} 는 수소의 반응열(kcal/kmol), T 는 운전온도(K)를 의미한다.

10.3.2　연료처리장치(Fuel Processing Unit)

(1) 연료유량($\dot{VF}_{fuel}$)

연료가 메탄인 경우 연료처리장치에 공급되는 연료유량($\dot{VF}_{fuel}$)은 다음 식으로 계산될 수 있다. 아래 식의 상수 4는 스팀 개질 반응(Steam Methane Reforming Reaction, $CH_4 + H_2O \rightarrow CO + 3H_2$)과 수성가스전이반응(Water Gas Shift Reaction, $CO + H_2O \rightarrow CO_2 + H_2$)에서 메탄 1몰에 대하여 생성된 수소의 총 몰수(4)를 의미한다.

$$\dot{VF}_{fuel} = \frac{\dot{VF}_{H_2}}{4 \ \eta_{reformer}} \quad \textbf{(10-20)}$$

여기서 $\dot{VF}_{H_2}$ 는 공급 수소유량(Nm^3/h), $\eta_{reformer}$ 는 개질 효율(%)을 의미한다.

(2) 수증기유량($\dot{VF}_{H_2O}$)

연료처리장치에 필요한 수증기유량($\dot{VF}_{H_2O}$)은 SCR(Steam to Carbon Ratio)를 이용하여 다음 식과 같이 계산될 수 있다.

$$\dot{VF}_{H_2O} = \dot{VF}_{fuel} \ SCR \quad \textbf{(10-21)}$$

여기서 $\dot{VF}_{fuel}$는 연료유량(Nm^3/h), SCR는 Steam to Carbon Ratio(2~5 범위, 일반적으로 3)를 의미한다.

10.4 국내외 기술현황 및 사례

10.4.1 국외 기술현황 및 사례

미국, 일본, 영국, 호주, 유럽에서는 수소 연료전지 기술개발 로드맵을 발표하였다. 미국은 2002년 National Hydrogen Energy Roadmap에서 수소 생산, 제조, 저장, 운송, 활용, 응용, 교육 전반에 대한 계획을 담았다. 일본은 2014년 수소 연료전지 전략 로드맵을 발표하였다. 1단계 수소 사회의 본격 도입을 통한 수소 이용 확대, 2단계 수소 발전 본격 도입 및 대규모 수소 공급시스템 확립, 3단계 CO_2 free 수소 공급시스템 확립의 단계별 목표를 포함하고 있다. 2030년 이후 수소 사회 도입 전에 수소 이용기술인 연료전지 기술의 성숙도를 높이는 과제를 우선 지원한다. 연료전지 연료로 2030년 이전에는 천연가스를 우선 사용하고 2030년 이후 수소를 주 연료로 전환하려는 내용을 포함한다. 유럽은 2003년 《Hydrogen Energy and Fuel Cells : A vision of our future》에서 1차에너지로부터 청정 수소를 생산하여 고효율 에너지 전환기구인 연료전지를 이용하여 수소경제를 준비하고 기후변화에 대응하는 내용을 발표하였다. 캐나다, 호주, 영국, 중국도 수소에너지 로드맵을 발표하였다. 주로 수송용 분야와 수소 생산/저장/운송, 수소충전소 보급 계획을 다루고 있다. 특히 호주는 재생에너지인 태양광, 풍력과 수전해를 통하여 재생수소를 생산하고 이를 액체수소 또는 암모니아로 저장하여 일본과 한국에 수출하려는 계획을 발표하였다.

수소 연료전지 기술개발을 진행하고 있는 대부분의 국가는 수송용 연료전지인 PEMFC 기술과 수소 충전 인프라에 대한 연구를 우선 지원하고 있다. 미국은 수송용 연료전지의 가격 저감, 내구성 향상 기술개발에 집중하며 지게차, 백업전원의 틈새시장 확대를 위해 실증기술지원에 주력하여 자발적 보급 확산이 이루어지고 있다. 최근에는 수소 생산 및 저장 분야의 원천기술개발에 지원을 늘리고 있다. 일본은 보급을 연계한 기술개발을 통하여 가정·건물용, 수송용 연료전지 및 수소충전소 시장을 주도하고 있다. 특히 33만 대 이상의 가정용 연료전지 ENE-FARM 보급 후 건물용, 업무용, 산업용 연료전지로 개발을 확대하고 있다. 유럽에서는 건물용 열병합발전 시스템, 수소전기차, 수소 인프라와 더불어 신·재생에너지를 수소 또는 메탄으로 저장하는 Power to Gas 기술개발에 지원을 늘리고 있다. 발전용 MCFC, PAFC의 경우 미국 FuelCell Energy, 한국 두산퓨얼셀이 상용화된 기술을 활용하여 시장을 창출하고 있다. 유럽 기업들은 발전용 시장 참여를 준비 중이다.

(1) 발전용 연료전지

발전용 연료전지 시장은 2006년 상용화에 성공한 이후, 생산 설비 확장, 제품 성능 개선, 수명 연장, 시스템 최적화 등을 통해 가격 저감에 박차를 가하고 있다. 이를 위해 수백 kW급이던 발전용량을 MW급으로 대용량화하고 있는 추세이다.

발전용 연료전지기술의 당면 과제는 여전히 경제성 확보로 시스템 가격 저감과 grid parity 도달을 위한 발전단가 저감이 주요 이슈다. 최근 미국에서 셰일가스 상용화에 따라 연료비 하락은 연료전지의 발전단가를 낮출 수 있는 절호의 기회를 제공하고 있으나, 여전히 높은 설치비용이 본격적인 상용화의 장애물로 작용하고 있다. 분산전원 시장에서 연료전지의 설치가격은 최소 200만 원/kW 수준으로 낮아져야 하지만, 아직은 PAFC, MCFC, SOFC의 경우 약 400~650만 원/kW 수준으로 효율 향상, 내구성 향상, 대용량화 및 양산화를 통한 설치비 가격 저감과 운영 및 유지관리비 절감이 시급한 형편이다.

(2) 가정·건물용 연료전지

2009년 일본에서 0.7 kW PEMFC 상용제품을 판매하면서 시장이 빠르게 성장하고 있다. 일본에서는 현재 'ENE-FARM'이라는 통합 상표로 보급이 진행되고 있다. 시스템 제작회사에서 에너지회사에 제품을 납품하고, 에너지회사에서 판매를 담당하고 있다. 시스템 제작회사로서 PEMFC는 Panasonic, SOFC는 Aisin Seiki, Kyocera, Miura 등이 있다. Miura는 영국 SOFC 연료전지 기업 Ceres Power와 협력해 4.2 kW급 SOFC 시스템을 개발하고 2019년 10월에 출시하였다. Tokyo Gas는 5 kW급, Hitachi Chosen은 20 kW급 SOFC 시스템 개발을 각각 완료하였다. 유럽에서는 SOLID Power가 1.5 kW, 6 kW급 SOFC를 개발해 판매 중이다. 이탈리아 기업 Convion은 바이오가스를 연료로 하는 5~8 kW급 SOFC 시스템을 개발해 2017년 11월부터 실증운영 중이다.

(3) 수송용 연료전지

전 세계 주요 자동차 회사들은 연료전지 자동차 개발에 막대한 자금과 인원을 투자해 왔으며, 이 결과 일반인이 별도의 교육 없이 운전할 정도로 기본 기술개발은 완료되어 현재 미국, 일본, 유럽을 중심으로 수천여 대의 연료전지차량이 실증 운행 중이다. 차량에 적용된 연료전지는 모두 PEMFC이며, 보급 초기단계로 정부 보조금 지원을 통해 시장이 형성되고 있다.

수소전기버스는 2002년부터 미국에서 실증을 시작하여 유럽 CUTE 실증 프로젝트를 통하여 관심을 받기 시작했다. Ballard Power Systems, Hydrogenics가 버스용 연료전지 모듈 시장을 주도하고 있다. 수소전기버스는 승용차보다 주행거리와 수명이 길어서 성능이 향상된 핵심 소재 및 부품의 고내구화를 위한 핵심 기술개발이 필요하다. 미국과 일본에서는 수소전기차 상용화에 따른 제품의 안전성, 신뢰성, 환경 영향을 위한 평가센터, 인증기관을 설립하여 보급 확산을 지원하고 있다.

미국 내 총 차량 중 트럭, 버스 비중은 4%에 불과하나 CO_2 배출량의 25%를 차지하기 때문에 15개 주와 워싱턴 D.C.는 2050년까지 디젤버스, 트럭을 ZEV(Zero Emission Vehicle)로 전면 교체하는 계획을 발표하였다. Tesla, Nikola, GM 등이 ZEV 트럭 생산을 추진하고 Walmart, Amazon 등의 대형 물류기업도 ZEV 트럭 구매를 확대하는 추세이다. 독일 Daimler 트럭은 2039년까지 유럽, 북미, 일본에서 출시하는 모든 트럭을 탄소제로화하기 위하여 액체수소탱크 탑재 수소 트럭 'GenH2' 콘셉트카를 발표하며 2023년 시범운전 후 2025년 이후 양산계획을 발표하였다. 트럭 사양은 적재중량 40톤, 항속거리 1,000 km 이상, 액체수소 탱크 2기 탑재(액체수소 80 kg 저장), 2×150 kW 연료전지 시스템, 배터리 70 kWh, 모터 정격출력 2×230 kW이다. 독일 Siemens는 수소열차 Mireo Plus H를 공개하였다. 승용/버스용 연료전지 시스템 대비 출력밀도는 2배, 내구성은 4배 향상되어 기존 전동열차 대비 10%의 에너지 저감이 가능하고, 주행거리는 최대 1,000 km 수준으로 유럽 기준 철도 전 노선 대응이 가능하다.

노르웨이 해운사 Wilhelmsen 등 14개 회사는 FCH-JU 액체 그린수소 선박/수소공급망 개발 프로젝트를 수행 중이다. 노르웨이 몽스타드 지역에서 액체 그린수소를 생산하여 연안 벙커링 허브로 운송하고 수소 선박에 충전한다. 개발 중인 액체 그린수소 선박 Topeka는 액체 그린수소 탑재 컨테이너를 연안 벙커링 허브로 운송한다. Topeka는 액체 그린수소를 동력원으로 채용, 연료전지(3 MW PEMFC) 및 배터리(1,000 kWh)를 탑재할 예정이다. 그리고 내륙수로용 1 MW급 바지선, 3 MW급 고속페리, 원양어선용 20 MW 시스템 개발 연구를 병행한다.

10.4.2 국내 기술현황 및 사례

국내에서는 산업부 신·재생에너지 핵심개발사업을 통하여 수소, 연료전지 기술개발을 지원하고 있다. 2010년 이후 연료전지에 PEMFC(34%), SOFC(23%), 장치부품 소재(19%), MCFC(11%) 순으로 지원되었다. 수송용, 건물용, 발전용 연료전지 공급사슬 강화에 집중지원하고 있으며 신규 시장 창출형 제품개발을 지원하고 있다. 수소 분야는 충전소 저가화 및 보급 확대에 집중지원하고 있으며 향후 시스템 가격 저감, 내구성 향상, 제품 신뢰성 향상 연구에 투자할 계획이다.

(1) 가정·건물용 연료전지

국내에서는 두산퓨얼셀, 에스퓨얼셀의 두 회사가 가정·건물용 연료전지 시스템 보급을 주도하고 있다. 가정·건물용 연료전지 보급확산을 위해 정부는 주택지원사업, 건물지원사업, 지역지원사업 등을 통해 지원하고 있으며, 설치비용의 일부를 정액으로 보조하고 있다. 가정용 시장과 함께 5~10 kW에 이르는 건물용 발전시장 진출을 도모하고 있으며, 가스가격 하락을 위한 연료전지전용 가스요금제, 셰일가스 도입, REC제도 시행 등의 조건이 성립될 경우 가정·건물용 연료전지 시장이 활성화될 것으로 전망된다. 두산퓨얼셀은 2012년 수소타운 시범사업에 1 kW, 10 kW급 수소형 연료전지 시스템 설치에 따른 수소 공급, 설치, 안전, 운영에 걸쳐 기술개발을 하였고, 2015년 가정·건물용 연료전지 6,000대/연 생산 규모의 공장을 경기도 화성시에 완공하였다. 에스퓨얼셀은 LNG 및 LPG용 5 kW급 건물용 연료전지 시스템을 개발하여 현재 판매 중이다. 고온 PEMFC는 고분자 막, MEA, 스택 원천기술 국산화에 성공하였으며 5 kW급 건물용 시스템 실증단계에 도달하였다. 에스퓨얼셀은 수출목적형 가정·건물용 연료전지 시스템 현지화 기술개발 및 실증을 수행 중이다. 유럽 현지 도시가스 조성 기반의 수소추출기 개발 및 실증, 건물용 연료전지 시스템 유럽 실증(체코, 덴마크, 이탈리아), 건물용 연료전지 시스템 CE 인증 획득을 목표로 과제를 진행 중이다. 또한 범한퓨얼셀은 잠수함용 연료전지기술을 토대로 건물용 PEMFC 개발에 성공하였다. 동아퓨얼셀은 한국에너지기술연구원과 동아화성이 출자한 연구소 기업으로 유럽 시장 진출을 목적으로 건물용 5 kW급 고온 PEMFC 시스템 상용화 개발을 추진 중이다.

국내에서도 가정·건물용 연료전지 시장에 SOFC 개발 기업이 대거 참여하고 있다. 경동나비엔, STX중공업과 미코가 SOFC 시스템 개발을 선도하고 있다. 이 밖에 에이치앤파워,

피앤피에너지텍 등의 기업이 상용화를 추진하고 있다. STX중공업은 2019년 자체 기술로 개발한 1 kW급 SOFC 시스템 encube를 출시하여 한국가스안전공사의 가스기기 인증(KGS AB934)을 국내 최초로 획득해 상용화를 위한 중요한 발판을 마련했다. 또 2018년 10월 국내 최초로 SOFC 시스템 설계·제작 및 운전 제어기술에 대해 녹색기술인증까지 획득했다. 미코도 순수 국내 기술로 2 kW급 SOFC 시스템 TUCY를 출시하여 2019년 한국가스안전공사의 가스기기 인증(KGS AB934)을 획득하면서 공식적으로 국내 최고의 발전효율(51.3%)을 달성했다. STX중공업과 미코는 2018년 산업부의 국책과제인 'kW급 건물용 SOFC 실용화 기술 개발'을 수행하고 있다. 이 과제는 국산 SOFC 기술을 적용한 국내 첫 SOFC 시스템 실증과제라는 점에서 의미가 크며, 총 50 kW 규모의 SOFC 시스템 실증이 이루어진다. 경동나비엔은 700 W급 SOFC 시스템을 개발하고 상업화를 준비 중이다. 개질기 전문기업 에이치앤파워는 3 kW급 SOFC 시스템 개발에 성공해 내부 실증을 진행 중이다. 피앤피에너지텍은 연료전지 시험장치 개발 및 제조를 통해 얻은 노하우를 살려 1 kW급 SOFC 시스템 개발에 성공했다.

(2) 수송용 연료전지

현대차의 수소전기차 기술 수준은 완성차 수준에서 세계 정상급이다. 현대차는 15년간 기술개발을 진행하여 2007년 미쉐린 챌린지 비벤덤에 출전하여 우수한 차량성능을 입증했다. 최근 해외에서 전량 수입에 의존하였던 막전극접합체까지 국산화함으로써 부품수 기준 99%까지 국산화에 성공하였다. 현대차는 양산을 대비하여 원가절감 및 부품공급체계 구축을 위해 노력 중이며 국내 연료전지 산업 육성을 위해 정부 과제 및 개발 컨소시엄을 통해 국내 부품 전문 업체, 연구소 및 대학 기관과의 공동개발에 주력하고 있다.

표 10-5~표 10-7은 연료전지 분야별 주요 player별 동향을 보여준다.

표 10-5 발전용 연료전지 주요 Player별 동향

국가	업체명	핵심기술	특징
미국	FuelCell Energy	MCFC	•1969년 창립 후 MCFC 분야에서 독보적 기술 보유 •MCFC의 양산을 수행하는 유일한 제조업체 •유럽시장 진출용 250 kW, 400 kW, 발전용 1.4~3.7 MW 제품 출시 •FCES(독일) MCFC 생산/판매 법인
		SOFC	•Versa Power Systems의 SOFC 스택을 이용한 수백 kW 시스템 개발, 2019년 시운전 진행 중
	Bloom Energy	SOFC	•주력제품 250 kW급 SOFC 'Bloom Energy Server' 판매 •SOFC 선도기업 •미국 IT회사, 물류회사, 전력회사에 350 MW 이상 판매 •한국 SK 에코플랜트 Bloom SK Fuel Cell 설립, 현지 조립 추진 RPS 시장 진출 •삼성중공업과 공동으로 SOFC 기술을 탑재한 선박의 설계·건조 진행 •수소용 SOFC 시스템 'Hydrogen Energy Server', SOEC 시스템 'Bloom Electrolyzer' 개발
일본	Fuji Electric	PAFC	•100 kW 시스템 판매, 누적 130대 판매 •2019년 일본, 독일, 미국, 한국, 남아프리카 공화국 등 5개국에서 총 120대 이상 판매
		SOFC	•고효율 SOFC를 이용한 열병합시스템 개발 진행 •50 kW 시스템 실증 실시 중 : 발전효율 55%, 종합효율 85%, 운전 4,000시간 이상
	MHPS	SOFC	•미쯔비시, 히타와 JV(MHPS) 설립 •2017년 250 kW SOFC-가스터빈 가압형 복합발전시스템 판매 •내구성·내열성이 뛰어난 원통형 SOFC 셀 사용, 셀 스택 양산화·저가화 추진, 일본 특수 도업과 합작 회사 CECYLLS를 설립해 제조·판매 진행 •대규모 발전용 1.2 MW급 실증 조기 상용화 추진 중, 삼중 복합발전시스템(SOFC, 가스 터빈, 증기 터빈) 실증 중, 석탄가스화 연료전지 복합발전 프로젝트에 참여 중
한국	두산퓨얼셀	PAFC	•2014년 7월, ClearEdge 및 퓨얼셀파워 인수, PEMFC 및 PAFC 시장 진입 •2013년 PAFC 사업 시작 •60 MW급 익산 공장 완공, 275 MW급으로 확대 예정 •국내 500 MW 이상 보급, 영국으로 1.4 MW 수출
		SOFC	•2022년 영국 Ceres Power와 10 kW SOFC 시스템 개발 •2024년 50 MW급 양산라인 구축 •200 kW SOFC 개발 중 •두산 H2 이노베이션은 발전용, 선박용 SOFC 기술개발

자료 : 한국에너지공단, 2021, 2020 신·재생에너지백서

표 10-6   가정·건물용 연료전지 주요 Player별 동향

국가	업체명	핵심기술	특징
일본	Panasonic	PEMFC	• 2019년 바닥 난방이 가능한 신형 모델 출시, 스택 및 개질기 소형화, 경량화 및 연료처리장치의 제어 로직 개선을 통하여 종합 에너지 효율 97%(HHV) 달성 • 최신 제품은 내구성 8만 시간, 제품 수명 12년 • 2021년 10월에 사무용 유저를 대상으로, 순수소형 5 kW PEMFC H2KIBOU의 판매를 발표, 복수대의 연결 제어에 의해 MW급 확대 가능
	Aisin Seiki	SOFC	• 0.7 kW급 '에네팜 type S' 판매, 효율 55%(LHV), 종합효율 87%(LHV), 수명 12년 • 에네팜-태양광 하이브리드 발전 시스템 도입
	Kyocera	SOFC	• 2017년부터 식당, 편의점, 복지시설 등의 소규모 전력 사용 건물에 3 kW 연료전지 시스템 판매 시작 • 2019년 400 W급 초소형 열병합 시스템 '에네팜 미니' 출시, 가격 92만 엔, 효율 47%(LHV) • Aisin Seiki에 SOFC 스택 공급
	Denso	SOFC	• 2018년 발전전용 SOFC 시제품 발표, 출력 4.5 kW, 효율 60%(LHV) 이상, 연료 이용률 87% • 2020년 발전전용 상용 시스템 출시 예정
	Toshiba Energy System	PEMFC	• 에네팜 기반 순수 수소 연료전지 시스템 'H2Rex', 자립형 수소에너지 시스템 'H2One' 개발 • H2Rex 700 W, 3.5 kW, 100 kW 출시. 공장 및 지방자치단체, 소매점 등에 판매
	Tokyo Gas	SOFC	• Miura Kogyo와 발전효율 65% SOFC 시스템(5 kW기) 공동 개발, 1만 시간 실증 운전 • 상용화를 위해 가격 저감, 내구성, 신뢰성 개선 추진 중
	Toyota	PEMFC	• MIRAI용 PEMFC 스택의 생산 규모 확대(연 3,000대 → 연 30,000대)와 가격 저감 추진, 정치용도 시장 진출 검토 • 2019년 9월에 본사 공장 내, 2020년 6월부터 Tokuyama의 제조소 내에서 부생수소를 이용한 정치용 FC시스템(정격 50 kW) 실증 운전
	Miura Kogyo	SOFC	• 2019년 Ceres Power 셀 스택 이용 4.2 kW SOFC 시스템 개발 • 열 이용이 많은 수요가 대상으로 판매
유럽	Sunfire	SOFC	• 2015년 25 kW 시스템을 러시아 고객사에 2기 납품 • 2015년 150 kW SOFC를 미국 Boeing사에서 실증 완료
	Viessmann	PEMFC	• Panasonic 연료전지 시스템 활용, 유럽 시장에서 가장 많은 가정용 연료전지 판매(2020년 누적 5,000대 이상) • 2019년 주택용 에너지 설비 기준인 EU energy labelling scale에서 최고 클래스인 A+++ 획득
	SOLID Power	SOFC	• SOFC 셀, 스택, hot box까지 자체 개발·생산하여 1.5 kW 2세대 모델 'BlueGEN-15' 출시. 24시간 365일 운전 가능, 효율 55%(LHV), 종합효율 88%, 보증기간 10년 • 2018년 이탈리아에 50 MW의 생산 공장, 총 판매 대수 약 1,300대 (2018년 기준) • 하나의 평면에 4셀을 배치한 구조로 25 kW 모듈 개발 중

(계속)

국가	업체명	핵심기술	특징
한국	에스퓨얼셀	PEMFC	•에스에너지에서 2014년 에스퓨얼셀 설립 •NG용 1, 5, 6, 10 kW, 수소용 5~50 kW, 배터리 하이브리드 1~5 kW 최대 제품군 개발, 2021년 누적 8.7 MW 보급
	두산퓨얼셀 파워	PEMFC SOFC	•2014년 7월, 퓨얼셀파워 인수, PEMFC 시장 진입 •NG용 1, 5, 10 kW PEMFC, 수소용 1~50 kW PEMFC 시스템 판매 중 •10 kW SOFC 출시 준비 중(전기효율 53.8%, 열효율 45%)
	범한퓨얼셀	PEMFC	•독일 Siemens사에 이어 세계 두 번째로 잠수함용 연료전지 상업화에 성공, 2019년 건물용 PEMFC 제품 출시 •PEMFC 5 kW(수소, NG용) 6 kW(NG용) 판매, 10 kW, 25 kW 준비 중 •캐스케이드 스택을 활용한 10 kW급 SOFC시스템 개발 중
	미코파워	SOFC	•2 kW, 8 kW SOFC 시스템 TUCY 출시, 50 kW 시스템 개발 중 •SOFC 기초소재, 스택, 단전지, 시스템에 이르는 전주기 공정의 자체제작 기술 보유 •서울 물연구원, 명동 센터포인트, 여의도 오피스텔, 대진대학교, 씨엔씨티 에너지, 울산과학기술원, 경남 농업기술원, 부안군 수소하우스 등에 설치
	STX 에너지솔루션	SOFC	•국내 유일의 평관형 1 kW SOFC 시스템 판매 •스택에서 미반응한 고온의 잉여연료를 재활용하기 위해 재순환 송풍기를 적용한 5 kW급 SOFC 시스템 개발 중(발전효율 57%)
	에이치앤파워	SOFC	•3 kW SOFC 시스템 출시 •모듈형으로 설계해 3 kW 단위로 최대 20 kW까지 용량 스케일업 가능
	현대차	PEMFC	•넥쏘에 상용되는 연료전지 활용, 수소 전용 발전시스템 개발, 울산에서 1 MW 시스템 실증 중. 동서발전, 덕양, 현대차 수소연료전지 발전 시범사업 MOU 체결, 2년간 시범 운영

자료 : 한국에너지공단, 2021, 2020 신·재생에너지백서

표 10-7 수송용 연료전지 주요 Player별 동향

국가	업체명	핵심기술	특징
일본	Toyota	승용차(MIRAI), 버스, 상용차	•MIRAI 1에서 세계 최초로 3D fine mesh 분리판을 적용하여 스택을 소형화, 운전장치의 부피와 가격 저감을 위해 가습기 제거, water balance를 위해 수소재순환 블로워 탑재 기술 확보 •2021년 출시한 MIRAI 2에서 핵심제조공정을 단순화, MIRAI 1 대비 연료전지 성능 및 주행거리 30% 증가
			•2018년 3월 양산형 연료전지 버스 'SORA' 판매 시작, 재난 대비 독립형 비상전원으로 사용 기능 탑재 •배달 트럭과 대형 트럭의 개발 진행
	Honda	승용차(Clarity), 지게차, 특수차	•전 세계에서 가장 먼저 전용차체를 개발하고 연료전지시스템을 탑재하여 리스 형태로 미국에 판매
			•수소저장탱크를 모듈 하나로 적용시킬 수 있는 기술 확보 •2016년 출시 수소전기차의 1 충전 주행거리를 700 km로 향상 •2018년 3월말 80대의 연료전지 지게차 판매, 공항 특수차량용 연료전지 개발 중

(계속)

국가	업체명	핵심기술	특징
일본	Nissan	승용차	• 고출력 스택 기술을 확보하여, Daimler와 차량 출시를 위한 협력 중
	Hino	트럭, 버스	• 일본 내 수소버스 실증에 참여하여 2016년 수소버스 출시 준비 중
유럽	Daimler-Benz	SUV, 트럭	• 2018년 독일 내 'GLC F-Cell'의 리스 판매 시작, 2019년 이후 유럽 및 일본 시장에서도 판매 예정 • 액체수소 탱크 탑재 수소트럭 'GenH2' 콘셉트카 발표, 2023년 시범운전 후 2025년 양산 예정
	Volks-wagen /Audi	승용차	• 2018년 Audi와 현대자동차가 FCV에 관한 기술 제휴 발표, 연료전지기술에 관한 특허의 상호 이용 및 기술개발 협력관계 구축
	Alstom	열차	• Hydrogenics사의 PEMFC 파워팩을 활용한 열차 공동 개발 • 독일에서 상용 운행 중
	Siemens	열차	• 수소열차 'Mireo Plus H' 공개, 주행거리 최대 1,000 km
미국·캐나다	GM	연료전지 스택 기술	• 차량 상용화 기술에서는 한국, 일본에 뒤처져 있으나 스택 핵심부품 기술은 선도 • 고내식성 스택 및 설계기술 및 독자적인 운전장치 모듈화 기술 보유 • 2020년 FC 시스템 양산, 2023년 FCV 출시 예정
	Ford	수소전기차 기술	• 일본 Nissan과 협력하여 수소전기차 출시를 위한 연구 진행 중
	Ballard	수소버스 기술	• 유럽 내 대부분의 수소버스용 연료전지시스템을 개발하여 실증 중
	Plug Power	지게차	• 지게차용 연료전지에 주력, 연료전지 지게차 생산량은 세계 최고, 상용차 및 버스용으로 'PowerGen' 제품 개발 및 실증 중
한국	현대기아차	수소전기차 기술 승용, 버스, 트럭	• 전 세계 최초로 양산형 수소전기차 출시, 소비자 운전환경에 따른 연료전지 시스템 제어기술이 가장 우수 • 스택에서 전기를 생산하기 위한 운전장치 국산화 99% 이상인 국내기술 보유 • 2013년 투싼ix 출시 후 2018년에 차세대 모델 넥소 출시 • 2018년 Audi와 연료전지 부품 및 기술에 대한 크로스 라이선스 계약을 맺고 부품·기술의 상호 이용 추진 • 2020년 버스 출시, 상용차 모델 개발 중
	가온셀	지게차	• 수소 지게차 출시, 실증 중
	범한산업	굴삭기, 선박	• 수소 굴삭기 시제품 개발, 스케일업 개발 중 • 잠수함용 연료전지 파워팩 상용화
	모비스	지게차, 굴삭기	• 수소 지게차 출시, 굴삭기 개발 중

자료 : 한국에너지공단, 2021, 2020 신·재생에너지백서

10.5 국내외 시장동향

정부 주도의 보급지원 정책을 추진하는 한국, 미국, 일본을 중심으로 발전용, 가정·건물용, 수송용 연료전지 초기 시장이 형성되고 있다. 연료전지 시스템 가격 저감, 수명 및 효율 향상에 관한 연구개발은 꾸준히 진행되고 있으며 양산 규모를 확보한 기업이 출현하기까지는 시간이 걸릴 것으로 예측된다.

후지경제 분석에 의하면 연료전지 시장 규모는 2020년 매출액 335억 원(설비용량 1,584 MW)에서 2035년 1조 5,617억 원(318,904 MW)으로 약 46.6배 증가할 것으로 예측하고 있다. 2020년 전체 매출액 중 연료전지 시장 점유율은 발전용이 38.4%로 가장 높고 수소전기차(승용) 20.7%, 가정·건물용 17.1%, 산업용 차량(지게차 등) 11.7%, 상용차(버스, 트럭) 10.5% 순으로 높다. 2035년 연료전지 시장은 승용차 61.2%, 상용차 22.9%, 발전용 6.6%, 가정·건물용 3.9%로 재편될 것으로 예측하고 있다. 용도별로는 수송용(수소 모빌리티) 시장이 2020년 143억 원 규모에서 2035년 1조 3,608억 원 규모로 약 95배 증가하여 최대 성장부문으로 예상된다. 세분하여 분석하면 승용차 부문은 69억 원에서 9,560억 원으로 138배, 상용차 부문은 35억 원에서 3,579억 원으로 약 102배, 기타 모빌리티 시장은 39억 원에서 469억 원으로 약 12배 확대될 것으로 전망하고 있다. 고정형 연료전지 시장은 2020년 186억 원 규모에서 2035년 1,639억 원 규모로 약 9배 성장할 것으로 예측하고 있다. 세부적으로 발전용 연료전지는 129억 원에서 1,029억 원으로 약 8배, 가정·건물용 연료전지는 57억 원에서 609억 원으로 약 10배 성장할 것으로 전망하고 있다(**그림 10-12**).

국내 발전용 연료전지는 신·재생에너지 설치의무화 제도(RPS, Renewable Portpolio Standard)에 힘입어 2020년 누적설치량이 605 MW에 도달하였고 평균 이용률은 90% 이상을 유지하고 있어 신뢰성이 높은 신·재생에너지 수단임을 입증하고 있다.

가정·건물용 연료전지의 경우 주택지원사업(그린홈 100만 호 사업)을 중심으로 1 kW급 가정용 연료전지 열병합시스템 보급이 이루어지고 있으며, 공공건물 신·재생에너지 의무설치 및 서울시 신규건물 신·재생에너지 의무설치 규정으로 5~10 kW급 건물용 연료전지 보급이 확대되고 있고 설치용량 기준 가정용 보급량을 추월한 상태이며 총 6.2 MW가 설치되었다.

연료전지 산업은 연료전지 설비 도입과 연료 조달을 통한 연료 투입단계와 전기 및 열을 생산하는 운영단계, 그리고 자가소비 또는 외부로 판매하는 소비/판매단계로 이루어진다. 연

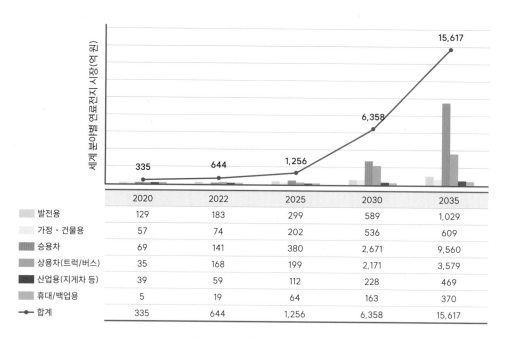

	2020	2022	2025	2030	2035
발전용	129	183	299	589	1,029
가정 · 건물용	57	74	202	536	609
승용차	69	141	380	2,671	9,560
상용차(트럭/버스)	35	168	199	2,171	3,579
산업용(지게차 등)	39	59	112	228	469
휴대/백업용	5	19	64	163	370
합계	335	644	1,256	6,358	15,617

그림 10-12 세계 연료전지 시장 전망
(자료 : 후지경제, 2021, 2021년판 연료전지 관련 기술·시장 미래 전망)

료전지 설비 도입은 한국퓨얼셀(전 포스코에너지), 두산퓨얼셀, 에스퓨얼셀 시스템 제조회사 주도로 이루어지고 있다. 연료전지는 LNG, LPG, 메탄올, 에탄올, 등유 등 화석연료, 부생수소, 신·재생에너지로부터 얻는 그린수소, 바이오가스를 연료로 사용할 수 있다. 현재는 연료로 대부분 LNG를 사용한다. 가정·건물용 연료전지는 자체적으로 열과 전기를 생산하여 자가소비 후 잉여 전력은 역송전을 하나 판매는 불가능하다. 연료전지 발전 사업자 특수목적법인(SPC) 주도로 REC를 확보하고 전력과 열을 판매하여 수익을 얻고 있다.

10.5.1 발전용 연료전지

분산발전이란 통상 수백 kW에서 수십 MW까지의 전력을 소비처에서 생산하고 발전하는 방식으로 중앙집중식 발전에 대응하는 발전 방식이다. 분산발전은 발전소 건설에 따른 NIMBY 현상을 피할 수 있고, 원거리 송전에 따르는 5~8% 정도의 송전 손실을 막을 수 있는 장점이 있다. 또 복잡한 현대사회에서 수요 특성에 맞춘 발전 방식을 제공할 수 있는 장점이 있어 향후 보급이 크게 기대된다. 연료전지는 시스템 출력과 무관하게 42%에서 60% 효율의 발전이 가능하여 분산발전에 보다 적합한 특성을 갖고 있다.

발전용 연료전지의 세계 최대 시장은 한국과 미국으로 미국 CA주 자가발전 인센티브 프로그램(SGIP)과 한국 RPS와 같은 정부 지원정책으로 성장하였으며 정부 정책 의존성이 매우 높다. Bloom Energy(SOFC, 250 kW), 두산퓨얼셀(PAFC, 440 kW), FuelCell Energy/한국퓨얼셀(MCFC, 2.5 MW)이 시장을 선도하고 있다.

일본의 Fuji Electric은 100 kW PAFC 시스템을 열 수요가 높은 자가발전 사업자를 대상으로 일본 내에 판매하고 있다. 2018년 MHPS(Mitsubishi Hitachi Power Systems)는 250 kW급 SOFC-가스터빈(GT) 하이브리드 시스템을 출시하여 일본 내 판매를 시작하였다. Toshiba는 가정용 연료전지 ENE-FARM 기술을 활용하여 100 kW급 수소전용 열병합발전 시스템을 출시하여 미래 수소 시장에 대비하고 있다(**그림 10-13**).

발전용 연료전지 시장의 확대는 미국과 한국 주도로 이루어지고 있다. 양국은 연료전지 제조사인 Bloom Energy, FuelCell Energy, 두산퓨얼셀, 한국퓨얼셀(Fuel Cell Energy 제휴)을 보유하고 있으며 산업 육성을 위한 중앙정부 및 지방정부의 적극적인 인센티브 정책과 기후위기 대응을 위한 온실가스 저감정책으로 발전용 연료전지 시장이 활성화되고 있다. 미국은 저렴한 셰일가스를 사용하기 때문에 연료전지 발전의 경제성이 높고, 노화된 전력망으로 인한 계통 전력의 불안정성을 해결하기 위하여 발전용 연료전지 도입을 추진하고 있다. 우리나라는 수소경제 활성화 로드맵에서 발표한 바와 같이 미세먼지, 대기오염과 같은 환경문제 해결, 에너지 안보 강화를 위한 에너지 믹스의 다양화, 미래 성장동력산업 육성을 위하여 발전용 연료전지 지원을 늘리고 있다.

표 10-8은 발전용 연료전지 제품을 나타낸다.

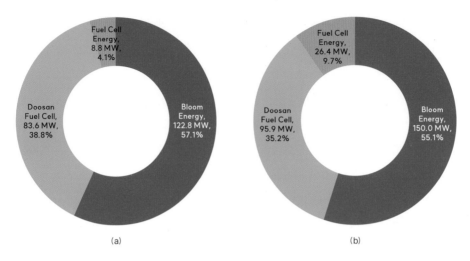

(a)   (b)

그림 10-13   (a) 2020년과 (b) 2021년 발전용 연료전지 시스템 시장 판매량(MW)
(자료 : 후지경제, 2021, 2021년판 연료전지 관련 기술·시장 미래 전망)

표 10-8   발전용 연료전지 제품

제조사	한국퓨얼셀 (전 포스코에너지)	두산퓨얼셀			Bloom Eenergy
관련 이미지				(개발 중)	
정격출력	2,500 kW	400 kW	100 kW	200 kW	250 kW
유형	MCFC	PAFC	PEMFC	SOFC	SOFC
발전/ 종합효율 (%, LHV)	47/85 (NG)	43/85 (NG)	51.5/85 (수소)	-/- (NG)	53/0 (NG)

제조사	FuelCell Energy	MHPS	Toshiba	Fuji Electric
관련 이미지				
정격출력	3,700 kW	250 kW	100 kW	100 kW
유형	MCFC	SOFC+GT	PEMFC	PAFC
발전/ 종합효율	60/80	55/80	50/85	42/85

10.5.2 가정·건물용 연료전지

가정·건물용 연료전지 시스템은 도시가스(천연가스)나 LPG를 이용하여 전기와 열에너지를 생산하는 수백 W에서 수 kW급 열병합 발전장치이다. PEMFC와 SOFC가 주로 사용되고 있으며 발전효율 35~45%, 열병합 종합효율 90% 이상의 제품이 일본과 한국에서 출시되고 있다. 가정·건물용 연료전지의 최대강국인 일본은 2009년 5월 Panasonic, Toshiba, 일본 석유사의 통합 브랜드인 ENE-FARM을 출시하고 지속적인 연구개발, 대규모 실증 및 보급을 통하여 제품의 고효율화, 장수명화, 저가화를 진행하여 2021년 약 37만 대의 시스템을 보급하였다. 이 중 Panasonic의 PEMFC 모델은 700 W 출력으로 발전효율 39%, 종합효율 95%의 성능을 보이고 있다.

 2021년 가정·건물용 시장의 시장점유율 순위는 일본 Aisin Seiki(27,700대, 45.1%), Panasonic(19,200대, 31.3%), Viessmann/Panasonic(3,500대, 5.7%), Kyocera(4,000대, 6.5%) 순으로 일본 기업이 시장의 82.9%를 차지하며 주도하고 있다. 일본, EU, 한국에서 가정·건물용 시장이 형성되고 있으며 일본 내수시장은 약 45,000대/연 수준으로 전체 시장의 약 90%를 차지한다(**그림 10-14**).

 일본에서 가정용 연료전지 시장이 활성화된 이유는 2011년 동일본 대지진에 있다. 동일본 대지진은 기존 화력 및 원자력 발전소 등에서 대규모, 집중적으로 전력을 생산하는 일본의 에너지 수급구조에 큰 영향을 미쳤다. 일본 정부는 기존 원전의 안전성 제고, 신·재생에너지 비중 확대 추진, 에너지 절약, 열병합발전, 스마트 그리드, 연료전지 중심의 분산발전시스템 도입 등에 정책의 초점을 두기 시작하면서 가정용 연료전지 시장의 성장을 촉진하였다.

 또한 일본의 도시가스사는 Panasonic, Toshiba, Kyocera 등의 연료전지 기업과 제도적, 기술적으로 협업하며 시장을 성장시켰다. Osaka Gas는 천연가스 개질기술을 Panasonic, Toshiba에 제공하여 시스템 가격경쟁력 확보에 기여하고 도시가스요금 할인혜택을 제공하여 보급 초기 시장 확대에 영향력을 발휘하였다. Tokyo Gas-Morimura 그룹(실리콘 소재 기술 선도기업)-Miura 공업 주식회사(산업용 보일러 선도기업) 간 공동 연구개발로 5 kW SOFC에서 세계 최초로 발전효율 65%, 에너지효율 91%의 달성에 성공하였다. 이처럼 도시가스사는 각 회사의 인프라를 활용해 ENE-FARM 보급에 앞장서고 있다(**표 10-9**).

 EU에서는 가정 및 건물에서 발생되는 온실가스 저감을 위해 고효율 열병합 연료전지 도입을 지원하고 있다. EU에서는 대규모 실증사업이 수차례 진행되고 있다. 독일에서는

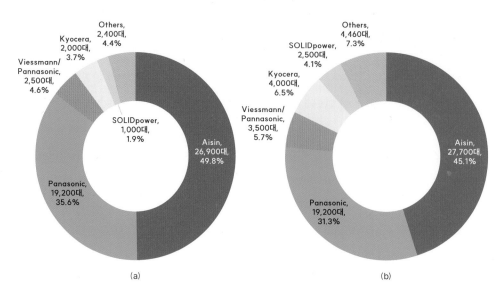

그림 10-14 (a) 2020년과 (b) 2021년 가정·건물용 연료전지 시스템 판매대수(대)
(자료 : 후지경제, 2021, 2021년판 연료전지 관련 기술·시장 미래 전망)

Callux 사업(2008~2015)을 통하여 PEMFC, SOFC 500대를 실증하였고, Ene-Field 프로젝트(2012~2017)에서는 EU 12개 지역에 1,046대를 도입하여 트랙 레코드를 확보하였다. Panasonic-Viessmann, Toshiba-BAXI, BDR, Aisin Seiki-Bosch와 같이 일본의 주요 연료전지 회사들은 유럽의 보일러, 연료전지 회사들과 제휴하여 유럽시장 진출을 도모하고 있다. 독일에서는 가정·건물용 열병합 연료전지에 설치 보조금을 지원하며 시장 확대를 위한 정책(kfW 433)을 시행 중이며 2021년 말 약 23,000대의 시스템을 보급하였다.

표 10-9 가정·건물용 연료전지(한국, 일본, EU)

제조사	에스퓨얼셀		두산퓨얼셀파워		범한 퓨얼셀	미코파워	STX에너지솔루션	에이치앤파워
사진								
정격출력	1 kW	50 kW	1 kW	10 kW	5 kW	8 kW	1 kW	3 kW
유형	PEMFC	PEMFC	PEMFC	SOFC	PEMFC	SOFC	SOFC	SOFC
발전/종합효율 (%, LHV)	35/90 (NG) 50/90 (수소)	50/90 (수소)	35/90 (NG) 49/41	54/90 (NG) –	종합효율 90 (NG)	52/90 (NG)	45/90 (NG)	52/90 (NG)

제조사	Panasonic		Aisin Seiki	Miura	Kyocera	
사진						
정격출력	0.7 kW	5 kW	0.7 kW	4.2 kW	0.4 kW	3 kW
유형	PEMFC	PEMFC	SOFC	SOFC	SOFC	SOFC
발전/종합효율 (%, LHV)	38/90 (NG)	56/90 (수소)	55/90	48/90	55/90	52/–

제조사	SOLIDPower	Sunfire	Viessmann	SENERTEC	BIOTHERMA
사진					
정격출력	1.5 kW	0.75 kW	0.75 kW	0.75 kW	0.75 kW
유형	SOFC	SOFC	SOFC	PEMFC	PEMFC
발전/종합효율 (%, LHV)	57/90	40/90	40/90	38/90	38/90

국내 가정·건물용 연료전지는 지난 2018년 217개소에 설비용량 3.9 MW에 그쳤던 것이 2020년 말 기준으로 664개소에 설비용량 10.9 MW로 급증했으며, 불과 2년 사이에 연료전지를 설치한 건물은 3배 가까이 늘었고, 설비용량 역시 2.8배 증가했다. 2011년부터 시행된 공공기관 신·재생에너지 설치의무화제도는 일정 면적 이상의 지자체, 정부 투자기관 및 출자기관 등 공공기관 건축물을 신축·증축·개축하는 경우 건물의 총에너지사용량의 일정 비율을 신·재생에너지로 대체해야 하는 제도이다. 서울시 등 지자체에서 민간건축물에 신·재생에너지 설치의무화제도를 도입하면서 연료전지 시장의 급격한 성장을 유도하였다.

10.5.3 수송용 연료전지

수송용 연료전지는 탈화석에너지의 유력한 대안이 되고 있으며, 에너지 사용량 및 탄소 배출량을 줄여 도심 환경 개선에 크게 기여할 수 있다. 수송 분야의 연료전지 이용이 시작된 것은 이미 오래전부터이다. 최근 북미에서는 보조금 없이도 연료전지의 이용이 두드러지고 있으며 상당한 숫자의 수소 버스가 세계 여러 도시에 걸쳐 운행 중인 실정이다.

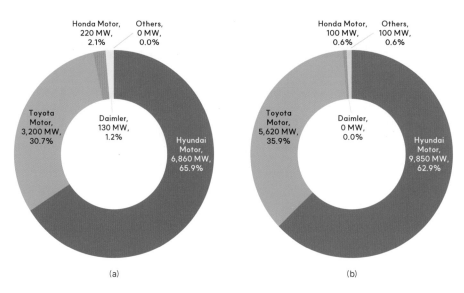

그림 10-15　(a) 2020년과 (b) 2021년 승용 수소전기차 판매량(MW)
(자료 : 후지경제, 2021, 2021년판 연료전지 관련 기술·시장 미래 전망)

2021년 승용 수소전기차 시장점유율은 현대차(9,850 MW, 62.9%), Toyota(5,620 MW, 35.9%), Honda(100 MW, 0.6%) 순이며 Daimler는 판매하지 않고 있다. 전 세계에 약 15,000대 판매되었으며 한국 9천여 대, 북미 2,900대, 일본 2,500대 순으로 시장이 형성되어 있다. 특히 한국의 2019년 수소경제 활성화 로드맵 발표 후 시장의 급격한 성장을 이루었다 (**그림 10-15**).

국내에서는 현대차가 2012년 9월 수소전기차 투싼을 공개하였고, 2013년부터 연료전지 자동차 연간 생산 규모 천 대의 준양산라인을 세계 최초로 구축하였다. 현대차는 2018년 세계 최초로 2세대 모델 넥쏘를 출시하였다. 2018년 2월 서울-평창 간 고속도로 약 190 km 구간을 레벨4 수준의 자율주행 완주에 성공하여 수소전기차의 발전 가능성을 입증하였다.

2021년 트럭, 버스 등 상용차 부분 시장점유율은 SinoHytec(北京億華通, 1,000 MW, 36.9%), Ballard Power System(500 MW, 18.5%), Sinosynergy(国鸿氢能, 500 MW, 18.5%), Refire(500 MW, 18.5%), 현대차(150 MW, 5.5%) 등이 치열한 각축을 벌이고 있다. Ballard Power System이 중국에 수소버스 회사를 설립하고 중국 시장이 급격히 확장되고 있다(**그림 10-16**).

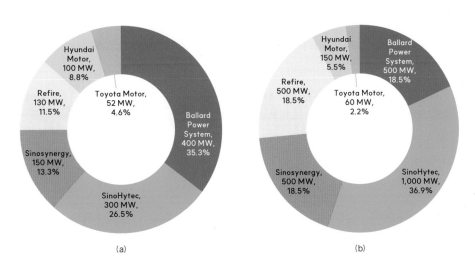

그림 10-16 (a) 2020년과 (b) 2021년 상용 수소전기차(버스, 트럭) 판매량(MW)
(자료 : 후지경제, 2021, 2021년판 연료전지 관련 기술·시장 미래 전망)

표 10-10~표 10-15는 수소를 적용한 모빌리티 사례를 보여준다.

표 10-10 수소전기차(승용)

제조사	현대차	Toyota	Honda	Daimler
모델명	넥쏘	Mirai 2	Clarity Fuel Cell	GLC F-CELL
사진				
연료전지 출력	95 kW	128 kW	103 kW	-
최고속력	175 km/h	178 km/h	170 km/h	160 km/h
주행거리 (1충전)	609 km	647 km	589 km	377 km
출시연도	2018	2021	2016	2018
가격(만 원)	7,200~7,500	7,500 (723만 엔)	7,900 (766만 엔)	105/월(리스) (799유로/월)

표 10-11 수소 모빌리티(버스)

제조사	현대차	Toyota	Eldorado	Van Hool
모델명	ELEC CITY	Sora	-	A330
사진				
연료전지 출력	180 kW	228 kW	150 kW	100 kW
수소충전량	-	-	-	-
충전압력(기압)	700	700	350	350

표 10-12 수소 모빌리티 (상용차)

제조사	현대차	Toyota	Cummins	Dongfeng	Volvo
모델명	Xient	Kenworth	-	-	-
사진					
Class	-	8	-	6	-
연료전지 출력	190 kW	228 kW	90 kW (100 kWh LiB)	30 kW	300 kW
수소충전량	32 kg	25 kg	-	-	-
출시연도	2020	2019	2019	2019	2022
모터 출력	350 kW	-	-	-	-

자료 : 한국에너지공단, 2021, 2020 신·재생에너지백서

표 10-13 수소 모빌리티(지게차 및 건설기계)

제조사	Plug Power	Toyota	가온셀	현대모비스	범한산업
유형	지게차	지게차	지게차	지게차	굴삭기
사진					
연료전지 출력	4 kW	8 kW	10 kW	-	10 kW
수소충전량	0.7~3.4 kg	1.0~1.2 kg	-	-	-
충전압력(기압)	350	350	350	350	350

표 10-14 수소 모빌리티(철도)

국가/열차명	독일/ Coradia iLint	독일/ Mireo Plus H	중국	일본/ Hybari	영국/ HydroFLEX
사진					
차량 제조사	Alstrom	Siemens	CRRC	Hitachi	Porterbrook
연료전지 제조사	Hydrogenics	Ballard	Ballard	Toyota	Ballard
용도	전철	전철	트램	트램	전철
현황	상업운전	실증 상업운전(2024)	상업운전	실증 상업운전(2030)	시제품 상업운전(2030)
최고속도	80 km/h	160 km/h	70 km/h	100 km/h	80 km/h
연료전지 출력	200 × 2 kW	200 × 2 kW	150 × 2 kW	60 × 4 kW	100 kW

표 10-15 수소 모빌리티(선박)

국가/선박명	한국/ 하이드로제니아	한국/블루버드	일본	미국/ Sea Change	일본/Suiso Frontier
사진					
선박 제조사	빈센	에이치엘비	Yanmar	All American Marine	Kawasaki HI
연료전지 제조사	범한퓨얼셀	범한퓨얼셀	Toyota	Cummins	–
용도	소형선박	소형선박	소형선박	75인승 페리	수소운송선
현황	실증 (2021)	실증 (2021)	실증 (2022)	시험운전 (2022)	일본-호주 시범운항(2022)
크기	10 m/7.9톤	11.9 m/7톤	12.4 m/7.9톤	21 m/–	116 m/8,000톤
연료전지/배터리	25 kW/ 184 kWh	25 kW/ 135 kWh	PEMFC x 2module	360 kW/ 100 kWh	–
연료	고압수소 (350 기압)	고압수소 (350 기압)	고압수소 (700 기압)	고압수소	액체수소탱크 1,250 kL

자료 : 한국에너지공단, 2021, 2020 신·재생에너지백서

1. 연료전지 시스템 발전출력이 1 kW이고 전력변환기 효율이 90%, BOP소비동력비율이 15%일 때 스택 DC 출력($P_{STACK.DC}$, kW)과 BOP 소비동력(P_{BOP}, kW)을 구하시오.

2. 연료전지 형식이 PEMFC, 설계기준 운전온도가 60℃인 경우, 수소의 Gibbs 자유에너지(ΔG_{H_2})와 반응열(ΔH_{H_2})을 구하시오.

3. 연료전지 형식이 PEMFC, 설계기준 운전온도가 60℃, 셀유효전극면적은 225 cm^2, 전류밀도는 400 mA/cm^2, 셀 운전전압은 0.65 V, 스택 출력이 1.307 kW일 때 이론 전압 및 이론 수소유량을 구하시오.

4. 3번 문제에서 계산한 이론 수소유량과 2번 문제에서 계산한 설계기준 60℃의 수소 Gibbs 자유에너지 및 반응열, 3번 문제의 셀 운전전압 0.65 V, 이론 전압과 이론 수소유량을 이용하여 스택 반응열($\dot{Q}_{STACK}$)을 구하시오.

5. 3번 문제에서 계산한 것과 같은 이론 수소유량, 이용률 80%, 연료는 메탄, 개질기 효율은 95%, SCR(Steam to Carbon Ratio)이 3인 경우, 실제 공급 수소유량, 연료유량 및 수증기 유량을 구하시오.

참고문헌

국내문헌

노길태. (2015). 선박용 연료전지 기술개발 현황. 충남미래연구포럼

이백행, 구영모. (2019). 수소상용차 기술개발 동향. KEIT PD 이슈리포트 2019-11월호

일본 수소연료전지 HANDBOOK

한국에너지공단. (2021). 2020 신·재생에너지백서

한국에너지기술연구원. (2010). 연료전지 이론과 응용기술

한국에너지기술연구원, 한양대학교, 한국자동차연구원, (주)블루이코노미전략연구원. (2022). 연료전지 시스템 스마트설계·제조·운전 오픈 플랫폼 개발 2차년도 진도보고서

후지경제. (2021). 2021년판 연료전지 관련 기술·시장 미래 전망

국외문헌

Ahn, J.D., Lee, K.Y., Seo, S.H. (2022). Economic Analysis Study on the R&D Effect of Performance Improvement of the Tri-generation Fuel Cell System. New & Renewable Energy 2022, 18, 2, pp. 26-39. (https://doi.org/10.7849/ksnre.2022.0011)

Argonne National Laboratory. (2018). Performance of Advanced Automotive Fuel Cell Stacks and Systems with State-of-the-Art d-PtCo/C Cathode Catalyst in Membrane Electrode Assemblies, p. 3

DOE. (2019). DOE Hydrogen and Fuel Cells Progrma Review Presentation, p. 29, Project ID# FC163

DOE. (2020). DOE Hydrogen and Fuel Cells Progrma Review Presentation, p. 27, Project ID# FC163

Hydrogen Council. (2021). Hydrogen for Net Zero

Troger, M. (2016). Hydrogenics Fuel Cell Systems for mobile Heavy Duty applications, Hydrogenics GmbH, Germany

Ogawa, K., Yamamoto, T., Hasegawa, T., Furuya, T., Nagaishi, S. (2014). The evaluation of endurance running tests of the fuel cells and battery hybrid test railway train, 9th world congress railway research

Seo, S.H., Oh, S.D., Park, J., Oh, H., Choi, Y.Y., Lee, W.Y., Kwak, H.Y. (2017). Thermodynamic, exergetic, and thermoeconomic analyses of a 1-kW proton exchange membrane fuel cell system fueled by natural gas. Energy 2017, 217, 119362. (https://doi.org/10.1016/j.energy.2020.119362)

Steward, D., Penev, M., Saur, G., Becker, W., and Zuboy, J. (2013). Fuel Cell Power Model Version 2: Startup Guide, System Designs, and Case Studies. Modeling Electricity, Heat, and Hydrogen

Generation from Fuel Cell-Based Distributed Energy Systems. United States: N. p., 2013. Web.
doi:10.2172/1087789.

인터넷 참고 사이트

https://en.wikipedia.org/wiki/Fuel_cell

CHAPTER 11

가스화 기술

11.1 개요

11.1.1 가스화 기술

가스화 기술은 석탄, 폐기물, 바이오매스 및 중질잔사유 등의 저급연료를 산소 및 스팀과 반응시켜 가스화하여 생산된 합성가스(일산화탄소와 수소가 주성분)를 정제하여 전기, 화학원료, 액체연료 및 수소 등의 고급에너지로 전환하는 복합기술로서 가스화 기술, 합성가스 정제기술, 합성가스 전환기술로 구분된다. 가스화 기술을 이용하면 합성가스를 활용한 합성 공정을 통하여 원유로부터 추출하는 대부분의 화학물질의 제조가 가능하고, 기후변화 대응, 환경규제 준수, 자원의 효율적 활용에 대응할 수 있는 석유나 천연가스 고갈에 대비한 안정적인 에너지원 확보 차원에서의 저비용, 저공해, 고효율화 기술이다(**그림 11-1**).

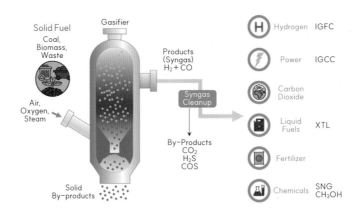

그림 11-1 가스화 기술의 개요

저급 연료로부터 연소 가능한 가스를 만들어내는 것은 아주 오래된 기술이지만 현재도 계속 사용되며 발전되고 있는 기술이다. 넓은 의미의 '가스화'는 어떤 형태든 탄소가 함유된 물질을 발열량을 갖는 가스 생성물로 전환하는 모든 과학적·공학적 과정을 의미한다.

초기의 가스화 기술은 주로 열분해(산소가 없는 상태에서 연료에 열을 공급)의 비중이 높았지만, 오늘날 가스 생산에서는 그 중요성이 점차 줄어들고 있다. 현대의 가스화 기술은 산소, 공기(또는 스팀) 등의 산화제와 연료를 반응시켜 다양한 비율의 H_2와 CO가 주성분인 합성가스(synthesis gas 또는 syngas)를 생산해 내는 부분산화 기술로 인식되고 있다. 가스화 공정의 공급원료로는 고체, 액체, 기체 형태의 연료(석탄, 바이오매스, 잔사유, 천연가스 등)의 적용이 가능하고, 가스 형태로 생산된 합성가스는 다양한 용도로 활용될 수 있다.

11.1.2 가스화 기술의 역사

석탄은 가스화 연료 중에서 가장 오래된 것 중 하나로 알려져 있으며, 석탄 생산이 실제로 자리 잡게 된 시점은 18세기 후반이며, 영국에서 산업혁명을 계기로 석탄의 사용이 보편화되기 시작하였다. 코크스 제조로(coke oven)는 초기 제철 산업에서 나무로부터 생산되는 숯(char coal)을 석탄을 이용한 코크스(coke)로 대체 공급하기 위해 개발되었다. 석탄을 이용한 가스 산업은 18세기 후반, 석탄으로부터 대용량 열분해에 의해 가스를 생산하는 기술개발이 진행되었다. 19세기 들어 1812년에 London Gas, Light and Coke Company가 설립되면서 가스 생산은 상용화 공정을 걷게 되었고, 그 이후로 가스화 기술이 산업 발전에서 주요한 역할을 수행해 왔다(**그림 11-2**).

1792년	영국의 윌리엄 머독(William Murdock)에 의해 발명
1812년	세계 최초로 런던에 Coal Gas Company 설립
1816년	미국 볼티모어에서 처음으로 석탄가스 생산
1920년~	대기압에서 운전되는 소규모 고정층, 유동층형 가스화기기 상업화
	• Winkler 유동층 가스화 장치, Lurgi 고정층 가스화 장치(1936년), Koppers-Totzek(K-T) 분류층 공정(1948년)
1950년~1960년대	미국 및 중동에서 저렴한 천연가스 및 다량의 석유가 발견돼 개발이 다소 주춤
1973년	1차 석유파동 이후 다시 관심이 모아지면서 선진국에서 많은 연구비 투입
1980년 말~	전력 생산을 목적으로 고온·고압에서 운전되는 분류층 석탄가스화 기술 개발 시작
현재	산소를 산화제로 하여 미분탄을 가스화기 상부 혹은 하부로 동시에 주입시키는 분류층 석탄가스화기가 상업화에 이용

그림 11-2 가스화 기술의 역사

가스화 반응에 의해 생산된 가스의 첫 응용분야는 조명이었다. 뒤이어 난방, 화학 산업의 원료로서 또 최근에는 전력 생산을 위한 연료로서 활용되고 있다. 이는 촛불에 의존하던 조명이나 석탄에 의존하던 조리방식의 혁신적인 대체효과를 불러왔다. 그러나 1900년대쯤 전구가 조명의 원천인 천연가스를 대체하게 되었고, 20세기 들어서는 난방 분야에서 천연가스가 큰 부분을 차지하게 된다.

비록 가스화는 조명과 난방의 에너지원으로 시작되었지만, 1900년 이후부터 수소와 일산화탄소로 구성된 가스를 생산하여 화학 산업에서 중요한 역할을 하게 되었다.

1920년대에 공기의 극저온 분리를 상업화한 Carl von Linde 공정 개발 이후에 비로소 가스화 기술에 순산소를 이용하여 완전한 연속식 가스화 공정에 의한 합성가스와 수소 생산이 가능하게 되었다. 따라서 현재의 대다수 상용 공정의 prototype인 Winkler fluid-bed process(1926), Lurgi moving-bed pressurized gasification process(1931), Koppers-Totzek entrained-flow process(1940년대) 등의 가스화 공정이 개발되었다. 이러한 공정의 개발은 고체연료의 가스화 기술이 점점 발전하는 계기가 되었다. 특히 독일의 전시 합성연료 개발 프로그램과 식량 증산을 위한 암모니아 산업의 세계적인 발달로 가스화 기술의 전반적인 기초가 20세기 전반부에 이루어졌다. 또한 이 시기에 현재 Sasol사로 알려진 South African Coal Oil and Gas Corporation이 설립되어 석탄 가스화 기술을 이용한 합성연료 합성과 광범위한 석유화학 산업의 근간이 되는 Fisher-Tropsch 합성공정이 상용화 기술로 개발되었다.

1950년대에는 가스 및 석유의 증산으로 천연가스와 나프타(naphtha)의 충분한 양이 확보됨에 따라 석탄 가스화의 중요성은 점차 감소하였다. 가스화 기술을 이용하여 소규모로 수소와 메탄올 생산에 대한 발전도 이루어졌다. 1950년대부터 Texaco[GE, Air Product(2018)로 인수됨]와 Shell 가스화 공정[Air Product(2018)로 인수됨]이 개발되었으며 주로 암모니아 생산보다는 재고가 부족했던 천연가스와 납사의 수요를 충족시키는 역할을 하였다. 그러면서 1970년대 초기에 1차 석유파동이 일어났고 천연가스의 잠재 매장량 역시 부족하다는 것을 인지하였으며, 액체와 기체 연료의 생산을 위한 중요한 공정으로서 석탄 가스화에 대한 관심이 다시 일기 시작하였다. 상당한 자본이 새로운 기술의 개발에 투자되고 과학기술자들의 많은 노력으로 인하여 직접 액화(direct liquefaction) 및 수소첨가 가스화(hydro-gasification) 같은 coal hydrogenation 개발에 이르게 되었다.

Lurgi는 British Gas(BGL)와 제휴하여 기존의 건식 회처리 기술에서 슬래깅 타입을 개발하였고(Brooks, Stroud, and Tart, 1984), Koppers와 Shell사는 제휴하여 가압용 Koppers-Totzek 가스화기를 개발하였다(van der Burgt, 1978). Rheinbraun은 고온 Winkler(ffiW) 유동층 공정을 개발하였으며(Speich, 1981), Texaco사는 석탄 슬러리 이용에 적합하도록 오일 가스화 공정의 영역을 넓혔다(Selinger, 1984). 그러나 1980년대에 이르면서 다시 석유의 과다 공급으로 석탄 가스화와 액화에 대한 관심이 감소하였고, 결과적으로 가스화 기술의 개발은 대부분 다음 단계로 진행되지 않았다.

2000년대 이후 최근 10~20년은 가스화 기술의 폭발적인 성장기로 인식되었다. 이러한 현상에는 여러 이유가 있지만, 그중에서도 가장 중요한 첫 번째 이유는 에너지 비용의 증가이다. 2003년 이전 약 20년 동안 석유가격은 20~30 US\$/bbl 사이에서 움직였으나, 2005년부터는 대부분 5~70 US\$/bbl 수준을 유지하였다. 또한 천연가스 역시 1983~2003년 사이에 대부분 5~6 US\$/MMBtu였으나, 2005년부터는 10 US\$/MMBtu를 넘어서며 2005년 말에는 15 US\$까지 상승하였다. 이러한 장기적인 가격 상승 경향은 중국과 인도의 급속한 산업화에 의한 에너지 수요의 증가 때문이라고 인식되고 있다. 중국과 인도의 급속한 산업화와 에너지 수요 증가는 석탄을 포함한 저급원료를 대체 가능한 에너지원으로 고려하도록 유도하였다. 이로 인해 많은 국가에서 가스화 기술을 에너지 생산의 중요한 대안으로 고려하게 되었다.

가스화 기술은 전력 생산, 화학제품 생산, 합성천연가스(SNG), 수송연료 등 다양한 생산물을 제공할 수 있어, 특히 중국과 인도를 비롯한 아시아 지역의 산업발전속도가 빠른 국가에서 가스화 플랜트 설치용량이 계속해서 증가하고 있다. 2020년까지 설치된 가스화기의 주요 용도를 살펴보면, 남아공의 Sasol사를 중심으로 하는 합성연료 생산 및 암모니아 비료 등 화학원료 생산이 상당 부분을 차지하고 있으며, 최근에는 가스나 액체연료 생산 분야가 더욱 확대되고 있는 실정이다.

11.1.3 가스화 기술의 국내외 동향

국내에서 가스화 플랜트가 처음 도입된 사례로는 1950년대 말에 전남 나주비료공장에 설치된 국내 무연탄을 이용한 석탄가스화 암모니아 제조 플랜트를 들 수 있으나, 탄종에 따른 공정 선택이 잘못되어 실패하였다. 그 후로 석탄가스화 복합발전에 관한 연구는 학계 및 연구

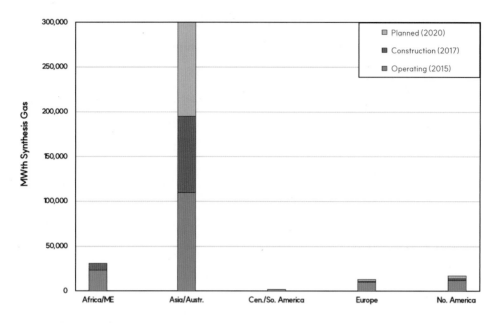

그림 11-3　지역별 가스화 운영 및 건설 계획

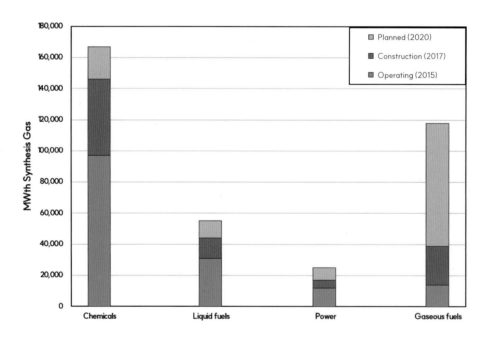

그림 11-4　가스화기의 활용 용도별 분류(최종 생성물)

소 주도의 기초 연구를 제외하면 거의 이루어지지 않았다. 우리나라의 가스화 기술은 차세대 석탄발전기술로 인식되고 있는 IGCC(Integrated Gasification Combined Cycle, 석탄가스화 복합발전)와 더불어 발전했다고 볼 수 있다. IGCC 발전기술은 기존 석탄화력발전소 대비 발전효율이 높고, 친환경적인 특징을 가질 뿐만 아니라 석탄 외에 중질잔사유, 바이오매스, 폐기물 등 다양한 연료를 사용할 수 있으므로 자원이 부족한 우리나라에서는 안정적인 에너지 공급 및 지구온난화 문제에 대응하기 위한 핵심기술로 여겨지고 있다(**그림 11-3**).

2006년 12월 "한국형 IGCC 기술확보를 위한 300 MW급 설계기술 자립 및 실증플랜트 건설"이라는 목표하에 석탄 IGCC 사업단이 발족하였으며, 300 MW IGCC 실증사업에 한국전력, 서부발전(주)을 포함한 5개 발전회사, 두산중공업, 현대중공업, 대학교 및 연구소가 컨소시엄을 구성하여 1단계(2006~2010년)에서는 기술개발 및 기본설계를 완료했고, 2단계(2011~2017년)에서는 300 MW급 실증플랜트 건설을 완료하였다. 2018년 5월에 태안 IGCC 플랜트의 종합 준공 및 연구과제 실증을 완료하였으며 현재는 상업운전 중에 있다. 2018년 상업운전 이후 2021년에는 4,000시간 무고장 연속운전 기록을 수립하였으며, 2022년에는 5,035시간 무고장 연속운전 기록을 세웠다. 태안화력발전소에 건설된 IGCC 실증플랜트는 국내 최초, 세계적으로는 일곱 번째로 건설된 300 MW급 상용화 플랜트이다(**그림 11-5**).

이와 같은 연구를 통하여 석탄가스화 복합발전 플랜트에 대한 기술을 확보함으로써 국내 석탄발전기술을 고효율, 친환경적인 고부가가치 플랜트 기술로 발전시킬 수 있었다. 또한 국내 제작업체의 산업을 활성화하고, 연구기관이 석탄가스화 핵심기술을 확보하여 국내 기술을 기반으로 한 IGCC 발전소 기본모델을 수립할 수 있는 기반을 조성했다. IGCC 기술개발의 부수적인 효과로서 고효율 가스터빈, 연료전지, 수소 생산, CCUS(탄소포집, 이용 및 저장) 등 석탄을 활용한 미래 발전기술의 기반을 구축하고, 수소경제시대에 대비할 수 있는 가능성이 열릴 것으로 예상된다(**그림 11-4**).

국내의 가스화 기술은 2000년부터 본격적인 연구가 시작되었으며, 현재까지 한국에너지기술연구원, 한국기계연구원, 고등기술연구원, 한국생산기술연구원 등 정부출연 연구원과 기업체에서 다양한 원료를 활용한 파일럿(pilot) 규모의 가스화 기술 연구개발을 진행하고 있다. 한국전력공사는 IGCC 플랜트, SNG 플랜트 등 합성가스 플랜트 시장 진출을 위해 독일 Uhde사와 합작회사인 Kepco-Uhde joint venture를 설립하여 기술 시장 진출을 도모하고 있다.

네덜란드의 Buggenum IGCC 플랜트는 세계 최초의 석탄연료 IGCC 실증플랜트로서

그림 11-5　태안 IGCC 플랜트 전경

Shell사의 가스화 기술을 적용한 2,000톤/일급의 분류층 가스화기를 사용하였고, 1994년부터 4년간 실증시험을 거쳐 1998년부터 상업운전을 하였으나 2013년 4월 폐쇄되었다. 미국 Wabash River IGCC 플랜트는 1991년 미국 에너지성(DOE)의 청정석탄이용기술(Clean Coal Technology) 프로그램의 일환으로 채택되어 미국 에너지성으로부터 40%의 보조를 받아 1995년부터 3년간의 실증시험을 거쳐 상용화되었다. 미국 Tampa Electric Power 사가 DOE로부터 26%의 보조를 받아 운영하고 있는 250 MW급 Polk Power Station IGCC 플랜트는 Texaco사의 분류층 가스화 기술을 사용하여 2,200톤/일의 석탄을 가스화하고 있으며 1996년부터 가동되고 있다. 또 하나의 대표적 실증 IGCC 플랜트인 스페인의 Puertollano IGCC 플랜트는 유럽의 여러 관련회사의 컨소시엄인 ELCOGAS에 의해 운영되고 있다. 이 플랜트는 1997년부터 실증시험이 개시되어 현재 석유코크스와 40% 회분의 석탄을 50:50으로 혼합하여 상업운전 중이다.

일본의 경우 전력중앙연구소(CRIEPI)와 미쓰비씨 중공업이 공동으로 1982년부터 건식, 2단, 공기 가압 분류층 가스화기의 독자적인 개발에 착수하여 2톤/일급 및 200톤/일급 가스화기의 실험을 1996년까지 완료하였다. 2001년에 설립된 Clean Coal Power Research Co에 의해 1,700톤/일급의 일본 독자 모델 가스화기를 채용한 250 MW급 IGCC 플랜트의 실증이 2007년부터 실시되고 있다.

중국에서는 화학제품, 비료 및 연료 제조를 목적으로 최근에 많은 가스화 플랜트가 건설되어 2005~2010년 사이에 24기 이상의 석탄가스화 플랜트의 건설과 운전을 진행하였다. 중국은 주로 국내기술을 상용화하여 플랜트를 건설하였으며, OMB Gasifier, TPRI Gasifier, Tsinghua Gasifier 등이 대표적으로 적용되었다.

이 밖에도 남아프리카공화국의 Sasol사에는 3개소의 플랜트에 합계 107개의 가스화로가 있으며 플랜트 전체에서 90,000톤/일의 석탄이 처리되어 F-T합성이 이루어지고 있다. 인도에서는 에너지 사용의 50%가 석탄으로부터 생산되며, 이 석탄은 2030년까지 중요한 에너지 공급원으로 사용될 전망이다.

온실가스에 의한 지구온난화 문제로 이산화탄소 포집 및 저장기술(CCS, Carbon Capture and Storage)의 중요성이 증가함에 따라 IGCC와 CCS를 동시에 이루기 위한 프로젝트들이 수행 중이다. 가스화와 연계되어 추진되는 CCS 프로젝트에 대해서 알아보면 발전소 배출가스에 대한 기준이 강화되고 있으며, 그 일환으로 공해물질을 원천 제거한 발전소 개발이 추진되어 미국(FutureGen), 일본(Eagle project), EU(HypoGen), 호주(ZeroGen), 중국(GreenGen) 등이 소위 zero-emission plant를 개발 중에 있다. Zero-emission 발전의 경우 CO_2 포집에 따른 발전효율 저하를 막기 위해 가장 낮은 효율 감소를 보이는 IGCC에서 CO_2를 포집하는 연구가 활발히 진행되고 있다.

11.2 원료와 특성

11.2.1 석탄

석탄은 전 세계적으로 1년 동안 약 160 EJ(54.6억 톤)의 양이 소비되고 있다(BP, 2022). 전 세계적으로 확인된 석탄매장량은 $1,074 \times 10^9$톤(BP, 2021)이다. 석탄은 지난 10년간 안정적으로 소비되어 왔지만 많은 장기 에너지 전략에서 석탄 사용은 온실가스인 CO_2를 생산하는 문제로 논쟁의 대상이었다. 석탄의 매장량 대비 생산량비는 197이다. 다시 말해, 분포지역과 매장량이 한정된 석유나 천연가스에 비하여 석탄은 가채 연수가 길고 세계 전 지역에 고루 분포되어 있으며, 가격이 저렴하기 때문에 안정적인 에너지 공급원으로 이용될 수 있다.

모든 석탄은 식물질로부터 형성된다. 식물질이 땅속에 묻힌 후 오래 시간이 지나면 토탄

(peat)으로 바뀐다. 이러한 층이 두껍게 쌓이고 시간, 압력, 온도의 영향을 받으면 토탄은 갈탄(lignite or brown coal)으로 변한다. 계속해서 시간, 압력, 온도의 영향으로 아역청(sub-bituminous)탄, 역청(bituminous)탄으로 변형된 후 최종적으로는 무연(anthracite)탄으로 바뀐다. 석탄의 등급에 따른 석탄 분류법은 석탄을 분석하는 대표적인 두 가지 방식인 원소분석과 공업분석을 이용하여 회재와 수분을 제외한 공업분석 기준에 의한 것으로 **표 11-1**에 나타내었다.

표 11-1 석탄 분류법

Class	Volatile Matter (wt.%)	Fixed Carbon (wt.%)	Heating Value (MJ/kg)
Anthracite	< 8	> 92	36~37
Bituminous	8~22	78~92	32~36
Sub-bituminous	22~27	73~78	28~32
Browncoal(Lignite)	27~35	65~73	26~28

석탄은 성분이 매우 복합적이고, 종류도 다양하다. 자세한 암석분류학으로는 석탄의 유기물 부분, 무기물 분석 특성, 가스화 공정의 영향, 그리고 이러한 주제가 관여되어 있음이 많은 보고서에 언급되어 있다. 발열량, 회분의 용융 및 유동성질, 미량성분 등을 가스화 공정에서 영향을 미칠 수 있는 주요 인자로 볼 수 있다.

11.2.2 정제 잔류물 및 석유코크스

액상물질 가스화의 원료는 95% 이상이 정제 잔류물로 이루어져 있다. 보통 가스화는 높은 온도에서 무촉매 공정으로 부분산화를 진행하는데, 원료물질의 품질에 큰 유연성이 있으며 액상 공급의 특별한 요구사항이 없는 특징이 있다. 정제 잔류물에는 다양한 범위의 물질이 포함되어 있으며, 일부는 상온에서 고체상태이고 어떤 것은 액체상태이다. 일반적으로 모든 정제 잔류물은 증류를 진행하거나 원유를 처리한 후 부산물에서 유래한다. 대부분의 잔류물은 감압 열적 분해 또는 탈아스팔트 분해로 얻어진다(**표 11-2**).

표 11-2 일반적인 정제 잔류물/석유코크스 연료특성

Feedstock Type Elemental Analysis/Units	Visbreaker Residue	Butane Asphalt	Petcoke
C, wt.%	85.27	84.37	86.92
H, wt.%	10.08	9.67	3.54
S, wt.%	4	5.01	3.84
O, wt.%	0.2	0.35	1.67
Ash, wt.%	0.15	0.08	1.55
Viscosity(100℃), cSt	10,000	60,000	–
LHV, MJ/kg	39.04	38.24	35.17

석유계 정제 잔류물인 Visbreaker Residue, Asphalt는 높은 발열량을 가지고 있으며, 가스화공정 공급 시 높은 황 성분, 높은 금속 함유, 그리고 높은 점도의 전형적인 정제 잔유물 원료의 특징을 가진다.

석유 정제공정의 부산물인 코크스는 석유코크스(petcoke)로 불리며, 높은 발열량 및 석탄과 비슷한 특성으로 매력적인 가스화 연료물질로 간주된다. 그러나 황물질 함유량이 많아서 석탄화력발전소의 보조연료로서의 사용이 제한되고 있다. 석탄과 유사한 특성으로 인해 공급시스템은 미분탄 공급과 비슷하고, 가스화기 내부의 석유코크스 특성은 중유와 유사한 특징을 가지고 있다. 분류층 슬래깅 가스화기에 석유코크스를 가스화하는 경우에는 회분을 혼합하는데, 이는 멤브레인 벽면이 슬래그로 도포되지 않으면 문제가 발생하기 때문이다. 대표적인 예로 스페인 푸에르토야노(Puertollano)의 Elcogas 설비의 석유코크스 가스화 공정에서는 높은 회분함량의 석탄을 같이 사용하고 있다.

11.2.3 바이오매스/폐기물

바이오매스는 오랜 인류 역사 동안 주요한 에너지원으로 활용되어 왔으며 산업혁명 이후 전 세계적으로 화석연료가 널리 이용되기 시작한 후에도 개발도상국에서는 여전히 중요한 에너지원으로 쓰이고 있다. 바이오매스는 탄소중립적인 연료로서의 역할을 해 지구온난화 문제

를 해결하는 주요 대안 중 하나로 인식되며, 석유나 천연가스, 석탄의 가격 변동으로 인한 에너지 공급 불안을 완화하는 신·재생 연료로서의 역할도 크게 평가되고 있다. 그러나 바이오매스는 기존 화석연료와 비교하여 에너지 밀도가 낮아 현재 높은 에너지 밀도를 가지는 화석연료를 사용하는 대부분의 에너지 생산시스템에 직접 적용하기에는 어려움이 있다. 따라서 바이오매스를 기존 에너지 생산시스템에 효율적으로 통합하기 위한 형태로의 변환이 필요하다. 이를 위한 주요 기술 중 하나가 가스화 기술이다. 가스화에 적용 가능한 바이오매스 원료로는 음식물 쓰레기, 축산 폐수, 하수 슬러지 등의 유기성 폐기물과 간벌재, 폐목재 등 농임산 부산물 그리고 잉여 농산물 등이 있다.

폐기물은 가스화의 원료물질로 넓은 범위의 물질을 포함하고, 고상 및 액상 등 다양한 형태로 존재한다. 대표적인 폐기물로는 폐플라스틱, 병원성 폐기물 등이 있다. 가스화나 연소에 있어서 폐기물이 원료물질로 사용되기 가장 어려운 측면은 일반적인 상황에서 불균일하다는 점이다. 고상 및 액상에서는 발열량과 수분의 상호관계가 중요한 부분이며, 고상에서는 입자 크기가 가스화 공정 적용에 중요 변수가 된다. 황, 염소 및 금속성분의 포함 역시 중요하게 고려되어야 한다.

폐기물 가스화 공정에서 원료물질의 예비조사는 중요한 역할을 한다. 이를 통해 폐기물의 다양성과 특성을 파악하고, 장기적인 공급 가능성을 고려할 수 있다. 폐기물을 석탄이나 잔류물 오일과 같은 다른 원료물질로 대체하여 사용하는 경우, 이러한 변화가 가스화 공정에 미치는 영향을 충분히 고려해야 한다. 유럽연합에서는 연간 약 5,000만 톤의 폐기물을 열적으로 처리하고 있다. 이 중 6%가 위험 폐기물인데, 여기에는 병원성 폐기물과 일부 농업에서 파생된 것, 산업 폐기물 등이 포함된다(**표 11-3**).

표 11-3 일반적인 바이오매스/폐기물 연료특성

Analysis, Units	Waste Plastic	Wood Chip	Grass Pellets	Sewage Sludge	Medical Waste
Moisture, %	4.4	11.1	8.4	10	7.0
Volatiles, %	82.9	74.8	69.5	54.3	82.4
Fixed carbon, %	3.9	13.5	12.6	5.1	8.7
Ash, %	8.8	0.6	9.5	30.6	1.9
LHV, MJ/kg(dry)	24.69	18.8	16.7	10.6	15.57

11.3 가스화 공정

일반적으로 화학공정에서 제품 수율이나 품질이 원료와 공정기술에 따라 달라지듯이, 석탄 가스화의 경우에도 연료의 종류나 가스화기 특성, 운전조건에 따라서 생성물인 합성가스 조성이나 전환율이 달라지게 된다. 가스화 공정은 연료의 종류, 합성가스 생산 규모, 사용 목적에 따라 다양하게 개발되었다. 연료를 건식 또는 습식 가운데 어떤 상태로 이용하느냐 또는 산화제를 순수한 산소 또는 공기 중 무엇을 사용하느냐와 수증기 투입 여부에 따라 성능이 달라진다. 또한 가스화기의 형태나 회분(ash)을 dry ash 또는 slag 중 어느 형태로 제거하느냐에 따라 가스 조성, 발열량, 전환율이 달라진다.

현재 세계적으로 다양한 종류의 가스화 공정이 개발되고 있다. 그 차이는 설계 기술, 규모, 경험 및 사용 연료에 따르며, 이들을 구분하는 가장 유용한 방법은 유체 흐름의 형태와 가스화 장치에 공급되는 연료 및 산화제의 사용 방법이라 할 수 있다. 가스화 공정은 그 반응 및 생성물의 목적에 따라 가스화기 및 조업조건 등이 결정되며, 일반적으로 가스화기 종류에 따라 분류층(entrained bed), 유동층(fluidized bed), 이동층(moving bed or fixed bed)으로 분류된다(**표 11-4**, **표 11-5**).

표 11-4 가스화 공정의 분류

Classification	Entrained flow	Fluidized bed	Moving(Fixed) bed
Fuel types	Solid & liquid	Solid(Crushed)	Solid
Fuel size(solid)	<500 µm	0.5~5 mm	5~50 mm
Fuel residence time	1~10 s	5~50 s	15~30 min
Gas outlet temperature	900~1,500℃	700~900℃	400~500℃
Carbon conversion	>99%	~94%	>99%
Commercial examples	GE Energy, Shell, Conoco Philips, Uhde	GTI U-Gas, KRW, HT Winkler	Lurgi, BGL

그림 11-6은 가스화기 형태 및 운전 온도 범위를 보여준다.

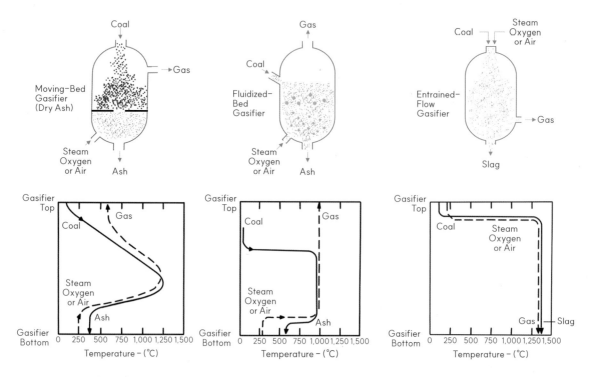

그림 11-6　가스화기 형태 및 운전 온도 범위

표 11-5　가스화 공정별 합성가스 조성

Gasifier Technologies	Sasol/Lurgi	BGL	Texaco/ GE Energy	Shell/Uhde
Type of bed	Moving	Moving	Entrained	Entrained
Coal feed form	Dry	Dry	Slurry	Dry
Coal type	Illinois No. 6	Illinois No. 6	Illinois No. 6	Illinois No. 5
Oxidant	Oxygen	Oxygen	Oxygen	Oxygen
H_2	52.2	26.4	30.3	26.7
CO	29.5	45.8	39.6	63.1
CO_2	5.6	2.9	10.8	1.5
CH_4	4.4	3.8	0.1	0.03
H_2O	5.1	16.3	16.5	2
N_2+Air	1.5	3.3	1.6	5.2

11.3.1 고정층/이동층

이동층(혹은 고정층) 가스화기는 가스화기에 쌓여진 연료에 바닥으로부터 반응가스를 주입하여 가스화 반응을 이루며, 생성된 가스화 연료가스는 상향으로 배출되고 반응이 진행됨에 따라 소모된 연료는 점점 하향흐름을 가지며 이동하는 향류(count-current) 방식의 가스화기다. 상층부의 건조 및 휘발 영역, 하층부의 연소 및 가스화 영역으로 구분되어 가스화기의 온도분포가 매우 넓고(500~1,000℃), 상층부로 배출되는 가스화 연료가스에 연료에서 방출된 타르 및 메탄 등의 휘발분 성분이 다량 포함되어 있어 타르의 제거공정이 필요하다. 대표적인 가스화기로는 Lurgi dry ash 가스화기, BGL 가스화기 등이 있다(**그림 11-7**).

Lurgi dry ash 가스화기 공정은 1930년대 초 lignite를 연료로 하여 town gas의 생산을 위한 수단으로 Lurgi GmbH에 의해 개발되었다. 이후 갈탄뿐만 아니라 역청탄을 이용한 가스화 기술을 개발하여 NH₃, methanol, liquid fuel 등의 생산을 목적으로 한 town gas 및 syngas 제조에 사용되었다. Lurgi 가스화 공정을 이용한 전력 생산은 독일의 뤼넨(Lünen)에서 공기를 이용한 가스화기 설치가 처음으로 시도되었으며, 이 밖에 미국 노스다코타의 Great Plains SNG 공정과 남아프리카공화국의 SASOL 공정이 대표적이다. Lurgi

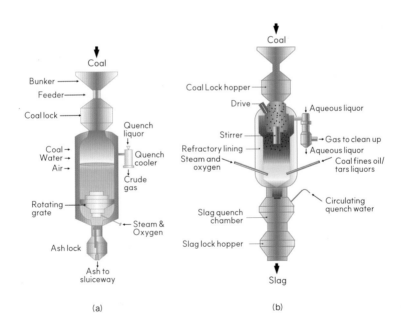

그림 11-7 (a) Lurgi Gasifier와 (b) BGL Gasifier

dry ash 가스화기는 lump 형태의 연료가 상부에서 가압·투입된 후, 건조 및 탈휘발과정을 통해 가스화 영역으로 점차 하향 이동해 가스화 및 부분 연소가 이루어진다. 이때 가스화 영역의 온도는 1,000℃ 정도이며, 상부 가스출구의 온도는 300~500℃ 정도로 비교적 온도차가 크게 나타난다. Lurgi 가스화기의 특징은 하단부로 주입되는 수증기와 산소의 비가 비교적 높아(4~5:1) 온도가 낮게 유지되고, 이로 인해 회재의 배출이 dry 형태로 이루어진다는 점이다. 가스화기는 water jacket으로 둘러싸여 있어 스팀을 생성하며, 이 스팀은 다시 공정에 사용된다.

11.3.2 유동층

유동층 가스화기는 상향흐름을 갖는 반응기체로 인해 고체층이 부유된 상태로 유동하며 혼합되어 가스화 반응을 일으키는 장치로, 비교적 광범위한 연료를 사용할 수 있으며 반응온도가 비교적 낮아(1,000℃ 이하) 회재가 건식으로 처리되어 회재의 slag 배출로 인한 열손실을 줄일 수 있다. 또한 회재의 융점이 매우 높아 분류층에 적합하지 않은 연료도 가스화

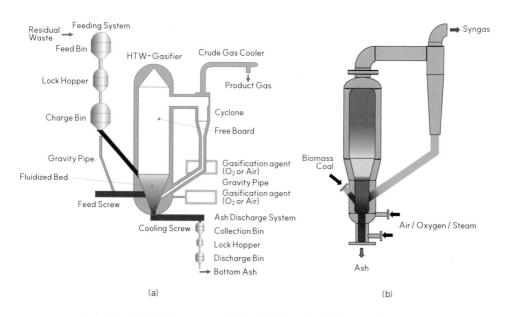

그림 11-8   (a) High Temperature Winkler(HTW) Gasifier와 (b) U-GAS® Gasifier

에 이용할 수 있는 반면에 연료가 점결성을 지니거나 회재 융점이 매우 낮아 입자의 뭉침이 일어나는 경우에는 적합하지 않다. 대표적 유동층 가스화기로는 HTW(High Temperature Winkler), U-Gas, KRW, MBEL 가스화기가 있다(**그림 11-8**).

독일의 Rheinbraun에 의해 개발된 HTW 공정은 1920년대의 상압 Winkler 공정으로부터 출발하였으며, 초창기에 lignite를 연료로 사용하여 iron ore의 환원가스 생성에서부터 syngas의 생성 그리고 전력 생성에 이르기까지 그 응용범위를 넓혀 왔다. HTW 가스화기는 후에 KoBRA라는 IGCC 개발연구에 의해 lignite를 사용한 air/O_2-blown 가스화기 개발을 1980년대 말에 시도하였으나 미분탄 화력발전에 비해 경제성이 떨어져 개발이 중단되었다. 현재는 이러한 석탄가스화 공정개발을 기반으로 한 폐플라스틱이나 폐슬러지 등의 가스화를 통한 IGCC 공정적용 개발연구를 수행하고 있다. 유동층 가스화기는 분류층 가스화기와는 달리 가스화기 온도가 800~900℃ 정도이며, 압력은 IGCC 목적일 경우 25~30 bar 그리고 syngas 생성이 목적일 경우 10 bar 정도로 조업된다.

11.3.3 분류층

분류층 가스화기는 미분탄 혹은 분사된 액체연료와 반응기체가 병류(co-current) 흐름을 가지며, 비교적 높은 반응온도(1,000℃ 이상)와 균일한 온도분포, 짧은 체류시간 그리고 빠른 반응속도를 요구한다. 이를 위해 연료는 매우 작은 입도로 투입되거나 분사되어야 하며 비교적 미분 석탄의 대용량 가스화나 오일의 분사 가스화 등에 적합한 반면, 미분화가 어려운 바이오매스나 폐기물에는 적합하지 않다. 분류층 가스화기에서는 높은 가스화 온도로 인해 회재의 처리가 molten slag로 배출된다. 대표적으로 Air Products Slurry Gasifiers, Air Products/Shell Gasifiers 및 E-gas, OMB, Tsinghua OSEF Gasifiers 가스화기가 분류층 가스화기에 속한다(**그림 11-9**).

이 중 연료형식(습식, 건식)이 크게 대별되는 Texaco 및 Shell의 공정은 다음과 같다. 1940년대 말에 처음 개발된 Texaco 가스화 공정은 천연가스의 reforming을 통해 synthesis gas를 얻어 liquid hydrocarbon으로 전환하는 공정으로부터 출발하여 NH_3 생산을 위한 syngas의 생산공정, 그리고 오일의 가스화를 거쳐 석탄가스화 공정으로까지 발전하였다. Texaco 공정은 가스화 대상 연료가 습식방식으로 O_2와 함께 상단으로 주입되고 하부에서

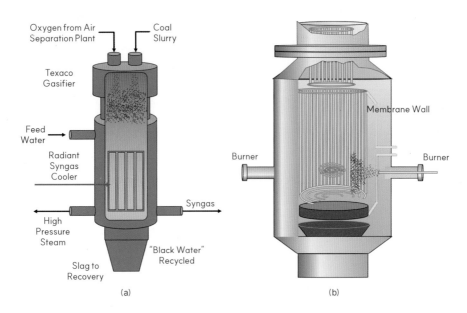

그림 11-9 (a) Air Products Slurry Gasifiers와 (b) Air Products/Shell Gasifiers

syngas가 생성·배출되며, direct quenching 방식과 Radiant 방식 중 syngas 냉각장치를 선택할 수 있다.

가스화로 온도는 보통 1,250~1,450℃ 정도이며, 조업압력은 IGCC인 경우에는 30 bar 그리고 chemicals의 생산에는 60~80 bar 정도를 유지하게 된다. Shell 가스화기는 1950 년대에 개발되어 다양한 hydrocarbon을 synthesis gas로 전환하는 공정에 처음 쓰였으며, 1970년대 초반에 석탄을 이용한 가스화 공정에 적용하기 시작하였다. 가스화기 온도는 1,300~1,500℃ 정도이고, 조업압력은 IGCC용으로는 25~30 bar 그리고 H_2 생산공정에서는 60 bar 정도로 유지된다. IGCC 공정에서 석탄(건식)은 O_2 및 수증기와 함께 가스화기 하단부로 주입, 가스화되며 H_2, CO 및 소량의 CO_2를 생성하게 된다. 석탄 회재는 molten slag 형태로 가스화기 내부 표면을 따라 흘러내려 가스화기 바닥의 water bath에서 냉각되며 일부는 가스화기 벽면에 부착되어 보호막을 형성하기도 한다. 가스화 생성가스는 가스화기 출구에서 냉각·재순환되는 fuel-gas에 의해 900℃ 정도로 냉각되며, 다시 syngas cooler에서 300℃까지 냉각되면서 고압 스팀과 중압 스팀을 생성하게 된다.

11.4 가스화 반응

11.4.1 가스화 반응 효율

가스화는 대상 연료에 공기 또는 O_2와 H_2O로 구성된 산화제를 공급하여 합성가스를 생산하는 것으로 다음과 같은 개념적인 반응식으로 표현할 수 있다.

$$(\text{수분, C, H, O, N, S, 회분}) + \text{산화제}(O_2, H_2O, N_2) \rightarrow \text{합성가스}(CO, H_2,$$
$$CO_2, H_2O, CH_4, N_2, HCN, H_2S, COS \text{ 등}) + \text{미반응물(잔류 타르, 미연탄소, 회분)} \tag{11-1}$$

합성가스는 주성분인 CO, H_2 외에도 소량의 CO_2, H_2O, CH_4와 함께 연료 내 N, S성분에서 생성된 산성가스인 HCN, H_2S, COS를 소량 포함하고 있다. 또한 미반응물로 남은 잔류 타르, 고체상의 잔류 탄소와 회분은 정제과정을 통해 제거되거나 가스화기 내에서 합성가스와 분리된다.

가스화의 효율을 나타내는 가장 중요한 두 가지 지표는 냉가스효율(cold gas efficiency)과 탄소전환율(carbon conversion efficiency)이다.

$$\text{냉가스 효율}(\%) = 100 \times \frac{\text{합성가스 발열량}(MW_{th})}{\text{투입연료 발열량}(MW_{th})} \tag{11-2}$$

$$\text{탄소 전환율}(\%) = 100 \times \frac{\text{합성가스 내 탄소}(kg/s)}{\text{투입연료 내 탄소}(kg/s)} = 100 \times \left[1 - \frac{\text{가스화 잔류 탄소}(kg/s)}{\text{투입연료 내 탄소}(kg/s)} \right] \tag{11-3}$$

냉가스효율은 투입연료와 합성가스의 열량(유량×발열량, MW_{th})비이다. 냉가스효율이 70%라면 나머지 30%는 대부분을 차지하는 합성가스의 온도에 따른 현열과 함께 가스화기에서 열교환을 통해 물과 수증기로 회수된 열량, 미반응물의 발열량, 외부로의 열손실로 구성된다.

탄소전환율은 연료 내 탄소가 반응하지 못하고 입자로 배출된 미연탄소의 양을 통해 결정된다. 고체 탄소는 벤젠고리 위주의 구조로 인해 반응성이 낮기 때문에 산화제의 추가 공급을 통해 탄소전환율을 높일 수 있지만, 동시에 합성가스 내 CO_2와 H_2O 비율이 증가하여 냉가스효율은 감소하게 된다. 반면 산화제가 충분히 공급되지 못하면, 합성가스 내 가연성분이 증가하나 온도 하락에 따른 미반응물 증가로 탄소전환율이 감소하고 합성가스의 유량 감소에 따라 냉가스효율도 감소한다. 따라서 적정량의 산화제를 공급하여 탄소전환율과 냉가스효율을 충분히 높게 유지하는 것이 필요하다.

11.4.2 가스화 반응 과정

석탄이나 바이오매스 등 가스화 대상 연료는 주로 탄소, 수소, 산소와 소량의 질소, 황으로 구성된 유기물과 수분, 다양한 무기물(회분)을 포함하는 복잡한 분자구조를 가지고 있다. 따라서 즉각적인 반응이 아니라 온도 상승에 따라 순차적인 분해 및 반응과정을 거쳐 기체 생성물로 전환되는데 이는 **그림 11-10**과 같이 크게 수분의 건조, 탈휘발(열분해), 촤(char) 연소/가스화의 세 단계로 구분된다. 또한 기체 생성물도 여러 반응을 통해 최종적인 합성가스

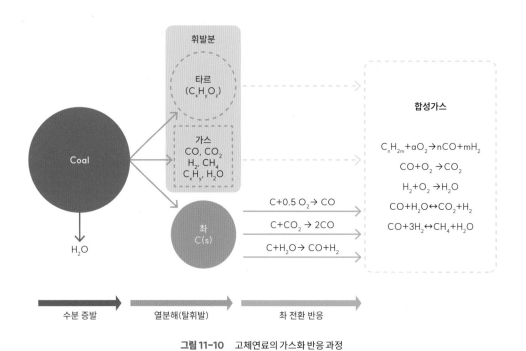

그림 11-10 고체연료의 가스화 반응 과정

로 전환된다. 이와 같은 반응과정은 연소과정과 동일한데, 예를 들어 나무(바이오매스)의 모닥불에서 보이는 화염은 탈휘발 생성물이 기체에서 반응하는 과정이며, 동시에 검게 형성된 숯이 서서히 타는 과정이 촤 연소/가스화에 해당한다. 그러나 가스화는 연소와 달리 충분한 산소를 공급하지 않고 불완전연소를 통해 CO, H_2 등 합성가스의 생성을 유도한다는 점에서 차이가 있다.

(1) 수분 증발

석탄, 바이오매스는 보통 10% 이상의 수분을 포함하고 있다. 연료를 가스화기에 투입하기 전에 건조과정을 거쳐 표면 수분을 제거하는 경우도 있으나 분자구조에 흡착된 고유수분은 남아 있다. 따라서 고온의 가스화기에 투입된 연료 입자는 열전달에 의해 온도가 상승하면서 먼저 100℃ 내외에서 수분이 증발하는 과정을 거친다.

[R1] 건조 : 연료 → H_2O + 건조된 연료 (11-4)

(2) 탈휘발

이어 온도가 200℃ 이상으로 상승하면 결합력이 약한 분자구조들이 순차적으로 끊어지면서 휘발분으로 불리는 다양한 기체 생성물이 방출되며, 동시에 연료 입자에는 벤젠고리를 가진 탄소 위주의 안정된 분자구조를 가진 촤(char)가 형성된다. 이 과정을 탈휘발(devolatilization) 또는 열분해(pyrolysis)라고 부른다.

[R2] 탈휘발 : 건조된 연료 → 휘발분(타르 및 가벼운 기체) + 촤(탄소 위주) (11-5)

휘발분은 CO, CO_2, H_2O, H_2, CH_4, H_2S, HCN 등 탄화수소를 포함한 가벼운 기체와 타르(tar)라고 통칭되는 분자량이 큰 구조를 가진 기체로 구성된다. 타르는 약 350℃ 이하에서 응축하는 증기(vapor) 상태로서 휘발분 내 비율이 높기 때문에 가스화기 내에서 합성가스로 최대한 전환하는 것이 중요하다. 잔류 타르는 합성가스 수율의 감소뿐 아니라, 합성가스 정제 및 이용과정에서 응축에 따른 막힘이나 부식 등 여러 문제를 유발하기 때문이다.

탈휘발 반응에서 가장 중요한 인자는 연료특성이다. 특히 연료 내 탄소함량이 높을수록 안정적인 탄소구조를 가져 휘발분이 감소한다. 따라서 바이오매스의 휘발분이 가장 높고, 석탄은 등급이 높은 무연탄에 가까울수록 휘발분이 감소한다.

탈휘발은 복잡하고 순차적인 과정으로 인해 연료특성뿐 아니라 반응조건에도 영향을 받는다. 대표적인 인자는 승온율으로서, 연료 입자의 온도가 빠르게 상승할수록 분해된 분자구조가 재결합을 통해 안정화되는 시간이 감소하여 휘발분과 휘발분 내 타르의 비율이 증가한다. 또한 압력이 낮고, 연료 입자가 작을수록 휘발분 증가에 기여한다. 따라서 같은 연료도 유동층과 분류층 가스화기에서는 개별 입자가 빠른 열전달에 노출되어 승온율이 높기 때문에 입자가 크고 열전달이 적은 고정층 가스화기에 비해 휘발분의 생성이 증가하게 된다.

(3) 촤 전환 반응

촤는 질량 기준 90% 이상의 탄소와 소량의 수소, 산소 원자, 회분으로 구성된 다공성의 고체 입자이다. 기체-기체 반응과 달리 촤의 고체-기체 반응은 연료의 반응단계 중 속도가 가장 느려 전체 가스화 반응속도를 지배한다. 촤를 탄소로 단순화하면 다음과 같은 다섯 가지 글로벌 반응으로 표시할 수 있다.

[R3] 산화반응 : $C(s) + O_2 \leftrightarrow CO_2$ (-394 MJ/kmol, 강한 발열반응)   **(11-6)**

[R4] 불완전산화 : $C(s) + 1/2\, O_2 \leftrightarrow CO$ (-111 MJ/kmol, 발열반응)   **(11-7)**

[R5] 수성가스 전환반응 : $C(s) + H_2O \leftrightarrow CO + H_2$ (+131 MJ/kmol, 흡열반응)   **(11-8)**

[R6] 부다드 반응 : $C(s) + CO_2 \leftrightarrow 2\,CO$ (+172 MJ/kmol, 흡열반응)   **(11-9)**

[R7] 메테인화 반응 : $C(s) + H_2 \leftrightarrow CH_4$ (-75 MJ/kmol, 약한 발열반응)   **(11-10)**

이 중 산화반응 [R3]은 저온에서, 메테인화 반응 [R7]은 1,600℃ 이상의 매우 고온에서만 의미 있는 반응속도를 보이기 때문에 일반적인 가스화 조건에서 가장 중요한 반응은 [R4], [R5], [R6]이다. 특히 [R4] 불완전산화반응은 [R5], [R6]에 비해 매우 빠른 발열반응으로서 가스화기에 공급된 산소를 휘발분과 함께 먼저 소모하면서 입자와 주위 가스 온도를 충분히 상승시키는 역할을 한다. 이어서 산화과정에서 생성되거나 산소와 함께 공급된 H_2O, CO_2에 의해 [R5]과 [R6]의 가스화 반응이 일어나면서 CO와 H_2 등의 합성가스를 생성하게 된다.

실제의 촤 전환반응은 촤 입자 겉표면 또는 내부의 기공 표면에 노출된 활성탄소사이트에서 O_2 등 반응물이 분해되어 생성된 산소 또는 수소의 라디칼이 탄소 원자에 결합하여

C(O), C(H)와 같은 착화합물을 형성한 후 표면에서 탈착되어 안정된 기체를 형성하는 과정이다. 따라서 모든 탄소가 동시에 반응하는 것이 아니라 노출된 표면부터 순차적으로 일어나게 된다. 또한 기체 반응물이 입자 내부로 이동하고 생성물이 방출되는 과정에서 물질 전달 속도가 전체 반응속도를 제한하기 때문에 일반적인 기체-기체 반응에 비해 매우 느리다. 따라서 가스화기 내에서 적정량의 산화제 공급과 충분한 반응온도, 반응시간을 확보하여 탄소 전환율을 높이는 것이 필요하다.

(4) 가스 반응

반응기에 공급된 산화제(O_2 또는 공기와 보조적으로 공급된 H_2O 등)와 연료의 건조, 탈휘발, 촤 가스화 과정에서 방출된 생성물은 가스화기 내에서 다양한 반응과정을 거치게 된다. 실제로는 수백 종류의 탈휘발 생성물과 라디칼이 참여하는 매우 복잡한 과정이지만, 단순화된 글로벌 반응의 형태로 주요 반응을 살펴보고자 한다.

먼저 빠른 반응속도로 인해 전체 반응과정의 초반에 일어나는 주요 산화반응은 다음과 같다.

[R8] $CO + 1/2\ O_2 \leftrightarrow CO_2$ (-283 MJ/kmol)　　　　　　　　　　　**(11-11)**

[R9] $H_2 + O_2 \leftrightarrow H_2O$ (-242 MJ/kmol)　　　　　　　　　　　**(11-12)**

이는 연료 주위에 CO_2, H_2O를 생성하면서 온도를 빠르게 상승시켜 타르의 분해와 촤 가스화 반응 등 후속 반응에 기여한다.

전체적인 가스 반응에서 조성에 영향을 미치는 가장 중요한 반응은 수성가스 전환반응(water-gas shift reaction)이다.

[R10] $CO + H_2O \leftrightarrow CO_2 + H_2$ (-41 MJ/kmol)　　　　　　　　　　　**(11-13)**

수성가스 전환반응은 합성가스의 주요 성분인 네 종류의 가스에 의한 것으로 정반응과 역반응이 모두 중요하며, 화학평형에 의해 결정되는 반응의 방향에 따라 합성가스의 조성이 변화하게 된다. 추가적으로 가스 조성에 영향을 미치는 반응은 메테인-수증기 개질 반응(methane-steam reforming reaction)이다.

[R11] $CH_4 + H_2O \leftrightarrow CO + 3\,H_2$ (+206 MJ/kmol) (11-14)

휘발분에서 방출된 탄화수소와 H_2O가 존재하는 반응 초기에는 정반응이 일어나지만, CO와 H_2가 많이 생성된 고온의 합성가스 내에 소량의 CH_4를 생성하게 된다.

(5) 입자의 반응 과정

그림 11-11은 반응기 내에 투입된 입자의 반응 과정을 나타낸 것이다. 분류층이나 유동층 가스화기에 투입된 연료는 입자 크기가 수십 μm에서 수 mm로 작기 때문에 개별적으로 거동하며 반응하게 된다. 주위로부터 전달된 열에 의해 승온되며 건조, 탈휘발 과정이 진행되며, 방출된 휘발분은 산화제에 의해 입자 주위에서 산화 등 가스 반응이 진행된다. 이어 입자에 형성된 촤 표면과 내부의 탄소가 물질 전달에 의해 접근한 O_2, CO_2, H_2O와 반응하여 가스화되고 회분이 남는다. 회분은 주위 온도가 용융점 이상인 경우 용융된다. 이와 같은 반응과정은 입자의 크기, 궤적, 주위 가스 농도 등에 따라 서로 다른 속도와 반응 비중을 가지고 진행된다.

반면, 고정층 가스화기는 수 cm의 입자가 층을 이루고, 산화제는 입자층을 따라 균일하게 분산되므로 순차적인 반응영역을 가진다. **그림 11-11**에 나타낸 향류식 고정층 가스화기의 경우 상부에서 투입된 입자는 아래에 위치한 입자 및 주위를 지나는 가스로부터 열전달에 의해 온도가 상승하면서 순차적으로 건조-탈휘발-촤 가스화-촤 산화 영역이 형성된다. 산화제는 하부에서 투입되어 촤 입자 및 CO의 산화반응(발열반응)을 진행하며 입자 및 가스의 온도를 급격히 상승시킨다. 이는 산화반응에 의해 생성된 CO_2와 산화제 내 H_2O에 의한 촤의 가스화 반응의 반응속도를 증가시키게 된다. 이어 잔류 산화제 및 촤 전환반응을 통해 생성된 가스는 탈휘발 단계의 입자로부터 방출된 타르 등 휘발분과 반응하면서 연료층 상부로 빠져나간다. 실제 개별 입자는 크기가 커서 입자 표면에서는 탈휘발 중이나 중심은 건조 전인 경우 등 반응 과정이 복합적으로 일어난다. 이때 탈휘발 영역의 온도가 점진적으로 하락하고 산소가 부족하기 때문에 휘발분 내 타르가 충분이 반응하지 못하고 상부로 빠져나갈 수 있다. 따라서 분류층이나 유동층과 비교하여 고정층 가스화기의 합성가스 내 잔류 타르의 농도는 매우 높으며, 정제공정에서 이를 제거하는 과정이 필요하다.

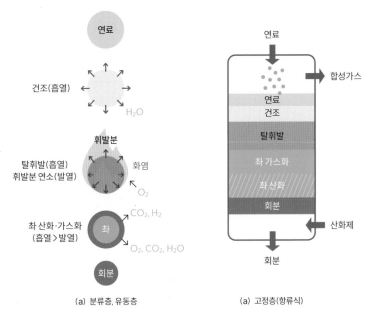

(a) 분류층, 유동층	(a) 고정층(향류식)

그림 11-11　가스화 반응기 내 입자의 반응과정

11.4.3　연료특성의 영향

석탄 등 가스화 대상 연료는 불균일한 화학적 구조를 가지기 때문에 하나의 화학식으로 표현되지 않으며, 종류에 따라 크게 다른 구성과 반응특성을 보인다. 연료특성은 원소 조성(C, H, O, N, S), 수분, 회분과 같은 성분 구성과 발열량, 반응성 등으로 구분된다. 이는 합성가스의 조성, 반응온도, 반응속도, 필요한 산화제의 양 등 다양한 측면에서 영향을 준다. 연료의 특성은 다음과 같은 표준 분석에 의해 분석된다(**그림 11-12**).

- **공업분석** : 수분, 휘발분, 고정탄소, 회분 함량(질량 기준)
- **원소분석** : C, H, O, N, S 함량(질량 기준)
- **발열량 분석** : 고위발열량(MJ/kg 또는 kcal/kg)
- **회분 조성 분석** : Si, Al, Ca, Fe, K, Na 등 구성성분(질량 기준)

	가연분			

수분		휘발분			고정탄소			회분
표면수분	고유수분	C	H	O	N	S		

그림 11-12 고체연료의 성분 구성

표 11-6은 주요 연료에 대한 특성 분석 결과의 예시이다(수분과 회분은 일정하지 않으므로 이를 제외한 무수무회 기준). 공업분석은 가연분의 휘발분/고정탄소 구성을 통한 반응성, 수분함량을 통한 연료의 투입 전 건조나 산화제 내 H_2O 필요량, 회분 생성량 등 다양한 정보를 제공한다. 일반적으로 바이오매스는 휘발분이 가연분의 80% 이상을 차지하나, 석탄은 이미 석탄화 과정에서 탈휘발과 유사한 과정을 거쳤기 때문에 촤의 비율이 높다. 석탄화 등급에 따라 갈탄-아역청탄-역청탄-무연탄으로 구분되며, 등급이 높을수록 연료 내 탄소함량이 높고 안정된 구조를 가진다. 따라서 바이오매스보다 휘발분이 적고 탈휘발이 일어나는 온도가 높으며, 촤의 반응성이 낮다. 참고로 공업분석의 고정탄소(fixed carbon)는 촤를 의미한다. 실제 가스화기 내에서 휘발분과 촤의 생성비율은 다양한 반응조건에 따라 변하며, 온도와 승온율이 높을수록 휘발분이 증가하게 된다(표 11-6).

발열량은 표준상태에서 연료 1 kg의 완전연소 시 방출하는 열량으로서, 고위발열량(HHV, Higher Heating Value)과 저위발열량(LHV, Lower Heating Value)으로 구분된다. 고위발열량은 연소 후 생성된 H_2O가 응축하며 방출하는 잠열까지 포함한 값이며, 저위발열

표 11-6 주요 연료의 원소 및 공업분석 결과 예시   (단위 : wt.%dry, ash-free)

연료		나무	갈탄	아역청탄	역청탄	무연탄	Petcoke
공업분석	휘발분	80~85	27~35	22~27	8~22	<8	5~15
	고정탄소	15~20	65~73	73~78	78~92	>92	85~95
원소분석	C	50	73	75	79	92	90
	H	6.0	5.5	5.2	5.0	2.5	4
	O	43	21	18	12	4	1
	N	<1	~1	~1	~1	~1	~1
	S	≪1	~1	~1	~1	~1	>1

량은 수증기 상태로 남은 경우의 열량이다. H_2O는 연료 내 수분과 가연분 내 H의 두 가지에 의해 생성되므로 저위발열량과 고위발열량의 차이는 수분의 잠열(2.4417 MJ/kg)에 의해 결정된다.

LHV(MJ/kg) = HHV − 2.4417(W + 9 H)/100   **(11-15)**

HHV : 고위발열량(MJ/kg), W : 수분함량(wt.%), H: 수소함량(wt.%)

연료의 발열량은 원소의 화학결합이 가진 결합에너지에 의해 결정되므로 원소 조성과 밀접한 관계가 있으며, 열량계를 이용하여 분석되지만 석탄과 바이오매스 등 고체 및 액체 연료에 대해 예측할 수 있는 여러 실험식이 알려져 있다. 다음은 이 중 Channiwala와 Parikh의 예측식이다.

HHV(MJ/kg) = 0.3491 C + 1.1783 H + 0.1005 S − 0.1034 O − 0.0151 N − 0.0211 Ash

C, H, O, N, S : 원소별 함량(wt.%), Ash : 회분 함량(wt.%)   **(11-16)**

회분은 여러 금속의 산화물 위주로 구성되며 조성에 따라 물리·화학적 특성이 변하게 된다. 특히 중요한 특성은 용융과 관련한 거동으로서, 일반적으로 알칼리금속의 비율이 높을수록 용융점와 용융물인 슬래그의 점도가 감소한다.

11.4.4   산화제 비율과 조성의 영향

(1) 산소/연료 비율과 당량비

가스화기에 연료와 함께 공급되는 산소의 양은 산화반응의 비율과 가스화기 조성을 결정하는 핵심적인 반응 조건이다. 산소의 양은 이론연소(stoichiometric combustion) 조건 대비 상대적인 비율을 의미하는 당량비, 또는 직접적으로 질량비의 형태로 표현된다.

예시를 위해 원소분석을 통해 구한 조성에서 주요 성분인 탄소, 수소, 산소만을 고려하여 연료를 실험식인 $C_xH_yO_z$로 나타낼 수 있다. 여기에서 x, y, z는 각 질량비율을 해당 원자의 원자량으로 나눈 값이다. 이 연료의 이론연소에 대한 반응식은 다음과 같다.

$$C_xH_yO_z + \alpha\,O_2 \longrightarrow x\,CO_2 + 0.5y\,H_2O \qquad \text{(11-17)}$$

$$\alpha = x + y/4 - z/2$$

위 식에서 α는 연료 1몰당 완전연소에 필요한 산소의 몰수를 의미한다. 이때 산소/연료 질량비(O/F_{st})는 분자량을 곱하여 구할 수 있다.

$$O/F_{st} = (32\alpha)/(12x + y + 16z) \qquad \text{(11-18)}$$

당량비(Φ, air-fuel equivalence ratio)는 이론연소 대비 실제로 적용된 산소/연료의 질량비(O/F_{actual})로 정의된다.

$$\Phi = (O/F_{actual})/(O/F_{st}) \qquad \text{(11-19)}$$

일반적인 연소는 이론연소 조건보다 많은 산소를 공급하여 연료의 완전연소를 유도하므로 $\Phi > 1$이며, 가스화는 불완전연소이므로 $\Phi < 1$이며 보통 0.2~0.4의 범위이다. 참고로, 당량비는 O/F가 아닌 F/O의 비율로 적용하여 위 식의 역수로 정의되는 것이 일반적이나, 여기에서는 산소의 비율 변화를 직관적으로 이해할 수 있고 가스화기의 운전인자로 O/F_{actual}이 함께 이용되는 점을 감안하여 위 정의를 사용하였다. 즉, 가스화기에서 연료의 이론연소에 필요한 산소량 대비 30%를 공급하였다면, $\Phi = 0.3$이 된다.

그림 11-13은 $O/F_{st} = 2.1$인 가상의 석탄에 대해 산소를 공급하는 가스화기에서 O/F_{actual}(또는 당량비)가 감소할수록 생성된 가스의 조성이 어떻게 변하게 되는지를 나타내는 예시이다. 이론 연소 조건에서는 CO_2, H_2O가 생성되고 연료의 열량이 생성물의 현열, 즉 높은 온도로 전환된다. 이때 연료 내에 포함된 소량의 S는 산화되어 SO_2를 생성한다. 그러나 O/F 또는 당량비가 감소할수록 불완전연소 생성물인 CO와 H_2의 농도가 상승하게 된다. 그 결과 연료를 통해 두 가스에 공급한 열량 중 일부가 더 남게 되므로 합성가스의 발열량은 상승하지만, 발열반응(산화)이 감소하고 흡열반응이 증가하는 만큼 합성가스의 온도는 하락하게 된다. 합성가스의 온도 하락은 반응속도의 감소로 인해 연료의 일부(반응속도가 가장 느린 촤의 탄소)가 충분히 전환되지 못하는 조건이 될 수 있음을 의미한다. 따라서 연료의 발열량과 산화제의 조성으로부터 반응온도와 합성가스 품질을 고려한 적절한 당량비의 선택이

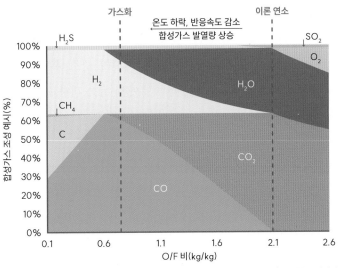

태안 IGCC(설계기준) : CO 65%, H_2 26%, CO_2 1%, H_2O 2%, N_2/Ar 6%, H_2S 0.2%

그림 11-13　O/F 비에 따른 합성가스 조성 변화 예시

필수적이다. **그림 11-13**의 예시에서 석탄이 O/F = 0.75에서 운전되고 있다면, Φ = 0.75/2.1 = 0.36에 해당한다. 이때 합성가스는 CO와 H_2가 대부분을 차지하고 소량의 CO_2, H_2O와 함께 미량의 CH_4와 H_2S가 포함됨을 알 수 있다.

(2) 산화제 조성

가스화기의 산화제로는 공기 또는 O_2와 함께 보조 성분으로 H_2O가 이용된다.

① 공기

가스화 공정이 단순하고 설치·운전비용이 감소하지만, 공급한 공기에 포함된 N_2에 의해 합성가스 내 N_2의 비율이 상승하게 된다. 이는 합성가스 발열량의 하락(희석에 따른 직접적인 발열량 하락과, 반응온도와 가스화 반응속도의 감소를 보상하기 위한 당량비 상승에 따른 하락), 합성가스 내 잔류 타르 농도 증가, 가스화기 및 후단의 정제/이용 설비의 부피 증가 등 여러 단점이 있다. 따라서 바이오매스 가스화기와 같은 소형 설비에 주로 적용된다.

② O$_2$

공기를 공급하는 경우와 반대로 합성가스 내 CO, H$_2$의 농도 증가에 따른 냉가스효율 상승, 반응온도 상승에 따른 탄소전환율 상승, 잔류 타르 농도 감소, 후단설비의 부피 감소 등의 장점이 있다. 반면, 극저온공정을 통해 공기 중에서 N$_2$를 분리하고 O$_2$를 생산하는 데 높은 설비비용과 에너지 손실이 발생한다. 석탄가스화 복합발전의 경우 전체 플랜트 비용의 10~15%를 차지하고 소요 전력이 발전 출력의 5~7%를 차지하는 것으로 알려져 있다. O$_2$의 순도는 95% 내외이나 합성가스로부터 화학물질을 생산하는 후단 전환공정의 효율을 높이기 위해 99.5%의 순도를 사용하기도 한다. 또한 분리된 N$_2$는 연료의 공급과 가스화 설비 보호, 합성가스 전환공정의 가스터빈 냉각 또는 암모니아 생산을 위한 원료 등 다양한 형태로 이용된다.

O$_2$를 산화제로 사용하는 경우 1,300℃ 이상의 높은 반응온도로 인해 회분 입자는 용융된다. 이어서 가스화기 내 벽면에 부착되어 슬래그 층을 형성한 후 하부로 흘러내리는 바닥 슬래그와 합성가스의 유동에 포함되어 빠져나가는 작은 입자 형태의 비산슬래그 형태로 배출된다. 슬래그 층은 가스화기의 내화벽이나 수랭벽을 고온으로부터 보호하는 역할을 한다.

③ H$_2$O

건식 가스화기는 수증기, 습식 가스화기는 연료와 혼합된 물의 형태로 추가 공급되며, [R5]와 [R10]의 반응을 통해 합성가스 내 H$_2$의 농도를 높여 품질을 상승시킨다. 반면, 흡열반응이 증가하여 반응온도가 하락한다. 산화제 내 H$_2$O의 비율을 통해 합성가스 전환공정에 필요한 H$_2$와 CO의 비율을 조절할 수 있다.

그림 11-14는 산화제 내 산소 농도에 따른 합성가스 발열량과 냉가스효율의 변화를 예시한 것이다. 공기를 사용하는 경우 합성가스의 발열량은 3.5~7 MJ/m^{3}로 낮고 냉가스효율은 60% 내외이지만, 높은 순도의 산소를 사용하는 발열량은 14~18 MJ/m^3, 냉가스효율은 80% 내외로 상승한다. 또한 탄소전환율이 상승하고, 합성가스 내 잔류 타르의 농도도 감소한다. 실제 냉가스효율과 합성가스 발열량은 연료특성과 산화제 내 H$_2$O 비율에 따라 변한다.

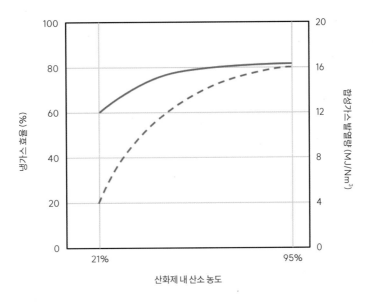

그림 11-14　산화제 내 산소 농도에 따른 합성가스 발열량과 냉가스효율 변화 예시

11.4.5　화학평형의 영향

모든 반응의 정반응과 역반응 비율은 화학평형의 영향을 받는다. 이 중 가스화기에서 중요한 [R5], [R6], [R10], [R11] 등의 화학평형과 에너지보존을 통해 합성가스의 조성과 온도를 예측할 수 있으며 실제 가스화기의 설계에도 이용된다. 이 중 수성가스 전환반응 [R10]은 합성가스 조성에 가장 중요한 반응이다. 정반응과 역반응 중 조성 변화에 기여하는 방향은 네 기체의 몰농도와 온도에 따른 화학평형에 의해 결정된다. 이 반응의 화학평형상수 $K_{p, R10}$는 정반응과 역반응의 비율로서 다음과 같이 정의된다.

$$K_{p, R10} = \frac{[CO_2][H_2]}{[CO][H_2O]} \qquad\qquad \textbf{(11-20)}$$

이는 분압(p_i) 또는 몰분율(x_i)의 형태로도 표현할 수 있다.

$$K_{p, R10} = \frac{p_{CO_2} p_{H_2}}{p_{CO} p_{H_2O}} = \frac{x_{CO_2} x_{H_2}}{x_{CO} x_{H_2O}} \qquad\qquad \textbf{(11-21)}$$

$K_{p,R10}$은 Gibbs 자유에너지(Gibbs free energy)에 의해 결정되는 온도의 함수로서 **그림 11-15**와 같이 온도가 높을수록 감소하는 경향을 보인다. 따라서 수성가스 전환반응은 합성가스 내 CO_2와 H_2의 비율이 감소하는 방향으로 기여하게 된다.

실제 가스화기 내에서는 반응시간이 제한되어 완전한 화학평형에 도달하지는 않지만, $K_{p,R10}$를 통해 합성가스의 조성 변화를 예측할 수 있다. 특히 O_2를 산화제로 사용하는 가스화기는 높은 반응온도에 따른 빠른 반응속도로 화학평형에 근접하게 된다. 이를 이용하여 직접 온도 측정이 어려운 고온의 합성가스에 대해 급속냉각 후 측정된 가스 조성으로부터 가스화기 출구에서의 온도를 예측하는 데에도 사용할 수 있다.

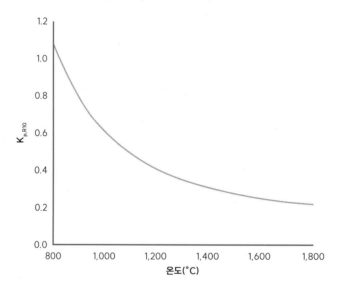

그림 11-15 수성가스 전환반응의 화학평형상수($K_{p,R10}$)

11.5 응용분야

대부분 CO와 H_2로 이루어진 합성가스는 직접적인 연료로서 화력발전에 쓰이거나, 화학적인 전환공정을 통해 수소, 암모니아, 메테인, 메탄올, 수송연료 등 다양한 화학물질 또는 연료 합성을 위한 원료로 사용된다. 우리나라는 발전을 목적으로 한 석탄가스화 플랜트가 있으나,

전 세계 설비의 대다수는 암모니아, 메탄올, 정유공정용 수소 생산을 목적으로 한다. 가스화기의 압력, 산화제 조성, 정제설비의 공정 구성과 H_2S 등의 불순물 제거 효율 등 많은 가스화 공정의 설계 및 운전인자는 합성가스 전환공정의 특성과 효율을 고려하여 결정된다.

11.5.1 석탄가스화복합발전(IGCC)

석탄가스화복합발전(IGCC, Integrated Gasification Combined Cycle)은 석탄 가스화를 거쳐 정제된 합성가스를 가스터빈과 스팀터빈을 결합한 복합발전의 연료로 활용하여 전력을 생산하는 기술이다. 복합발전은 가스터빈과 스팀터빈을 함께 사용하여 고효율의 전력을 생산하는 기술로서 일반적으로 천연가스를 대상으로 적용된다. IGCC의 발전효율(고위발열량 기준)은 보통 40~42% 수준이나 설비의 용량이나 가스터빈 효율에 따라 45~48%까지 달성 가능하여, 최신의 석탄화력발전기술인 초초임계압(USC, Ultra Super-Critical) 사이클 발전과 유사한 발전효율을 보인다. 열역학적으로 가스터빈은 브레이튼(Brayton) 사이클, 스팀터빈은 랭킨(Rankine) 사이클에 기반한다.

IGCC 공정은 **그림 11-16**과 같이 공기 분리-가스화-합성가스 정제-복합발전(가스터빈 + 스팀터빈) 공정으로 구성된다. 공기분리장치(ASU, Air Separation Unit)를 통해 공기에서 분리된 O_2와 연료는 가스화기 내에서 반응하여 고온의 합성가스를 생산한다. 합성가스는 먼저 합성가스 냉각기에 설치된 열교환기를 통해 포화 수증기를 생산하면서 냉각되는 과정을 거친 후, 정제과정을 통해 포함된 미세입자와 산성가스를 제거한다. 정제된 합성가스는 가스터빈의 연소기로 공급되어 터빈 전단의 압축기를 통해 압축된 공기에 의해 연소된다. 이를 통해 발생한 고온·고압의 배기가스는 터빈 후단을 통과하면서 회전에너지 또는 축일(shaft work)을 생산하며 터빈의 축에 연결된 발전기를 통해 전기로 전환된다.

가스터빈에서 배출된 저압 배기가스는 500℃ 이상의 높은 온도로 수증기 생산에 충분한 현열을 가지고 있다. 따라서 배열회수보일러(HRSG, Heat Recovery Steam Generator)를 이용한 열교환을 통해 과열증기를 생산한 뒤 증기터빈에 공급하여 추가적인 전력을 생산함으로써 발전효율을 높일 수 있다. 추가적으로, ASU에서 분리된 고압의 질소는 가스터빈에서 합성가스 연소 시 고온에 의해 질소산화물(NO_x)이 과도하게 생성되는 것을 억제하기 위한 온도 제어에 활용된다. 또한 연료 공급과 가스화 설비 보호에도 활용된다.

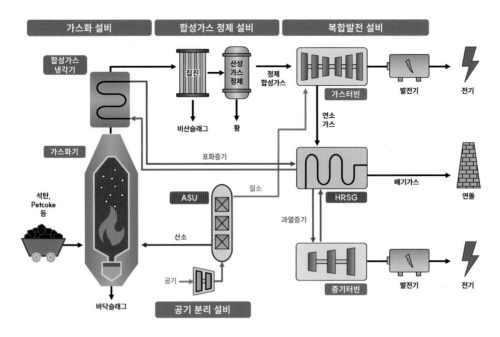

그림 11-16 석탄가스화복합발전(IGCC)

표 11-7은 우리나라에서 2017년부터 운전 중인 한국서부발전의 태안 IGCC 플랜트의 설계 특성을 나타낸 것이다.

표 11-7 태안 IGCC 플랜트의 설계특성(100% 부하)

발전공정 특성		가스화기 특성	
총출력	380 MW	반응기 형식	Shell 가스화기(건식 분류층)
		석탄 투입량	102 ton/h
가스터빈	230 MW	운전압력	42 bar, gauge
		O/F 비	0.78(산소 순도 95%)
증기터빈	150 MW	냉가스효율	81%(HHV)
발전효율	42%(HHV)	합성가스 조성	CO 65%, H_2 26%, CO_2 1%, H_2O 2%, N_2/Ar 6%, H_2S 0.2%

11.5.2 수소 생산

합성가스로부터 수소(H_2)를 생산하는 공정에서는 수성가스 전환반응을 이용한다. 정제된 합성가스에 수증기(H_2O)를 추가 공급하고 수성가스 전환반응기(water gas shift reactor) 내에서 촉매를 이용하여 $CO + H_2O \rightarrow CO_2 + H_2$ 반응을 빠르게 유도함으로써 합성가스를 CO_2와 H_2의 혼합물로 전환한다. 이어 분리막이나 흡수제를 통해 혼합물에서 CO_2를 분리하여 H_2를 생산하게 된다(**그림 11-17**).

수소는 가스터빈이나 연료전지에서 연료로 사용하여 전력을 생산하거나, 암모니아의 합성, 정유공정의 원료 등으로 다양하게 활용된다. 이 중 석탄 가스화로부터 생산된 합성가스에서 CO_2를 분리 포집한 후 H_2를 연료로 활용하는 기술은 연소전 포집(pre-combustion capture)이라 불리며, 연소후 포집, 순산소연소기술과 함께 온실가스 포집·저장(CCS, Carbon Capture and Storage)의 주요 기술 중 하나이다.

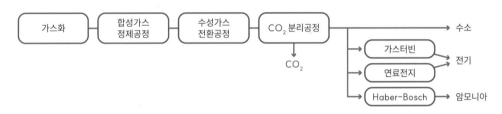

그림 11-17 석탄 가스화 기반 수소의 생산 및 활용

11.5.3 암모니아 생산

암모니아(NH_3)는 요소 수지(resin)나 비료 생산에 쓰이는 요소, 질산암모늄 합성에 쓰이는 질산, 플라스틱이나 고무 생산에 쓰이는 아크릴로니트릴(acrylonitrile) 등 다양한 화학물질의 원료로 사용된다. 또한 화력발전이나 디젤엔진에서 질소산화물(NO_x) 제거를 위한 환원제로서 직접 또는 요소수의 형태로 사용된다. 최근에는 수소에 비해 액화가 매우 쉽고 에너지 밀도가 높은 장점으로 인해 수소를 장거리 수송하는 경우 대체물질로서 부각되고 있다. 참고로 수소는 상압에서는 −253℃에서 액화되며 상온에서는 액화가 불가능하지만 암모니아

는 상압에서 -33℃, 또는 상온에서 8.5 bar 이상의 압축을 통해 액화된다. 암모니아는 사용 전 크래킹을 통해 수소를 추출하거나 직접 연료로 활용할 수 있다.

가스화 합성가스로부터 암모니아를 생산하는 경우 앞서 서술한 수소 생산과정을 거친 후 Haber-Bosch 공정을 통해 약 200기압, 400~500℃의 고온·고압 조건에서 철 기반 촉매를 통해 합성된다.

$$N_2 + 3\ H_2 \leftrightarrow 2\ NH_3\ (-91.8\ MJ/kmol) \qquad \text{(11-22)}$$

전 세계 가스화 설비의 40% 이상이 암모니아 또는 요소 생산을 목적으로 하며 가장 큰 비중을 차지한다.

11.5.4 메탄올

메탄올은 직접적인 활용 외에도 포름알데하이드(formaldehyde), MTBE(Methyl Tert-Butyl Ether), 아세트산, 수송연료 등 다양한 화학물질의 원료로 쓰인다. 세계 메탄올 생산량의 약 9%는 석탄이나 중질잔사유의 가스화로 생산된다.

메탄올은 H_2와 CO의 반응으로 합성되며, 반응식은 다음과 같다.

$$CO + 2\ H_2 \leftrightarrow CH_3OH\ (-91\ MJ/kmol) \qquad \text{(11-23)}$$
$$CO_2 + 3\ H_2 \leftrightarrow CH_3OH + H_2O\ (-50\ MJ/kmol) \qquad \text{(11-24)}$$

메탄올 합성은 정제된 합성가스 내 CO와 H_2의 비율을 수성가스 전환반응기를 통해 조절한 뒤, 50~100 bar의 고압에서 촉매를 사용하여 이루어진다. 이상적인 합성가스 조성은 $(H_2 - CO_2)/(CO + CO_2) = 2.03$이고 CO_2는 3% 내외이다.

11.5.5　액체 탄화수소 생산

가스화를 통해 생성된 합성가스는 디젤과 같은 C_nH_{2n+2} (n = 10 – 20)의 액체 탄화수소 생산에도 활용되는데, 이 중 석탄을 이용한 공정은 석탄액화(coal liquefaction 또는 CTL, Coal To Liquids)로도 불린다. 석탄가스화와 결합되어 액체 탄화수소 생산에 활용되는 일반적인 공정은 1920년대에 개발된 Fischer-Tropsch(F-T) 합성으로 철과 코발트 기반의 촉매를 통해 다음 반응을 유도하여 이루어진다.

$$n\ CO + (2n + 1)\ H_2 + \leftrightarrow C_nH_{2n+2} + n\ H_2O \tag{11-25}$$

반응온도는 150~350℃인데 저온인 경우 왁스 등 분자량이 큰 탄화수소가 많이 생성되고, 고온인 경우 휘발유, 디젤 및 분자량이 작은 탄화수소가 많이 생성된다. 또한 메테인부터 왁스 등 다양한 분자량의 탄화수소가 생성되어 후단에 분리공정이 필요하다. 이를 통해 생산된 디젤은 이미 정제된 합성가스로부터 합성되어 황 성분이 거의 없고 세탄가가 높다. 석탄액화의 대표적인 공정은 남아프리카공화국의 Sasol 공정이며, 중국에도 여러 플랜트가 있다.

11.5.6　합성천연가스 생산

합성천연가스(SNG, Synthetic Natural Gas)는 주로 메테인으로 구성되는데, 다음의 메테인화 반응을 기반으로 니켈 촉매를 이용해 합성된다.

$$CO + 3\ H_2 \leftrightarrow CH_4 + H_2O\ (\text{-206 MJ/kmol}) \tag{11-26}$$

$$CO_2 + 4\ H_2 \leftrightarrow CH_4 + 2\ H_2O\ (\text{-165 MJ/kmol}) \tag{11-27}$$

합성가스는 수성가스 전환반응기를 거쳐 H_2/CO = 3의 비율로 조절된 후 메탄화하는 전통적인 공정과 수성가스 전환반응과 메탄화 반응을 동시에 유도하는 복합공정이 있다. 또한 H_2S를 제거하는 탈활을 메탄화 후에 정제하는 공정도 있다. 합성천연가스는 직접 연료로 활용하거나, 기존 천연가스 배관망에 혼입될 수 있다.

1. 가스화 공정에 이용되는 주요 반응기의 세 가지 종류와 각각의 특징을 설명하시오.

2. 가스화 공정에 적용 가능한 연료의 형태와 각 연료의 특징에 대하여 설명하시오.

3. 어떤 석탄이 원소 및 공업분석 결과 질량 기준으로 수분 5%, C 72%, H 5%, O 8%, 회분 10%로 분석되었다. 이 석탄을 $\Phi = 0.35$인 조건에서 40 kg/s의 공급속도로 가스화하고자 할 때 필요한 O_2의 투입량(kg/s)은 얼마인가?

4. 어떤 가스화기에서 저위발열량이 28.8 MJ/kg인 석탄이 40 kg/s의 속도로 공급되어, 75 kg/s의 합성가스를 생산하고 있다. 합성가스는 부피분율 기준 CO 65%, H_2 26%, CO_2 1.5%, H_2O 2%, 나머지는 N_2로 측정되었다. 저위발열량 기준 냉가스효율은 얼마인가? (가스별 저위발열량 : CO 10.1 MJ/kg, H_2 120 MJ/kg. 가스의 부피분율을 질량분율로 변환하여 합성가스의 발열량을 구한다.)

5. 수성가스화 전환반응기는 정제된 합성가스에 수증기를 혼합하고 촉매를 이용함으로써 합성가스의 전환공정에서 최종 생산되는 화학물질의 합성에 필요한 값으로 H_2/CO의 비율을 조절하기 위해 사용된다. CO_2 농도가 매우 낮은 합성가스에 대해 목표로 하는 H_2/CO 비율이 다음과 같을 때 어떤 화학물질의 합성에 적절한지 답하시오.

(1) $H_2/CO = 2$

(2) $H_2/CO = 3$

(3) $H_2/CO = \infty$

6. 어떤 석탄이 공업분석 및 원소분석 결과 수분 9%, C 60%, H 6%, O 16%, 회분 9%로 분석되었다. 이 석탄의 고위발열량과 저위발열량을 Channiwala와 Parikh의 식을 이용하여 예측하시오.

7. 위 문제 6번의 석탄을 $\Phi = 0.3$인 조건에서 가스화를 진행한다면 필요한 O/F_{actual}는 얼마인지 구하시오.

참고문헌

국외문헌

Basu, P. (2010). Biomass Gasification and Pyrolysis: Practical Design and Theory. Americal Press

British Petroleum Company. (2021). BP Statistical Review of World Energy 2021

British Petroleum Company. (2022). BP Statistical Review of World Energy 2022

Channiwala, S.A., Parikh, P.P. (2002). A unified correlation for estimating HHV of solid, liquid and gaseous fuels, Fuel, Vol. 81(8), pp. 1051-1063

Erdogan, A.A., Yilmazoglu, M.Z. (2021). Plasma gasification of the medical waste, International Journal of Hydrogen Energy, Vol 46, Issue 57, 18 August 2021, pp. 29108-29125

Han, S.W., Lee, J.J., Tokmurzin, D., Lee, S.H., Nam, J.Y., Park, S.J., Ra, H.W., Mun, T.Y., Yoon, S.J., Yoon, S.M., Moon, J.H., Lee, J.G., Kim, Y.M., Rhee, Y.W., Seo, M.W. (2022). Gasification characteristics of waste plastics (SRF) in a bubbling fluidized bed: Effects of temperature and equivalence ratio, Energy, Vol 238, Part C, 1 January 2022, 121944

Higman, C., van der Burgt, M. (2008). Gaisification, 2nd ed. Elsevier

Migliaccio, R., Brachi, P., Montagnaro, F., Papa, S., Tavano, A., Montesarchio, P., Ruoppolo, G., Urciuolo, M. (2021). Sewage Sludge Gasification in a Fluidized Bed: Experimental Investigation and Modeling, Ind. Eng. Chem. Res. 2021, 60, 13, pp. 5034-5047

Wang, T., Stiegel, G. (2002). Integrated Gasification Combined Cycle (IGCC) Technologies, Woodhead Publishing

Yang, S., Qian, Y., Liu, Y., Wang, Y., Yang, S. (2017). Modeling, simulation, and technoeconomic analysis of Lurgi gasification and BGL gasification for coal-to-SNG, Chemical Engineering Research and Design, Vol 117, January 2017, pp. 355-368

인터넷 참고 사이트

https://www.netl.doe.gov/sites/default/files/2021-04/2016-Wed-Higman.pdf

찾아보기